天工开物

岩土工程50讲

——岩坛漫话（第二版）

李广信 著

岩土工程的若干哲学思考
趣味土力学
岩坛六弊
议规范
案例趣谈
讨论与答复
土力学教材的讨论
工程事故分析
感怀与杂议

人民交通出版社
China Communications Press

内 容 提 要

本书收录了李广信教授的专题文章50讲，或阐述心得，或针砭时弊，或案例分析，或讨论争鸣，文风活泼、风趣幽默，令人莞尔，令人深思；或唤起思索，或豁然感悟；于工作和学习有所裨益。

本书值得所有岩土工程师，甚至所有土木工程师一读。

图书在版编目(CIP)数据

岩土工程50讲——岩坛漫话/李广信著. —2版. —北京：人民交通出版社，2010.2

ISBN 978-7-114-07998-6

I. 岩… II. 李… III. 岩土工程—文集 IV. TU4-53

中国版本图书馆CIP数据核字(2009)第165481号

书　　名：岩土工程50讲——岩坛漫话(第二版)
著 作 者：李广信
责任编辑：陈志敏　李　坤
出版发行：人民交通出版社
地　　址：(100011)北京市朝阳区安定门外外馆斜街3号
网　　址：http://www.ccpcl.com.cn
销售电话：(010)59757973
总 经 销：人民交通出版社发行部
经　　销：各地新华书店
印　　刷：北京虎彩文化传播有限公司
开　　本：720×960　1/16
印　　张：25.25
字　　数：389千
版　　次：2007年5月　第1版
　　　　　2010年2月　第2版
印　　次：2024年3月　第10次印刷　总第11次印刷
书　　号：ISBN 978-7-114-07998-6
定　　价：56.00元

序

Xu

大凡一门学问一旦上升到“××学”之后，立即被赋予极高的权威性，常常被簇拥着进了象牙塔。土力学和岩土工程却偏偏并不如此。这门学科是研究泥巴和石头的学问，如何利用、处理这些天生的材料，其实也有很艰深的学问，这恐怕是业外人士绝对难以理解的。如果说，大部分学科，如机械、电机和IT之类，是我们人类自己想出问题，自己来解答的话，可以说土力学和岩土工程是回答上帝提出的问题。有些国外的学者总结了这门学科的两大特点，一是在学科框架的形成中，少数鼻祖起到绝对的主导作用。Terzaghi在1943年出版的巨著《理论土力学》(*Theoretical Soil Mechanics*)中，已经系统地论述了土力学的几个最基本的理论，如固结理论、沉降计算、承载力理论、土压力与挡土墙，以及抗剪强度与边坡稳定性等，在今天看来，如果把土力学看成一座大厦，它的基本框架在写这本书时已经成形了。二是今天我们可能会有趣地注意到，学科的框架，除了土的物理性质和渗流问题之外，都是针对专门的工程问题划分的，在不同的问题中，土被描述成不同的“模型”，这就决定了土力学本身就是一门实用的学科，或者如李广信教授自己说的，“土力学是一门‘很土’的力学”，虽然有些学者正在努力地用某些统一的数学的或者物理力学的“模型”来解决上面所列举的方方面面的问题，非常完善地把泥巴和石头从力学的角度描述清楚，至少在今天，尚没有看到十分满意的解答。

本人十分尊重的陈仲颐教授，曾经把解决有关岩土工程的问题比作中医的诊病(见本书第一讲)。在望闻问切之后悟出病因，辩证施治，对症下药(顺便对年轻人强调一下，这种“悟性”决不会凭空产生，是必须在《金匮要略》和《伤寒论》之类的理论指导下，通过艰苦的实践才能获得的)。Terzaghi也说他创立的学问并不是一门严格的科学，而是一种“艺术(art)”。这两种说法，并没有本质的差别。这不由得让人想起老子所说的“道可道，非常道”

这句名言。按任继愈先生的说法，这句话的意思是：对于万物发展变化的规律，如果能很清楚地表达出来，它就不是永恒的“道”了。土力学和岩土工程中的很多问题，也有一些可意会不可言传的地方，至少在教科书和一般的论文中，常常是顾此失彼，对精微要义，难以表达得十分清楚。

于是，自然会想到，如果有得道高人，能在《理论土力学》、《高等土力学》、《岩土工程学》这些经典之外，用他们的心得，谈谈对“拈花微笑”的心灵感受，一定会对有志学习的莘莘学子大有裨益。当我看到李老师在杂志上发表的几篇有趣的文章后，隐约觉得它们具有类似上面说到的价值，于是“忽悠”李老师继续这种体例和风格的写作，并将它们结集成书。

李老师有这个条件，首先因为他是公认的名师。在社会上浮躁和炒作之风颇为盛行的时候，我要说清华大学的李广信教授是全国土力学与岩土工程教学的名师。对这个说法，固然不敢保证没有人反对，但相信，只要了解其人其事的，同意这个说法的肯定不在少数。这样说，不仅是因为李广信教授所教的课程被评为全国的“精品课”，也不仅仅是因为他在此前出版的《高等土力学》以其系统清晰、说理严谨、内容新颖而引起同行师生的热烈反响。称李老师为名师甚至也不完全在于他师从黄文熙院士获得博士学位后，数十年来辛苦耕耘取得的丰硕的研究成果和为国家建设培养出众多人才。说李老师是名师，主要还是因为用我们老祖宗的标准来衡量，“师者，所以传道、授业、解惑也”，李老师够这个标准。

唐宋八大家之一的韩愈先生，用“传道、授业、解惑”六个字来定义老师的职责，即便在今天看来，也没有过时，其深邃的思想光辉仍在。我以为，如果仅仅把这六个字简单地理解成树立师道榜样，讲清楚理论的来龙去脉，教授实践的一般方法和解答学生可能存在的问题的话，大多数称职的老师应该都能做到。但是，真正做到“本深而末茂，实大而声宏”，首先自己融会贯通，让学生学到学科的本质和精髓，甚至达到“师其意而不师其辞”的境界，却异常困难，教授土力学和岩土工程尤其如此。

这本书体现了李老师深厚的功力，这些功力融会在全书的几个特点之中：

首先，书里面的很多文章，涉及了我们这门学问的许多本质和核心问题，比如对孔隙水压力、有效应力、强度、承载力这些最基本的概念形象化的解说，又比如对渗流及相关问题本质的理解，以及对比较艰深的本构关系等问题由浅入深、由表及里的探讨等。前面说到的学科鼻祖 Terzaghi 再三强调过“活的土力学”，这本书使其所涉及的基本概念和理论变得生动鲜活。

其次是这本书的针对性。授业解惑必须知道惑之所在。本书涉及的论题，或出于技术规范的编制与执行中的争论，或见于文献和工程实例中的错漏，或来自课堂答疑及考试中带有共性的问题，基本上都是有的放矢，切中关键的。

这本书的写法，不是板起面孔的说教，更像是饭后炉前的促膝谈心，加上文笔流畅，形成了亦庄亦谐的风格，具备了极好的可读性。如果用心去看，便可知道，其实应该说本书的特点是寓庄于谐，是一本严肃的书。

当然，一本结集而成的书，难以期望它具备“××学”那样完整的系统性，既然是“漫话”，也便不能用严密的理论性来要求。看书的角度，自然是仁者见仁、智者见智了。

作为多年的老朋友，李老师让我写一篇序言，我实在不知道如何完成任务，只能把自己看过其中大部分文章之后的体会，拼凑码放于上，实不敢称为序。

2007 年 3 月 28 日

再版前言

ZaibanQianyan

《岩土工程20讲——岩坛漫话》一书出版于2007年，一年多以后即已告罄，但仍不断有人投书或面求于我，最后使我手头也只剩一本样书。难得的是本专业的学生和工程师对此书都很感兴趣，有人讲他是在旅途和床头厕间陆续读完的，这也很使人欣慰，因为在床头厕间多有可读之书。这本小书受到同行如此的喜爱，是我始料不及的，朋友们和出版社劝我增容再版，好在这期间我的议论和报告也较多，择风格相近者填入，形成这个版本。

这次再版增加的内容主要有两个部分：一是几次学术讨论的文章；二是岩土工程事故的案例分析；另有一些是在几个学术会议上报告的内容。论战的文章也多是发表于《岩土工程界》的"岩土论坛"栏目中。在学术论战中，唇枪舌剑在所难免，目的还在于切磋琢磨，取长补短，澄清概念，这对于参战和观战者都会有所裨益。于我个人来讲，"就有道而正焉"，也是收获颇丰。可惜在这几次"论战"中，其他参战者寥寥，也许在明眼人看来正如京剧"三岔口"中两人的摸黑大战，唯觉好笑而已。论战中对方和参战各方的文献本应也附在文后，以对照各方的功夫和套路，但限于篇幅，只列出了文名和出处，希读者对照阅读，避免只听一面之辞。

关于工程事故，就不会如此轻松了，使人颇感沉重。其实严格来讲，工程事故几乎是不可能完全绝迹的。"天意从来高难问"，人类对自然规律的认识是不可能穷尽的，在自然界中探索和实践时，失败是不可避免的。人们分析这些事故，常常可以发现其主因还是我们违背了岩土工程的基本原理，有时是人们还没有认识这些规律，有时是"不慎"而未能正确地"应之以治"而引起事故。总结经验，吸取教训，加深对自然规律的认识，从而也就推动了科学技术的发展。可惜我国"有关方面"对此往往讳莫如深，我参加了几次事故的分析和应对的会议，常被告之严禁扩散，这似乎不是科学和坦诚的态度。

鲁迅先生说过，第一个吃螃蟹的人是很值得佩服的，因为他也一定吃过蜘蛛，觉得不好吃，于是人们也就不再吃蜘蛛了。这里的关键还在于他肯将吃的结果告诉大家，公示于众。所以应当说这个人不但很勇敢，而且也很坦诚。设想如果他吃了蜘蛛以后尽管十分恶心，但觉得不能丢了面子，于是就在人们面前强咽了下去，那么至今还会有人不断去吃蜘蛛，不断地恶心。神农尝百草估计失败的概率也不会很低，其结果也都公开了，才有农业和中药的滥觞。如果他也不说，那么至今还会有更多人去吃毒蘑菇毒草，不断中毒。

失败的案例是宝贵的财富，因为我们在其中常常会发现尚没有被认识的东西。人们都是在失败中总结经验，增长才干，成为专家的。“九折臂而成医兮，吾至今而知其信然。”古往今来，真正的常胜将军其实是没有的，即使是天才，如果自傲轻敌，犯了错误又自欺欺人，那么在过五关、斩六将的辉煌之后，也会落到走麦城的悲惨结局。

有人指出，第一版中有些照片不很清晰。这次由于介绍了很多工程事故，没有清晰的图片会大大影响对问题的理解，所以将有关的图片制成二维码，将很多录像资料也一并附上，以增加阅读的兴趣。在本书的第一版中，不少同行指出了其中的不当与不足，表示了对此书和作者的关爱，在此致谢，也尽可能地进行了修改。对于此书的第一版，有人对其中的某些批评提出异议，并且感到很有压力，这本非作者所愿，因为往往是见到自认不对之处，会“杀得性起，抡起板斧排头砍去”，但尚无针对和攻击个人之意，对无意伤人之处深表歉意。

本书中的事故分析不少是作者个人的意见，论战中也可能会急不择言，自以为是，难免存在谬误和偏颇，再乞指正与见谅。

本书出版也要感谢国家973项目（批准号2010CB732103）的资助。

李广信

2009年10月

前言
Qianyan

关于“岩坛”，在本书的“岩坛六弊”一文中将有交代，这里主要说“漫话”。即使是漫话，说起来也并非那么随意潇洒，本人无“下笔千言，立马可得”之才，它们都是在教、研、会之余，或偶有所得，或受人之托，窗前灯下，一点点写下来的。有时深夜无眠，任思路翱翔，有所思所得，即爬起记下。

重读这些文字，发现有不少是徐前先生“逼”出来的。他会突然来电，要我在什么会上讲讲规范，讲讲论文写作，有时甚至直接命题曰“岩土与哲学”。多年朋友，不忍拂其盛情，于是就书库查阅，桌前笔耕，辛辛苦苦连夜赶出一些东西。还有一些是源于教学，由于本人负责岩土工程教学和“精品课”建设，需要“教学研究”的文章，可是成文后举目四顾，在浩如烟海的期刊和会议论文集中，偏偏没有教学论文的栖身之地。倒是有如“教学研究”之类的堂皇园地，可那是刊登正副校长或者教务长诸公于公款考察后炮制的“××国高校教学理念”等大作的，非为我辈土中雕虫的文章而设。大雅难登，只好另辟蹊径，于是就找到《岩土工程界》：既然你的名目这么大，应当有岩土教育一席之地，乞编辑部为教学开条生路，设个窗口。蒙贺长文主编与苗国航社长恩准，于是开辟了一个“岩土漫话”，让我先漫话漫话，后来又归入“岩土论坛”，于是“奇谈怪论”、“说三道四”，很是漫话了一番。后来索性自己组织了一个“土力学教学研讨会”，一口气发了“趣味土力学”等4篇文章。另有一些是在“注册岩土工程师”考试的命题和阅卷过程中，发现某些命题有懈可击，有的答题千奇百怪，失传可惜，于是以案例的形式写出。也有一些是学术讨论和答辩中的东西，打三鞭，还二锏，唇枪舌剑，别人在看热闹之余，也许会有所启迪和裨益。所以其中多数文章此前曾经发表过，这里稍作增删。

目前，我国大学以科研论文作为业绩考核、职称评定、薪酬待遇的主要依据，本人身为教授、“博导”，也不能免俗，很是制造了不少论文，每年年底，一篇篇开列下来向组织交差，20多年下来竟有250余篇之多。而以我的恩师黄文熙先生之高才高寿，其论文集才收录16篇文章，其中就有关于动三轴、三维沉降计算和清华弹塑性模型等经典。本人数量众多的论文也不乏SCI、EI收录者，但为人，尤其为工程界同行所熟知的则稀如秋叶，寥若晨星。而本书收录的这些发表在“普通期刊”上的“游戏文章”，却意外地引起了学界和工程界同行们的兴趣和关注。有人当面说出了文中的观点和语句；香港科技大学的吴宏伟教授和武汉大学的王钊教授还用“岩坛六弊”教育研究生；顾宝和和张苏民两位大师讲，你的那些文章我们每篇必读，这真使人感激涕零，受宠若惊。张在明先生积极鼓动我拼凑成书，人民交通出版社的陈志敏编辑热情支持。这表明岩土工程界也需要一些言之有物的科普性的文章，无所顾忌，或针砭时弊，或案例分析，或争鸣讨论，以引起思考和交流，作为正面与反面的教材都是有益的。可能比连篇累牍，脱离实际，言之无物的有限元、可靠度、灰色、模糊、神经等更有价值。

虽是漫话，但也还都是实话，据说曹操常于睡梦中突然跃起拔剑斩杀身边的近侍，可见实话不可以示人。但我辈非政客，实话实说应当是基本的素质。既是漫话，精心雕琢和深思熟虑可能不足，有意偏颇，无意伤人之处在所难免，尚乞指正与见谅。

李广信

2007年1月

目录
MULU

岩土工程中的哲学思考

趣味土力学

论文写作与学风

议　规　范

谈　案　例

讨论与答复

土力学教材的讨论

工程事故分析

[1][2]编辑按语：为纪念老友张在明院士逝世一周年，李广信教授特作“又是霜染红叶时——纪念此书的作序人张在明院士”一文，本书重印时以附录一见于本书后。同时本书重印时补充了作者新作“关于息壤”一文，见于附录二。

哲学植根于岩土

岩土充满了哲学

第1讲　岩土工程的若干哲学思考

一、引言

（一）人类与岩土

岩土是人类最早接触的物质，也是古代人类最早使用的工具与武器，旧、中、新石器时代就是以人类使用岩土材料的水平来划分的。“水来土掩”，表明古代人类在与洪水斗争中，土是他们最方便和有效的武器。大禹治水，“兴人徒以傅土”“载四时，以开九州，通九道，陂九泽，度九山”——《史记卷二·夏本纪》，也就是在大兴土方工程。

人类与岩土之间的密切关系还表现在，包括古希腊、古中国、古印度、古希伯来人、两河文化和印第安人等，几乎所有古文明中都有上帝（神）用泥土造人的传说。“普天之下，莫非王土”——《诗经·小雅·北山》，可见土地成为财富与权力的象征，历史上无数波澜壮阔的活剧都围绕着土地而出演。从狩猎到农耕，从农业到航海，人类逐步向具有深厚土层的名川大河中下游集聚繁衍。在土层上耕耘营造，生生不息，建造了宏伟的楼堂殿宇，大坝长堤，千里运河，万里长城，创造了一个个璀璨夺目的古代与现代文明。

与人类有如此密切关系的岩土材料，必将成为人类哲学的载体，人类与万物“生发于土，归藏于土”，土也就成为哲学的物质基础。清华大学的校训源于梁启超先生的讲演所提出的“天行健，君子以自强不息；地势坤，君子以厚德载物”——《易传·象传》，在古老的《易经》中，曾以“坤”为 64 卦之首（《归藏》），坤象地，即为土。大哉乾元，万物资始；至哉坤元，万物资生。在更早的《易经》中则以“艮”为首卦（《连山》），艮象山，即为石。而相传女娲补天也是用的五彩石。从石向土的变化，表明古代人类由狩猎向耕耘的发展，可见岩土是人类赖以生存的根本，也成为古代哲学的基础❶。

（二） 岩土材料的特殊性

岩土是自然地质历史的产物，充满了独特性和变异性。它们每一个体都经历了漫长的风化、搬运、沉积和地质运动的历史，因而形成其独特的组构和性质。它们极少重复，严格地讲，世界上没有完全相同的岩体与原状土体，正如世界上没有两个完全相同的个人一样。

岩与土都是不连续的介质，它们或者充满了裂隙与节理，或者根本就是碎散的颗粒集合。矿物成分，裂隙分布，颗粒的大小、形状与级配，状态与结构，使岩土的形态千差万别。岩土又都是由多相组成的，其裂隙或孔隙中充填着液相（水）和气相，三相间不同的比例关系及其相互作用，使岩土形成了极其复杂与丰富多彩的物理力学性质。岩土的变异性、不连续性和多相性造成岩土中的强度、变形和渗透三大工程问题，引发相应的地质灾害和工程事故。

上述情况使岩土材料表现出极大的不可确知性，使岩土工程充满了风险与挑战。所谓哲学，其实就是关于思想的科学，西方称为“智慧学”，中国古代所谓的“道”，或者“规律学”。古代人在能够果腹以后就要思考，于是就有了哲学。而与人关系密切、性质神秘的岩土必将成为人们思考的对象，所以说哲学植根于岩土，岩土充满了哲学。在岩土工程实践中树立正确的哲学思维方法，对于准确地认知、学习岩土工程，有效地认识、处理岩土工程问题有重要意义。

二、东方哲学与西方哲学

（一） 东西方哲学与科学体系

1. 关于世界本源

恩格斯在《自然辩证法》中讲到❷：“亚里士多德已经说过：这些较早的哲学家都设想原初本质是某种物质：空气和水；后来赫拉克利特设想是火，但是没有一个人设想是土，因为它的组成太复杂。”，这是2000多年前古希腊哲学家关于世界原本组成的唯物主义思考，看来他们是力图将世界的万物不断分解，以寻求其本源，因而“土”这种极复杂的物质不可能成为“原初本质”。而古代中国哲学家也在寻求世界的本源，在《尚书·洪范》中，关于

---

❶ 曲辰. 中国哲学与中国文化. 银川：宁夏人民出版社，2006.

❷ 恩格斯. 自然辩证法. 北京：人民出版社，1971.

世界本源的五行为："一曰水，二曰火，三曰木，四曰金，五曰土；水曰润下，火曰炎上，木曰曲直，金曰从革，土爰稼穑。"五行被用于各个领域（人体、日历、建筑等），这一哲学思考侧重于万物的相生相克，相互关联和相互作用。可见尽管东西方古代哲学都具有唯物主义的基础，但二者的思想方法并不不同。

2. 关于时空的无限性

东西方古代哲学关于时间与空间的无限延伸，物质的无限可分方面也有不同的认识。东方哲学将宇宙统一到一个"道"中，"道生一，一生二，二生三，三生万物"——《老子》。亦即一为太极，太极分阴阳，阴阳互感而生万物。有人断定计算机语言的二进位制来源于八卦的阴阳(0,1)，如果按上述应当是三进位制(+1,－1,0)，也许会大大拓宽计算机的计算能力。西方的哲学家总是紧跟其科学的后面或者处于其反面，先是地球中心论，后来太阳中心论，进一步发现银河系、星云，才认识道宇宙的无限。恩格斯在自然辩证法中指出："无限时间内宇宙的永远重复的连续更替，不过是无限空间内无数宇宙同时存在的逻辑的补充"。这是讲时间坐标的无限反映了空间坐标的无限，例如人如果是长生不死的话，空间世界就必须是无限膨胀的。

关于物质的可分性，西方哲学家与科学家总是企图找到其最小的元素，不断地制造放大倍数更大的显微镜，先是原子（亦即不可再分的粒子），后来是"以太"，他们只是在不停地寻找物质最原本的、不再可分的东西是什么。

而东方古代哲学家早就否定了这种探索，他们说："道在天地之间也，其大无外，其小无内"——《管子·心术》，"一尺之棰，日取其半，万世不竭"——《庄子·天下》，可见中国古代哲学是超脱具体的学科的，不去寻求所谓的"不可再分的"粒子。

3. 东西方科学体系

从上述可见，西方哲学追究万物的组成，其核心是分解；中国哲学强调万物间的相生相克，其核心是整体。中国古代哲学更崇尚模糊的宏观感悟，西方哲学提倡精确的定量认识。

在西方哲学的指导下，西方近代的科学体系就是所谓的"还原论"，常常是孤立片面与线性地认识世界。而东方哲学指导的科学体系是"整体论"，从对立的统一中认知世界。

西方科学的方法是不断分解：机器→零件→分子→原子→电子→光子→量子→……，这种思想方法用于对人体的认识则是解剖刀＋显微镜，人→器官→细胞→基因，这种认识实际上是把人当成"人机器"，也就是一种更复杂一些的机器，这种科学体系强调精密与解析。

在东方哲学思想指导下，中医从整体上认识人的机体，讲求阴阳平衡，是"天地人时"四维协调的整体。人机体→经络（阴阳、五行）→穴位。《黄帝内经》说："阴阳四时者，万物之始终也，死生之本也。……逆之则病，从之则治，……是故，圣人不治已病治未病，不治已乱治未乱，此之谓也"——《黄帝内经·素问》。

最近，在哲学和科学领域，一些极左的"反伪斗士"们，宣称中医是伪科学，易经是伪科学，风水是伪科学；"中国传统的东西，百分之九十应当抛弃"。这种对西方近代的还原论体系的迷信，是非常有害的❶。在还原论者看来，只有能够看到、能够精确求解的才是科学。中医的经络无法看到，针灸治病无法解释，阴阳虚实无法定量，所以它们一律是"伪科学"。

应当看到西方的近代科学确实取得了很大成就，还原论在认识世界和科学发展的一定阶段是有效的，但是随着认识的深化，必须建立复杂性的科学体系，进入21世纪以来它正在迅速崛起。在人类进化中，科学发展是一个漫长的过程，不同的民族在不同阶段会有自己的贡献。中国的古代文人和学者沉溺于思，"学而优则仕"的科举制和官本位，使他们轻视技术和科学实践，在浩如烟海的传统文化遗产中，也难免鱼龙混杂，加之政治体制等原因使我国近代科学技术落后于西方，但不能否定我们在人类科学发展中的贡献以及东方哲学理念和科学体系的先进性。

（二） 岩土工程与东西方哲学

1. 土力学是伪科学吗？

在我们的工科大学中，学生从中学到大学学习了系统的普通物理和力学知识，也使他们有一种误解，即认为可以完全精确地解析、认知和预测世界，可以通过一台计算机准确无误地解决一切实际问题。因而在他们学习土力学时就陷入了迷惘，这么多的假设、近似和经验公式，使科学的严密性和精确性受到了蹂躏，计算的误差使他们的自信受到打击。以表1的沉降计算经验系数为例，他们惊呼：计算的结果还要修正（误差）到5倍，这难道还是科学吗？有的学生在我的课程调查的反馈意见中声称土力学是"伪科学"，这比何祚庥等人称中医等是伪科学要早很多年。

地基沉降计算经验系数 ψ_s 表1

$\bar{E}_s$(MPa)	2.5	4.0	7.0	15.0	20.0
$p>f_k$	1.4	1.3	1.0	0.4	0.2
$p<f_k$	1.1	1.0	0.7	0.4	0.2

❶ 宋振海. 真李鬼不除，何谈创新？科学对社会的影响，2006(3)：57-67.

L. A. Zadeh 指出："当系统的复杂性日益增加时，我们做出系统特点的精确而有意义的描述的能力将相应降低"，这对于岩土工程是十分适用的。1980 年在北美召开的一次土的本构关系研讨会上，对 17 个模型背靠背地进行"考试"，有的模型使用了几十个参数，预测的结果仍然并不准确，最后会议的一个主席 Finn 总结说："没有为任何一个模型戴上王冠"❶。

岩土工程定量准确预测的困难，源于材料的复杂性、影响因素的多样性和对于条件的不可确知性。岩土工程不确定性的根源一是因果关系的破缺，即一因多果或者一果多因；二是互补率的破缺，即亦此亦彼与非此非彼，多因素的相互关联与转化。我们的学生不了解客观事物的复杂性和整体性，基于还原论的认识方法，总是企图精确地解析、解剖、计算和预测，陷入了与客观世界复杂性的深深的矛盾之中。

2. 老河口会议的碰撞

1985 年 5 月，在湖北老河口召开了"土的抗剪强度与本构关系学术讨论会"，那是我国"文革"后岩土界的一次盛会，黄文熙、俞调梅、郑大同、卢肇钧、杨灿文、陈仲颐、袁建新、蒋国澄、谢定义、侯学渊、郑颖人等老一辈岩土工程专家都到会。另一方面，很多我国的首批岩土工程硕士和博士们也参加了会议。结果两代岩土工程工作者在理念上发生一次剧烈的碰撞。当时正值"第三次浪潮"冲击，青年们意气风发，斗志昂扬。我是第一批博士，不老不小，被推举为青年的领袖，晚上召开了"青年岩土论坛"，无知者无畏，大家大放厥词：声称必须彻底改造土力学，土力学中的众多经验系数和经验公式是土力学的耻辱，用信息论、系统论与专家系统彻底改造土力学。这些论点使老一代专家十分不安，他们在议论之后把我找去，我如实详细汇报了青年们的观点。老专家们指出：在岩土工程中，经验是不可替代的，计算不是万能的。记得陈仲颐先生讲到：岩土工程问题就像中医看病，是一个综合判断的过程。

随后我完成了"博士哲学论文"，这篇论文写得很有文采，被清华大学列为博士生哲学论文的典范❷。导师黄文熙先生看过后微笑着说了一句话："写得很好，但是我不同意"。现在看来恐怕就是针对不确定性理论的一些说法，例如文中说："由年轻人使用专家系统代替老迈年高的专家的经验来解决岩土工程问题"等。时间已过了 20 余年，当时的青年们经过岩土工程

---

❶ Proceedings of the Workshop on Limit Equilibrium, Plasticity and Generalized Stress-strain in Geotechnical Engineering, McGill University, 1980.

❷ 李广信. 土力学发展中的理论与实践关系//清华博士对现代科学技术的哲学探讨. 北京：清华大学出版社，1996.

在分项系数法中，是将荷载的标准值乘以一个大于1的分项系数，抗力的标准值除以一个大于1的分项系数。分项系数法实际上是基于可靠度理论的，对于随机分布的变量荷载 S_k 和抗力 R_k，有多少可能性荷载大于抗力而失事也是一个随机事件，破坏的概率决定于两个随机变量的均值（众值，中值及某个分位值）及其分布。其失事概率可用可靠度指标表示，例如可靠度系数为 $\beta=3.0$，则表示失效概率为9.4/10000，它明确地给出失效的概率，然后通过经济、社会、技术的风险分析，给出最合理的设计值。我国颁布的标准规定，对于各种结构设计应遵循该理论方法。

在图2的两种情况下，正态分布的荷载与抗力的中值都是相同的，用单一安全系数法设计，其安全系数也相同，但是失事的概率不同（见图2中的阴影部分），所以应当说分项系数法设计是更合理、更"科学"的。

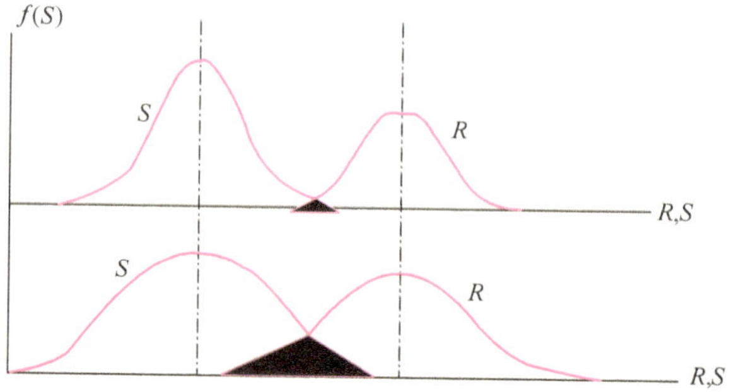

图2　分项系数法设计的示意图

但是，可靠度设计在岩土工程中遇到了困难。20世纪80年代，岩土可靠度研究掀起了热潮，随后20年热度逐步减退；《建筑桩基技术规范》(JGJ 94—94)采用了分项系数的形式，但只是"形式"。我们可以通过试验拉断1000根钢筋，取得一个钢厂的钢筋强度的随机分布，但很难想象能够对一个特定场地的单桩进行数十个试验，取得其承载力的随机分布，所以该规范的荷载采用设计值（标准值的1.25倍），承载力的分项系数取为1.65左右，实际上是将安全系数2，分解为1.25×1.65≈2.0。由于这种分项系数毫无意义，所以新的桩基规范又改回到安全系数法 $K=2.0$，据说欧洲的规范也是如此。国内前阶段一些岩土规范标准也采用分项系数的形式，如《建筑基坑支护技术规程》，但远不如《铁路路基支挡结构设计规范》的安全系数法概念清楚，有的甚至将分项系数 γ 等同于安全系数 K。

岩土工程不能与结构工程一样采用分项系数法，是由其特殊性决定的。岩土工程的特殊性包括：

(1)地层土与地下水分布的不确定性；

(2)现场与实验室岩土指标的不一致性；

(3)现场原位应力与孔隙水压力的不确定性；

(4)外加荷载及其分布的不确定性；

(5)岩土材料性质的复杂性及参数的相关性；

(6)计算理论和方法的不确定性。

这些特点使可靠度的应用产生了很大的困难，可靠度应用于岩土工程还需要资料的积累和科技发展，需要岩土工程师的不懈努力。

如果不用哲学那么深奥的东西理解地基承载力，也可以用吃饭来比喻。安全系数法就像美国人，他们经常举办吃汉堡包、鸡蛋、辣椒等大赛，吃到极限，可一口气吃50多个热狗，平时吃饭就除以一个“安全系数”；而分项系数法更像德国和北欧一些国家的吃饭，在厨房里除了锅碗瓢盆以外，还有一个天平，该智能天平可以自动计算和显示这顿饭的热量和维生素等，这种“科学”的吃饭达到了吃饭的最高境界。但这种吃法其实也只适应于北欧人那种简单的食谱，对于我国四大菜系、满汉全席以及广东人除了活人什么都敢吃的饕餮之徒就无能为力了。它需要食物成分、热量和营养含量的准确可知性及对人健康的阴阳寒热的正确认识，尤其是具体的个人在四时、地域、身体状况下的具体需求。

而容许承载力则像中国人吃饭，其标准是“吃好了”。何谓“吃好了”？子曰：“君子食无求饱，居无求安”——《论语》，这就是说吃饭要有个“度”，这是儒家典型的中庸之道。如果把握好这个度，那么就没有那么多的心血管病、糖尿病、肥胖症等，可见古代东方哲学的远见。

三、岩土工程唯物论与辩证法

(一) 唯物论——岩土工程的基础

恩格斯在《自然辩证法》中说：“唯物主义的自然观不过是对自然界本来面目的朴素的了解，不附加任何外来的成分。”

在岩土工程中对自然界岩土分布的“朴素的了解”就需要勘察，对岩土特性的了解就需要试验，对自然规律的了解就要在实践中观察和监测。

成功的岩土工程师都是坚定的唯物主义者。黄文熙先生的一生都致力于土工实验室的建设，他培养的研究生都必须完成大量的土工试验。他指出，“实验资料是永存的”。

刘建航院士在上海地铁施工中总结的：“理论导向，实测定量；经验判断，检测验证”，就是强调从实践中来，到实践中去。鉴于岩土材料的复杂性和变异性，在岩土工程中强调现场勘察、科学试验和工程实践的唯物主义思想方法与工作方法就有更重大的意义。

恩格斯也指出:“在理论自然科学中也不能虚构一些联系放到事实中去。而是要从事实中发现这些联系,并且在发现之后,要尽可能地用经验去证明。”在土力学理论方面,这种虚构联系和在虚构基础上建立理论的作风是常常出现的。例如,各种关于水土关系的“理论”,各种企图推翻土的有效应力原理的“新理论”等。

(二) 对立的统一——岩土工程中的相互作用

黑格尔辩证法的核心就是对立的相互渗透的规律、量转化为质和质转化为量的规律、否定之否定的规律❶。

毛泽东指出:“矛盾的普遍性或绝对性这个问题有两个方面的意义,其一是说矛盾存在于一切事务的发展过程中;其二是说每一事务的发展过程自始至终存在矛盾运动”❷。

岩土工程中从微观到宏观充满了相互对立与相互作用,正是这种相互作用,形成了岩土材料的极端复杂性和解决岩土工程问题的极端困难性。

1. 土中三相间相互作用

土是由固、液和气三相构成的,三相间的对立、运动、联系与转化形成了土区别于其他一切材料的特性,也产生了土力学这一独特的学科。

首先是固体颗粒间的相互作用。在土体受力时,有效应力通过颗粒的接触点传递应力,颗粒矿物本身的弹性变形是极微小的,颗粒的位移、转动、重排列是土体变形的主体,而颗粒的破碎、接触点的破损促进了变形的发展,也就在宏观上表现为塑性应变。这就形成了土体变形的弹塑性、压密性、剪胀性、应变软化、流变性和循环加载时的回滞圈和减载体缩等一系列独特的变形特性,也表现为变形受应力状态、应力历史和应力路径的影响等复杂的性状,目前还没有一种本构模型能够准确地描述所有这些变形特性。

饱和土体的性状表现在土骨架与孔隙水间的相互作用。最突出的是所加的总应力为土骨架和孔隙水共同承担,亦即有效应力原理,这是土力学的标志性的原理,超静孔隙水压力在固结过程中不断消散,总应力不断转化为有效应力,成为渗流固结理论的基础。

$$\sigma = \sigma' + u \tag{5}$$

土中水在水头差作用下发生流动,其规律服从达西定律。渗透水流对于土骨架产生推动和拖曳作用,这就是渗透力,其大小表示为

---

❶ 恩格斯. 自然辩证法. 北京:人民出版社,1971.

❷ 毛泽东. 矛盾论//毛泽东选集第一卷. 北京:人民出版社,1952.

$$j = i\gamma_w \tag{6}$$

它是土体产生流土、管涌等渗透变形的动因，造成了形形色色的工程问题与工程事故。

土中水对于土的作用还表现为破坏土的结构，造成矿物软化与风化、颗粒间的润滑作用等，这些作用造成土的湿陷性、膨胀土的胀缩、冻土的冻胀和融陷、水力劈裂；土中水及其渗流还会改变土的自重、强度和荷载，引发与抗滑稳定有关的问题。

非饱和土存在着固、液、气三相，他们之间存在着更为复杂的相互作用，最重要的是三相界面上的毛细张力作用，亦即基质吸力。例如 Fredlund 所提出的非饱和土的强度理论

$$\tau_f = c' + (\sigma - u_a)\tan\varphi' + (u_a - u_w)\tan\varphi'' \tag{7}$$

其中$(u_a - u_w)$就是所谓的基质吸力，它成为非饱和土力学的基本要素。

2. 土与其他材料的相互作用

在对土进行加固与加筋时，会发生土与其他材料的相互作用。以加筋土为例，土中筋材在界面上通过摩擦受到伸长土体的拉伸，筋材对土的反作用对土产生一个约束力，亦即增加一个对土的围压，它会提高土的抗剪强度，如图 3 所示。

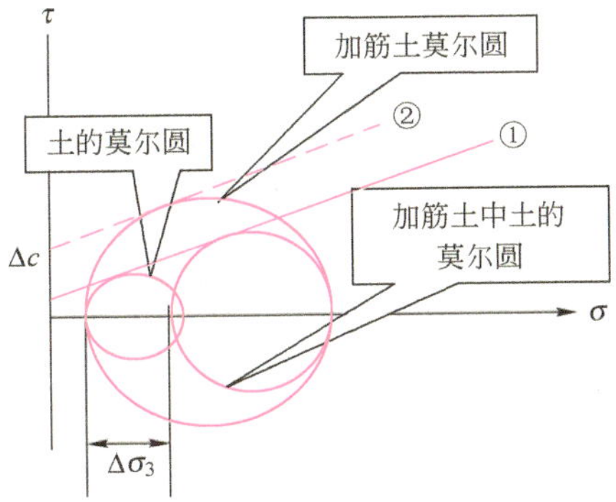

图 3 加筋土中的筋土相互作用

在图 3 中，①是素土的强度包线，②是加筋土的强度包线，可见其抗剪强度增加了一个 Δc，亦即加筋土中的土增加了一个 $\Delta\sigma_3$，$\Delta\sigma_3$ 就是筋材对土的约束应力。

$$\Delta\sigma_3 = 2\Delta c \cdot \tan\left(45^\circ - \frac{\varphi}{2}\right) \tag{8}$$

除此以外，还有地基—基础—上部结构的相互作用、桩—土间的相互作用、面板堆石坝中面板与过渡料间的相互作用、混凝土防渗墙与地基土和坝

体材料的相互作用等，这些相互作用的条件是变形协调和应力平衡，也就引发了形形色色的岩土工程课题。

(三) 土是有生命的

古希腊的哲学家赫拉柯利特说过：人不能两次踏进同一条河流。这是指河水处于永恒地流动中，它无时不是在否定自己。正如恩格斯所说："一切僵硬的东西融化了，一切固定的东西消散了，一切被当作永远存在的东西变成了转瞬即逝的东西，整个自然界被证明是在永恒的流动和循环中运动着。"❶

用这种哲学思想看待岩土，就会有全新的认识。岩土在漫长的地质历史进程中，处于不停地变化中，或者缓慢地固化，或者逐渐地风化；造成了岩与土之间在互相转化，这是一个漫长的生命过程。

即使在一个很短的加载过程，土也在不停地改变自己，否定自己。与其他固体材料不同，土的应力变形过程是与其物性状态耦合的，互相影响的。图 4 是用 DDA(discontinous deformation analysis，不连续变形计算)计算的"土"的应力变形过程。

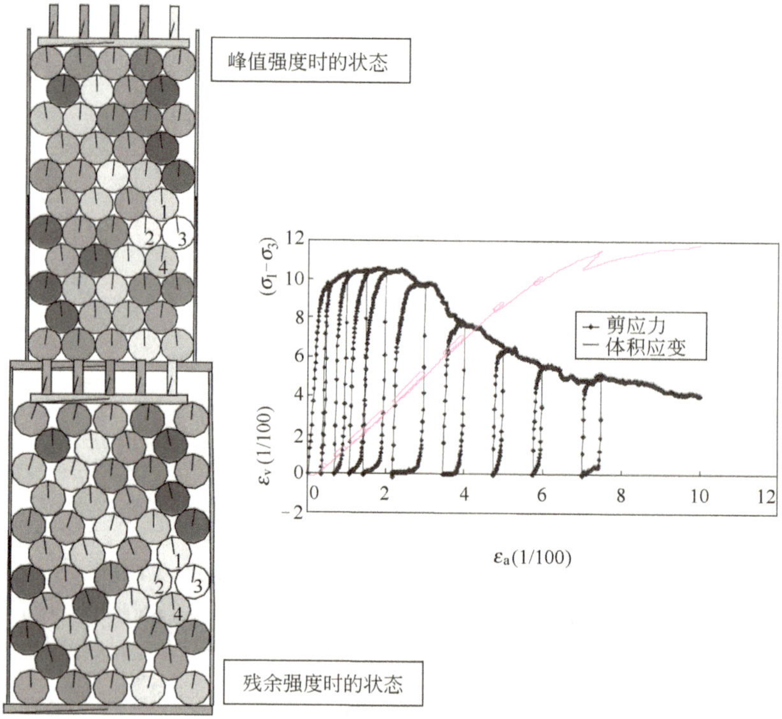

图 4 DDA 模拟土的应力应变过程

❶ 恩格斯. 自然辩证法. 北京：人民出版社，1971.

处于峰值强度时土颗粒呈等边三角形排列，亦即处于最紧密状态；处于残余强度时土颗粒近似呈等边正方形排列，亦即处于疏松状态，这时体积膨胀（剪胀）了约 12%。可以说，在变形过程中，每一个瞬时土都在变化状态，都在不断地否定自身。

图 5 是正常固结黏土的固结和剪切时的强度包线，原点 O 的黏土表示处于泥浆状态（前期固结压力为 0），其黏聚力 c 为 0，没有任何强度。而随着固结压力的增加（处于 A、B、C 状态），密度不断增加（孔隙比 e 减小），土试样已经逐渐成为密实的土块，强度在宏观上按 $\tan\varphi$ 的比例增加。其实在强度包线上的各个点代表的是完全不同状态的试样，这个包线是不同状态土强度的集合。正如将一个人从 1 岁、20 岁、40 岁、60 岁的能力划在同一条线上一样，那么所谓的内摩擦角也不是真正意义上的摩擦角，其中包括了黏聚力随固结压力增加的部分。

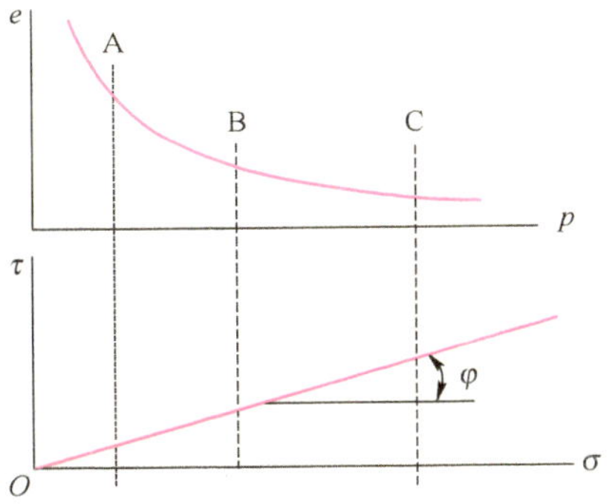

图 5　正常固结黏土的固结曲线和强度包线

从上述两个例子，我们似乎也可以说：我们不能用同一个土试样进行一个完整的试验。即使是不排水试验，试样密度不变，组成和结构也发生变化。在加载变形过程中，土颗粒不断地被移动、转动、破碎，在宏观上表现为塑性应变，在这个过程中，土的组成、状态、结构也在不断变化，那么它的进一步受力变形的性质也不同，这就表现为土体变形的非线性。有趣的是，人们提出了形形色色的本构模型，例如弹塑性模型、损伤模型、内时理论模型、塑性应变势模型等，其实它们都含有一个意义相同的参数，可称为状态参数。此参数是塑性应变的函数，在弹塑性模型中是硬化参数[$H(\varepsilon_{ij}^{p})$]，在损伤模型中是损伤变量[$W(\varepsilon_{ij}^{p})$]，在内时模型中是内时变量[$I(\varepsilon_{ij}^{p})$]。沈珠江先生在广义孔压基础上提出的塑性应变耗散能理论，使用的参数为塑性应变势 $\lambda=\sum\Delta\lambda$，也是塑性应变的函数。德赛（C. S. Desai）的扰动因子 D 中也主要是塑性应变。这些模型不约而同地使用塑性应变的函数作为模型参数，表明它们需要一个描述土体状态与组构变化的尺度，它在不同模型里以不同的形式出现，但在物理意义上是相通的。

在一个流动的、其变形与组构耦合的体系中，需要一个尺度作为状态的度量，作为下一个瞬时变形性质的描述，由于塑性应变实际上是土的颗粒相对位置的变化，反映了其密度和相互间位置的变化，是最合适的尺度变量。与此相似，在医学鉴定中，常以“骨龄”判断人的年龄与状态，人在幼年和青年阶段，骨骼逐步坚硬密实，这正如图 5 中的土由于塑性体应变而逐步变密

于弹塑性模型，其强度反映在塑性应变部分，其表达式为

$$d\varepsilon^{p} = d\lambda \frac{\partial f}{\partial \sigma} \tag{10}$$

式中，f 是屈服函数，土体的应力达到了强度状态的条件是 $d\lambda \to \infty$。在 Duncan-Chang 模型和剑桥模型中可以分别从式(9)和式(10)找到它们的强度准则。

同样，对于荷载—沉降曲线，其变形和破坏也是可以转化的。图 9 表示了一般的荷载—沉降曲线，其极限荷载即对应着地基土的破坏，它也同样是由变形决定的，或者是沉降不能稳定，或者是曲线出现陡降，或者是沉降超过一定的值等[1]。

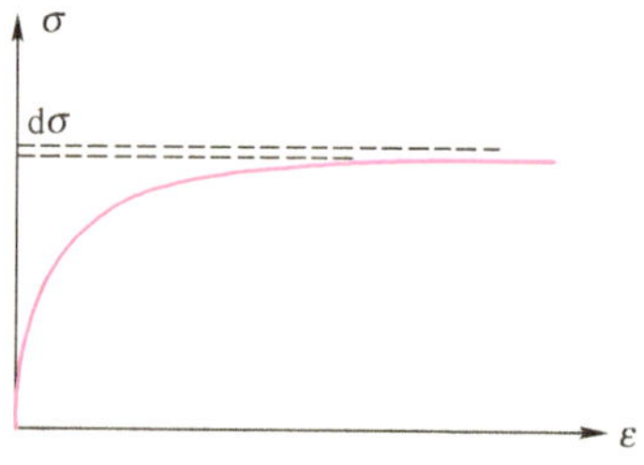

图 8　应力应变关系曲线与强度

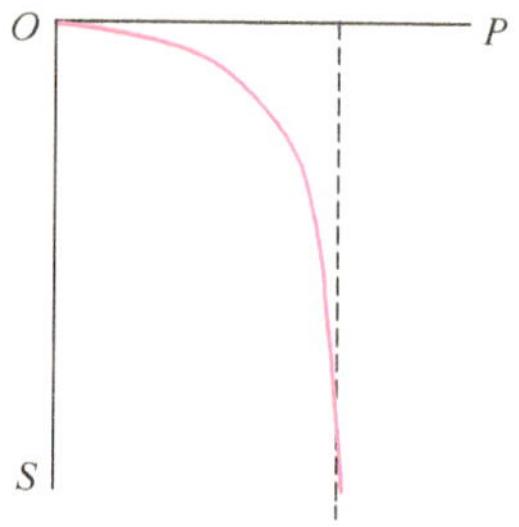

图 9　荷载沉降曲线和极限承载力的确定

所以，应变与强度、变形与破坏是一个完整过程的不同阶段，从量变到质变，不是毫无关系的独立概念。

3. 抗滑稳定与渗流稳定

土体的抗滑失稳是由于滑动力(矩)达到抗滑力(矩)而发生的，而渗流稳定是渗透力造成的流土或者管涌，二者有完全不同的准则和物理意义，似乎不能混淆。但实际上二者也不是毫无关系的，同样存在量变到质变的情况。图 10 表现的是在有渗流情况下边坡稳定的情况，可以用式(11)判断。

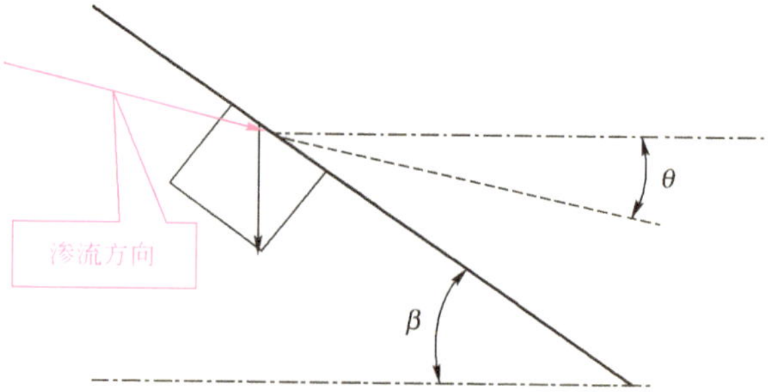

图 10　有渗流情况下的边坡稳定

[1] GB 50007—2002 建筑地基基础设计规范. 北京：中国建筑工业出版社，2002.

$$\gamma'\sin\beta+\gamma_w i_{cr}\cos(\beta-\theta)=[\gamma'\cos\beta-\gamma_w i_{cr}\sin(\beta-\theta)]\tan\varphi \tag{11}$$

$$i_{cr}=\frac{\gamma'}{\gamma_w}\quad(\beta=0°,\theta=90°) \tag{12}$$

当$\beta=0°$，$\theta=90°$时，式(11)变成式(12)，可以发现i_{cr}实际就是流土的临界水力坡降。亦即当边坡变成平地及自上而下渗流时，抗滑稳定计算公式奇妙地变成了渗流稳定公式(流土)。可见所谓强度问题和渗流破坏问题也是相通的，二者并不是截然不同的课题，也是从量变到质变及矛盾转化的问题。

4. 土中水与水中土

说到土中的渗流，就是水在土的孔隙中流动，如果符合层流条件，其基本规律服从达西定律。即

$$v=ki \tag{13}$$

这时，土的骨架形成稳定不动的主体，水在其孔隙中流动，亦即是土中水的问题。但是流速v或者水力坡降i达到一定的量，就会发生管涌或者流土[见式(12)]，一旦发生了渗透变形(或者称为渗透破坏、渗透失稳)，情况就会变化，单个的土颗粒被流动的水所裹挟，土骨架破坏，水成为主体和载体，变成了水中土的问题。类似的还有土的液化、泥石流、砂土的流滑等。通常的情况是土颗粒已经不能构成骨架，而是处于悬浮状态。按照有效应力原理，有效应力为零，亦即

$$\sigma=u \tag{14}$$

$$\sigma'=0 \tag{15}$$

如图11所示几种情况。

a) 液化　b) 泥石流　c) 砂沸

d) 流滑　e) 管涌

图11　几种水中土的情况

在1998年长江洪水期间，大量的险情属于渗透变形问题，也就是通常人们所说的“管涌”。在二元地基情况下，实际上是在下层的细砂与上层的

黏性土界面处被冲蚀，亦即所谓的“接触冲刷”。图 12 是用有机玻璃板模拟黏性土层进行的试验，可见细砂被冲蚀出一条蜿蜒的孔道。

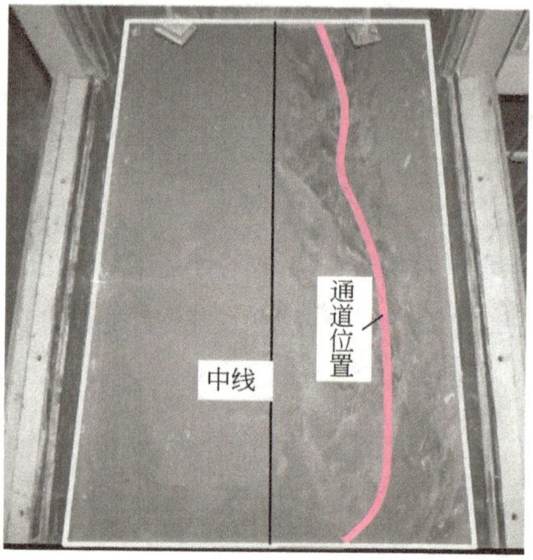

图 12　玻璃板下砂土的潜蚀

这种冲蚀对于堤防常常是灾难性的，很多溃堤就是由它引起的，其发展的规律成为一个关键的课题。很多人用有限元渗流计算进行模拟：渗流区服从达西定律，而冲蚀通道也按达西定律计算，不过渗透系数提高 100 倍，结果是一旦黏性土层下游某个位置产生流土，那么通道将沿着流线不断发展，直到破坏。而实际情况是这种冲蚀常会自动停止。实际上在这个通道中，是流动的水裹挟着砂粒流动，属于流体力学的问题，是泥沙动力学、两相流等另一个领域的课题了，不服从达西定律，亦即从土中水的问题转化为水中土的问题。

在我的一个博士生的论文中，讨论这一问题时，我让他到泥沙专业、流体力学学科去寻求出路，进行了渗流—管流的耦合计算，将泥沙的起动流速、水流的挟沙能力等概念和理论应用于计算，同时考虑了不同方向水流时砂粒的自重影响，较好地模拟了这种“管涌”的发生—发展—停止等条件，与模型试验基本吻合，图 13 是其计算的思路。

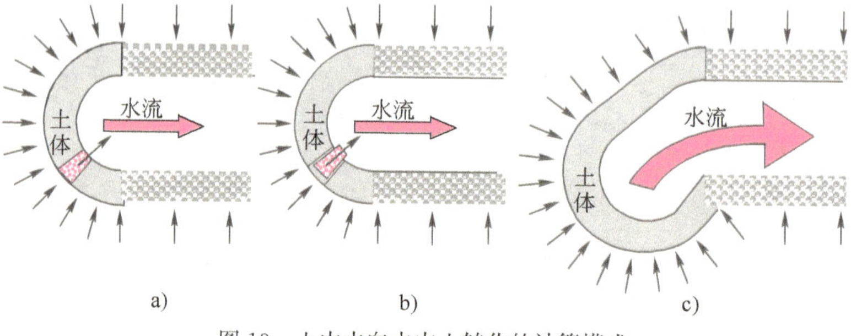

图 13　土中水向水中土转化的计算模式

现代科学知识爆炸，学科的划分越来越细，学科领域越来越窄，而即使在这一狭窄的领域也积累了大量的、丰富的文献资料，穷极一生也不可能全部掌握。研究者，尤其是博士生如果一开始就走进一条无穷尽的胡同中，看不见相邻学科及其他学科领域，思路和眼界被限制，这是一种很不利的局面。这时，需要左右环顾一下，到其他学科领域去浏览一下，开阔思路，可能会“柳暗花明又一村”，其基础就是树立正确的哲学理念，认识到世界本来是不分学科的，客观事物总是相互关联，相互转化的，是量变到质变的，处于永恒的流动与转化中。恩格斯叹息到："（现代科学）已使每个人都或多或少地局限于自己的专业中，只有少数人没有被夺去全面观察问题的能力"❶。而这种现象常常是由于被西方还原论科学体系所造成的，树立整体、全面和运动的哲学思想是至关重要的。

四、岩土工程中的理论与抽象

（一）太沙基的官司

古埃及大胡夫金字塔建于约 4700 多年前，大禹治水发生于新石器时期晚期——约 4000 年以前，中国的万里长城始建于春秋战国时代——约 2200 年前。这些著名的巨型岩土工程实践已经有几千年的历史，可是土力学成为一个学科被公认为是 1925 年始于太沙基发表了他的《土力学和地基基础》(*Erdbaumechanik auf bodenphysikalsc her Grundlage*)一书，所以太沙基被尊为土力学学科的奠基人。对此很多人并不理解，在动物界也有不同的意见。

水獭、河狸可以筑坝，鼹鼠和蝼蛄擅长地下工程，白蚁更是可以建造高达数米的蚁巢，相对于它们的身高那是真正的超高层建筑。几十、数百万年前他们祖先就已经熟悉、运用和改造土，从事土工实践，成绩斐然，工程浩大。于是它们诉讼太沙基侵权，主张它们及其祖先才是土力学的奠基者。按照法律程序，被告方请恩格斯和毛泽东两位律师辩护。恩格斯指出："狭义的动物也有工具，然而这只是它们躯体的四肢，蚂蚁、蜜蜂、河狸就是这样。只有人才给自然界打上自己的印记。……随着对自然界规律的知识的迅速增加，人对自然界施加反作用的手段也增加了"❶；毛泽东说："感觉到了的东西，我们不能立刻理解它；只有理解了的东西才能更深刻地感觉它；没有理论指导的实践是盲目的实践"❷。于是鼠獭蝼蚁们败诉，但据说它们还要上诉。

（二）理论在土力学中的意义

1. 理论是学科的标志

17～18 世纪，随着西方工业化的兴起，各领域的科学技术得到迅速发展，岩土工程的理论也所发展，如莫尔—库仑强度理论、达西定律等；在具体

❶ 恩格斯. 自然辩证法. 北京：人民出版社，1971.

❷ 毛泽东. 矛盾论//毛泽东选集第一卷. 北京：人民出版社，1952.

计算方面，有朗肯、库仑土压力计算理论、边坡稳定分析的瑞典条分法，基于极限分析和极限平衡的地基承载力理论等。这些理论和方法有的针对散体材料，有的适用于多孔介质，应当说，土力学作为一个学科的雏形已经形成。太沙基的有效应力原理和随后的一维渗流固结理论是土力学中特有的标志性理论，是土力学中为数不多的较为严密和准确的理论，在土工实践中起到了指导性的作用，所以也就成为土力学学科形成的标志。

2. 承载力理论的意义

尽管土力学中经验的作用是巨大的，但理论在岩土工程中的意义是决定性的，“没有理论指导的实践是盲目的实践”。图 14 是在土力学基础工程教学中关于承载力问题经常被引用的例子，但是它们都发生在 20 世纪早期以前，其中比萨斜塔的地基承载力严重不足，若不是前后修建了近 200 年的时间，使土体充分固结，也早就倒塌了。而很少找到近期由于地基承载力而失事的工程实例，尤其是近代，建筑工程的问题基本是沉降变形问题，应当归功于人们掌握了地基承载力理论的结果。

a) 加拿大特朗斯康谷仓：1913年 9月装谷物，10月17日倾覆

b) 1940 年在软黏土地基上水泥仓倾覆

c) 比萨斜塔：1173年动工，1370年竣工

图 14　地基承载力问题的例子

3. 快挖慢填

违背了土力学的基本理论与概念无不受到客观规律的惩罚。在土方工程中，尤其是有水情况下，根据式(16)，应当遵照“快挖慢填”的原则。亦即在原状土中，由于

$$\Delta u = B[\Delta\sigma_3 + A(\Delta\sigma_1 - \Delta\sigma_3)] \tag{16}$$

开挖时，在适当支护条件下，施工要尽量快，即快开挖，快支护，快封底，快回填。这是由于在式(16)中 $\Delta\sigma_3$ 可能是负值，产生的负孔压会提高土的抗剪强度，快就更安全；另外原状土长时间暴露会因其扰动而降低强度；降雨和浸水会使非饱和土吸力降低或者消逝；蠕变也是不利因素，夜长梦多，造成事故。有些贷款工程，由于经费不到位，基坑放置很长时间而失事就是违背了这一原则。反之，填方工程应尽量慢一些填筑加载，尤其在饱和软泥土中，在式(16)中，填方会增加超静孔隙水压力，土的不排水强度低于有效应力强度，快速加载会造成填方失稳；另外慢加载也会减少工后沉降，违背这一原则，同样会出事。有些"献礼"工程，不考虑实际情况，盲目赶工期，或者造成事故，欲速则不达；或者造成浪费。北京的六环路工程，号召迎奥运，要求一些路段 2006 年底通车，并要消灭桥头跳车，在几个桥头填方中对填方路基进行了大量的各类桩式复合地基处理，投入几千万元。其实只要预先填土预压，然后再铺设路面，只需 3 个月就沉降就基本稳定了，这笔钱就不用花了。

4. 水下钻孔灌注桩施工

有的技术人员只会照猫画虎，不理解基本原理，也会做出蠢事。例如，在水下泥浆护壁钻孔灌注桩施工中，孔内水位要高于地下水位 1.5～2.0m，并且提高泥浆比重，其原理如图 15 所示。

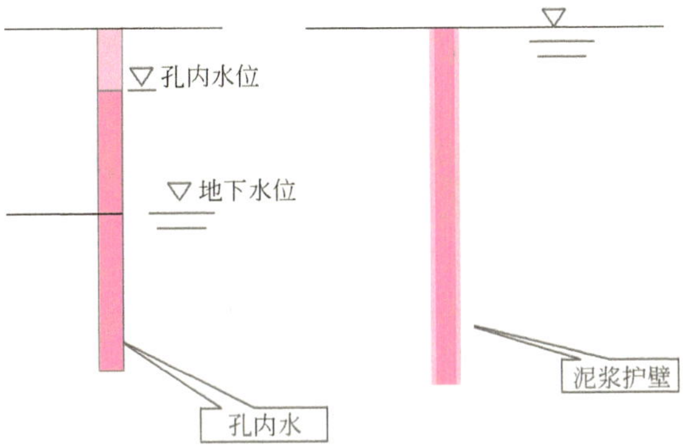

图 15　水下钻孔灌注桩施工

假设地基砂土的 $\gamma_{sat}=20\text{kN/m}^3$，$\varphi=30°$，在左图中，只要孔内水位达到一定高度使水力坡降 $i=1.732$，就能保持侧壁砂土直立；在右图中，地下水位和孔内水位都与地面齐平，在上述条件下，如果泥浆相对密度达到 1.33，孔壁也不会倒塌。而有的技术人员为了检查孔壁质量，居然从孔内抽水，结果是不言而喻的，地面塌陷成为一个锅底形的大坑。可见，理论是不能被藐视的，许多事故根源都在于违反了土力学基本理论和概念。

（三） 岩土工程中的抽象

理论的产生需要合理的抽象，在抽象过程中，弱化、摈弃对象的非本质特性，强化、纯化其本质的特性。抽象是对对象的理想化，亦即需要一些假设。针对不同的研究对象，用于不同的目的，在不同的研究层次，人们进行不同的理想化。在不同的学科，人们都曾经作了理想化，例如理想流体、刚体、线弹性体等，那么对于非连续、不均匀、充满复杂性和变异性的土应该如何抽象和理想化呢？

其实，合理的抽象不仅是一个理论问题，也是一个实践的问题。目前经典的弹塑性理论在岩土的极限分析和极限平衡中仍然是不可替代的；线弹性理论在地基沉降计算中仍然使用；即使是在高土石坝数值分析中，简单的、不能反映剪胀性的非线性弹性 Duncan-Chang 模型也被广泛使用。因而抽象与理想化不能脱离需要解决的问题，针对不同层次的问题，采用不同的假设和理想化，关键是突出其最主要的力学特点，并不是越复杂就越合理。因而在土力学中理论模型中百花齐放的局面是不可避免的，是合理的存在。沈珠江先生提出："科学崇尚简朴和适用"❶是有见地的观点。

基于土的碎散组成，土的弹塑性模型是对土的合理抽象，几十年来这类模型取得了公认的成功和工程应用。那种主张抛弃弹塑性模型，力图寻求一种能够反映一切土的所有特性的完美的理论模型，是我们共同的梦想，但它可能根本就不存在。建立包含几十个参数的高级模型往往是阳春白雪，曲高和寡，脱离实际。

抽象似乎是一个形式逻辑的问题，但是人们有时在应用时会陷入唯心主义的泥塘。恩格斯指出"在理论自然科学中也不能虚构一些联系放到事实中去，而是要从事实中发现这些联系，并且在发现之后，要尽可能地用经验去证明"。对于黑格尔的唯心论，他认为要反对两点："唯心主义的出发点和不顾事实任意地构造体系"❷。

在土力学方面，一个唯心主义的例子就是对于太沙基有效应力原理的否定。在我国近年来一直有人"从事"这个工作，有人提出对于黏土这一原理应改写为

$$\sigma = (1-n)\sigma' + nu \tag{17}$$

式中，n 为孔隙率。

也有人提出

---

❶ 沈珠江. 科学崇尚简朴. 岩土工程学报，2004，26(2)：299-300.

❷ 恩格斯. 自然辩证法. 北京：人民出版社，1971.

$$u = \xi \gamma_w h \tag{18}$$

式中，ξ 为单位土截面上自由水所占的面积。

完全饱和黏土的三轴不排水试验证明，B 完全可以达到 1.0，式(17)显然是错误的。根据式(18)，结论是饱和黏土预压固结的可能达到的最好效果是达到黏性土的液限含水率，这简直就是荒谬了。在提出以上理论以后，他们全面地改写了水土压力计算、浮力计算、自重应力计算、渗透力及渗透变形等，真是"不动则已，一动至少就要创造一个完整的'体系'❶"。

(四) 数学在岩土工程中的应用

恩格斯指出："纯数学的对象是现实的空间形式和数量的关系，所以是非现实的材料。这些材料以极度的抽象的形式出现，这只能表面上掩盖它起源于外部世界的事实"❷。

在岩土工程中，数学方法是不可缺少的工具，但精确的计算从来都作为参考，基于经验的综合判断才起关键的作用，数学的计算与推导一旦脱离实际就会沦为数学游戏。在一个学科领域，数学的应用是受一定条件限制的。

1. 数学应用的条件

数学的应用由以下 3 个方面所决定：

(1)数学本身的发展水平和层次

初等数学常常伴以对对象的高度理想化，适用于简单的物理模型，例如土的线弹性模型，计算是可以叠加的；而非线性模型的计算需要微积分的概念；增量的弹塑性模型则必须使用高等数学。概率论与数理统计可描述因果关系的不确定性，亦即适用于随机变量，如可靠度分析。这对于岩土力学这可能是强有力的工具，但前提是样本和资料的充分，案例和经验的积累。而研究互补率破缺的模糊数学、混沌理论等数学方法在岩土工程中可望具有广阔的应用前景，近年来拓扑学和分形理论在岩土工程中都有使用的尝试。岩土工作者应当敏感地关注和吸取数学领域的先进成果，努力使用最先进的数学方法，但是需要抱有科学和实事求是的态度，不应作为制作论文、炮制成果的终南捷径。

(2)使用数学的学科的特点和发展水平

恩格斯在 1883 年写道："数学的应用：在固体力学中是绝对的，在气体

---

❶ 恩格斯. 反杜林论. 北京：人民出版社，1970.

❷ 恩格斯. 自然辩证法. 北京：人民出版社，1971.

力学中是近似的，在流体力学中已经比较困难了；在物理学中多半是尝试性和相对的，在化学中是最简单的一次方程，在生物学中等于零。”[1]这是19世纪的情况。目前各学科应用数学的水平已经不可同日而语了，但是对于由固体、液体和气体组成的土，数学方法的应用目前还是相对和有条件的。

由于岩土材料性质的复杂性、模型描述能力及其参数精度的相对性、初始条件和边界条件的不确定性，对于岩土工程问题的精确描述是困难的，计算有时会得出完全相反和错误的结果。例如广泛使用的Duncan-Chang非线性弹性模型，由于不能反映土的剪胀性，会将负的体应变和孔隙水压力预测为正值。目前几乎所有的土的本构关系模型都会得出减载时土的体积回弹的结果，而实际上很多土在减载时都是体缩的。

但是，岩土工程实践的发展给岩土力学提出了必须解决的课题。高土石坝、重型核电站、超高层建筑的兴建使简单的分层总和法和初等数学远远不能满足要求，非线性的变形计算成为必要；高标准的高速公路、高速铁路、磁悬浮列车路基要求计算反复荷载下的残余变形，土的弹塑性理论也就被普遍应用和发展；大型建筑的抗震分析迫切需要土的动本构模型，这无疑为更复杂的数学理论和方法开拓了应用的空间。地质灾害、病库险坝、堤防、土建工程的安全评估也使非确定性数学方法成为岩土工程中不可缺少的手段。

(3)计算技术

工程需求提出了应用复杂数学理论方法的必要性，而20世纪60年代以后迅速发展的计算机技术为其提供了可能性。没有计算机，非线性计算几乎是不可想象的；计算机卓越的计算能力使极限平衡的稳定分析在极短时间内完成大量的计算，使各种优化、搜索方法得以实现，在几秒钟内完成数千万次运算会很快找到临界滑裂面，从而使这一古老的稳定分析方法焕发了青春。

强大的计算能力使数值计算成为岩土力学中的常规的手段，以至有人将土力学划分为理论土力学、应用土力学和计算土力学3个分支[2]。

2. 岩土工程中数学应用的一个成功的例子

数学方法在岩土工程中成功应用的例子是石根华在岩土数值计算中引入拓扑数学。

石根华是“文革”前的研究生，师从北大数学系江泽涵教授，从事非奥几何研究。“文革”将他与数十个大学生一起抛到水电五局，在四川一个山洞中打石头。在长期的开洞工作中，他琢磨将拓扑学应用于描述节理岩体的运动，解决围岩塌方问题。后来他在美国与Goodman教授合作，提出了

[1] 恩格斯. 自然辩证法. 北京：人民出版社，1971.

[2] 沈珠江. 关于土力学发展前景的设想. 岩土工程学报，1994，16(1)：110-111.

被誉为“目前解决岩石塌方问题的唯一理论”，即块体理论。他是我所听到的受到国外同行赞誉最高的中国岩土工程学者，美国同行不理解为什么让一个处于数学象牙塔最高层的研究非奥几何的数学家去打山洞，并且说：你真幸运。后来石根华又在此基础上提出了非连续变形计算（DDA）和流形元（MEM），成为非连续计算领域有影响的专家。

看来，将新的数学手段创造性地应用于岩土工程，首先需要有坚实的数学功底，也需要对岩土材料性质有充分的了解和长期的工程实践经验，还要有创造性的思维方式和联想以及锲而不舍的艰苦的钻研过程。目前，国内有些青年学者稍有成就即被任命做官，或成为跑经费、跑项目的学术掮客，可能离真正的学者越来越远。

五、岩土工程与逻辑方法

黑格尔的逻辑是辩证的逻辑，但在其《逻辑学》一书中也分析了抽象与具体、归纳与演绎、分析与综合等形式逻辑问题。形式逻辑是低层面上的悟性活动，不仅是人，连动物也会按照这种形式逻辑进行“思维”活动。在岩土工程的研究和实践中，正确的逻辑方法是十分重要的。对此，沈珠江先生曾有系统的讲述。

（一）归纳与演绎

在岩土工程中，归纳与演绎是最常用的手段。归纳主要表现在经验公式、经验系数和经验方法方面。归纳也是理论产生的基础，例如莫尔—库仑强度理论，达西定律就是基于对大量试验资料的归纳和总结得出的。但是从归纳上升为理论还需要抽象。归纳结果的使用一定要结合具体的时空条件，例如许多地方规范的参数和方法往往是本地经验的总结，其他地方使用时就一定要考虑当地的特点，以决定是否可用。正确归纳的前提是资料的全面性，下面是一个错误的归纳法的例子：有人搜集了“大量”的平面应变试验资料，得到结论是平面应变的零应变方向（y 方向）的主应力总是中主应力，并且归纳出一个经验公式。

$$\sigma_y = \sqrt{\sigma_z \sigma_x} \tag{19}$$

然后他用很多试验实测的数据来验证，结果大体符合。但用一个例子就可很容易推翻这个公式，亦即当两个主动方向的主应力 $\sigma_z = \sigma_x$ 时，根据 $\varepsilon_y = 0$的条件

$$\sigma_y = \nu(\sigma_z + \sigma_x) = 2\nu\sigma_x \tag{20}$$

式中的 ν 为泊松比，由于必须满足 $\nu \leqslant 0.5$，可见 σ_y 必然为小主应力；同时试

验也表明，在大幅度减载时，σ_y 甚至可为大主应力，这与超固结土的水平方向应力会大于竖向应力道理是相同的。

式(19)的错误在于他搜集的资料全是平面应变破坏时的应力状态，此时竖向 z 施加一个应力增量，会在同方向产生很大的应变增量，在 x 方向必将产生相应的负应变(胀)，这样 σ_z 和 σ_x 分别为大、小主应力，而 $\varepsilon_y=0$，σ_y 只能为中主应力。所以说，该式为平面应变接近破坏时的经验公式还是基本正确的。

所谓演绎就是逻辑学中的三段论：即大前提(普遍适用的理论或方法)—小前提(补充的条件)—推论。在岩土力学中演绎常用于论证，形式为：基本方程—边界条件—解答。在岩土工程中演绎常用于设计，形式为：理论或方法(规范)—参数—设计计算结果。演绎的错误最常见是发生在小前提中(错误的边界条件、错误的参数)。下面这个演绎的误用就很有代表性。

有人认为太沙基的有效应力原理应当表示为式(17)

$$\sigma=(1-n)\sigma'+nu$$

式中，n 为土的孔隙率。

他的推导见图16。取 MM 为隔离面，基本原理(大前提)是力的平衡。按照土力学的概念，竖向的有效应力是颗粒间接触点力的竖向分量总和被总面积除，即

$$\sigma'=\frac{\sum P_i'}{A} \tag{21}$$

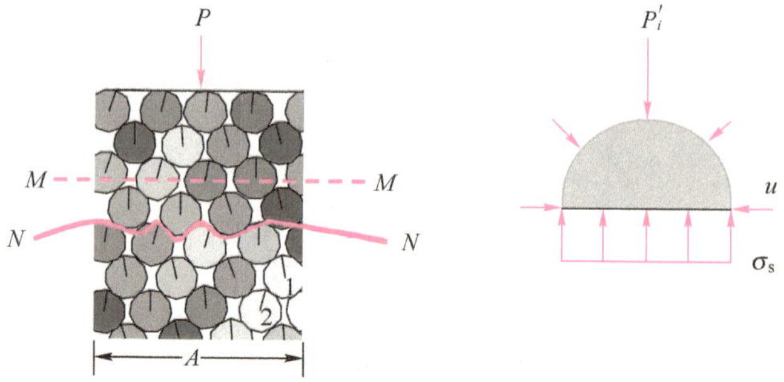

图16　有效应力原理推导示意图

它是作用于土骨架上的应力，既不是颗粒间的接触点的应力，也不是颗粒断面上的应力 σ_s，因而 σ' 是一个虚拟的量。所以所取的隔离面为通过颗粒接触点的 NN，而他所取的隔离面 MM 切割了各个颗粒，而将颗粒截面上的应力 σ_s 当作有效应力，这是小前提(边界条件)错误。按照他的理论，在地球上最深的太平洋海沟，海水深达11000m，在这样深度，按照式(17)，一个土样的总应力、有效应力和孔隙水压力都应当是相等的，即 $\sigma=\sigma'=u=110\text{MPa}$。这显然是错误的，因为这时有效应力是 $\sigma'=0$。

(二) 抽象与具体

关于抽象在第四部分中已经论述过，它是理论形成必要的过程。而具体化常常是理论的应用，具体化的误用也常是条件的误用，它超越了理论适用的范围。例如有人企图用 Duncan-Chang 非线弹性模型反映土的剪胀性，他们根据三轴试验结果，认为只要不受 $\nu \leqslant 0.5$ 的限制就能模拟土的剪胀，但是如果 $\nu > 0.5$，在施加一个各向等压的应力增量时，体积模量 $K < 0$，就会发生体胀，如果越是施加压应力，土越是膨胀，那就会生产出能量，对解决能源危机可谓贡献巨大了，可惜它违背了能量守恒原理，是不可能的。因为 Duncan-Chang 非线弹性模型是基于广义虎克定律的，它的先天的局限性使它无论如何也无法反映土的剪胀性，超越其本身的能力，硬要它承担不可承担之重，责任在于使用者。

还有人在建立土的损伤模型时，用 CT 测试土在加载变形过程的孔隙比，然后用土试样孔隙比的均值或方差作为损伤变量，得到如图 17 这样的损伤变量 w 随应变的变化过程。可是损伤在一个过程中是不可逆的，正如塑性应变一样是不可恢复的，在一个单调的过程中，损伤变量应当是递增的，不可能出现先减小后增加，这也是在理论模型应用时超越理论的框架造成的，亦即并非任一个物理量都可以作为损伤变量。

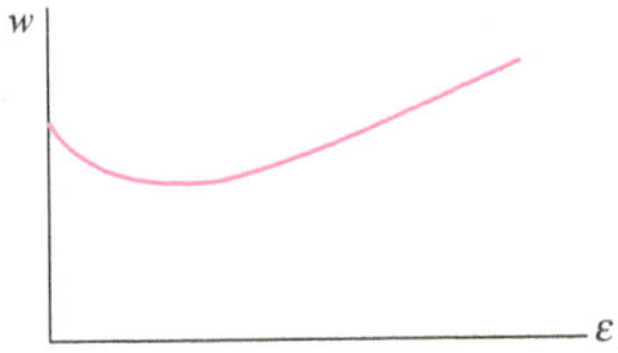

图 17　损伤变量变化曲线

工程实践中具体化的误用经常是参数的误用。例如对于残积土，室内试验得到的压缩模量 E_s 很小，人们通常不敢用其作天然地基，而实际上建筑物的沉降却远比计算值小。这可能是由于取样的扰动，所以有人建议使用原位试验确定土的变形参数，这是有道理的。

在基坑设计中，人们通过原状土的直剪试验确定土的强度指标，有人认为还有基质吸力对强度的贡献没有考虑，建议对试验的强度指标再增加一个比例，可是在原状土的直剪试验指标中，实际上已经存在吸力的因素，结果降雨后，基坑倒塌，这些都属于参数的误用。还有人在基坑设计中，对于欠固结淤泥土采用三轴固结不排水强度指标，因为它在有效自重应力下没有完成固结，结果酿成大祸。

(三) 外推与内插

所谓外推就是扩大理论的适用范围，外推是有条件的，例如将太沙基的饱和土体一维渗流固结理论推广得到拟（准）二维和拟（准）三维固结理论（扩散方程），由于它不能满足变形协调条件，引入了三个正应力之和为常数的假设。与严密的比奥固结理论比较，存在着误差和使用的局限性。将线弹性理论推广到非线性弹性理论；将完全塑性模型推广到增量弹塑性模型也都是典型的外推。在非饱和土力学中，很多内容都是饱和土理论的外推，例如非饱和土强度理论、固结理论、渗流理论和本构关系模型等，但是都要引入“气相”这一因素，关键参数就是所谓的基质吸力。

所谓内插，就是从已知的普遍适用的理论退回到有限范围适用的理论，砂井固结理论就是对比奥固结理论的内插，即将普遍的三维理论退回到一个一维固结问题加一个轴对称固结问题；简单条分法是对普遍条分法的内插；太沙基一维固结理论是对比奥固结理论的内插。

(四) 分解与综合

1. 分解

分解是还原论科学体系的基础，分解可以包括：

(1)结构的分解：结构力学就是将结构分解为梁和柱等单元。最早的结构离散化可推溯到黄文熙先生在拱坝计算中提出的格栅法❶，即将拱坝分解为若干个梁和拱肋；数值计算中的离散化原理也是这样，有限差分法、有限单元法、条分法、离散元法、DDA 等都是基于对结构的分解。

(2)成分分解：包括颗粒分析、化学分析、分形分析等。

(3)问题的分解：例如砂井固结就是将三维课题分解为一个一维课题和一个轴对称课题。

(4)组成的分解：例如将饱和土分解为孔隙水和土骨架。

目前，非连续计算已成为岩土数值计算的重要分支，从微观研究入手也成为岩土工程研究的重要手段。也有人从微观颗粒的关系和运动出发，建立土的本构关系模型，如 Rowe 的剪胀模型等。

2. 综合

综合是一种对事物宏观的认识方法。将土骨架和孔隙水综合成饱和土体，将岩石及其结构裂隙等综合当成岩体，就不再去分辨其中的成分、组成及其相互作用。

关于对饱和土的分解与综合，经常成为岩土工程争论的焦点。例如在1999～2000 年在《岩土工程学报》上进行的基坑水土压力计算的合算与分算的讨论❷；2001～2002 年在《岩土工程学报》上进行的关于边坡稳定分析

❶ 黄文熙. 格栅法在拱坝、壳体和平板分析中的应用//水工建筑中的结构力学与岩土力学问题. 北京：水利电力出版社，1984：43-107.

❷ 李广信. 基坑支护结构上水土压力的分算与合算. 岩土工程学报，2000，22(3)：348-352.

中使用渗透力还是用孔隙水压力的争论❶❷❸。其实，这一争论早在1982～1983年就已经开展过❹❺，2002年又重新开战。

这些争论的实质是在分析时，是以土骨架作为研究的对象还是以整个土体(包括土颗粒＋孔隙水)作为研究对象的问题，也可以简称为“分算”与“合算”。如为前者，则水对土骨架的作用一是浮力，二是渗透力(如果有渗流时)，它们都是作用于土骨架上的；如果以土的整体作为隔离体，则浮力和渗透力都成为内力而不出现。水的作用表现在作用于土体表面上的水压力上。有人强调渗透力是虚拟的物理量，不应使用，其实这两种方法的使用关键是哪一个更方便，一般讲，两种算法的分析结果是相同的。

在《建筑地基基础设计规范》中，关于基坑底土体的流土(突涌)的判断就是采用合算，如图18所示。

规范采用的是“合算”，其判别式为式(22)，安全系数K为

$$K=\frac{\gamma_{sat}t}{p_w} \tag{22}$$

式中，γ_{sat}为土的饱和重度，p_w为其下透水层内承压水的压力，可见此式简单直观，只需考虑不透水层饱和土体的竖向力的平衡即可。如果采用向上的浮重度与渗透力之比就稍复杂一些。而在分析如图19所示的有沿坡渗流情况的土坡稳定时，则是以分算为好。

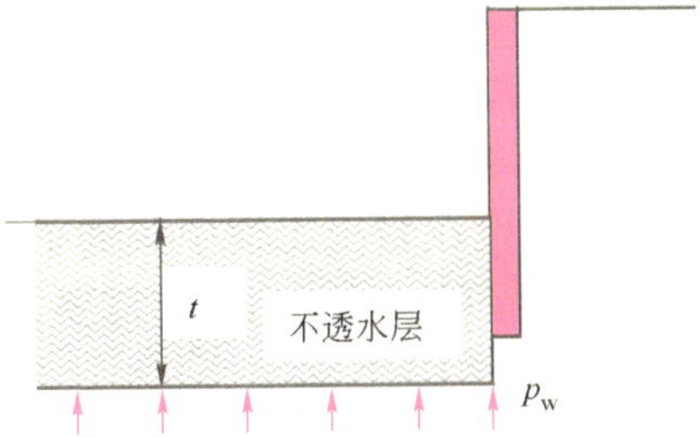

图18　判断坑底土突涌的示意图

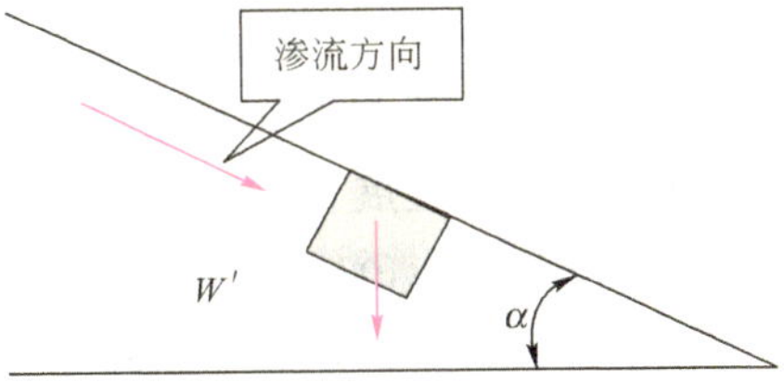

图19　有延坡渗流的土坡稳定

❶ 毛昶熙，李吉庆，段祥宝. 渗流作用下土坡圆弧滑动有限元计算. 岩土工程学报，2001，23(6)：746-752.

❷ 陈祖煜. 关于“段祥宝，渗流作用下土坡圆弧滑动有限元计算”讨论之一. 岩土工程学报，2002，24(3)：394-396.

❸ 陈立宏，李广信. 关于“段祥宝，渗流作用下土坡圆弧滑动有限元计算”讨论之二. 岩土工程学报，2002，24(3)：396-397.

❹ 毛昶熙，陈平，李祖贻，等. 渗流作用下的坝坡稳定有限元法分析. 岩土工程学报，1982，4(3)：87-106.

❺ 陈祖煜. 关于“渗流作用下的坝坡稳定有限元法分析”一文的讨论. 岩土工程学报，1983，5(3)：135-137.

的坑壁其他部分并没有倒塌？经调查倒塌段的基坑坑壁上建有一排两层的工棚（工人死亡3人，伤17人），有人认为是工棚的附加荷载引起事故，这是有道理的，但是在这一段也没有全倒塌，只倒塌20米左右，看来这也不是直接的原因。那么直接原因是什么呢？请见图20，在倒塌前部分坑壁已经产生很大位移，再看这部分的坑壁，颜色发黑，说明坑壁土体饱和，护壁后土内有水进入，再看这段工棚，属于工人"生活区"，工人吃饭、冲凉、泼水、撒尿，水渗入地下，使土体内基质吸力丧失，压力增加，导致事故。能够说是工人们"自掘坟墓"吗？责任应当在于技术人员。

六、天人合一——岩土工程的可持续发展

（一）天人合一是岩土工程的最高境界

人类与岩土打交道始于与自然的抗争，在人类进化的早期，当大自然发生对人类生活不利的情况时，人类往往通过岩土工程的手段进行抗争，但他们无力改造大自然，只能有限地干预自然，给自然"留下自己的印记"，如金字塔、大运河和万里长城。古代人类在这一过程中幻想能够改天换地，这就产生了许多传说，如女娲补天、夸父逐日、精卫填海等，但是古代的智者清醒地认识到："天行有常，不为尧存，不为桀亡。应之以治则吉，应之以乱则凶"——《荀子·天论》，"天何言哉？四时行焉，万物生焉"——《论语·阳货》，"天不变，道亦不变"——《董仲舒·举贤良对策》。老子说："人法地，地法天，天法道，道法自然"——《老子·道德经》，主张人应置身于自然之中，人类的生活准则在于与自然的和谐共处。他们明确地指出，自然和客观世界是有其规律的，"逆天行道"是会灭亡的。总之他们认识到自然规律是不可违背的，人应当敬畏自然，与自然和谐共处。黑格尔也说过相同意思的话："凡是现实的都是合理的，凡是合理的都是现实的"，也是强调自然固有的规律与客观存在的合理性。

近代从工业革命开始，人类的生产能力极大提高，人口迅速增加，城市化进程加快，向大自然索取的欲望也膨胀了，开发的节奏加快了。超级繁华的城市、超高层建筑、巨型的水坝电站，对木材、土地、地下水、石油和矿物的掠夺式开发，就不仅仅是给自然"留下自己的印记"了。卡特在《表土与人类文明》一书中揭示了人类文明的几次迁徙后叹息"人类在地球上走过，留下一片荒漠。"

我们应当顺应自然，而不是企图改造和战胜自然；向自然索取，而不是向自然掠夺；适度开发，为子孙留下一片绿茵。在岩土工程中，应当树立与大自然和谐共处的观念，树立保护环境、生态和资源的意识。

（二） 与环境友好的地下工程

在土木工程领域，有人说 19 世纪是大桥的世纪，20 世纪是大楼的世纪，21 世纪将是地下工程的世纪。有趣的是，当 1936 年共产党人在延安钻进窑洞时，美国正在建摩天大楼——帝国大厦；而进入 21 世纪时，中国迷恋于建造世界第一高楼时，美国却热衷于钻入地下。

1. 城市地下道路

随着现代化城市理念的变化，高楼林立、高架路桥纵横已非现代化城市的良好形象，它使风险集中，人居环境恶化。人们更多地强调回归自然：还城市以更开阔的空间，更多的绿色景观，更浓重的历史与人文氛围与气息。这就要求城市更多的利用地下空间，城市交通、公共设施、人居空间和资源存储大量转入地下，这也是城市防护和减灾的要求。城市地下空间作为一种资源应当充分合理规划利用。例如，城市地面以下 0～5m 为公用管线层，设置共同沟；5～20m 为城市地下交通层和市政设施；20m 以下为能源、水资源、粮食等战备和存储空间❶。

在城市建设方面，欧洲一些国家做得比较好，保持了城市的原貌，具有更多的人文气息。为保护城市环境，欧洲一些城市在城市中心区，往往采用地下立交的形式，如巴黎。美国是一个新兴的国家，没有历史古老、文化气息浓厚的大城市，所以他们就建起了一个个“现代化”的国际大都市，摩天大楼、立交桥、穿河跨海大桥等，尤其是在各大城市都建起了架空的城市高速路，结果发现它恶化了城市环境，增加了交通拥堵和事故，本身也不安全。图 21 表示了阪神大地震中神户高架桥的破坏情况。1989 年美国加利福尼亚州

图 21 阪神地震后神户城市高架路的破坏情况

❶ 钱七虎. 岩土工程领域若干工程途经的辩证对比思考. 岩土工程界，2003，6(10)：20-22.

的地震时旧金山滨海地区的高架路大多被震毁，美国现在已基本放弃了高架高速路，代之以公共街区交通。美国的汽车城波士顿从 1991 开始拆除高架路，恢复地面，发展地下公共交通，让步行者拥有城市。图 22 是波士顿在拆路前后的情况。

城市环境

波士顿地下道路规划

图 22　波士顿的城市现状与规划

2. 城市隧道

以长江为例，武汉以下修建跨江大桥几十座，而以长三角为甚，不仅大城市建桥，中小城市也建大桥。我国建桥史上规模最大、标准最高、技术最复杂的特大桥梁——长江润扬大桥已经建成，该桥具有特大跨径——1490m，为中国第一，世界第三。全长 32.4km，其中跨江大桥长 8146m，主跨径 1088m 的苏通大桥，将成为世界最大跨径的斜拉桥，于 2008 年奥运会开幕前通车。高密度的跨江大桥有许多不利之处，例如对环境和生态的扰动，对防洪、通航的干扰，受地震、战争、台风和雨雾的影响等，如阻碍通航的南京长江大桥就处于拆与不拆的争论之中。而穿江隧道则具有较多的优越性，纽约市跨哈德逊河的交通有 41 座隧道，只有 10 座桥，并且基本都是较早以前建造的。

我国在这方面也有所认识，上海穿越长江的双向 6 车道崇明公路隧道、双向 4 车道的武汉长江隧道、南京穿越长江的双向 6 车道公路隧道都在施工或者施工准备中。

3. 地下存储

美国的加利福尼亚州规划采用地下蓄水的形式代替地上水库和渠道，戴维斯大学对此进行了系统的研究，称其为“water bank”。我们不远千万里进行的南水北调工程若与地下蓄水相结合，可能会事半功倍。另外地下存储石油、天然气和战备物资具有重要战略意义。

（三）“新农村”的恶俗

中国古代的“风水”其本质就是理顺人与自然界的关系。它既重视优美的人居环境，也强调文化传承。所谓“桃花源”就是理想的天人合一的乡村生活的理想境界。“采菊东篱下，悠然见南山”，表现出乡村风光的舒适与和谐。山水格局，沟渠阡陌，绿坡池塘，林木坟茔，一幅体现出诗情画意的乡土村落风景画(图 23)。可是在所谓的“新农村”建设的规划中，常常破坏了这一种和谐，成为一种恶俗(图 24)。从广义上讲，这种山水格局也属于环境岩土工程的领域。

图 23　诗情画意的乡村

图 24　规划的“新农村”恶俗

在我国的江南，那些青砖灰瓦的乡村民舍，在雾蒙蒙、雨蒙蒙的江南春雨中表现出一种和谐的美，可是近年来一部分富起来的农户，建起了一栋栋瓷砖贴面的白、黄小楼，在青山绿水中格外醒目和刺眼。有个老建筑师称此为“内裤外穿”，批评是十分中肯的，因为瓷砖其实是装饰卫生间的东西。

(四)　岩土工程的可持续发展

美国的土木工程师协会(ASCE)下所主办的岩土学科期刊创办时名为“土力学及基础工程”(Soil Mechanics and Foundation Engineering)；1974 年以后更名为“土力学及岩土工程”(Soil Mechanics and Geotechnical Engineering)，相应的学会也改成此名；20 世纪 90 年代以后，期刊又更名为“岩土工程与环境岩土工程”(Geotechnical & Environmental Engineering)。

这些变化反映了岩土工程的发展趋势，首先是环境、资源和生态进入了岩土工作者的视野，成为国际上技术经济先进国家的工作重点。另外像地质灾害、污染及其治理等岩土问题不是原来那些分割很细的小学科所能够胜任的，需要多学科的整合与协作，以应对地质灾害和环境岩土等大尺度的问题。美国的垦务局原来主要是进行水利工程建设的设计研究工作的，20 世纪 90 年代以后，水利工程骤减，垦务局面临失业的境地，但是在 2004 年参观时，发现他们正在热火朝天地研究鱼类的洄游等问题。

我国人口众多，包括水资源在内的天然资源短缺，环境污染严重，并有进一步加重的趋势，而不良的自然地理条件使我国大部分地区生态环境脆弱。近20年来高速发展的土木工程建设，大大促进了岩土工程的发展，提高了我国岩土工程理论和实践的水平，但对于自然环境的干扰和影响也不容忽视。大量地开采深层地下水，使地面普遍下降，引发地裂缝、海水入侵及地下水咸化；废弃物对于土地、空气与地下水的污染；大规模的水利水电工程、高速公路、高速铁路，尤其是在生态环境比较脆弱的西部高寒、高海拔和高纬度地区的工程，可能引发的次生地震、崩塌、滑坡、泥石流、融陷、大面积水土流失等；在膨胀土、湿陷性黄土、多年冻土、盐渍土地区的工程对生态环境方面的不利影响，这些严重的情况值得岩土工程工作者思考。

"道常无为，而无不为"——《老子》，指世界是客观的，"无为"的，而事实上它又无所不为。那么，我们对于自然也应当有所为，有所不为，关键在于与自然的和谐共处。敬畏自然，顺应自然，大自然会还以青山碧水，白云蓝天；违背自然，破坏自然，它就会还以荒漠砂尘、灾荒饥馑。

在那些狂热的年代，曾提出了"愚公移山，挖山不止，战天斗地，改造自然"，"喝令三山五岳让道"等口号，其结果是山没有让道，人却受到"自然灾害"的惩罚。一切对自然和自然规律的蔑视和挑战，无不受到自然的惩罚。早在100多年前，恩格斯在《自然辩证法》中就警告人类："我们不要过分陶醉于对自然界的胜利。对于每一次这样的胜利，自然界都报复了我们"，"我们必须时时记住：我们统治自然界，决不像征服者统治异民族一样，决不像站在自然界以外的人一样，——相反地，我们连同我们的肉、血和头脑都是属于自然界的，存在于自然界的。"

我们有必要考察其他国家所走过的道路，吸取他们的经验教训，尽量少走他们已经走过的弯路和错路，在正确的哲学观点和理念的指导下，走健康的、正确的、可持续发展的岩土工程发展之路。

智者失足，必有所得；

愚者跌倒，怨天尤人。

第2讲 趣味土力学[1]

一、寓言与故事

（一）鼠獭蝼蚁的理论

上回说道鼠獭蝼蚁在败诉之后，对于“没有理论指导的实践是盲目的实践”的论断尤其不服，它们认为官司失败的主要原因与在中国评不上教授一样，是没有论文和专著，于是它们在这些方面努力加强。水獭用树的枝干和石块在领地的河道上建造一座水坝，并发表了论文“高坝建造技术”；鼹鼠在草原下营造了复杂的地下工程系统，论文“蜀国的地下工程规划”被SCI所收录；白蚁在林地修建了一个3m高的蚁穴，自费出版了专著《大型地基基础工程技术，槐荫国的地标——超高层建筑的岩土工程问题》；蚯蚓更是了得，它取得了地下盾构施工和化学加固土体两项专利。它们拿着这些成果找到清华大学的李广信教授，要求评审。李教授问水獭：你修了高坝，知道达西定律吗？答曰：不需要什么定律，多加树枝，少加碎石，水少拦蓄，水多泄洪，这就是定律。问鼹鼠：能写出莫尔—库仑强度准则吗？鼠答：那就是一个名叫库仑的鼠祖宗告诉我们：“建巢选岗地，砂土别打洞；洼地要避开，出口要连通，”另外本鼠还发明了四爪挖土法，已经申报了发明专利。问白蚁：怎么进行高层建筑的渗流固结沉降计算？蚁说：不用，我们从来不在有水的土地上筑巢。

李教授感慨道：鼠獭蝼蚁也能建造土工建筑物，从事岩土工程的实践，是靠它们的本能和经验，这些经验和本能会一代代遗传和继承下去，但永远不会形成理论，因为它们不会抽象。

[1] 原文刊于《土力学教育与教学——第一届全国土力学教学研讨会论文集》，2006年.

法布尔在其《昆虫记》中也遇到了类似的情况❶。他为黄蜂精美绝伦的建筑艺术所倾倒：建在宽大美观的地洞中，蜂巢有南瓜大小，15 层中约有 16000 间蜂房，蜂房是节省空间和材料的六棱柱形，可见黄蜂们是多么出色的建筑师；在蜂巢与地洞间有通道，在每层蜂房有旁通的侧门，在巢内有活动的小巷，供数万只黄蜂进进出出畅通无阻，表明它们也是高超的运筹学大师；而这些生性凶猛的大黄蜂还是热力学和空气动力学的专家，精细的结构使蜂巢冬暖夏凉，空气流通；它们还是岩土工程的专家，干净利落地完成了地洞工程。在法布尔对这些绝顶聪明的黄蜂们佩服之至后，他做了一个试验：在天黑黄蜂们基本归巢后，用一个玻璃罩将洞口罩住，少数迟归的黄蜂首先是围着它打转，最终从底下挖了一条通道进入了洞内。然而，第二天早上的情况却为法布尔始料不及：黄蜂们在玻璃罩内团团打转，想不出冲出的办法，那些迟归的黄蜂也似乎忘记了昨天挖出的通道，也随着打转，结果一周内整巢黄蜂死亡殆尽。

那么，这样精美的蜂巢真是这些只知进路不知退路的低智能者建造的吗？而事实就是这么残酷；它们不会思维，它们不会变通，它们更没有抽象的能力，因而它们是动物。

（二） 太沙基跌倒与有效应力原理的发现

话说有一次太沙基雨天在外边走，不留神滑了一跤。他想起牛顿被苹果砸了一下发现了万有引力理论，而自己也不应白跌这一跤。他没有急于爬起，而是仔细观察黏土地面，下雨路滑是常识，为什么人在饱和黏土上快走会滑倒，而在干黏土和饱和砂土上不会滑倒？他陷入了思考。他又仔细观察，发现鞋底很光滑，滑倒处地面上有一层水膜。于是他认识到：作用在饱和土体上的总应力，由作用在土粒骨架上的有效应力和作用在孔隙水上的孔隙水压力两部分组成。前者会产生摩擦力，提供人前进所需要的反力；后者没有抗剪强度。人踏在饱和黏土上的瞬时，总应力转化为超静孔隙水压力，而黏土渗透系数又小，快行一步时间内孔压不会消散而转化为有效应力，因而人快步行走就会滑倒，这样，著名的“有效应力原理”就形成了。可见智者失足，必有所得；愚者跌倒，怨天尤人。

话说与太沙基跌倒的几乎同时，有个中国文人在雨中也跌了一跤，感到很没有面子，于是大声叹息道：“20 年前的英雄哪里去了？”意思是说，想当年他也曾是英雄盖世。可爬起来看看附近并没有人，于是低声嘟囔到“20 年前也是这个熊样。”看来中国人跌倒时不顾屁股，不动脑子，先顾面子。

---

❶ 法布尔. 昆虫记. 王丽萍，译. 哈尔滨：黑龙江人民出版社，2007.

(三) 看台的倒塌与地基的沉降

一次非洲杯足球赛在非洲某国进行，容纳 5 万人的球场，涌进了 7 万多球迷。当主队进球时，热情澎湃的主场黑人球迷，掀起了欢呼跳跃的狂潮。于是乐极生悲，看台钢结构突然断裂，数百人伤亡。

事故发生后，有人去问太沙基：看台的地基承载力、地基沉降和结构强度都是按规范设计和施工的，为什么这时不是看台突然沉降到地下，而是钢结构破坏呢？老太解释道：这种看台的设计是以人群这种活荷载控制的，标准值为 5 万人，实际挤进 7 万人，再加上人群同时欢呼跳跃，可能产生共振，已超过钢结构的承载能力，钢材瞬时超载就可能断裂，结构倒塌在所难免。可在我的一维渗流固结理论中，地基沉降主要源于黏性土的压缩，而这种沉降常常是渗流固结沉降，这是需要时间的，短则几月，长则几年。7 万人不吃不喝一场球最多坐 3h，而他们狂热的瞬时欢呼跳跃，对沉降几乎没有影响。所以规范规定，在沉降计算中对活荷载采用荷载效应的准永久组合，亦即采用 5 万人，对有固定座位的看台还要并乘以 0.3 的组合系数。所以只要不是地基液化，地基不会突然沉降。

(四) 驴子学土力学的好处

话说从前有两头驴，甲驴驮的是盐，乙驴驮的是棉花。甲边走边埋怨驮的太重，羡慕和嫉妒乙驴的轻载。前面遇到一条河，需趟水过河。二驴入水以后，甲驴越走越轻，乙驴简直浮了起来。过河以后，背部露出水面时，由于盐大部分已溶于水，甲驴负荷大减，高兴得唱起了歌；而乙驴出水后艰难地站起后，已爬不上河岸。

后来乙驴在清华大学听了李广信教授的土力学课程，李教授讲个例子如图 1 所示：饱和黏土下是水位在界面以下的砂土，黏土中渗流的渗径和水头都是 H，水力坡降为 1.0，渗透力 $j=\gamma_w$。则黏土底部的有效应力为

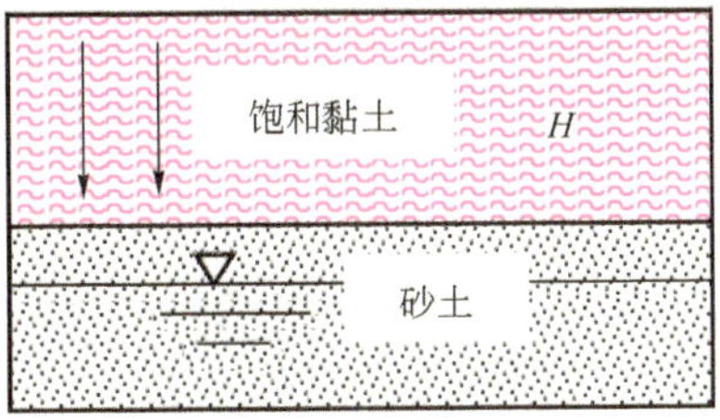

图 1　土中的渗透力

$$\sigma_z' = (\gamma' + \gamma_w)H = \gamma_{sat}H$$

这头聪明的驴子恍然大悟，说我驮的棉花就和这黏土一样是饱和重度，饱和的棉花产生的有效应力都靠我的四条可怜的驴腿承担，当然比干棉花重许多倍了，下次过河我宁可驮砂也绝不驮棉花了。

二、关于土力学的讨论与对话

(一) 飞起的鸽子和液化的砂土

物理老师:一个密闭的车厢中,有装 1000 只鸽子的鸟笼,如果鸽子同时飞起,那么车厢的总重量是否减少了 1000 只鸽子的自重?

学生:应当是只包括笼子的重量,不包括鸽子的重量。

土力学老师:如果一个 0.5m 高的铁桶中装满饱和松砂,在砂土液化瞬时,砂粒全部悬浮,桶底上的压力是否只有静水压力 $0.5\gamma_w$?

学生:桶底上的压力还应当是 $0.5\gamma_{sat}$(砂的饱和重度),否则就无法平衡了。这时颗粒的浮重度产生了超静孔隙水压力。

物理老师:那么鸽子呢?

学生:以此推理,鸽子起飞后,车厢的总重量应当是不变的。

土力学老师:那装满液化砂土的桶壁侧向土压力是多少?

学生:液化后砂土的内摩擦角为 0°,无论是主动、被动,还是静止土压力系数都是 1.0,所以桶壁各点的土压力为 $p=\gamma_{sat}z$。

土力学老师:这么计算是可以的,但是液化时既然砂土土粒处于悬浮状态,竖向有效应力为 0,那么砂粒与桶壁也是不接触的,怎么有土压力呢?将 $p=\gamma_{sat}z$ 理解为水压力更准确一些。

学生:这时水土合算与水土分算就一样了。

(二) 关于土的级配的问答

学生:老师,当土的不均匀系数 $C_u \geq 5$,曲率系数在 C_c 为 1~3 时,是级配良好的土;$C_u<5$ 的土为级配均匀的土。那么在工程实际中土是级配均匀好,还是级配良好好呢?

老师:在军队中,要求战士们年龄接近,亦即级配均匀,步调一致。否则如刘备败走新野,数十万民众相随,又不忍抛弃,携老扶幼,如何行军打仗?而不同级别军官年龄则应级配良好,可发挥不同年龄段军人的经验、阅历和威望。在各级人大和政协代表中强调"无、知、少、女"就是为使其级配良好,有代表性。在一群身材如酒桶般的官员中,点缀几个身穿鲜艳民族服装的窈窕少女,那是多么和谐美好的景象!在土工设计中,作一般压实填料希望级配良好;而用于反滤料,则希望每层砂石料级配均匀。

(三) 沙滩上的观察

学生:老师,您讲过砂土的黏聚力 c 为零,在河边的沙滩上,全干和水下的部分，确实无法竖直挖洞；可是在潮湿部分，我们可以垂直挖一个小竖井而不垮，这是为什么呢？

老师：请你将湿手向干砂中插下（结果手上粘了许多砂粒）。干的砂土与饱和砂土是没有黏聚力的，而非饱和的砂土中砂粒间有水，水气表面的毛细力将砂粒“黏结”在一起，也称为“基质吸力”。由于毛细压力为负孔压，则砂粒间有效应力为正，会产生抗剪强度，称为假黏聚力。所以非饱和土常可以开挖成陡坡，可一旦降雨或浸水，这种假黏聚力消失，陡坡就会坍塌，许多基坑的事故就是这个原因。

（四） 土的强度

学生：老师，为什么土的强度叫抗剪强度；土的破坏叫剪切破坏；边坡稳定分析叫做抗滑稳定分析？

老师：由于土是由碎散的颗粒组成的，颗粒间的摩擦力是其强度的主要部分，所以它的强度和破坏都是剪切力控制的，这是与连续介质的固体不同的。

学生：那土有没有抗压破坏呢？

老师：土没有所谓的抗压强度，即使是“无侧限抗压强度”实质上也是抗剪强度，是沿着 $45°+\varphi/2$ 的方向的面上的剪切破坏。对于 $\varphi_u=0°$，这时土的抗剪强度 $c_u=q_u/2$。对于一个土样施加各向等压荷载或者单向压缩（K_0 固结），只会越压越密，不会破坏，即所谓压密性。另外，土的强度实际上是土骨架的强度而不是土颗粒的强度。只与有效应力有关。亦即在 1 万 m 深的海底，砂石颗粒受到 100MPa 的压力，但有效应力为零，也不会破坏。

学生：土有抗拉强度吗？

老师：只是有黏聚力的黏土有抗拉强度，但由于土颗粒间的胶结和相吸引作用力不大，所以抗拉强度有限，有些土体中的裂缝就是由于拉伸破坏引起的。

（五） 不均匀系数等

老师：你们知道为什么 C_u 叫不均匀系数而不叫均匀系数，D_r 叫相对密实度而不叫相对松度，I_L 叫液性指数而不叫固性指数，k 叫做渗透系数而不叫阻力系数吗？

学生：可能是由于 C_u 越大土越不均匀，D_r 越大土越密实，I_L 越大黏土越接近液态，k 越大土的渗透性越好。这么命名还真是有利于记住它们本身的定义。在英文中 C_u 叫做 coefficient of uniformity，直译是“均匀系数”，不如中文命名好，看来还是中国人聪明。

（六） 为什么雨雪后路面撒砂

学生：下雨后，在土路表面上撒一层砂，就避免了滑倒和车辆事故，这是什么道理呢？

老师：自从太沙基滑倒，发现了有效应力原理以后，大家都知道了在饱和黏土中行车走路由于超静孔隙水压力使土的抗剪强度急剧降低。而砂土的渗透系数很高，洒砂以后，在荷载作用下产生的超静孔隙水压力会迅速消散，有效应力提高，发挥砂土的抗剪强度，提供足够的摩擦力。此外，汽车的轮胎和鞋底制成纹路，除了用来增加与地面的咬合力以外，也是为了便于排水，使孔压尽快消散，提供摩擦力。

学生：那为什么雪后也撒砂呢？

老师：通常认为冰雪是滑的，其实主要是由于其表面存在一薄层未冻水，它们隔绝了固体间的接触，在受力时产生超静孔压。在极低温下，冰雪也不是很滑的。撒砂能够避开冰雪中的未冻水膜，靠砂粒间的摩擦力提供前进的反力。

（七） 浮密度和浮重度

学生：老师，土的密度定义为"单位体积中土的质量"；重度定义为"单位体积土的重量"。质量是"物质的量"，而"重力的大小叫重量"。初中的物理老师就教导我们：质量是物质的固有属性，不能创造也不能消灭；因而它是用天平（不是用秤）来度量的；不管在地球、月球还是在太空，物质的质量是不变的，亦即"物质守恒"。在地球的同一海拔处，物质的重力也不会变化。在土力学中有"浮重度 γ'（submerged or buoyant unit weight）"和"浮密度 ρ'（buoyant density）"这些物理量，难道物质（土）在水下其质量和重量会减少吗，部分物质会消亡吗？这是唯物主义吗？

老师：这些术语确实不够科学和严密。目前在土力学教材中，"浮密度"的提法少了，但"浮重度"的提法十分普遍。这一术语为土力学学科所特有，在其他的学科中尚未发现。也未见其他学科定义混凝土、钢材和木材的浮重度，木材如果也有浮重度，它就成为"负重度"了。其实土的浮重度就是单位体积的土骨架重量减去水对它的浮力 $\gamma_w(1-n)$，或者单位体积饱和土的重量减去水对它的浮力 γ_w。这一物理量在计算水下土层的有效自重应力时很方便：$\sigma'_z=\sum\gamma'_i h_i$。

土力学与其他经典力学相比，在概念和方法方面，有不少姑妄用之、不够严密的情况，所以说土力学是一门很土的力学。

(八) 地震液化地基上的建筑物为什么倒而不塌?

学生:在 1964 年日本的新潟地震、1995 年日本的阪神地震、1999 年下中国台湾集集地震中,都发现了在地基液化地区会发生建筑物的整体沉降、倾斜甚至倾倒(如图 2 所示),但是没有发生梁柱的剪切破坏。而地震时其他地区破坏的建筑物则梁折柱断,屋面与楼板塌落,惨不忍睹(见图 3)。这是什么原因呢?

图 2 新潟地震中液化地区建筑物倾倒

图 3 阪神地震中地铁车站的破坏

老师:地震对结构的破坏主要祸首是横波,即剪切波,图 3 表示了在剪切惯性力荷载作用下柱被剪断的情况,一般都是抗剪断面最小的位置被剪切破坏。而一旦发生液化,地基土抗剪强度完全丧失,地基承载力也完全丧失,地基土成为流体,地基不能传递剪应力,所以对房屋结构本身的剪切力很小,建筑物失稳倾倒,如同海上覆舟,但很快又固结成为坚实的大地,在这种情况下的人员伤亡可能反而不大。

三、关于土力学的比喻与类比

(一) 塑性指数与液性指数

黏性土的塑性指数是 $I_p = w_L - w_p$,它是由土性决定的,是黏性土的固有属性,与状态无关,常用于土的分类;液性指数 $I_L = (w - w_p)/I_p$,它主要由土当前的含水率 w 决定的,表明黏性土软硬的一种状态。对于一种黏性土,前者是不变的,后者是随含水率状态而变化的。塑性指数如同你的姓,将你划归了哪一家就不能变了。液性指数如同你的年龄,是“状态”的表述。

(二) 主动与被动土压力

在一个拥挤的公共汽车上,我们必须使出被动土压力才能挤上去;有人下车,车门打开时我们受到的是主动土压力,感到压力小多了,但要站稳脚跟,防止跌落车下。

（三） 渗透力

在拥挤而流动的人群中，我们站着不动，会感到人流的冲击和拖曳力，我们会感受到所谓的渗透力。

（四） 达西定律与欧姆定律

达西定律 $v=ki$；欧姆定律 $I=U/R$。二者的物理机理是一致的：i 与 U（水力坡度与电压）都是一种“势”；$1/k$ 与 R（渗透系数的倒数与电阻）是一种阻；v 与 I（水流速与电流）是一种“流”。亦即“流”正比于“势”，反比于“阻”。

（五） 水平等效渗透系数 k_h 与垂直等效渗透系数 k_v

前者 $k_h=\sum H_i k_i/\sum H_i$，后者 $k_v=\sum H_i/(\sum H_i/k_i)$。通过算例可以发现对于渗透系数差别很大的多层土，前者数量级往往由渗透系数最大的那层土控制；而后者基本上由渗透系数最小的那层土控制。例如，如果 N 层土中，有一层极薄的完全不透水层（例如塑料膜），则等效垂直渗透系数 k_v 也就为 0，而在水平方向它就可以忽略。

所以 k_h 似乎是各级官员开会，由“官”最大的说了算；k_v 是联合国安理会常任理事国开会，实行一票否决制。

（六） 有效应力强度指标和总应力强度指标

根据有效应力原理，土的抗剪强度是由有效应力决定的，孔隙水压力不会产生抗剪强度。但有时又无法将有效应力和孔隙水压力分开，只好用总应力与抗剪强度的关系表述，也就是用总应力指标（c、φ）。

这正如工厂的计件生产率与全员生产率一样，100 个工人共生产了 1000 个产品，则有效生产率为 10 个/人，而工厂共有人员 200 人（包括行政管理、党、团、青、工会、计划生育……），总生产率为 5 个/人，所以总应力强度也就是所谓的“大锅饭”。

（七） 流网

流网网格密集处表明该处水力坡降大，而该流道的流量往往由最密处控制，这正如堵车时由事故处或堵塞处的车流量控制一样。

（八） 土颗粒的压缩性与土骨架的压缩性

土的压缩性实际上是土骨架的压缩性，即孔隙的减少，而不是土颗粒本身的压缩性，所以土的压缩量很大。在土力学所考虑的压力范围内，土的矿物颗粒可以认为是不可压缩的。在世界上最深的太平洋海沟，水深为11000多米，相当于1100个大气压，海底的土粒、锰核体积压缩也极小。因为有效应力为零。将一定体积的土体放到这样海底时其体积也基本是不变的(除非将干土用橡皮膜包上)。

(九) 承载力的深度修正

基础的埋深对于承载力有很大影响。由于将基础两侧土体 γd 当成是旁侧的超载，它有两个作用：一是本身阻止土体滑动向上隆起；二是在滑动面上施压产生摩擦阻力。

当时 $\varphi=0$，无增加摩阻力作用，深度修正系数 $\eta_d=1.0$。η_d 不能小于1.0，否则逻辑上会不通。例如，如果在静水中放入一木块，下沉一定深度 d，水的承载力为0，摩擦角为0°，深度修正为1.0，则 $f=0+1.0\times\gamma_w d=\gamma_w d$。亦即等于单位面积上的浮力，也等于木块单位底面积上的自重。如果 $\eta_d<1.0$，则木块不能平衡，静水水面也不水平了(见图4)。

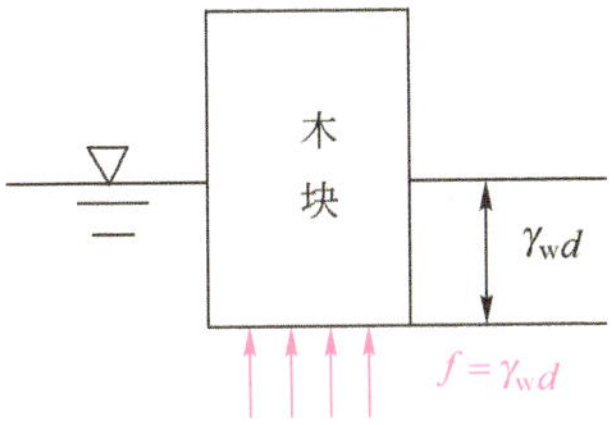

图4　水的承载力

(十) 一柱一桩及其他

在一些地方，常使用一柱一桩的基础形式。如果采用一柱九桩，有两根桩质量差，其他桩会多承担一些荷载，则基本没有危险。但在一柱一桩时，该桩发生了问题，柱就会下沉，引起相邻柱间的差异沉降及结构破坏，所以这时的安全系数要提高。

这正如独生子女一样，他不成才则全无希望。

(十一) 土工织物

近20多年来，土工合成材料以其优越的性能被广泛应用于岩土工程中，用于加筋、防渗、排水、反滤、隔离和防护等，以前被用来制作服装的尼龙、的确良、锦纶和各种聚酯纤维大量用于土工方面。

白居易在看到舞女在红绒毯上歌舞时很是不平，写道“地不知寒人要暖，少夺人衣作地衣。”而目前确实有用土工合成材料为土保温，防止冻胀的工程应用，看来是“地也知寒需保暖，且用人衣作地衣”。

以前听说，无瑕的美玉是人造的；

最近又听说，无瑕的美女也是人造的。

第3讲 岩土工程科技论文的写作[1]

摘要：近年来我国一直进行大规模土木工程建设，重大工程中出现的新问题、新成就、新教训是学科的宝贵财富；随着研究生扩招，来自高校的期刊投稿大幅度增加，学术会议频繁，反映了岩土工程界学术活动十分活跃。但是无论是高校师生，还是工程技术人员，在论文的选题和写作方面存在不足。这不仅影响学术交流，也反映和影响了学风。本文结合作者自身的体会，查阅了有关的文献，收集、总结和分析了正反两方面的例子，指出了目前岩土工程的研究和科技论文方面的值得注意的倾向；详细介绍了科技论文的体例、格式、选材、书写等方面的基本知识；分别叙述了论文的前置部分、主体部分及附注部分的各分项的写作要求和技法。结合实例，指出一些不当和错误的做法与写法。文章内容对于研究人员、工程技术人员和研究生撰写科技论文具有一定参考价值。

关键词：岩土工程；科技论文；写作；格式；选题

Writing of scientific paper in geotechnical engineering

Li Guangxin
(Department of Hydraulic Engineering, Tsinghua University, Beijing 100084)

Abstract: Recently two decades, a multitude of engineering projects have been conducted in which some projects are famous in the world. In the engineering practice, many new problems, valuable results and experiences are presented and summed up. In the geotechnical engineering, the postgraduate students in universities are increasing every year, numerous conferences or symposiums are held and the papers published in journals more and more. In some students and teachers in university and some engineers

[1] 原文刊于《工程勘察》2006年第10期.

in engineering practice, there are problems and difficulties in scientific paper writing, which would interfere with exchange and style of study in geotechnical engineering.

In this paper, based on experience of the author and collection of material, positive and negative examples are summed up and analyzed; some deviations in scientific paper writing are pointed out; some basic requirement, step and format in scientific paper writing are presented. The writing methods of title page, abstract, main body notes and references of the paper are introduced respectively. Some mistakes in paper writing and choosing topic are pointed out. This paper is valuable for the researchers and engineers.

Keywords: Geotechnical engineering, scientific paper, writing, format, choosing topic

一、引言

科技论文公开发表在学术期刊或者学术会议论文集中，它表示作者对于所发表的成果负责和具有知识产权。这样，如果是纯学术问题，其他研究者就避免了重复劳动；对于工程实录或者工艺介绍方面的论文，其他人可以借鉴其中的经验和资料。可见科技论文是人们对自然认识水平的标志，是人类的共同财富，是不同国家、不同地区的科技人员交流的主要形式。

科学研究人员撰写和发表的论文是其研究成果的载体和产权所属的标志；硕士、博士研究生答辩通过的学位论文也被承认为公开发表的成果；工程技术人员通过论文交流经验和成果，逐步提高科技水平。从个人讲，发表的科技论文反映了本人的学术水平或技术水平，阅读论文也能提高个人的知识水平和技术能力。因而所发表论文的质量，期刊、索引和引用以及论文的数量成为职称评定和学位认定的一个尺度。

岩土工程是一门实践性很强的学科，其理论常常不像其他学科那么严密和精确，而经验和资料十分重要。科研成果、试验资料和工程经验是岩土工程学科的宝贵财富，所以言之有物的论文就弥足珍贵。目前，我国一些院校师生们大批生产和投出论文，其中一些在选题和书写方面不符合基本要求，很多论文实际意义不大；而在工程实践中工作的技术人员则不愿、不屑或者不善于撰写和发表论文，很多珍贵的东西没有得到交流。由于他们平时很少动笔，在论文的选题、选材、投稿、写作等方面未能准确把握，有时素材很好的论文不能被采用，十分可惜。

二、选题与选材

对于上述研究人员和工程人员，其选题和选材的重点是不同的。

随着高校扩招，有些学校和导师招收研究生过多，指导时间、精力和试验条件不足，只能寻求最容易、最省时省力的题目和技术路径对付毕业和答辩，常会投机取巧走捷径，于是各种脱离实际的有限元、可靠度、神经网络、模糊数学满天飞舞；有的为了职称和学位而追求论文的数量，抄袭、稀释、克隆在所难免；有的学校缺少研究的基础和设备，只能在土力学教材中找课题；也有人只重视建立模型或者编制（改造）程序，而采用假设参数，或用假设的试验资料确定参数和进行验证，结果总是符合很好。在铺天盖地的期刊和会议投稿中，连篇累牍的期刊和论文集中，其中一些实属垃圾❶。

而某些工程技术人员的论文往往就事论事，不善于提炼，缺少深入分析，事无巨细，按部就班，全盘介绍，等同于一篇工程（试验）报告，或者内容空洞，类似广告。很多工程技术人员其实握有很丰富的素材，但不善于总结，不能抓住要点和重点。在论文的有限篇幅中，应摒弃一般的、常规的、属于过程的内容，突出非常规、有新意、有价值的部分。以基坑工程为例，现在介绍一般基坑的降水和支护的设计、施工及监测的论文肯定不能被重要期刊采用，但是在介绍国家大剧院的基坑的论文中，突出降水对人民大会堂不均匀沉降的可能影响，介绍和比较了对地下水的挡、抽、渗、排及相应的支护方案，就很有价值和新意❷。

投稿还要正确地选择期刊或者学术会议。不同的期刊有不同层次的读者群，有的期刊就是要阳春白雪，它们适合于学术气息浓厚、学术水平较高的文章；而一些面向工程技术人员的期刊，更适合一些有意义的工程实录、事故分析、工程经验、工艺介绍、参数选用、案例分析等。有时我们接触一个不很熟悉的工程或者出现了工程问题，特别渴望找到类似的工程实例与经验，这时期刊中的这类文章真如雪中送炭。

其次要看期刊的水平，自认为是国际水平的成果最好投到国际著名期刊，以免明珠暗投，反之亦然。

另外也要注意期刊的行业差别，在适合的读者群中发挥的作用就大一些。但有人实行一稿多投，相同（似）文章同时寄到水利、公路、土木、岩土，还有某大学学报，出现过不同的学报将同一论文寄给同一个专家评审的趣

---

❶ 李广信. 岩坛六弊. 岩土工程界，2006，9(3)：20-22.

❷ 佘波. 国家大剧院深基坑工程设计与事故技术(I,II,III). 岩土工程界，2004，7(3、4、5).

事，这也迫使编辑部先收审稿费，以限制这种“广种薄收”的做法。

三、论文创新性问题

创新性(originality)是学术科技论文的灵魂。没有不同层次的创新，论文就没有价值。但是创新也不是像天外来客那么稀罕和遥不可及，需要有意识地捕捉和发现。创新可以包括新理论、新规律、新想法、新发现、新方法、新现象、新材料、新工艺等。

首先，在新发现和新理念基础上，总结出前所没有的新规律，提出新理论，它可能是开创了一个领域，颠覆了旧的体系。例如伽利略的重力加速度、牛顿的万有引力、爱因斯坦的相对论的提出。土力学领域如太沙基提出的饱和土体的有效应力原理和一维渗流固结理论。这种创新具有重大的原创性，与诺贝尔奖的距离不远。

对原有理论从新的角度、在新的领域、用新的方法进行论证、推广也是一种创新。毛泽东的马列主义在中国的应用是成功的例子；土力学中弗雷德隆德(Fredlund)将吸力引进莫尔—库仑强度准则建立的非饱和土强度公式也是一个例子。对原有理论的质疑、商榷、颠覆或发展常会产生创新性成果。例如相对论对于牛顿力学；复数对于经典数学；双剪应力强度理论、空间滑裂面(松冈元)强度理论对于莫尔—库仑强度理论等。

在岩土工程中有很多创新的例子。在计算方法方面：块体理论、离散元、DDA、遗传算法等；试验方法和设备方面：旁压仪、土工离心机、渗水力模型试验等；土工试验中对土特性的发现：土的压密性、剪胀性、减载体缩；观察中的发现：砂土液化、土的流滑、灵敏性土；工程实践中的发现：水力劈裂、面板堆石坝蠕变；新的分析方法：基坑土压力增量法；地下工程设计施工整体理念：新奥法与时空效应理论方法，等等。

学科的交叉可能产生原创性的成果。在岩土数值计算方面，石根华提出和发展的块体理论、DDA、流形元等方法极有新意。但学科交叉和新理论方法的引进是一条充满荆棘的艰苦探索之路，而非捷径，应以严肃和科学的态度，有实事求是之心，无投机取巧、哗众取宠之意。

创新性的成果要被了解和承认，就需要发表。相对来讲科技论文比专著发表的时间快，周期短，覆盖面大。因为在一个相对狭窄的领域会有不少研究者，得到相同的成果可能性是很大的。所以重要成果需要尽快发表，以确定所属权，否则贻误战机，会后悔终身。成果所属有争议可以按发表时间为准，但是目前期刊论文等待发表时间越来越长，标注文章的接收日期是必要的。

四、论文的不同形式

按照文章的内容和作者表述的形式，科技论文可以分为：工程案例型、纵向深入型、横向综述型、讨论商榷型、普及漫谈型等。

（一）工程案例型论文

工程案例特别是大型工程的案例是受到各类与岩土有关的学报和其他期刊欢迎的，但是它必须是有个性、有价值的。首先，如果一切都是按照相关规范、手册或者教科书进行，没有特殊性，论文就很难被接收。即使是重大工程，如果完全是平面的反射，也不能体现其价值。所以需要反映最有特色、最突出和前所未有的部分，体现成果的先进性，如青藏铁路的永久冻土研究就极具特色。

（二）纵向深入型论文

大部分论文都属于这一类。它反映对一个课题，一个工程问题，进行深入完整的研究成果，许多具有极其重大价值的论文属此类。论文可能是理论的建立或论证、方法及其应用（数值计算方法、试验方法、现场测试、工艺、工法等）、工程问题（事故）的分析等。这类文章水平参差不齐，其中自己提理论模型，自己凑参数，自己找数据验证，结果非常完美，这种自拉自唱的文章数量很多，价值却很可疑。

（三）横向综述型论文

综述型论文包括文献综述、讨论综述、会议综述等，其中以文献综述为主。文献综述包括很宽广的内容，如对于一个课题、理论、算法、工艺、试验等的全面的过去、现在和将来发展的归纳、整理、总结、分析与展望。它需要资料翔实完整，分析深刻透彻，准确把握发展趋势与方向。因而应在这一领域中有相当的资历和研究成就，不是初出茅庐的研究生所能胜任的。

目前常见的综述性文章，有的所知所述明显不足，有的基本是材料的简单堆积，有的缺乏有独特见解的前瞻，基本是其学位论文的第一章部分。学位论文中的综述常常是一个课题入门者的学习结果，在学术期刊中发表一般是不够的。高水平的综述应当由学科的专家和大师们花一定的精力才能完成。

（四）讨论商榷型论文

学术思想碰撞的火化是十分灿烂的，讨论、争论、质疑与答辩会是非常精彩的。好奇、好争、好斗是人类智力发展和科学发展的动因。它是认识真理、明确概念、分清是非的过程，是探索未知世界和学术发展的重要动力。这类文章形式不同，长短各异。撰写这种文章也是科技工作者能力、水平和文笔的反映，是科技人员的基本功之一。

这类文章的重点在于批驳与反驳，这包括论点的批驳、论据的批驳和方法的批驳。当对方的基本论点或者分论点有误时，可提出批驳。例如有的标准❶定义：超静孔隙水压力为"饱和土体内一点的孔隙水中超过静水压力的那部分"。但根据孔压系数的公式 $\Delta u=B[\Delta\sigma_3+A(\Delta\sigma_1-\Delta\sigma_3)]$，如 $B<1.0$，则并非是"饱和土体"；当 $A<0$ 时，会产生负孔压，也不是"超过静水压力的那部分"。

论据的批驳是指出对方缺乏事实（资料）、事实（资料）错误、参数的随意性等。比如有人总结了"大量试验资料"，提出平面应变条件下，零应变方向的主应力是中主应力，可用经验公式 $\sigma_2=\sqrt{\sigma_1\sigma_3}$ 表示。但他所根据都是在土在破坏状态的试验资料。实际上，其他试验结果表明零应变方向的主应力可以是大、中、小主应力。最直接的证明是 $\sigma_y=\nu(\sigma_z+\sigma_x)$，当 $\sigma_z=\sigma_x$ 时，$\nu\leqslant0.5$，则 σ_y 肯定为小主应力。

方法的批驳是指出推理错误与自相矛盾，或者试验、测试等方面的错误。例如美国有人通过在极小围压（$\sigma_3<10\text{kPa}$）下的三轴试验，得出砂土在极低围压下有黏聚力的结论。日本人进行了类似的试验，分析了橡皮膜的约束、试样真空、静水压力、边界摩擦等因素，指出在极低围压下上述因素的影响不容忽视，说明美国人的结论源于试验的误差。

在学术讨论中首先要端正态度，提倡以理服人，礼貌待人，真理面前人人平等；切磋琢磨，虚心倾听对方意见，勇于承认自己的误判和误解。在语言上切忌以势压人，语言苛刻、讽刺；不应以狡辩、臆断、上纲、大批判等"文革"遗风进行学术争论。在我国近年来的岩土工程几次学术争论中，就曾发生过不甚愉快的情况。

（五） 普及漫谈型论文

岩土工程很需要普及型的文章。例如《岩土工程界》发表的"岩土漫话"、"岩土论坛"；《地基处理》开设的"一事一议"等栏目就有一些有益有趣的文章。在对复杂的岩土工程实践的分析中明确土力学基本概念，对于实际工程技术人员是有裨益的。而作者做到厚积薄发，深入浅出，言之有物，有感而发；提倡语言生动，兴趣盎然，雅俗共赏，有吸引力。

---

❶ GB/T 50279—98 岩土工程基本术语标准. 北京：中国计划出版社，1998.

五、论文的语言与格式

（一）科技论文的基本风格

科技论文的基点就是其科学性。数据可靠、实事求是、论点明确、文字简练是最基本要求。严肃的态度、严谨的学风、严密的方法是科学技术工作者应有的素质，也是科技论文的基本风格。

反映科技成果的论文要求以下各点：

(1)正确性(accuracy)：观测、试验、推理、运算精确可靠；

(2)确证性 (verifiability)：亦即可重复性，其他人在规定的条件下也可以得到相同的结果；

(3)客观性 (objectivity)：不以主观意见为转移，是完全客观的固有存在和规律，不允许主观臆造和编凑；

(4)公正性 (impartiality)：对数据、参数的严肃态度，不可任意取舍；

(5)可读性 (readability)：文字通顺，条理清楚。

科技论文反映了作者的学风，科技工作者应保持和发扬优良学风；抄袭剽窃、弄虚作假，分割稀释、重复发表，自我吹嘘、假大空玄，华而不实、投机取巧都是学风浮躁和学术腐败的表现。

（二）论文写作的语言

科技文章的语言应简练和朴素，避免过度华丽的辞藻。科技文章应当明晰与确定，要避免出现“大概”、“可能”、“似乎”、“也许”等含糊的语句；不应使用口语、网络语言和带有感情色彩的语言。语言通顺是基本的要求，主谓语齐全，标点符号准确，避免过长的句子。

人们一般主张科技论文宜用客观的叙述手法，使用第三人称；不宜出现“我(I)”、“我们(we)”等词句。英文则提倡使用被动式。由于文章的现象、结果、规律是客观存在，这种叙述方法可将作者放在客观的角度，表明讲述的是客观的事实。

文如其人，文章的语言表现了作者的气质、风度与风采。黄文熙先生在86岁时发表的论文题目是“拱坝抗屈折稳定初探”❶，他将笔者的博士论文题目改为“土的三维弹塑性模型探讨”❷。一个“初探”，一个“探讨”，表现了土力学一代宗师的儒雅与恭谦。反观目前有些论文中充斥着“创造性地提

❶ 黄文熙. 拱坝抗屈折稳定初探. 水利学报，1995(9).

❷ 李广信. 土的三维弹塑性模型探讨. 北京：清华大学土木水利系，1985.

出”、“国内外首次”、“第一次建立了”、“大量的试验”这类语句，折射出某些作者的浮躁与虚夸。

（三）论文写作的基本体例与格式

科技论文主要含有两大部分：

(1)前置部分：包括标题、作者、中英文提要、关键词。

(2)主题部分：包括引(前)言、正文、结论、参考文献。

另外也常有附注部分：包括注释、致谢、附录等。

六、科技论文各部分的写作

（一）标题(题目)

科技论文的题目应确切、鲜明、简短；用词应简练、中肯、醒目、生动。它一般为词组及其组合，不是句子，“卡拉是条狗”这样的题目通常只在文艺作品中才出现。在科研题目中不宜有肯定无疑或者模棱两可的语句，避免使人疑为广告或小说。标题包括了被研究的对象及作者的方法手段，不包括细节和结论。标题用词应规范，一般不要使用缩语、行话、网络语言(计算机检索系统程序无法辨认)。目前一般的科技论文一般不提倡使用副标题。

标题的作用是很重要的。通过题目，可了解论文主要的内容和论述的宗旨；好的标题使读者产生欲读的兴趣，深入人心，经久不忘。切忌题目过大，过于笼统。例如“高土石坝的研究”其容量已超过一部专著；改为“高面板堆石坝的研究”，依然含糊和笼统，最后明确为“高面板堆石坝中面板变形的分析”，则基本反映了文章的内容。题目不要过长，一般不超过 20 字。否则使人产生视觉疲劳，浏览过后，不知所云，好的论文也会被人错过。其实很多论文及其标题中都有可用可不用的词句。

科技论文是客观公正的，标题避免广告式的言过其实；避免咄咄逼人；提倡谦虚与文明，“探讨”、“商榷”、“一种解释”等词句，表现出对无垠的知识海洋应有的敬畏。

（二）论文作者

论文作者的排序一般是 No. 1——主要贡献者；No. 2——主要协助者；No. 3——与 No. 2 相似，但贡献递减。有时作者间是导师与学生关系，这时主要看贡献。所谓贡献是指智力的投入和关键技术、创新部分，例如导师明确提出新的建立理论模型的基本思路，设计了技术路线，而学生沿着这一路线实现了预期设想，在反映成果的首篇论文中，导师应列为第一作者。作者人数不宜过多，实验室配合与管理人员一般不列入作者。在论文工作中在管理、经费、资料、建议、感情等方面给予帮助和支持者可一一致谢之。有些项目提供者、资助者、有关领导对研究工作一窍不通，也赫然名列前茅，是社会腐败在学术腐败中的表现。

署名似乎是个人之间的事情，但是文责自负，别人将并无贡献的你署名，似乎是美事，但不一定是天上掉下来的馅饼。有人将大师和院士拉上，实属拉大旗作虎皮；有的弟子将不知情的导师拉上(甚至名列第一)，结果被发现内容全属抄袭，使导师陷入窦娥之冤，所以名人更需自爱。

作者的地址、单位与邮编也是不可缺少的，便于读者了解更多的信息和便于讨论。

(三) 关键词

关键词(keywords)是起关键作用、最能说明问题、代表论文内容特征、最有意义的词，是为了有利于检索和文献引用。它们可源于标题、摘要和正文。关键词可以是一个或数个关键字的组合。

中国科协的“关于学术论文中规范关键词的决定”文件规定：关键词一般不少于4个，没有关键词的论文，不算学术论文。其中，第一关键词：主要内容或工作所属的二级学科名称(据国标GB/T 13745—92)；第二关键词：成果或几个成果总类别名称；第三关键词：研究方法具体名称：试验、综述、计算；第四关键词：前三个没有出现的主要研究对象(事或物)、重要的名词；第五、第六关键词：有利于检索和文献引用的其他名词。

由于岩土工程本身就是二级学科，对于岩土工程的论文，应具有3～5个中英文关键词，中英文应保持一致。关键词不是句子，它们常常会出现在标题中，应准确、简明、规范。

关键词是为了便于索引查询，所以应准确反映论文的关键内容，不宜过大、过笼统，如“土木工程”；也不宜太虚，如“发展”、“展望”、“探讨”等，它们可用于标题，但不宜用作关键词；不要用缩写，如“EH-4电导率成像系统”，“RIC工法”；不要重复使用同义词和近义词，如“复合地基”、“刚性桩复合地基”、“旋喷桩复合地基”等。关键词也不能过长，否则变成了标题，如“软土地铁车站结构”、“两类环境岩土工程问题”；不要将几个不同意义的词组合，如“桩长与桩间距”、“有限元法与离散元法”。英文关键词应当使用学科、本专业中外通用的写法，不要望文生义、自编自造。

（四） 摘要

摘要（abstract），也有提要（synopsis）、文摘等提法。一般放在文前；而摘录（summary）则常在文后。当前科技论文的规范形式是正文前的摘要，文后的结论（conclusion）。

摘要对于科技论文是十分重要的。浏览摘要基本可以得到必要的和一定深度的信息。与国际接轨和交流是我国科技进步的重要途径，英文摘要是国外同行和读者了解我们成果的主要窗口，也是期刊被 EI 与 SCI 收录的重要依据。中英文摘要内容应一致，提供系统信息。国内一些期刊的英文摘要不过关成为被收录的障碍。

目前国内的文章摘要普遍不够规范。首先它应当包括 5 个要素，即目的、内容、方法、成果、结论（意义）。这样它就不宜太短，一般可为正文篇幅的 5%左右，约为 250～500 字。

摘要首先交代本文研究的目的和重要性，然后说明具体范围和内容，采用的工作方法：试验、观测、计算、理论推导等，同时一定要交代取得的主要成果，最后指出成果意义与结论。摘要应在全文完成以后撰写，浓缩精华，反复斟酌修改。在正文完成之前写摘要是不可取的，常常也是不可行的。

摘要应当是完备、正确、具体、客观、简练，以引人入胜，吸引读者，包括吸引审稿人及编辑。

摘要不应包括正文没有的内容，一般不列参考文献，不列公式、图、表。语言更需准确、精炼、规范，忌自我吹嘘与评价，不能笼统含糊，如“得到一些有益的结论”这样的废话，同时也不能绝对和武断，如“完全正确”、“根本错误”、“一无是处”等。

例 1：“本文作者在国内外首次将 BP 神经网络法创造性地应用于×××的预测，通过大量的实测资料的验证，表明作者的方法完全正确有效，全面的分析研究得到一些有益的结果”。其特点是夸张、绝对与含混。

例 2：“阐述了岩土工程桩基原体试验，介绍了桩基静载荷试验破坏标准与单桩承载力确定方法”。该文章发表在一本论文集中，有 10 页之多，内容是分析研究关于地基破坏与桩身破坏的区别，认为应通过综合分析确定单桩承载力。其摘要只此一句，没有表现主要内容。

例 3：“本文介绍了机场扩建工程勘测应注意的问题及应做的主要工作。”

例 4：“本文介绍了勘察等级及承载力确定等问题。”

例 3、例 4 这两个摘要基本是：“本文介绍了”＋题目。

在文摘性的杂志、学术会议的初投稿和学位论文中常常需要详细摘要，这类摘要的书写原则与上述相同，但是要求更详尽，有时可以包括公式、图、表等。

（五） 前言

前言或引言(introduction)是正文的第一部分，要清楚指出研究问题的性质与范围、课题的重要性及解决它的意义和必要性，课题的过去历史——研究现状——发展趋势的介绍和评价，指出未解决的问题、此前的进展、解决的可能性及其方法，因而多数参考文献出现在引言中。前言还应简单介绍本文研究的性质与范围，研究中采用的方法、采用的理由、取得的主要成果等。与综述性文章不同，论文的前言目的只在于引出你的研究的必要性、合理性、可行性，无需全面展开。

由于篇幅限制，国内发表的论文中这部分普遍偏短，也常缺少3个要素：综述、方法与成果。特别是对文献综述不够，与国外期刊的要求有较大差距。没有指出目前的发展现状，似乎前无古人，理由不充分；未介绍自己的方法、成果就戛然而止。还有人将大量的应当在引言中介绍的内容，放到正文中，使读者无法区分文章作者与前(他)人的工作和成果。

也有的作者视读者为无知，对浅显的常识性的内容喋喋不休，上下五千年、纵横三万里，如同给学生上课。也有人在引言中进行广告式的商业宣传，边述边议，自吹自擂；“国内外首次”，接近、达到“××水平”。前言中也无需“水平有限”、“不吝指教”之类的客套话。

研究生学位论文的综述部分相当于期刊论文的前言，功能和内容也相似，但篇幅长得多。它是与选题相呼应的，需要说明课题研究的必要性及解决它的意义(学术与实际工程)、性质与范围，需要阐述问题的提出、发展历史、前人已经做过的工作、取得的成果，未解决的问题、解决的可能性及其方法，需要介绍本论文的主要研究方法、过程与成果。

撰写前言是对有关文献的阅读、吸收理解、评议、综合，必须是自己独立完成。可以吸取别人及其文章中的观点和意见，但是别人总结、汇总完成的图、表、公式等不能简单抄用而不加标注，例如有人将别人总结的国内外100m以上高土石坝统计表抄来，并且写为“笔者统计如××表所示”，这属于抄袭。有的导师在一个课题中培养若干研究生，其内容相承，一代一代的综述基本相同。有人认为前言部分本来就是介绍别人的成果，不存在抄袭问题，这种认识是错误的。这正如不同的厨师用同样原料分别炒菜，不能端上别人炒好的一盘菜一样，需要体现各自的劳动与手艺。

（六） 本文

本文或正文是论文的基本部分，一般应按照一定格式分章节书写，内容有文字、图、照片、表格等表示形式。

文字是反映成果最主要的载体，表述要做到：正字、炼句、达意、条理和平实。所谓正字是指使用的文字要正确、准确、明确；炼句是指语句规范、通顺流畅；达意要求精炼严密，切忌模糊、含混、啰嗦；条理是要层层深入，丝丝入扣，水到渠成，看起来舒服；文风平实，切忌华丽、武断。

论文中名词应规范，例如在岩土工程学科中规范的叫法为“渗透力(seepage force)”，而不是“动水压力”；像“砂壤土”这种土的叫法早就随着规范修改而消失了。缩写尽量不要在标题、关键词、摘要中出现，本文中首次出现应注明。国际统一单位制的符号与标志一定要准确，如 kPa、MPa、kN 中字母的大写与小写一定要准确。章节、数字、符号、格式前后统一，标点符号准确。

图表也是本文的重要组成，附图具有直观、清楚、易于理解的优点；表可以给出准确的数据，也具有不可替代的作用。数据和结果用图表示更便于阅读和理解。论文不是报告，图表的数量不宜太多，将最主要、最有代表性的部分列出即可。一般图不宜超过 10 幅，可以通过变换坐标参数，增加分图号[如图 1a)、b)所示]，尽可能将类似的结果整理归纳，用一幅图表示。图的坐标、图例、图名要清楚明白。

岩土工程的科技论文可以分为试验研究型、理论研究型、文献综述型、工程介绍型、调查分析型等，不论是哪一类，都应当脉络清晰，简练准确。由于土性质的特殊性，对于试验的土料基本性质、数值计算的参数、试验的条件、设备和测试方法必须交代清楚。理论和计算常常要进行验证，对这种验证要有实事求是的作风、科学严谨的态度，体现出客观性、权威性、公正性，才具有说服力。

(七) 结论

论文的结论是对全文精华的提炼，阐明论文最有价值的部分，具有画龙点睛的作用，是读者得到的主要信息。结论应完整、准确、严密、鲜明；分条列出，每条清晰明确，有根有据，实事求是，避免夸大和言过其实。

有些研究内容没有得到明确结论，以及反常、规律不明确等情况，需要讨论。讨论也包括建议与设想、改进意见、遗留及有待深入研究的问题，以及没有把握、无法解释的部分。

论文中的重要的创造性成果可在摘要、引言、本文、结论中明确指出和交代。过程要层层剥离，丝丝入扣，科学论文不是侦探小说，不能出人意料，戏剧性地在最后一页(刻)才出现最主要的结果。

(八) 参考文献

列出参考文献首先是表明尊重前人工作，尊重知识产权，其次便于读者查询，期刊及论文的被引用率也是反映它们质量和水平的重要指标。

参考文献一般在文中注明编号。其格式国内外、不同期刊(会议)要求不尽相同。一般为：作者、标题、杂志(专著、会议及学位论文)、时间、刊号(版次)、页码等。最近国内被 EI 和 SCI 收录的期刊要求将中文参考文献译成英文，以便于交流与查询。我国期刊和论文集对参考文献要求较低，甚至为了缩短篇幅，要求作者删去参考文献，这是不可取的。

在论文评审中发现，如果一篇文章只引用了几部规范、教材，一般其水平不会很高；没有外文文献、没有近年的文献表明作者在该研究领域知之不多，其创造性值得怀疑。但是将自己根本没有仔细阅读的外文资料罗列了很多，内容与该文风马牛不相及，也是一种歪风。另一种恶劣的做法是有意隐瞒别人研究做出的类似成果，制造自己创新的假象。一种更恶劣的做法是完全抄袭别人成果，而隐去被抄袭的文章。所以在这类“官司”中，是否正确的引用了别人的文章，成为是否抄袭的主要判据。

(九) 其他

致谢：包括各类基金资助、资料的提供、署名作者以外的人员在工作期间的协助等。但是有人在致谢中也拉大旗作虎皮，礼多人不怪，对名人与领导强行致谢，感谢×××的指导云云，可能人家并不赞成其观点，实是强人所难。

国内的基金资助另列附注，附注也包括作者简介。

(十) 结论

(1)岩土工程是一门实践性很强的学科，相互交流十分必要。科技论文是科技人员交流的主要形式，也是学科发展水平的标志。

(2)岩土工程的研究及论文选题要注重结合实际，发扬严谨务实的学风，注意创新性。

(3)论文投稿应结合文章的内容特点，适合相应的读者群和论文载体的学术水平。

(4)明确科技论文的基本格式，明确各部分的要素、内容、要求等，准确流畅地使用科技论文的语言，写出高水平的文章。

(5)文如其人，文章反映了作者的学风、风度、素质，而在一个学科中，论文总的倾向与趋势反映了该学科中的学风。

第4讲 岩坛六弊[1]

近年来各行各业都纷纷祭起一坛，早有名气的如文坛，另有书坛、画坛、歌坛、影坛、体坛等，就连最不争气的中国足球的所谓足坛，也是新闻不断，煞是热闹。为岩土工程立坛，也就名正言顺了。本文主要涉及土力学的研究和论文方面的问题，似应叫"土坛"，但一查字典，所谓"坛"者乃是土堆的台，故"土坛"有犯复之嫌，故称岩坛。岩石可能无弊，但城门失火、殃及池鱼，与土为邻，难免受到牵连，是为岩坛。

本人担任《土木工程学报》副主编和《岩土工程学报》编委会副主任等职，每月初审和终审几十篇岩土工程方面的论文，加上多家期刊送审的投稿论文、各校的学位论文，基金项目评审，职称评定的学术水平评审，学科建设评审等，对于岩土工程的研究成果和科技论文所见甚多。这些研究硕果累累，自不必说，但是也存在一些不良倾向，有所感，经归纳总结后一一录出，是为六弊。

一、无米之炊

L. A. Zadeh 讲过："当系统的复杂性日益增加时，我们做出系统特点的精确而有意义的描述的能力将相应降低"。对于岩土工程这一极其复杂的系统，精确可能是一个奢望。因而不确定性理论方法应当是强有力的工具与武器。笔者在 20 世纪的 80～90 年代曾经对于不确定性的理论方法给予很大的热情和期望[2]，可惜后来的发展令人颇为失望。

所谓不确定性理论有多种，有些是很古老和经典的。由于计算机技术的发展，不确定性理论近年得到极快的发展，也使实际应用成为可能。因果

[1] 原文刊于《岩土工程界》2006 年第 3 期.

[2] 李广信. 关于土力学理论发展的一些问题. 岩土工程学报，1991，13(5).

关系破缺的问题可以采用统计、概率、优化、可靠度等理论；互补率破缺的问题，亦即无法准确判别彼此的问题有灰色、模糊、混沌、分形等理论与手段；而在各种仿生学基础上，提出了神经网络、遗传进化、专家系统等理论方法。值得注意的是这些只是解决岩土工程问题的手段和方法，而其基础还是资料、案例、经验和岩土工程的概念等。以《建筑地基基础设计规范》(GB 50007—2002)对于土的强度指标的标准值确定为例[1]，其修正系数为

$$\psi_{\varphi}=1-\left(\frac{1.704}{\sqrt{n}}+\frac{4.678}{n^2}\right)\delta_{\varphi}$$

$$\psi_{c}=1-\left(\frac{1.704}{\sqrt{n}}+\frac{4.678}{n^2}\right)\delta_{c}$$

可见，这类统计意义上的方法，其最为重要的因素是样本数 n。没有足够大的样本数，统计与概率的方法就毫无意义，不会得到有意义的标准值。以模糊数学为例，其关键是模糊判断中的权重，一个复杂的岩土工程问题，各个因素的权的合理判断及其相互影响，只能来源于对大量的实测资料的合理分析、实践中积累的丰富工程经验、不同条件下的信息集成、对于岩土问题基本概念的深刻理解及对于各因素耦合的正确认识，否则只能是数学游戏。

目前，可靠度分析与神经网络文章充斥各类期刊及学位论文中，且投稿还在源源不断地涌进。一些人将可靠度、神经网络、模糊数学的标签，贴到一切见得到的岩土工程问题上。在这类文章中，5 个试验就号称“大量的试验资料”；从三个压桩试验，学习了十万次，就得到了“重要的成果”；少得可怜的资料成了点缀和标签。无米而炊，用几个米粒熬出一锅高度稀薄的粥来。

由于资料和经验的匮乏，这类数学游戏败坏了不确定性理论方法的名声，这就难怪一些在工程实践中工作的老总们和老一辈专家们，对于这些“成果”与“论文”持完全否定的态度了。[2]

二、先箭后靶

“文革”中的红卫兵有一句口号是“毛主席指到哪里，我们就打到哪里”。目前，一些岩土工程的研究者似乎反其道而行之，那就是“我们打到哪里，我们就指向哪里”。也就是先射箭，后画靶，打到哪，指到哪。

其一是用不知从哪里来的有限元计算程序＋不知从哪里来的模型参数＋不知从哪里来的实测(试验)资料＝天衣无缝、完美无缺的模拟结果；

其二是建立或者移植了一个理论模型＋不知哪里来的资料确定参数＋

[1] GB 50007—2002 建筑地基基础设计规范. 北京：中国建筑工业出版社，2002.

[2] 门福录. 岩土力学研究观点、方法若干问题之我见. 岩土工程学报，2001，23(3)：280-282.

不知哪里来的试验结果＝预测结果好得不得了！

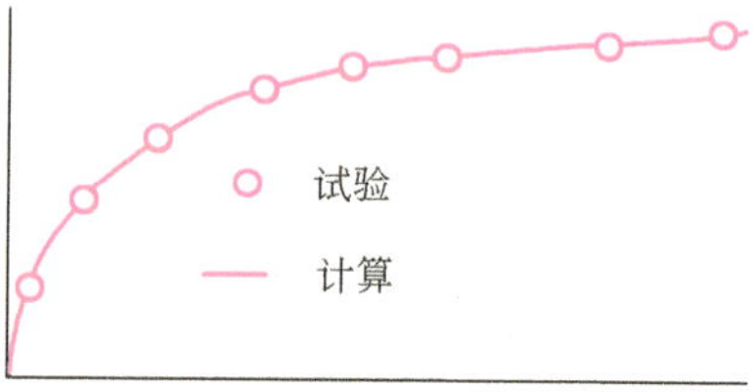

图1　计算与实测结果的比较

在一些论文和报告中，可以见到预测与实测结果完美符合到令人羡慕和令人可疑程度的情况，如图1所示。地质学家曾告诫我们：无瑕的美玉都是人造的，最近又听说，无瑕的美女似乎也都是人造的，那么对于性质极其复杂的岩土材料，这些无瑕的曲线是天生丽质吗？在岩土工程中，数学模型及其计算程序中的关键是参数的获得，如果参数是一个（些）可以任意打扮（整容）的小姑娘，应当说"预测"可以是相当完美的；如果连需要验证的试验（观测）资料也是可以任意打扮（整容）的，那即使是竞选世界小姐，也基本上是无胜而不往，百中而百发了。

在20世纪80年代以前，土的本构关系模型蓬勃发展时，这种自己提出模型，自己验证的情况很多，结果总是"符合得很好"。自己种瓜，自己品尝，自己推销，无不夸瓜好。后来欧美岩土界组织了多次对于土工试验、本构模型和数值计算的"竞赛"，或者"考试"，亦即公布土的基本试验以供参赛者确定模型参数，也公布目标试验的应力路径及其他条件，然后在全球征集参赛者，十八般武器各显神通，按期上交预测结果，最后公布目标试验的结果。这种"背靠背"的考试往往会使麒麟皮下露出马脚来。记得一个会议的主席总结道"尚不能给任何一个模型戴上王冠"[1]。这种闭卷考试体现了其客观性、权威性和公正性，也考验了射手们真正的箭法。

三、稀释克隆

某些研究者或者研究团体在一个狭窄的领域取得了一些理论解析、半解析算法或数值计算方面的成果，于是寻找一切可以贴上其标记、能戴上其帽子的题目：不同土层的排列；不同荷载、边界条件和计算方法的组合；不同坐标系的变换，生产出大量相似的研究成果、学位论文和期刊投稿。似曾相识的文章散见于各个期刊，常常无法判断其差别。《西游记》中写孙行者与妖怪斗法，一会儿变成者行孙，一会儿变成了行者孙，最后索性拔下一把毫毛，变成千万个大圣，谁说克隆技术不是中国人最早提出的？目前该项技术在我国的岩土工程界中得到了大量应用和推广。导师克隆徒弟，师兄克隆

[1] Proceedings of The Workshop on Limit Equilibrium. Plasticity and Generalized Stress-strain in Geotechnical Engineering. McGill University, 1980.

师弟，克隆出一代又一代的"大圣"，于是近亲繁殖，遗传缺陷，使成果的学术水平递减，研究的实际意义萎缩。

另一种情况是，将成果高度稀释分割，改头换面（有时甚至不改头不换面，素面朝天就又投来了。），投出和发表出双胞胎与多胞胎的文章，有的文章笔者先后在不同场合见过5次。还见过同一导师指导的本科生毕业论文答辩、硕士生学位论文答辩、博士生学位论文答辩和博士后出站报告都使用了同一个土工离心机模型试验的成果，最后该导师再用它发表论文，出现了一女五嫁的壮观情景。

四、翻炒冷饭

这是一种从经典土力学中找题目，从本科土力学教材的夹缝里找课题的情况。例如，考虑自重的地基承载力公式、考虑黏聚力的库仑土压力公式、非线性的强度准则下的朗肯土压力、考虑三维效应的地基沉降计算、"新的"极限平衡稳定分析方法、考虑竖向渗流的土压力等。这些经典的土力学问题几十年来已经被人们广泛地关注与研究，基本没有得到创新性成果的空间，有的是此前已经有了相同或者类似的成果，有的是基本没有实际意义，有的是在计算机和计算技术高度发达的今天，已经没有研究的必要。例如考虑三维效应和非线性的地基沉降计算，20世纪中期以前就提出了不下十种计算方法[1]，目前还是方法简单、积累了丰富经验的单向压缩分层总和法在工程实践中被广泛应用，而如果希望考虑三维效应和非线性的影响，各种有限元法已经使上述的计算方法基本没有必要。

五、小题大做

将其他学科和新的理论方法引进到岩土工程研究中，是我们提倡的技术路线，也是岩土工程取得原创性成果可能的途径，但这是一条充满荆棘的艰苦探索之路，而非捷径。

例1：有人用数学上的凸集理论证明：在π平面上三个顶点与中心等距的非凹的屈服轨迹的上限是圆周，下限是等边三角形，如图2所示。

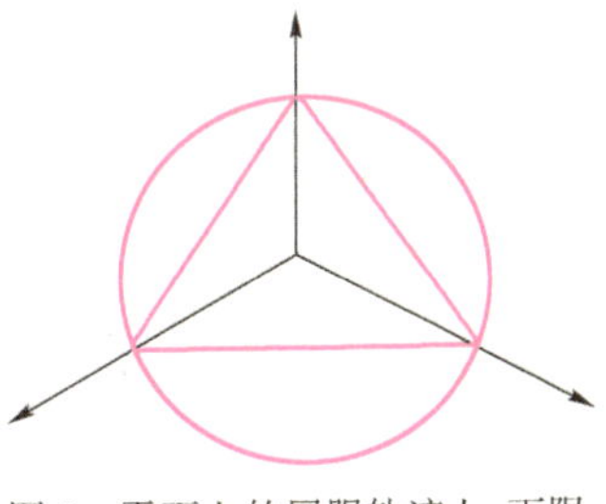

图2　平面上的屈服轨迹上、下限

从直观上看，如果不想使曲线出现下凹的

[1] 李广信. 高等土力学. 北京：清华大学出版社，2004.

部分，确实向外不能超过圆周，向内也不能超过等边三角形，但是它更像一个中学的几何问题。例如在等边三角形内如有一点，则它与两邻两顶点的连线的外角一定小于 180°。对于弹性—完全塑性模型，其强度准则与屈服准则是一致的。Mohr-Coulomb 准则、Lade-Duncan 准则、松冈元准则以及笔者提出的双圆弧准则，当 $\varphi=90°$时，在 π 平面上都退化为等边的三角形，而 $\varphi=0°$，除 Mohr-Coulomb 准则（它退化为 Tresca 的正六边形）外，其他准则都变成圆。因而从物理、力学角度就不可能超越这两个图形。如果轨迹进入等边三角形之内，意味着 $\varphi>90°$，土的抗剪强度就会随着拉应力的增加而增加；如果超出圆周，$\varphi<0°$，意味着随着压应力增加，抗剪强度不断减少。至少在一般的岩土材料中没有见到这类情况。如果对于土的抗剪强度机理另有高见，则应当在试验基础上加以发展（例如冻土和 PES 材料）。如果说这些问题在数学上有很大的难度（我是不懂的），则以发表在数学期刊中为宜。

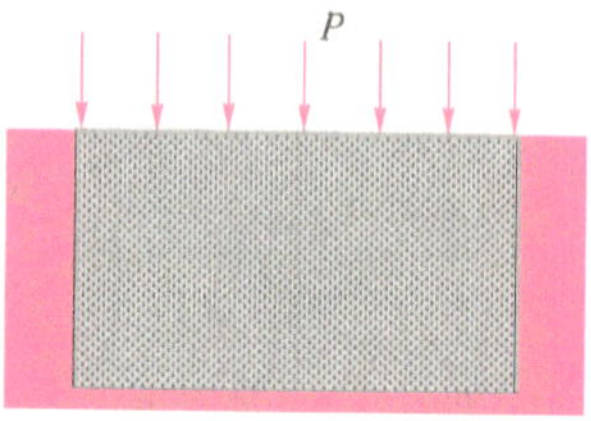

图 3　一维压缩是稳定体系

例 2：用系统论证明土的一维压缩是一个稳定的体系（图 3）。从感觉上和用试验都会发现，土的一维侧限压缩不会使土体剪切破坏，似乎无需系统论那么高深的学问，也可以证明如下：如果黏聚力 $c=0$，则

$$\sigma_1 = p$$

$$\sigma_3 = K_0 p = (1-\sin\varphi)p$$

$$\frac{\sigma_1-\sigma_3}{\sigma_1+\sigma_3} = \frac{\sin\varphi}{2-\sin\varphi} < \sin\varphi$$

可见，在单向压缩情况下，土体不会达到莫尔—库仑的极限状态，亦即总是稳定的。

这些“研究成果”在土力学中是为人所熟知和不言而喻的，而从其他学科借来的“法宝”在那个学科大概也属于基本的方法手段。这种对于土力学的发展没有什么创见，对于所借鉴的学科也没有什么推动的研究，是小题大做，将简单的问题复杂化，似乎是在这个学科忽悠我们，在那个学科忽悠他们。一般认为学科的交叉可产生硕果，但有时杂交也会产生怪胎和垃圾。

六、大胆综述

所谓综述，应当是综合与评述。综合的基本要求是全面，基于纵横方向、时空领域、国内国外学科前沿全面了解和资料的掌握，介绍全局性、整体性的发展过程及研究现状；而评述则要求对于成果得失的准确评价，成果在目前体系中的地位与意义。综述的另一个要求是对于课题或者学科的过去——现在——未来的把握、高屋建瓴的分析、对发展动向的展望。在文字方面要求博采约发，井然有序，质先文后，繁简得宜。这需要对于学科和课题深入和全面的了解，在这一领域中有相当的资历和研究成就，不是初出茅庐的研究生所能胜任的。

但目前常见的综述性文章，有的所知所述明显不足；有的分析很肤浅，基本是材料的简单堆积；有的讲一些大家熟知的成果和结论，缺乏有独特见解的展望。学位论文中的综述常常是一个课题入门者的学习结果，在学术期刊中发表一般是不够的。高水平的综述应当由学科的专家和大师们花一定的精力才能完成。也有的论文中确有大师和院士署名，但观其内容实属拉大旗作虎皮。

六弊反映了岩土工程中学风的浮躁，一些人不愿刻苦踏实地做试验，企图寻找一条不费力气或少费力气而事半功倍、投机取巧的捷径。

有的学校招收研究生过多，指导力量和试验条件不足，只能寻求最容易做的题目对付答辩；有的导师让研究生打工赚钱，临到毕业时就选一个蒙人的题目(如模糊、神经之类)；有的为了职称和毕业而追求论文的数量，稀释、克隆在所难免；有的学校缺少研究的基础和设备，研究工具只有书桌、书本和计算器(机)，就只能在土力学教材中找课题；也有人只重视建立模型或者编制(改造)程序，而采用假设参数，或者寻找国内外其他人的试验资料确定参数和进行验证，结果总是符合很好。这些人应当更多地接触和理解工程问题，在实践中确定课题。

由于土的力学性质的复杂性，土层分布的随机性，土工问题中条件的多变性，土力学是一门充满了感性的学科。解决土工问题最基本的手段是试验、测试和经验的积累，是基本理论概念与工程实践的结合。在土力学的研究中，在人才培养中，试验及测试工作是不可缺少的环节。试验和观测是认识和揭示土的力学规律与机理的基本途径，是理论模型和数值计算中参数确定的重要手段，是检验与验证模型和计算结果的唯一标准，也是进行岩土工程反分析和信息化设计施工的基础。

目前各院校研究生招生越来越多，学科划分越来越窄，硕士生的学制普遍缩为两年，研究生的培养和学位论文的选题以及研究工作的技术路线是值得思考的问题，否则培养出的岩土工程硕士和博士严重脱离实际，可能基本不懂岩土的基本性质，没有解决岩土工程问题的基本能力，也达不到一个合格的岩土工程授课教师的要求。

看来，我国岩土工程的标准尚未“标准”，规范有待“规范”。

第5讲 说三道四议规范(一)[1]

一、《建筑边坡工程技术规范》(GB 50330—2002)

在边坡稳定分析中，对于在地下水位(浸润线)以下的土体，一般用土体(土颗粒+土中水)为隔离体，将水压力 u 作用在土体单元表面上进行计算分析。这在概念上是清楚的，计算分析通常也是方便和准确的。土中水的压力有3种情况：静止水压力、稳定渗流情况下的水压力和超静孔隙水压力。后者也常引起土中水的渗流，但一般是渗流固结。3种情况下在边坡稳定分析中使用孔隙水压力 u 计算分析没有本质区别。在静止水位以下情况时，将土的自重用浮重度计算与上述计算一般是等效的。但是有人偏要舍近求远，舍简就繁，将研究的对象改为"土骨架"，引进"渗透力 j"，令其作用在土骨架上进行稳定分析。所谓渗透力，其合力是一个与渗流方向水压力的合力相平衡的等效的力，它是一个体积力，其大小和方向在各点是不同的，每一点的渗透力与渗流方向和水力坡度有关。在确定了渗流场中的压力分布之后，必须经过对水力坡降的体积积分才得到单元体上的总渗透力 J。亦即，本来水压力分布就是已知的，先根据水压力求渗透力 j，然后又积分确定作用于单元土骨架上的总渗透力 J，因而这一积分过程就是一个劳而无功的工作。一般为了避免积分的繁琐，采用了一些简化的方法，这样得到的总渗透力 J 的方向和大小很难准确。关于这个问题在《岩土工程学报》中已经进行了多次讨论[2][3][4][5]，多数讨论者倾向于使用土体+孔隙水压力的分析方法。

❶ 原文刊于《岩土工程界》2003年第11期.

❷ 毛昶熙，等. 渗流作用下的坝坡稳定有限单元法分析. 岩土工程学报，1982，4(3)：87-106.

❸ 毛昶熙，等. 渗流作用下土坡圆弧滑动有限单元计算. 岩土工程学报，2001，23(6)：745-752.

❹ 陈祖煜. 关于"渗流作用下土坡圆弧滑动有限单元计算"的讨论之一. 岩土工程学报，2002，24(3)：394-396.

❺ 陈立宏，李广信. 关于"渗流作用下土坡圆弧滑动有限单元计算"的讨论之一. 岩土工程学报，2002，24(3)：396-397.

《建筑边坡工程技术规范》(GB 50330—2002)[1]中就规定用渗透力进行边坡稳定计算，这个规范一方面在条文中存在自相矛盾的现象；另一方面，对于某些情况，无法使用或者很难使用其解决具体工程问题。

(一) 所谓“动水压力”

《建筑边坡工程技术规范》中在地下水渗流作用下的边坡稳定分析中引入“总动水压力 P_w”，其表达式为该规范中的式(5.2.6)

$$P_{wi} = \gamma_w V_i \sin\frac{1}{2}(\alpha_i + \theta_i) \tag{1}$$

由于式(1)中 $\sin\frac{1}{2}(\alpha_i+\theta_i)$ 实际上是渗流的平均水力坡降，所以 $\gamma_w \sin\frac{1}{2}(\alpha_i+\theta_i)$ 实际上是在土力学中概念很清楚的渗透力(seepage force)，它是一个体积力，方向为渗流方向，大小等于

$$j=\gamma_w i \tag{2}$$

j 乘以土体的体积 V_i 即为总渗透力 J，而所谓压力(pressure)是一个面积力，单位为 kPa 或者 kN/m^2。“动水压力”一词是从前苏联文献中翻译过来的，用“动水压力”表述渗透力，在概念是上是很不准确的，在国家标准中使用尤其不合适。

(二) “动水压力”的方向与大小

《建筑边坡工程技术规范》关于“动水压力”的大小与方向确定是自相矛盾的。5.2.3 条的式(5.2.3)关于圆弧法计算中引进了“动水压力”P_{wi}这一项

$$N_i=(G_i+G_{bi})\cos\theta_i+P_{wi}\sin(\alpha_i-\theta_i) \tag{3}$$

$$T_i=(G_i+G_{bi})\sin\theta_i+P_{wi}\cos(\alpha_i-\theta_i) \tag{4}$$

式中：N_i——第 i 计算条块滑体在滑动面法线上的反力(kN/m)；

T_i——第 i 计算条块滑体在滑动面切线上的反力(kN/m)；

G_i——第 i 计算条块单位宽度岩土体自重(kN/m)；

G_{bi}——第 i 计算条块地表建筑物的单位宽度自重(kN/m)；

θ_i，α_i——第 i 计算条块底面倾角和地下水位倾角。

从图 1 中可以清楚地看到规范式(5.2.3)[即本文的式(3)、式(4)]是将

[1] GB 50330—2002 建筑边坡工程技术规范. 北京：中国建筑工业出版社，2002.

动水压力 P_{wi}（实际上是渗透力的合力）的方向规定为与浸润线方向一致的。而同样还是这本规范的下一页，在 5.2.6 条款中给出动水压力的计算公式（5.2.6）[见本文式（1）]，在第三条规定"3. 动水压力作用的角度为计算条块底面和地下水位面倾角的平均值，指向低水头方向"。在图 1 中，P_w 按式（3）和式（4）规定的方向；P'_w 是按式（1）规定的方向。这样，一个力被规定了两个方向，同一规范的下一页否定上一页，规范的严肃性到哪里去了？

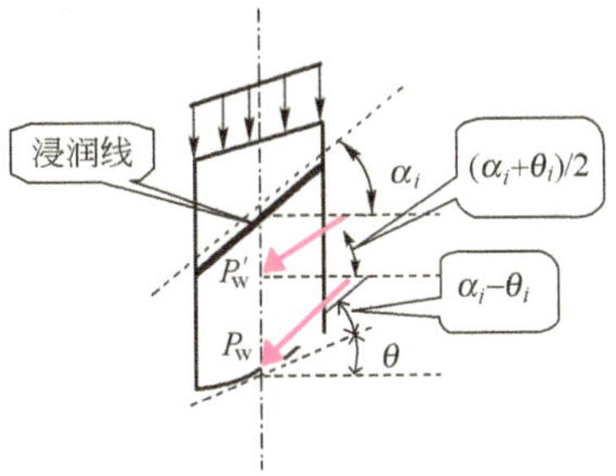

图 1　动水压力 P_w 的方向

（三）用"动水压力"计算的不便与困难

如上所述，必须经过对水压力的积分才得到单元体上总渗透力 P_w（或 J），《建筑边坡工程技术规范》由于想避开积分的繁复与辛苦，于是用一个近似的方法，即式（1），求水在单元条上的总力：（土按浮重度计算）$P_{wi}=\gamma_w V_i \sin\frac{1}{2}(\alpha_i+\theta_i)$ 可是这一计算是十分粗糙的，有时是无法进行具体计算的。

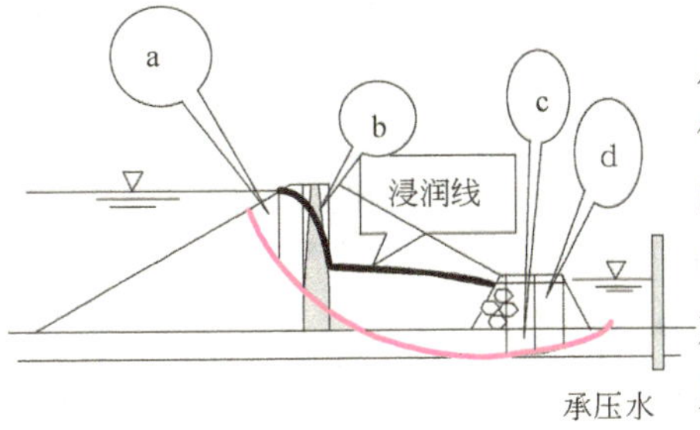

图 2　几个条块的动水压力问题

由于水压力 u 永远正交于其作用的表面，因而一个单元上的水的总作用力的方向是十分容易准确确定的，而渗透力（或动水压力）在各点方向都可能不同，其合力的方向极难确定，这也就造成了上述规定中合力作用方向的矛盾。按照《建筑边坡工程技术规范》中的式（5.2.6）的规定[见本文式（1）]，在图 2 中对一些代表性条块计算 P_{Wi}，要么根本无法计算，要么是错误的。

在图 2 中的心墙坝中，对于 a、b、c、d 等条块，利用条块边界上的水压力本来都可以准确地计算出水的作用力，可是如果根据《建筑边坡工程技术规范》的规定，确定这些条的"动水压力"难度就极大。比如 a 条块在上游水位之下，肯定有"动水压力"，可是从本文公式（1）[原规范公式（5.2.6）]到哪里去找地下水位的倾角？对于 b 条块，由于在心墙中，其浸润线发生剧变，其方向难以准确确定。类似的情况还有在斜墙坝、混凝土面板坝的防渗体部位，其水面线也极其复杂。c 条块的底部切割下层承压水，用排水棱体内的地下水水位计算动水压力肯定不对。对于 d 条块，由于排水棱体渗透系数极大，水头损失可忽略，事实上其地下水已经是静水位了，但根据公式(1)仍可算出一个“动水压力”(因为 $\theta_i \neq 0$)。也就是说，即使在静水中($\alpha_i = 0$)，土条上也会存在“动水压力”($\theta_i \neq 0$)，这岂不十分荒谬。

(四) 结论

(1)在《建筑边坡工程技术规范》使用“动水压力”这样的名词是不合适的；

(2)《建筑边坡工程技术规范》关于“动水压力”方向的规定是自相矛盾的；

(3)使用“动水压力”或者渗透力计算边坡稳定问题经常是不方便的，按简单的假设进行计算，有时无法计算，有时得到错误的结果。

二、《建筑地基基础设计规范》(GB 50007—2002)

(一) 承载力的三种设计理论

在包括地基基础工程在内的岩土工程设计中，与强度问题有关的承载力和稳定问题，主要存在 3 种设计理论或方法：容许承载力设计、单一安全系数设计和基于可靠度的分项系数法设计。

在地基承载力问题中，容许承载力在载荷试验中可以由其比例界限确定，也可以按一定沉降比人为规定。在理论计算中可以由塑性区发展理论中的临塑荷载 p_{cr}或者 $p_{1/4}$、$p_{1/3}$确定。对于一般工程，按容许承载力理论确定的承载力，其沉降一般也会满足要求，常常不需进行沉降验算。在这种设计中，工程的安全性和可靠性是无准确定量的概念的，因而是一种经验的设计方法，其设计荷载可取为标准值或标准组合。

在极限状态设计理论中有两种极限状态，即承载能力极限状态和正常使用极限状态。容许承载力设计其实是一种正常使用极限状态设计；在按承载能力极限状态验算地基承载力和岩土体稳定时，又有单一安全系数法和基于可靠度理论的分项系数法。

在岩土工程中，天然形成的岩土材料的性质是十分复杂和不易确定的，而且工程问题的时空条件变异极大，加之目前积累的统计资料不充分，在岩土工程中推行可靠度设计将很困难。

(二) 《建筑地基基础设计规范》的设计理论方法

我国颁布的《建筑地基基础设计规范》(GB 50007—2002)，针对不同问题将 3 种设计方法混合使用。

(1)其荷载与荷载效应是按《建筑结构荷载规范》(GB 50009—2001)确定的，因而是更接近于可靠度设计原则，而其地基承载力确定基本上是容许承载力方法，但在用公式计算容许承载力时，对于强度指标 c_k 和 φ_k 的确定又采用了概率论和数理统计的概念和方法。由于容许承载力是"确保地基不发生剪切破坏而失稳，同时又保证建筑物的沉降不超过允许值的最大荷载"❶。所以它的荷载使用正常使用极限状态下的荷载效应的标准组合。

(2)在地基及其他有关土体稳定问题的验算中采用的是单一安全系数法。一方面，它属于承载能力极限状态的问题，荷载应当用基本组合；另一方面，它的安全系数将荷载和抗力的因素都包括了，无法将荷载与分项系数联系起来，所以尽管采用了承载能力极限状态的荷载效应的基本组合，但各种分项系数均采用1.0，从而与单一安全系数理论方法一致。其实，分项系数为1.0的荷载效应基本组合与其标准组合的数值是相同的，但是二者对应的设计理论是不同的。前者为承载能力极限状态，后者为正常使用极限状态。在《建筑桩基技术规范》的报批稿中，承载力使用单一安全系数法，而荷载效应采用荷载效应的标准组合，二者的设计理论不匹配。

(3)由于基础及桩承台的结构设计与建筑物上部结构设计是一体的，所以采用基于可靠度理论基础上的分项系数法进行诸如抗弯、抗剪、抗冲切等验算。荷载效应采用承载能力极限状态的基本组合。

(三) 不同规范标准间设计理论方法的不一致性

由于《建筑地基基础设计规范》中涵盖了天然地基、桩基础、山区地基、基坑和软弱地基等内容，这样就出现了与其他相关的国标和行标在设计理论方法方面不一致的尴尬局面。比如《建筑桩基技术规范》(JGJ 94—94)❷是完全采用基于可靠度的分项系数方法设计计算的，使两个规范中无论是荷载还是抗力都出现了不一致。而在具体设计计算中《建筑地基基础设计规范》的内容又不能够指导进行完整的桩基础设计，这就使设计人员无所适从。例如，按《建筑桩基技术规范》对桩基础的承台承载力计算及对软弱下卧层的验算时，需要确定承台底部的地基土和软弱下卧层地基土的对应于分项系数法的极限承载力，而《建筑地基基础设计规范》只能给出这些地基土承载力的"特征值"，怎么确定它们的极限承载力标准值(尤其是深层土情况)是没有办法的。

---

❶ GB/T 50279—1998 岩土工程基本术语标准. 北京：中国标准出版社，1998.

❷ 现行版本号为 JGJ 94—2008.

又如《建筑基坑支护技术规程》(JGJ 120—99)中有关挡土结构物的稳定验算也基本上采用分项系数法。而《建筑地基基础设计规范》中附录 T、U、V、W 分别对基坑的抗倾覆稳定、抗坑底隆起稳定、抗渗流稳定等进行了用单一安全系数法的计算规定,这也是无法协调的问题。《建筑边坡工程技术规范》中在锚喷支护稳定计算中采用分项系数法,重力式挡土墙支护稳定计算中也采用分项系数法,重力式挡土墙及边坡稳定采用单一安全系数法;同样是基坑规范的《建筑基坑工程技术规范》(YB 9258—97),则对于上述稳定问题均采用分项系数法。这种在不同规范中设计理论方法的不一致性的情况比比皆是。不同计算方法采用的荷载和抗力不同,计算得到的安全度也无法比较。有人对分项系数 γ 和安全系数 K(或者 F)不加以区别,而是通用,这混淆了两种不同的设计理论,是不可取的。

(四) 结语

(1)在承载力等问题的设计方法中,存在着容许承载力方法、单一安全系数法和分项系数法,它们又对应于不同的荷载组合。其中基于可靠度理论的分项系数法是最合理和概念最明确的,但由于岩土工程的特殊性,这一方法目前尚无法在岩土工程规范中得到全面的应用。

(2)在《建筑地基基础设计规范》中,3 种设计理论方法在不同的问题中都被使用,这就使在不同问题中,荷载计算不一致,并常与其他规范标准不一致。

(3)各种规范标准的设计理论方法极不统一,不利于它们的衔接,使人们无法比较它们的计算分析结果。

第6讲 说三道四议规范（二）[1]

一、我国岩土工程规范的不统一

在我国岩土工程技术规范标准方面，呈现高度不一致的局面。目前岩土规范标准种类繁多、各自为政，甚至同一行业，由同一单位主编的规范之间也无接口可以衔接。

岩土工程是由工程地质、岩石力学、土力学及相关工程和环境分支组成的，它服务于建筑、市政、水利、水电、采矿、冶金、港口、公路、铁路、海洋、航空、军事甚至航天等各工程门类和行业。在我国，由于建国初期全面学习苏联，实行计划经济，形成了“条条专政”的体系，国务院各行政部各自设置相应的研究院所、高等学校、施工工程局和质检管理系统。这一体系的后遗症之一就是我国不同行业的岩土工程技术人员相互隔绝，老死不相往来，缺少共同语言。这些问题在“注册岩土工程师”考试中充分暴露出来。最近笔者参加一个部编制的“标准”审查，提出是否与国家标准和其他行业标准稍加协调的意见，马上被主持会议的某司长否定：“我们只管我们行业的”。其实即使是在这个部里，其“水”和“陆”部分还是两套，所以会议仅为标准的定名就占了讨论时间之半。

据初步统计，不包括各省市所编制的地方标准，目前我国岩土工程方面的国家标准和行业标准就有 200 多种，其中各行业规范自成体系，形成了名词术语、岩土分类、参数、公式、设计理论的高度不一致。

（一）关于土的分类

以岩土的分类命名为例，我们在给土木系学生上课时，要讲建筑业中的

[1] 原文刊于《岩土工程界》2003 年第 12 期.

土的分类；反之，水利系学生要学水利行业中的土的分类。土木系的学生试验要用"搓条法"测塑限，水利系的学生则用联合测定法。本来要实行"学分制"，学生可以不受时间和课堂的限制自由选课，却因此而不能实现。在很多国家中，土的分类都是统一的。我国曾经组织人员进行过土的全国统一分类工作，后来在争论了几天之后，产生的标准却没有为任一行业所采用。

例如，《建筑地基基础设计规范》中将一般的土分为碎石土、砂土、粉土和黏性土，后者又分为黏土和粉质黏土，而水利部主持编制的《土工试验规程》(LS 237—1999)则吸取美国的分类方法，将土分为巨粒土(B)、砾类土(GW、GP)、砂类土(SW、SP)和细类土，后者又分为黏土(CH、CL)和粉土(MH、ML)，各类土中又细分为多种多亚种。不同的分类在公路、铁路也各成体系，土名也不尽相同。在水利部门，还有人按1962年规范使用砂壤土、壤土和黏土等这些从前苏联译过来的名称。

(二) 关于岩石的分类

在云南省元磨高速公路中的一个隧洞事故的讨论中，对于现场的破碎岩体，几个不同行业的专家院士有的说是五级围岩，有的说是一级围岩，比与外国人交流还困难。表1介绍了不同行业及其规范中的岩石分类。

岩石、岩体(围岩)分类 表1

序号	规范、规程	分类标准	分级
1	《岩土工程勘察规范》(GB 50021—2001)(附录A)	岩石坚硬程度：坚硬～极软5亚类 岩体完整程度：完整～极破碎5类 岩石风化程度：未风化～残积土6类 岩体结构类型：整体～散体5类	岩体基本质量等级：I～V(好～差)
2	《水利发电工程地质勘察规范》(GB 50287—99)[①](附录P)	岩石强度：坚硬～软岩4亚类 岩体完整程度：完整～破碎5类 结构面状态：闭合～张开3类 结构面产状：3类	围岩工程地质分类：I～V(好～差)
3	《公路工程地质勘察规范》(JTJ 064—98)(附录G)	岩石等级：两大类，4亚类(极硬～极软) 围岩受地质构造影响：轻微～很严重4类 围岩节理发育：不发育～很发育4类	隧道围岩分类：I～VI(差～好)

续上表

序号	规范、规程	分类标准	分级
4	《港口工程地质勘察规范》(JTJ 240—97)(附录D)(附录E)	岩石岩体风化程度:未风化~全风化5类 岩体按结构类型:整体~散体5类 岩石按强度:两大类4亚类	岩体按岩石质量指标RQD分5类(好~差)
5	《建筑边坡工程技术规范》(GB 50330—2002)(附录A)	岩体完整程度:完整~不完整3类 结构面结合程度:良好~差3类 结构面产状:3类	岩石边坡岩体分类:I~IV(好~差)
6	《铁路路基设计规范》(TB 10001—99)②	岩石:硬质、软质两大类 风化程度:未风化~全风化5类	隧道围岩分类:VI~I(好~差)
7	《锚杆喷射混凝土支护技术规范》(GBJ 86—85)③	单轴抗压强度、构造、风化岩层厚度等	围岩分类:I~VI(差~好)

注:①现行版本号为GB 50287—2006。
②现行版本号为TB 10001—2005。
③现行版本号为GB 50086—2001。

(三) 关于土密实程度的指标

同一个指标,在不同的规范中有不同的名字和不同的表示方法。例如细粒土的人工加密程度可以用加密后土的干密度与在标准击实试验中确定的土的最大干密度的比值表示,即加密程度$=\frac{\rho_d}{\rho_{dmax}}$。它在不同的规范中分别被称为压实系数、压实度、挤密系数;有的用小数表示,有的用百分数表示;表示符号至少有4种,不同行业的岩土工程师要想交流谈何容易。就是这样的一个指标竟有许多"别名"和"曾用名",表2列出了在不同规范中所用的名词、符号和表示方法。

表示细粒土加密程度的指标(ρ_d/ρ_{dmax}) 表2

编号	规范、规程	名称	符号	表示
1	《建筑地基基础设计规范》(GB 5000—2002)	压实系数	λ_c	0.90
2	《公路路基设计规范》(JTJ 013—95)①	压实度	—	90%
3	《碾压土石坝设计规范》(SL 274—2001)	压实度	D_c	90%
4	《铁路路基设计规范》(TB 10001—2005)	压实系数	K	0.90
5	《建筑地基处理技术规范》(JGJ 97—2002)	挤密系数	η_c	0.90
6	《堤防工程设计规范》(GB 50280—98)	压实度	—	0.90

注:①现行版本号为JTG D30—2004。

从表2可见，在不同行业、不同规范中，同样一个指标的名称与表示方法各不相同，这样国内不同行业的岩土工程技术人员的交流都会有障碍，更何况与国际上的交流了。早在2000多年前，秦始皇就统一度量衡，实现了“车同轨，书同文”。而在21世纪，竟连这样一件小事也不能统一，岂非咄咄怪事。

类似的例子还很多，如容重与重度、含水量与含水率、渗透力与动水压力、喷锚支护与锚喷支护、粘土与黏土等。目前存在和正编制几个岩土工程的名词术语规范，仔细对照，其中的差别相当多。

看来，我国岩土工程的标准尚未“标准”，规范有待“规范”。

二、《建筑桩基技术规范》(JGJ 94—94)❶

如前所述，《建筑桩基技术规范》(JGJ 94—94)是完全采用基于可靠度的分项系数方法设计计算的，理论上讲是相当“完美”及合理的，即可以准确地给出失事的概率，可是仔细分析，发现是徒有其名。以钻孔灌注桩为例，它规定侧阻力、端阻力及综合阻力的分项系数都是相等的，即 $\gamma_s=\gamma_p=\gamma_{sp}=1.6\sim1.7$。我们知道，在不同的荷载阶段，侧阻与端阻的发挥程度是不同的；另一方面，从一般的施工质量讲，由于桩底虚土的普遍存在和不确定性，侧阻的变异系数要比端阻的变异系数相对小一些，所以作为随机变量其概率分布函数是不同的，二者的分项系数也不应当相同，看来要全面实现可靠度的分项系数方法还需要做很多工作。

《建筑桩基技术规范》中，有些参数的取值很不确定，不同的人可以有完全不同的理解。如果查一下各种“注册岩土工程师考试”的辅导材料，就可以发现“辅导者”的理解也各不相同。在平时设计中，相差不多时可取偏于保守(安全)的值，而在考试中答案必须唯一，这就难为了考生们。

比如规范中表5.2.8-2中桩的“入土深度”是从承台底起算，还是从设计(原)地面起算？表5.2.16-2中 l_0 与 l_n——分别为“中性点深度和桩周沉降变形土层下限深度。”它们应当从承台底起算？从原地面起算？还是从该土层顶面起算呢？

在验算承台的抗弯、抗剪和抗冲切时，式中 $N_l(Q_l)$ 是净反力还是全部反力，其规定很不一致。例如在抗弯验算的式(5.6.2)中：$M_x=\sum N_i y_i$，其中“N_i——扣除承台和承台上土自重设计值后第 i 桩竖向净反力设计值；当不考虑承台效应的条件时，则为第 i 桩竖向总反力设计值。”这一规定还算清楚。

❶ 现行版本号为JGJ 94—2008.

在式(5.6.6)中，柱下冲切力设计值为 F_l：$F_l=F-\sum Q_i$。"$\sum Q_i$——冲切破坏锥体范围内各基桩的净反力设计值之和。"这里未讲不考虑承台作用情况。

但在式(5.6.7)中关于角桩的冲切验算，$\gamma_0 N_l\leqslant$抗冲切力。"N_l——作用于角桩顶的竖向压力设计值"，那么就是总的竖向压力或总的反力了。让人不解的同样是中国建筑工业出版社出版的《注册岩土工程师必备规范汇编》(2003 年版修订编印本)中同一规范中的同一公式则变成："N_l——角桩竖向净反力的设计值。"同一个 N_l——到汇编就"修订"成了净反力，真让人无所适从。

关于"净反力"，该规范定义为"扣除承台和承台上土自重设计值后单桩的竖向力"。我们在计算总的竖向力时，$N=(F+G)/n$，其中 G 为承台和承台上土自重的基本值(1.35 倍的标准值 G_k)。而根据《建筑结构荷载规范》(GB 50009—2001)规定，永久荷载其效应对于结构有利时，设计值的分项系数为 1.0 或者 0.9。这样在计算净反力时，加入时按 $1.35G_k$ 计，扣除时按$(0.9\sim1.0)G_k$ 计，亦即凭空增加了一项 $0.35G$ 或者 $0.45G$。所以正确的规定应当是"净反力是不计承台和承台上土自重的竖向力"。[1]

而在斜截面受剪承载力验算时，没有规定"斜截面最大剪应力设计值 V"是用桩的总反力，还是净反力。可见，在不同情况和公式中，记住和使用什么反力是颇为不易的，而实际上是可以统一的。

《建筑地基基础设计规范》中关于矩形独立扩展基础的冲切，是按最不利一侧进行验算的。所谓"最不利"包括两重意义，一是基底压力分布不均匀时，具有最大基底反力的一侧；二是在基底压力均布时，冲切力面积大而抗冲切力面积小的一侧。如图 1a)所示，此时尽管基底压力均布，但左右两侧产生冲切力面积大而抗冲切力面积小，上下两侧反之，二者的不平衡力靠 ab、cd 两个小斜截面是无法传递的，所以应验算左或右的一侧。

在《建筑桩基技术规范》中对于柱下桩基承台的冲切计算建议公式为式(5.6.6)。

$$\gamma_0 F_l\leqslant \alpha f_t u_m h_0$$

其中，F_l 为作用于冲切破坏锥体上的冲切力设计值，$F_l=F-\sum Q_i$，$\sum Q_i$ 为冲切破坏锥体范围内各基桩净反力设计值之和。实际上 $F_l=F-\sum Q_i$ 就是冲切锥体之外的各基桩净反力之和了。见图 1b)，左右两侧的冲

[1] 这一意见已为作者任评市专家组副组长的《建筑桩基技术规范》(JGJ 94—2008)所采用，并作了修改。

切力(锥体外桩的净反力之和)大得多,而上下两侧冲切锥体外桩数少得多,二者的抗冲切面积又相反,这样,靠这两个孱弱肩膀承担这巨大的不平衡力与力矩,能不令人担心吗?

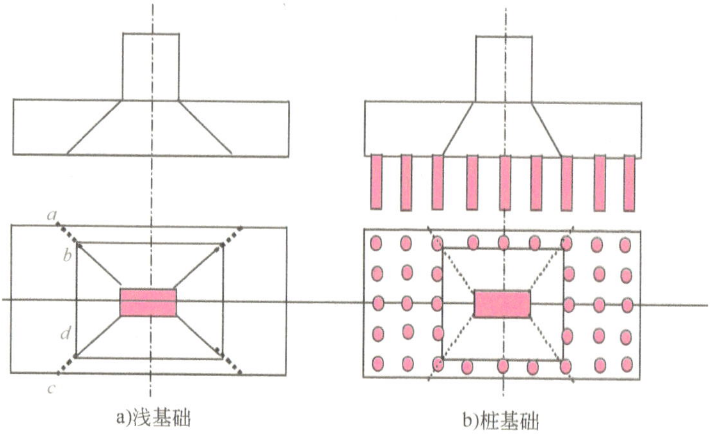

图 1　浅基础和桩基础的冲切验算

在有地下室的内墙条形基础软弱下卧层验算时,存在"自重应力"如何选取的问题。根据《建筑桩基技术规范》,在计算软弱下卧层的附加应力时,基底压力扣除了四周的摩阻力,没有扣除原地面到承台底的土重 γd_2(见图2),即

$$\sigma_z+\gamma_i z\leqslant q_{uk}^{w}/\gamma_q \tag{1}$$

$$\sigma_z=\frac{\gamma_0(F+G)-2(A_0+B_0)\sum q_{sik}l_i}{(A_0+2t\cdot\tan\theta)(B_0+2t\cdot\tan\theta)} \tag{2}$$

从图 2 可见计算桩底的压力时(上式的分子部分),在 $F+G$ 中不应当

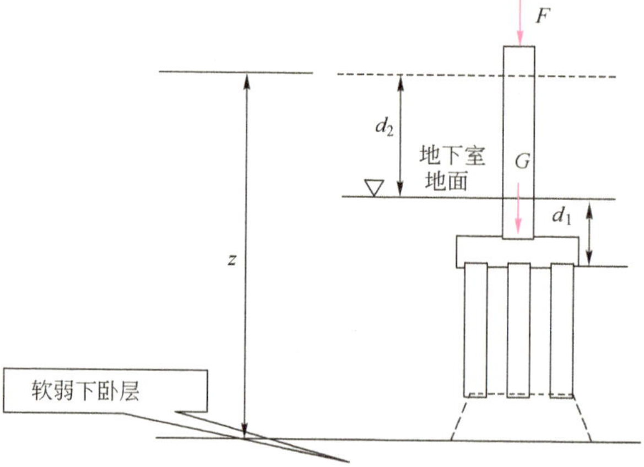

图 2　地下室的内墙桩基的软弱下卧层承载力验算

包括 d_2 部分。这样就大大减少了附加压力，按《建筑桩基技术规范》计算自重 G 从原地面算起，则计算的扩散应力 σ_z 是偏大的。而在式(1)中，$\gamma_i z$（应为 $\gamma_z z$——疑原规范有误）又明显偏大了。这种情况下，软弱下卧层承载力的验算就太保守了。

三、建筑基坑支护技术规程

2003 年 4 月北京某基坑失事，基坑深 17.72m，采用土钉墙支护。作者查询了我国有关规范中对于土钉墙支护的最大允许深度的规定，结果《建筑基坑支护技术规程》(JGJ 120—99)中规定：土钉墙支护的“基坑深度不宜大于 12m”；《建筑基坑工程技术规范》(YB 9258—97)中规定：“场地土质较好且均匀，基坑开挖深度在 5～15m 以内时，可采用土钉加固土体构成土钉支护”；《基坑土钉支护技术规程》(CECS 96:97)中规定：“采用以钢筋作为中心钉体的钻孔注浆型土钉，基坑深度不宜超过 18m”，并且在条文说明中又介绍：“国外用于基坑的土钉支护最深达 21m”。

关于土钉墙的墙面坡度的规定差异也很大，上述第一个规程规定不宜大于 1∶0.1，第二个规程规定为 0°～25°，第三个规程没有指明，但其所附图几乎全是垂直墙面。近年来，土钉墙的使用越来越多，使用者也越来越胆大，报价又越来越低，加之甲方为了尽可能多利用建筑红线内的土地，使降水距支护距离很近，墙面几乎都是垂直的，结果是事故频发，是否更有必要从严掌握呢？

类似的规定相互矛盾的情况较多，比如《建筑地基基础设计规范》关于地下水以下支护结构后的土压力计算为“对黏性土宜按水土合算的原则计算，也可按地区经验确定”。对于饱和黏性土，用“有效自重压力下预固结的不固结不排水三轴试验确定抗剪强度指标”。但《建筑基坑支护技术规程》(JGJ 120—99)则规定，在地下水以下的荷载和抗力的土压力计算中，对于粉土及黏性土用土水合算，同时采用固结不排水(快)剪的强度指标。《建筑基坑工程技术规程》(YB 9258—97)则规定：地下水位以下，“对于黏性土作用于支护结构上的侧压力可按水土合算原则计算，地下水以下取饱和重度和总应力固结不排水抗剪强度指标计算”。《建筑边坡工程技术规范》(GB 50330—2002)中规定，对于地下水以下，“1. 对于砂土和粉土按水土分算原则计算；2. 对于黏性土宜根据工程经验按水土分算或水土合算原则计算”，并规定采用总应力抗剪强度指标计算。

这些规范中关于主动土压力的计算和分布的规定也五花八门，不知这些规定都有什么根据，而关于水土分算和合算曾经引发了岩土工程界的一场大争论。

在《建筑基坑支护技术规程》(JGJ 120—99)中，对于砂石土，地下水位以下情况的土压力给出了一个十分复杂而艰深的公式如下

$$e_{ojk}=\sigma_{ajk}k_{ai}-2c_{ik}\sqrt{K_{aj}}+[(z_j-h_{wa})-(m_j-h_{wa})\eta_{wa}K_{ai}]\gamma_w \quad (3)$$

这是将简单问题复杂化的典型例子，其实只要说明采用朗肯土压力理论，再加上水压力，及坑底平面下 σ_z 不变，有点土力学知识的人都会正确计算其水土压力。这种形式复杂、使用别扭的公式还有一些，它低估了工程技术人员的能力和水平。姑且不说坑底平面下 σ_z 不变这个假设是否合理，这个别扭的公式还有一条十分荒谬，即对于碎石和砂土竟赫然给出了黏聚力 c_{ik}，并且规定用"三轴固结不排水(快)剪"试验。快剪(直剪)试验尚可理解，对于砂石材料用固结不排水三轴确定强度指标真是不可理喻，有谁见过用饱和碎石土做三轴固结不排水试验吗？试验目的是什么？难道在正常情况下砂石中会有超静孔压力吗？真使人百思不得其解。根据这一规程，静水中的基坑支挡结构外侧水压力作为荷载，内侧水压力为抗力，这是没有道理的。因为设计中荷载要乘以 $1.2\gamma_0$，这样竖在静水中的板就是不平衡的，岂不荒谬。实际上静水中支挡结构的左右侧水压力应抵消不计；不平衡水压力可水压差计入荷载。人们常说"理论落后于实践"，指工程中提出的许多问题，尚不能得到理论上的解释与解决，那么这些例子就是"实践落后于理论"的情况，表现出某些工程技术人员的岩土力学的基本概念和基本理论的严重缺失。

第7讲　说三道四议规范(三)[1]

对于规范的“非议”,应十分谨慎,本不想再议,但有人指出按你的题目至少“说三”,理当“道四”,作法自毙,既落入了自设的陷阱,只好就范,接着再议。

在我国,与其他的规范标准相似,岩土工程规范存在着偏细、偏死、偏保守的问题,这也是源于师从前苏联。笔者也参加过规范的编写,领导交代的原则之一是所谓“可操作性”,这样规范不但指明了什么“应”,什么“宜”,而且明确给出了理论公式、计算参数、操作步骤,可谓是“傻瓜规范”。记得某智者曾经说过“越是高科技的,越是傻瓜的”这样的名言,这是说高科技常常是为产品使用者的简便,但是如果设计者成为傻瓜,那么产品会是什么呢?

这样的规范的优点是对于水平有限和不求有功、但求无过的工程技术人员提供了省事的方法和法律的屏蔽,对于小型工程它也是适用和偏于安全的。一般讲,为了指导全面和适应各种可能的情况,也为了让一般技术人员能够掌握使用,所推荐和规定的理论方法一般是成熟的、简易的和偏于保守的,而不可能使用更先进和精度更高的理论和方法。这样,规范没有规定的更先进合理的理论和方法反而不合法,如果出了问题则可能官司缠身。规范中的“不得”、“不应”是不能超越的底线,这就约束和限制了技术人员的积极性和创造性。

而岩土材料性质的复杂性与变异性、岩土工程边界条件的不确定性及影响因素的众多,给岩土工程的设计及施工留有很大的思考和发挥的空间。近年来在北京的基坑支护工程中,完全按照规范设计施工恐怕很难成功中标,技术人员心照不宣地在利用这个空间和安全储备。细而死板并且偏于保守的规范限制了岩土工程师的独立判断与决策,限制了在岩土工程中新理论、新方法、新技术和新工艺的应用,也使岩土工程技术人员感觉不到

[1] 原文刊于《岩土工程界》2004年第6期.

进一步学习和提高的必要性和迫切性。技术人员只要查表确定参数，按公式计算就可完成全部设计。这在大多数情况会造成较大的浪费，有时也会由于不适于具体工程条件的特殊性而发生事故。

一、《建筑地基处理技术规范》(JGJ 79—2002)

在《建筑地基处理技术规范》(JGJ 79—2002)的3.0.4条中规定："经处理后的地基，当按地基承载力确定基底面积及埋深而需要对本规范确定的地基承载力特征值进行修正时，应满足下列规定：(1) 基础宽度的地基承载力修正系数应取为零；(2) 基础埋深的地基承载力修正系数应取为1.0。"

对于这一硬性规定很多人是有不同意见的，认为过于保守，并且大尺寸的模型试验已表明了它的保守性。由于目前地基处理的范围越来越广，不但用于软黏土，而且用于一般黏性土和其他土类；不但用于小型建筑物而且也用于尺寸较大、基础埋设较深的情况。这就常常发生经过处理的地基承载力反而比不经处理的天然地基的承载力还低的情况。

当然，由于所有的地基处理范围都是局部的，这与天然地基中土层在平面上无限延伸不同，所以一般很难在加固区发生地基整体破坏，而更可能是地基的局部剪切破坏，所以不能与天然地基一样，用加固以后土的强度指标进行宽度和深度修正。但是根据太沙基的承载力理论，至少可以用 $\bar{c}=\frac{2}{3}c$，$\tan\bar{\phi}=\frac{2}{3}\tan\phi$，确定深度与宽度修正系数。如果不能采用处理后地基土的强度指标，也可以考虑用原状土的强度指标确定修正系数。这样，只有原状土是饱和淤泥和淤泥质土时，由于 $\varphi_u=0$，才满足 $\eta_b=0$，$\eta_d=1.0$ 的条件。所以在水利和水电行业的"振冲法地基处理规范"中，将原地基土的深度修正系数作了折减，但 $\eta_d\geqslant1.0$，这是比较合理的。[1]

20世纪80年代笔者在圆明园跑步时经常看到一个裸露在外的宫殿地脚下巨大的灰土(三合土?)实体，当时就想：应当称它为"基础"，还是称它为"复合地基"呢？现在分别分析如下：

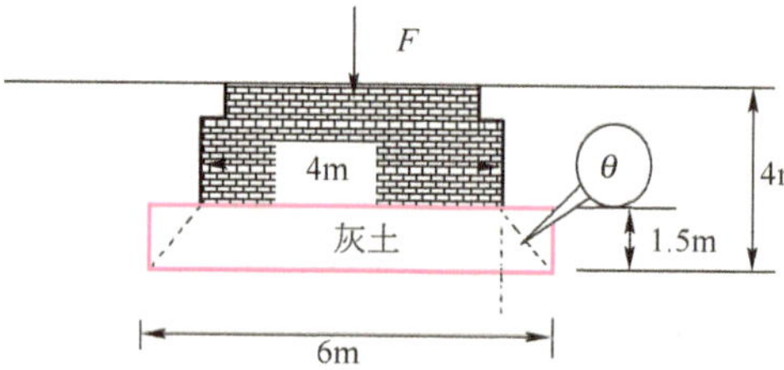

图1 灰土基础或者灰土垫层

(1) 如果按灰土基础计算(见图1)：设古建筑物上部结构的重力为 $F=8000\text{kN}$，下部结构为方形，

[1] 水电水利工程振冲法地基处理技术规范，DL/T 5214—2005.

底宽为 4m×4m，基础底宽为 6m×6m。圆明园处的原状粉质黏土承载力特征值（未修正）为 200kPa，按照《建筑地基基础设计规范》，$\eta_b=0.3$，$\eta_d=1.6$。如果按灰土无筋扩展基础设计，台阶宽高比为 1∶1.5（$\theta=33.7°$），地基土的重度为 $17kN/m^3$，灰土基础高度为 1.5m，埋深为 4m，重度为 $20kN/m^3$。

这时的总基底压力为

$$p=(8000+6\times6\times4.0\times20)/36=302kPa$$

经深宽修正以后的地基土的承载力特征值为

$$f_a=200+17\times0.3\times(6-3)+17\times1.6\times(4-0.5)=310kPa$$

可见 $f_a>p$，承载力是满足的。

（2）如果按灰土换土垫层的地基处理计算：所有条件不变（图 1），扩散角 $\theta=28°$。

灰土垫层顶面上的平均压力为

$$p_k=(8000+4\times4\times2.5\times20)/(4\times4)=550kPa$$

基底处土的自重压力

$$p_c=2.5\times17=42.5kPa$$

垫层底土的自重压力

$$p_{cz}=42.5+1.5\times20=72.5kPa$$

垫层底的附加压力

$$p_z=\frac{bl(p_k-p_c)}{(b+2z\times\tan\theta)(l+2z\times\tan\theta)}=\frac{16\times507.5}{5.6\times5.6}=259kPa$$

垫层底部总压力

$$p_z+p_{cz}=331.5kPa$$

经深度修正后的原地基土的承载力特征值

$$f_{az}=200+17\times1.0\times3.5=259.5kPa$$

可见，$f_{az}<p_z+p_{cz}$，承载力远不能满足。

即使认为下卧层的原状土不属于“经处理后的地基”，$\eta_d=1.6$，由于对下卧层地基土不进行宽度修正，深度修正后的承载力特征值：$f_{az}=200+17\times1.6\times3.5=295.5kPa<p_z+p_{cz}=331.5kPa$，仍然不能满足承载力的要求。

从此例可见，按灰土基础设计，承载力完全满足；按换土垫层处理的地基设计，则承载力不能满足。正如高考时有一个考生，母亲随外祖母定为少数民族，父亲为汉族。考生如果随母亲为少数民族，加分可达到高考分数线，随父亲按“汉族”论则不够，此同理也。

地基处理承载力计算的问题还可用下例说明：如果基础尺寸与上例相

同，基底以下为饱和黏土，$f_a=150\text{kPa}$，土的重度为 17kN/m^3。采用水泥土搅拌桩加固，桩径 0.5m，桩距 1.5m，等边三角形布置。桩底为承载力极高的砂砾石土层，由桩身的强度控制其单桩承载力为 $R_a=40\text{kN}$。按照《建筑地基处理技术规范》的公式(9.2.5)计算复合地基承载力特征值

$$f_{spk}=m\frac{R_a}{A_p}+\beta(1-m)f_{sk} \tag{1}$$

由于桩周土与桩端土承载力相差很大，所以按桩身强度计算的单桩承载力只有 40kN。上式中取 $\beta=0.75$，可计算出 $f_{spk}=159\text{kPa}$。经深度修正以后的复合地基承载力特征值 2 为

$$f_{spa}=159+1\times17\times(4-0.5)=218.5\text{kPa}$$

而不经处理的原地基土经深宽修正后的承载力特征值为

$$f_a=150+0.3\times17\times(6-3)+1.6\times17\times(4-0.5)=260.5\text{kPa}$$

这样，千辛万苦进行了地基处理，获得了这么大的承载力"减少"，在伤心之余不免令人怀疑：这样计算合理么？似乎在地基处理规范中应设一个下限：一般情况下处理后的地基承载力不宜小于原地基承载力。

《建筑地基处理技术规范》中关于粉土及砂挤密之前后的孔隙比与孔径孔距 s 间关系式为式(8.2.2)。

等边三角形布置

$$s=0.95d\sqrt{\frac{1+e_0}{e_0-e_1}} \tag{2}$$

正方形布置

$$s=0.89d\sqrt{\frac{1+e_0}{e_0-e_1}} \tag{3}$$

这是根据等效圆计算的，也是将简单问题复杂化的例子，如果是不规则面积、不等距，或者基本等距但不规则布置挤密桩时如何计算呢？其实根据挤密前后固体体积不变原则给出如下公式更便于计算

$$\frac{A_0}{1+e_0}=\frac{A_1}{1+e_1} \tag{4}$$

式中：A_0——挤密前地基土的面积；

A_1——挤密后桩间土的面积，$A_1=A_0-A_p$；

A_p——挤密桩的总断面积。

这些面积都是平面几何问题，计算应该没有什么困难。

在《建筑地基处理技术规范》的式(8.2.2-5)中，黏性土中桩正方形布置时，桩间距与一根桩承担的处理面积间关系为

$$s=\sqrt{A_e} \tag{5}$$

这么简单的正方形面积公式出现在规范中，是不是真成了“傻瓜规范”了？

二、《土工合成材料应用技术规范》(GB 50290—98)

在《土工合成材料应用技术规范》(GB 50290—98)中，关于加筋材料的设计容许抗拉强度，规定用上述规范的式(3.1.4)计算

$$T_a = \frac{1}{F_{iD}F_{cR}F_{cD}F_{bD}}T \tag{6}$$

其中，F_{iD}、F_{cR}、F_{cD}、F_{bD}分别为机械破坏、材料蠕变、化学破坏、生物破坏的影响系数，这些系数之积可达到6.0或更大。

首先，值得怀疑的是这些系数是否应当直接叠加相乘。例如机械破坏的影响系数是这样确定的：将筋材按照现场的施工条件铺土石料，机械碾压，然后将其取出，再进行常规的抗拉强度试验，结果与初始材料的抗拉强度之比为$1/F_{iD}$，这种强度的损失往往由于施工中造成的局部损伤引起拉伸时的应力集中和断裂。而蠕变抗拉强度为相应于某段时间(例如120年)，材料达到一定的应变(例如为5%)，对应的拉应力。那么它对于局部损伤是否与常规拉伸一样敏感？机械破坏与蠕变二者的影响系数直接相乘是否合理？同理，这四个系数全部直接叠加也是很值得商榷的。

这样，强度已经两折以后的筋材，在分析加筋土堤(墙)的稳定时，原规范的公式(6.4.2-1)规定

$$T_s = (F_{sr} - F_{su})M_0/D \tag{7}$$

式中：M_0——未加筋时土坡的滑动力矩；

D——筋的设计拉力T_s对于圆弧圆心的力臂；

F_{sr}——规范要求的安全系数；

F_{su}——不加筋时的安全系数。

式(7)也可以写成

$$(T_s/F_{sr})D = M_0 - M_0\frac{F_{su}}{F_{sr}} \tag{8}$$

此式的右侧第一项表示需要抵抗的滑动力矩，右侧第二项为在要求的安全系数F_{sr}下土体自身的抗滑力矩。左面为需要筋材担负的部分，为右侧两项的差值。T_s为要求筋材提供的拉力。在设计中还要求$T_s \leqslant T_a$，也就是说，在筋材已经被打了两折以后，在稳定分析中还要除以结构稳定安全系数F_{sr}，这是一种床上架床、房上加房(不是楼房)的做法，重叠使用的安全系数造成很大的浪费。Rowe等人通过对有详细监测记录的21个案例的分析，指出了目前加筋土设计的保守性。例如实测筋材的应变和拉力远小于设计值，常常仅为设计值的1/2～1/3，其中在稳定分析中，将土与筋材的强

度同时除以 1.2～1.3 的安全系数是原因之一。

有人认为，式(6)为计算材料强度除以一定的安全系数，式(7)为结构稳定分析要求一定的安全系数，二者不重复，但问题是这种简单叠加是否合理。在稳定分析中，安全系数大于 1.0 的原因之一是荷载可能的短时的超载及材料强度可能的损失。在《建筑地基基础设计规范》(GB 50007—2002)中关于荷载有如下规定：

(1)在地基承载力验算中，取正常使用极限状态下荷载效应的标准组合；

(2)在进行有关土体的稳定分析时，取承载能力极限状态的荷载效应的基本组合，但分项系数均取为 1.0；

(3)在验算混凝土及钢筋混凝土结构强度时，取承载能力极限状态的荷载效应的基本组合，采取相应的分项系数；

(4)在计算地基变形时，取正常使用极限状态下荷载效应的准永久组合。

在一般情况下，如果情况(1)中荷载效应 $S=1.0$；则对于情况(2)，$S\approx 1.0$；对于情况(3)，$S=1.3$；对于情况(4)，$S=0.8\sim 0.9$(与可变荷载有关)。这种荷载的取值很容易理解。筋材的蠕变其实与地基土体的沉降相似，由长期稳定的自重荷载控制，这在加筋桥台、桥墩、路堤等可变荷载很大时尤为如此。这样，将蠕变与稳定分析的安全系数(包括可能的超载)叠加不是过于保守了吗？

根据计算，在软土地基中加筋的土堤中，加筋仅提高安全系数0.03～0.06左右，而在实际工程中其效果似乎远不止于此。加筋可以大大提高土堤的临界高度，其原因除了实验室测试的筋、土的强度偏低，筋与土的相互作用的机理和破坏模式有待认识等原因之外，在式(6)和式(8)中可以发现有明显的重复计算安全系数的问题。在式(8)中，如果选抗滑稳定的安全系数 $F_{sr}=1.3$，则在右侧第二项中设计将土的抗剪强度已经除以 1.3。而在实际加筋土体中，只有土的强度充分发挥，筋才能起作用。显然土的强度完全发挥应当是 $M_0 F_{su}$，而不需要除以 F_{sr}，可见左侧的值偏大，这个已经偏大的值还要乘以 1.3 得到计算的筋材拉力 T_s，筋材应力的计算值显然偏大。

在软黏土地基上加筋土堤稳定分析中，地基土通常采用的是不排水抗剪强度指标，实际上在地基施工和运行中地基土是部分排水的，其强度会逐渐提高，尤其是在设有竖向排水(砂井、塑料排水带)的情况。土堤施工速度过快，可能引起失稳。加筋的作用在于可以在同样施工速度下增加土堤的高度，或者在同样高度下，加快筑堤的填筑速度。因而筋发挥的最大作用仅限于在施工结束时。运行一定时间以后，地基完全固结，地基土强度提高

（例如可以采用固结不排水强度指标计算），其强度足以支撑土堤，筋的作用也就结束了。那么在计算筋的设计容许抗拉强度时，先除以 2～5 的蠕变安全系数就更没有必要了。

在加筋土计算中，筋材的蠕变系数通常为 2.0～5.0，有时还要大一些，这常常使筋材的设计强度很低。在什么情况考虑蠕变，安全系数如何合理选用，是一个很值得探讨的问题。

第8讲 说三道四议规范(四)

——关于桩基软弱下卧层验算的几点认识[1]

一、引言

对于规范"说三"本来就算完成了任务,而最近参加规范的评审较多,积习难改,有话就想说,好在当时拟题目时留有余地,还可"道四"。今后如果还有话说,还可以用七嘴八舌、九评十议等,足见汉语的丰富。

当桩基下具有软弱下卧层时,应当进行承载力的验算,在不同的规范和手册中规定和建议的方法有很大不同,计算的结果差别很大。这表明,在这一课题的理论研究和实际测试还很不够。过大的安全储备会造成浪费,而不合理的计算可能会发生安全问题。本文对不同的规范和文献中的计算方法进行了分析,提出一些建议,一方面希望使计算更合理,另一方面,也使其概念更加清楚,为设计计算提供参考。

二、关于承台以上地基土的自重

1.《建筑桩基技术规范》(JGJ 94—94)

在这个规范[2]的式(5.2.13-1)和式(5.1.13-2)中,规定

$$\sigma_z+\gamma_i z\leqslant q_{\mathrm{uk}}^{\mathrm{w}}/\gamma_{\mathrm{q}} \tag{5.2.13-1}$$

$$\sigma_z=\frac{\gamma_0(F+G)-2(A_0+B_0)\sum q_{\mathrm{sik}}l_i}{(A_0+2t\cdot\tan\theta)(B_0+2t\cdot\tan\theta)} \tag{5.2.13-2}$$

式中:σ_z——作用于软弱下卧层顶面的附加应力(kPa);

F——作用于桩基承台顶面的竖向力设计值(kN);

G——桩基承台和承台上土自重设计值(kN);

---

[1] 原文刊于《岩土工程技术》2007年第3期,对张在明先生在此文中的合作致谢.

[2] 现行版本号为JGJ 94—2008.

γ_i——软弱下卧层顶面以上各土层重度(地下水以下取浮重度)按土层厚度计算的加权平均值(kN/m^3);

z——地面至软弱层顶面的深度(m);

q_{uk}^{w}——软弱下卧层经深度修正的地基承载力标准值(kPa);

q_{sik}——群桩侧第 i 层土的极限侧阻力标准值(kPa);

A_0、B_0——桩群外缘矩形面积的长、短边长(m);

θ——桩端硬持力层压力扩散角度。

注意这个计算公式,可以发现和得到如下几个特点:

(1)式(5.2.13-2)中分子,亦即桩端平面的附加压力计算中没有扣除承台底面以上地基土的自重 γhA(γ 为承台底面以上各土层重度加权平均值,A 为承台面积,h 为承台高度),似乎附加压力计算值偏大;而在式(5.1.13-1)中计算总应力 $\gamma z+\sigma_z$ 时也包括了承台底面以上地基土的自重,它也没有计及在桩长范围内地基土自重的增加,例如桩身混凝土重度比地基土高。

(2)在预制桩、夯扩桩等情况对原地基土有加密加重作用。

由于后者很难准确计算,因而这样计算也就还接受,从理论上看,似乎一般情况下偏于安全(保守)。

2.《建筑桩基技术规范》(JGJ 94—2008)

该规范在修订中对这一计算进行了修改,其中 5.4.1 条规定:对于桩距不超过 $6d$ 且桩长小于 15m 的群桩基础,桩端持力层下存在承载力低于桩端持力层承载力 1/3 的软弱下卧层时,应按下式验算软弱下卧层的承载力

$$\sigma_z+\gamma_m(l+t)\leqslant f_{az} \quad (5.4.1\text{-}1)$$

$$\sigma_z=\frac{(F_k+G_k)-2(A_0+B_0)\sum q_{sik}l_i}{(A_0+2t\cdot\tan\theta)(B_0+2t\cdot\tan\theta)} \quad (5.4.1\text{-}2)$$

式中:γ_m——软弱下卧层顶面以上各土层重度(地下水以下取浮重度)按土层厚度计算的加权平均值(kN/m^3);

l——桩长(m);

t——坚硬持力层厚度(m);

f_{az}——经深度修正后软弱下卧层承载力的特征值(kPa)。

与 1994 年版规范一样,在式(5.4.1-2)的分子中没有减去 γhA,但是在式(5.4.1-1)的总应力计算中,自重计算深度只包括桩长和坚硬持力层厚度,没有考虑承台底面以上的土的自重 γh,似乎二者抵消;而在 1994 年版规范中,式(5.2.13-1)的计算深度 z 是"地面至软弱层顶面的深度"。

但是这其中落实到软弱下卧层顶面的总应力有一个差值,即少计算了软弱层顶面的总应力:$\Delta\sigma=\gamma h\left[1-\frac{ab}{(A_0+2t\cdot\tan\theta)(B_0+2t\cdot\tan\theta)}\right]$,其

中 a、b 为承台尺寸。只是在扩散角 $\theta=0°$时，减少的应力与增加的应力才接近($A_0\approx a$,$B_0\approx b$)相等。在一般情况下，由于应力计算中加少减多，少计算了软弱下卧层顶面(荷载)总应力，严格讲，这是偏于危险的，尤其对于小尺寸承台桩基。[在本论文发表以后，该规范的报批稿吸取本文的意见，式(5.4.1-2)中扣除的摩阻力部分数值 2 改为 3/2。]

3. 美国的《基础工程手册》(*Foundation Engineering Handbook*)

该手册[1]建议的计算公式为

$$p_1\leqslant\sigma_{a1} \tag{1}$$

$$p_1=\frac{\sum P+G}{AB} \tag{2}$$

其中，a、b 为承台的长度和宽度，$A=a+2t\cdot\tan\alpha$，$B=b+2t\cdot\tan\alpha$，$\sum P$ 为作用于承台顶面上的总竖向力。可见：

(1)荷载项[式(2)分子项]没有扣除承台以上地基土重力 γhA。

(2)在软弱下卧层顶面处，总应力没有包括从地面到软土顶部土的全部自重应力 γz。

(3)σ_{a1} 为软土地基容许承载力，从原书的前面(该手册三章)介绍它是载荷试验确定的容许承载力，亦即不加深度、宽度修正项。这与计算应力中不计从地面到软土顶部分土的自重，二者抵消，亦即承载力及荷载都不计土的自重部分，因为深度修正系数不小于 1.0，亦即 $\eta_d\geqslant1.0$。这是偏于安全的，即荷载部分减少的数值少，承载力部分减少的数值多一些；而在计算附加应力时，没有扣除 γhA 部分，所以进一步增加了安全度。

可见，与我国的有关规范比较，美国的《基础工程手册》在计算考虑土的自重应力部分是偏于安全(保守)的。

4. 北京规范修订稿(草案)

在最近修订的《北京地区建筑地基基础勘察设计规范》(J 11254—2008)中，规定当桩端平面以下受力层范围内存在软弱下卧层时，应按下式验算软弱下卧层的承载力

$$\sigma_z+\gamma_i(h+l+t)\leqslant f_a \tag{9.2.8-1}$$

$$\sigma_z=\frac{(F_k+G_k)-\gamma_m hA-2(A_0+B_0)\sum q_{sik}l_i}{(A_0+2t\cdot\tan\theta)(B_0+2t\cdot\tan\theta)} \tag{9.2.8-2}$$

[1] Hans F. Winterkorn, Hsai-Yang Fang. Foundation Engineering Handbook. New York: Van Nostrand Reinhold Company, 1975.

式中：σ_z——作用于软弱下卧层顶面的附加应力(kPa)；

F_k——荷载效应标准组合下，作用于承台顶面的竖向力(kN)；

G_k——桩基承台和承台上土自重标准值(kN)；

γ_m——承台底面以上各土层重度(地下水以下取浮重度)按土层厚度计算的加权平均值(kN/m^3)；

γ_i——软弱下卧层顶面以上各土层重度(地下水以下取浮重度)按土层厚度计算的加权平均值(kN/m^3)；

h——承台埋深(m)；

l——桩长(m)；

t——坚硬持力层厚度(m)；

f_a——软弱下卧层经深度修正的地基承载力标准值(kPa)；

A_0、B_0——群桩外缘矩形面积的长、短边长(m)；

θ——桩端硬持力层压力扩散角度；

A——承台的面积(m^2)；

q_{sik}——群桩四周第 i 层土单位摩阻力的标准值。

其中承台上地基土自重在计算附加应力时扣除，在计算软弱下卧层顶面的总应力时又加上，概念比较清楚；扣除的群桩外缘摩阻力 q_{sik} 按标准值计算(极限值的 1/2)。结合以上的讨论，这样规定大体上比较合理。

5. 有地下室的情况

在有地下室的柱下单独桩基础、内墙条形桩基础、大型筏板桩基础的软弱下卧层验算时，存在附加应力、自重应力和深度修正如何选取的问题。根据《建筑桩基技术规范》(JGJ 94—2008)，见图 1，对于地下室内的独立基础和条形基础，可见计算桩底的压力时[式(5.1.14-2)的分子部分]，在 G 的计算中如果包括了 d_2 部分，而又没有扣除 γd_2 的自重，在计算总应力时[式(5.1.14-1)]又多加了 γd_2 的部分，两种情况叠加，计算的扩散应力 σ_z 被明显高估了(当成实体的地下部分)，软弱下卧层承载力的验算就太保守了。但软弱下卧层承载力按原地面修正，则又偏于危险。

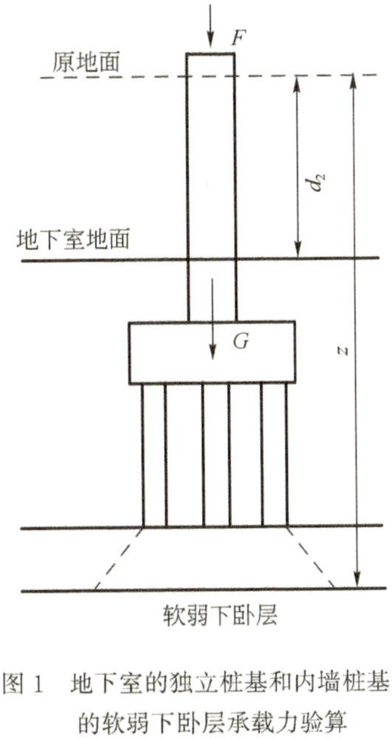

图 1　地下室的独立桩基和内墙桩基的软弱下卧层承载力验算

合理的计算应当是，对于单桩、地下室中的单独桩基础、内墙条形桩基础，自重应力各项均应按地下室地面计算，同时软弱下卧层的承载力，可以按地下室地面进行深度修正；对于整体桩筏基础，软弱下卧层顶面的应力按实际情况计算，承载力按原地面进行深度修正。

三、关于群桩实体基础外围侧阻力的计算

从上述各公式中，可以发现对于群桩实体深基础四周摩阻力的考虑也各不相同。在《建筑桩基技术规范》(JGJ 94—94)及其修订稿中，计算附加应力时，扣除了实体基础外表面总极限摩阻力。而美国的《基础工程手册》在计算附加应力时，没有扣除群桩实体基础外侧摩阻力，荷载也没有从承台底部扩散，全部荷载都产生附加应力，这显然偏于安全。

在《建筑桩基技术规范》修订稿的条文说明中指出“按扣除了实体基础外表面总极限摩阻力，而非 1/2 总极限摩阻力。这是主要考虑荷载传递机理，在软弱下卧层进入临界状态前，桩基侧阻已达到极限。”

条文说明的解释似乎也有道理，但是作为规范，也应当实行“谁主张，谁举证”，应当有充分的实践工程测试资料。我们认为这种主张的证据不足。很极端的一个例子，如果是对于小尺寸的摩擦型桩，可能会发生群桩四周的极限总摩阻力大于附加的荷载效应的情况。例如一个 3×3 的 9 桩独立桩基，桩距为 $4d$，如设计总承载力的 60%为基桩的摩阻力，则总承载力为：$9\pi d\sum q_{sik}l/0.6/2=23.55d\sum q_{sik}l_i$，亦即 $F_k+G_k\leqslant 23.55d\sum q_{sik}l_i$。而根据规范修订稿的式(5.4.1-2)按极限摩阻力计算得到：$A_0=B_0=9d$，扣除的总摩阻力为：$2(A_0+B)\sum q_{sik}l_i=36d\sum q_{sik}l_i>F_k+G_{ki}$，亦即，在计算范围中，附加应力为零(见图 2)。这显然于理不通，这种在计算基桩承载力时用摩阻力特征值，在计算群桩摩阻力时用极限值的做法也不好理解。

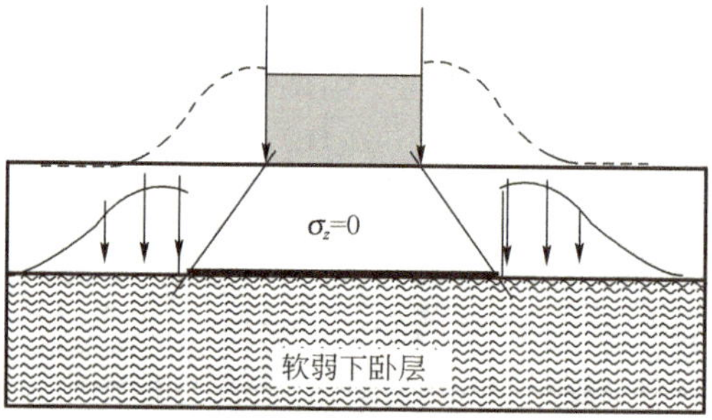

图 2　按照公式(5.4.1-2)计算的软弱下卧层上附加压力分布

而实际上，根据静力平衡，所有的上部附加荷载必须由软弱下卧层承担，不可能出现如图 2 所示的情况，即使附加荷载全部由摩阻力承担，群桩底部应力为零，其附加应力分布大体上如图 3 所示。

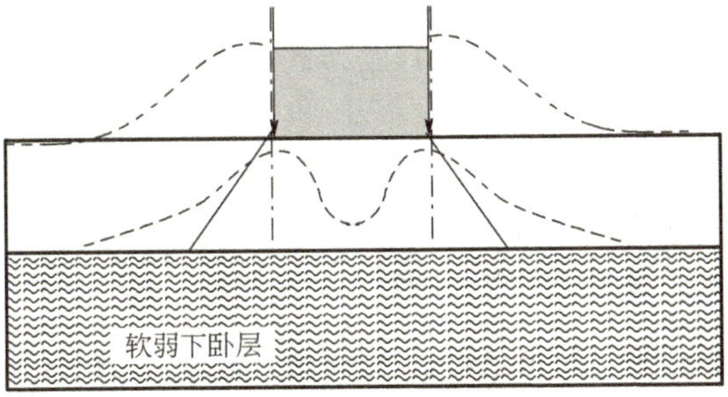

图 3　实际压力分布示意图

有趣的是，根据美国《基础工程手册》的计算，其软弱下卧层顶面的附加应力分布如图 4 所示，亦即附加的荷载($\sum P+G$)完全作用在扩散的范围之内，不扣除摩阻力。

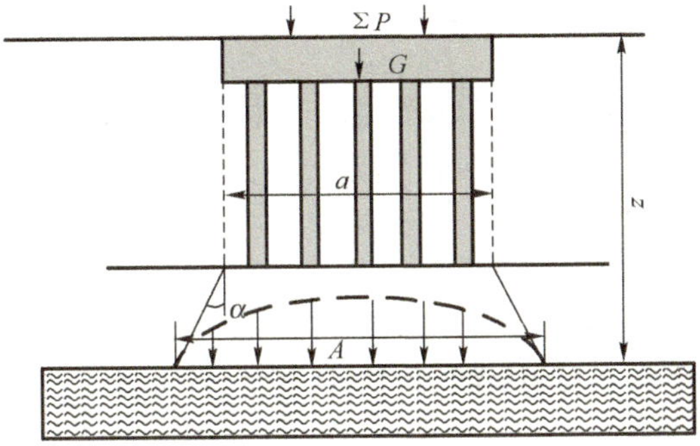

图 4　美国《基础工程手册》的软弱下卧层验算示意图

无疑，这两种计算都有些极端。实际上，既不可能群桩实体基础四周的摩阻力承担了所有荷载，也不可能摩阻力一点也不承担。大部分情况如图 5所示。可见：

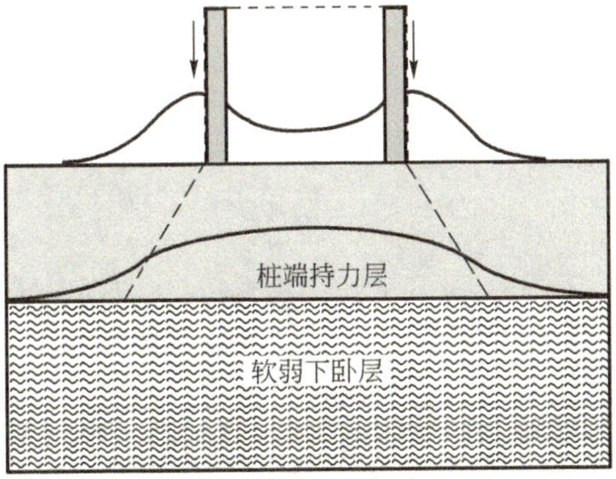

图 5　各层土顶面上的实际附加应力分布示意图

(1)在软弱下卧层顶面 $(A_0+2t\cdot\tan\theta)(B_0+2t\cdot\tan\theta)$ 的范围内，不止只作用 $\sigma(F_k+G_k)-2(A_0+B_0)\sum q_{sik}l_i$ 的总附加压力，$2(A_0+B_0)\sum q_{sik}l_i$ 部分也会扩散到这个范围。

(2)软弱下卧层顶面上的附加应力是不规则的非线性分布，无法准确地界定作用范围，因而不进行承载力的宽度修正是合理的。

(3)由于桩土的相互作用，侧阻力 $2(A_0+B)\sum q_{sik}l_i$ 一部分要扩散到 (A_0+B_0) 范围之内，一部分作用在其外。作用在 (A_0+B_0) 范围之外的应力，成为考虑的软弱下卧层荷载范围外的旁侧压力，实际上等于增加了深度修正项的超载 γ_z，有利于提高软土承载力。有利与不利的影响都不考虑，目前的计算方法是既不计范围内荷载的增加，也不计范围外承载力的增加，姑安而用之的，无法细究，大体合理。

四、结论

(1)在进行桩基的软弱下卧层验算时，承台以上地基土的自重在计算附加应力时扣除，在计算总应力时再加入，这样概念较为清楚。

(2)计算中扣除的群桩实体基础四周的摩阻力，最好按单位摩阻力的特征值(或标准值)计算，而不宜按极限值计算。

(3)在有地下室的情况，对于单桩、单独桩基础、条形桩基础，软弱下卧层顶面的应力和承载力应从地下室地面起算，桩筏基础情况，应力按实际情况计算，承载力可按原地面进行深度修正。

有些案例似乎荒谬，但绝非作者杜撰。

第9讲 案例趣谈[1]

在实际工程中常常会发现意想不到的案例，摘录其中有趣和对我们有启发者，供大家欣赏和借鉴。有些案例似乎荒谬，但绝非作者杜撰。

（一） 奇特的扩底桩

一次在北京郊区某工地与一位技术员（实际是一个包工头）讨论单桩的载荷试验问题。这是一个人工挖孔扩底桩，桩长大约20m，在下部扩底的部位为细砂土，并且砂层还有水，而扩底以上的桩身部分穿过的都是黏性土。笔者很奇怪他是如何能够成功地在含水的细砂中人工挖出扩底的部分，他得意地告诉笔者，他让工人先逐步扩大桩径，到了细砂层就用铁板围一下，尽快开挖和浇注混凝土，结果全部成功，如图1所示。

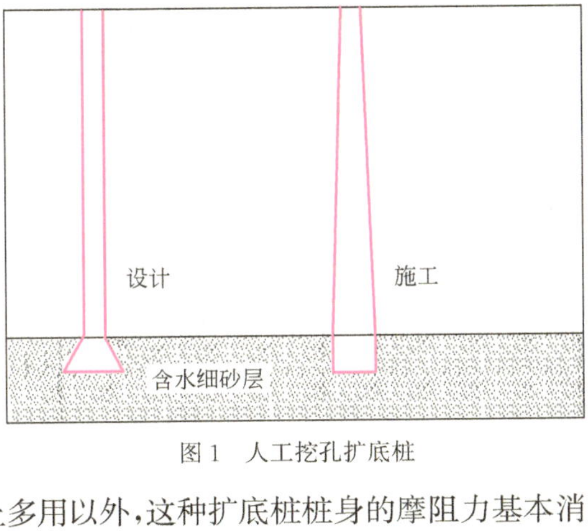

图1 人工挖孔扩底桩

除了混凝土多用以外，这种扩底桩桩身的摩阻力基本消失了。笔者就很同情那个设计者，他设计的单桩中的侧壁摩阻力基本被取消了，一旦工程失

[1] 原文刊于《岩土工程界》2003年第6期.

事，他岂不比窦娥还冤？使人想起了空城计中的诸葛亮，几十年用兵从来谨慎，错用了马谡失却了街亭。

（二） 不敢用的承载力

也是北京某工地，拟建一个 20 层左右的建筑物，原设计为砂砾石天然地基。开挖到设计高程以后发现有的部分基底以下还有相当厚的细砂，细砂承载力特征值只有 150kPa，达不到设计要求的 270kPa，又不愿增加基础埋深和采用级配砂石回填垫层，他们提出了在细砂层上作 70cm 厚的细砂＋水泥加固土垫层的方法，并且要求我们给作平板载荷试验，以确定加固后的地基承载力。

笔者告诉他们，即使载荷试验结果承载力超过 270kPa，设计也不敢使用。道理如图 2 所示。由于下层细砂承载力为 150kPa，对于 1m×1m 的载荷板，扩散角为 28°，由于水泥土的强度很高，是由细砂控制承载力，则载荷试验中加固后地基承载力为

$$f_a = f_{az} \times (1+2\times 0.7\tan 28°)\times(1+2\times 0.7\tan 28°) = 456\text{kPa}$$

但是对 10m×10m 的建筑物筏板基础，在同样的扩散角情况下，地基承载力变成

$$f_a \times 10\times 10 = f_{az}\times(10+2\times 0.7\tan 28°)\times(10+2\times 0.7\tan 28°)$$

则

$$f_a = 173\text{kPa}$$

可见，承载力是由细砂层控制的，由于基础尺寸大，垫层厚度小，表面 70cm 水泥土加固垫层无论在增加承载力还是在减少沉降方面都没有意义，载荷试验得到的承载力是无用的，也是不敢用的。

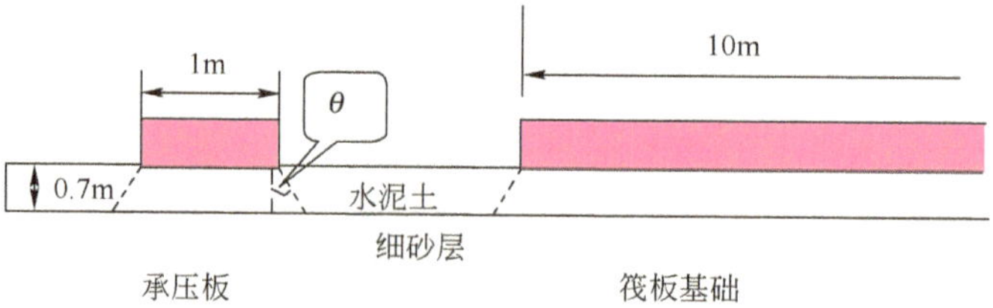

图 2　水泥土垫层上载荷试验

（三） 不该发生的冻胀

在辽西修建一片住宅楼，砖砌的条形基础埋深 2m，按说这不会发生冻害。但是在冬季施工时基底暴露，地基含水率较高，开挖地槽以后又有很长时间没有砌砖和回填，后来墙体发生裂缝，但这个责任不能由设计者来承

担，由于施工时已经发生了冻胀，春季不均匀融陷造成墙体裂缝。所以施工也是很重要的，设计一件长袍，做出一件马褂，穿上不保暖是裁缝的责任。

(四) 基础加宽和加深总是对承载能力有利吗？

在总荷载不变时，加宽基础会减少基底压力，增加地基承载力（宽度修正）；加深基础也会提高地基承载力（深度修正）。这样看来加宽和加深肯定是有利于承载力设计的，可是实际情况是复杂的，在有软弱下卧层的时候可能适得其反。图3表示的是一个住宅楼的条形基础，在第一种情况，持力层承载力和软弱下卧层承载力基本满足，但是在第二种情况，加深加宽了基础以后，承载力反而不够了。

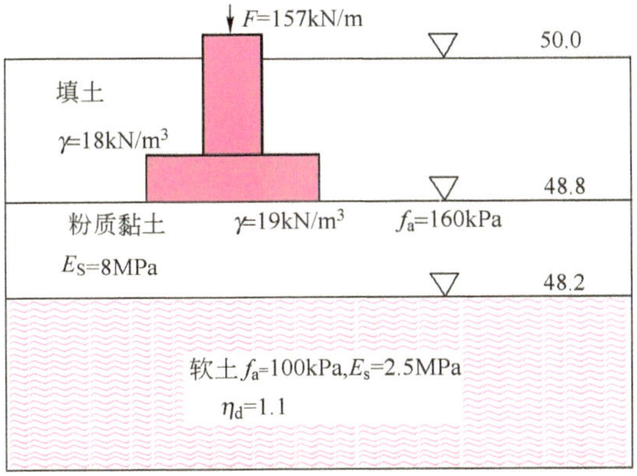

图3 软弱下卧层的验算

[设计1] 设计基底在48.8m，基础宽度1.2m。

软弱下卧层顶面的附加应力

$$p_e=\frac{p_0\times 1.2}{1.2+2\times 0.6\tan 23^\circ}=93\text{kPa}$$

软弱下卧层顶面的总应力

$$p_e+p_{ze}=93+1.2\times 18+0.6\times 19=125\text{kPa}$$

软弱下卧层顶面处的承载力

$$f_w=f_a+1.1\times 18.5\times(1.8-0.5)=127\text{kPa}$$

$p_e+p_{ze}<f_w$，可见是能够满足地基持力层和软弱下卧层承载力的。

[设计2] 设计基底加深到48.5m，基础加宽到1.4m。

这时由于$z/b=0.214<0.25$，扩散角为0°，附加应力不再扩散。

软弱下卧层顶面的总应力

$p_e + p_{ze} = 114 + 1.2 \times 18 + 0.6 \times 19 = 147\text{kPa} > f_w = 127\text{kPa}$

可见，软弱下卧层承载力反而不足，主要是由于加深与加宽了基础，使基底以下持力层土层的厚度与基础宽度之比减小，扩散角减少，甚至为0°。

（五）湿陷性黄土中的断桩

在洛阳附近的一处湿陷性黄土地基上修建了一座住宅楼，由于附近自来水管断裂，黄土发生湿陷，该楼也发生了倾斜和裂缝，但是该楼的基础是桩基础，桩端在非湿陷性土层上，是什么原因呢？现场对其基础进行了局部开挖观测。

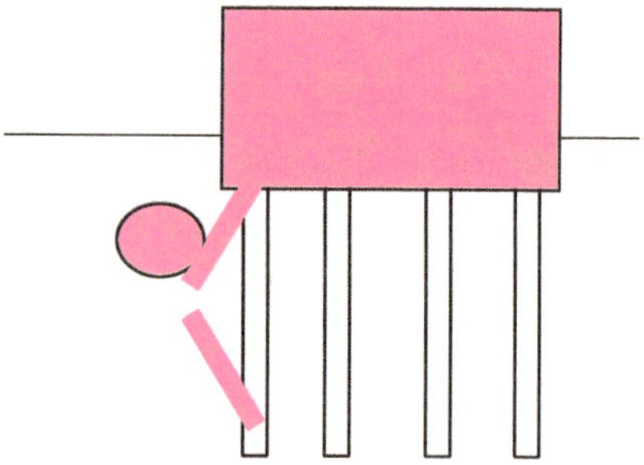

图4　湿陷性黄土的断桩示意图

开挖以后发现，桩身混凝土质量很好，但是部分已经断裂，见图4。这是由于一侧局部黄土湿陷，造成桩上的横向土压力不平衡，桩在横向土压力作用下被挤断，造成建筑物倾斜开裂。

（六）上升还是下降

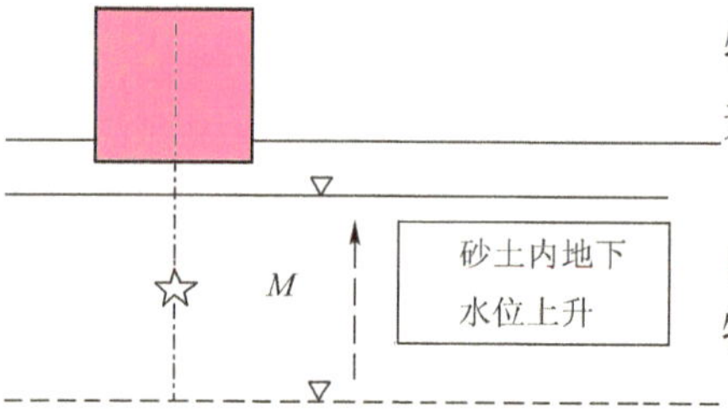

图5　砂土中地下水位上升

在一个砂土地基上有一个建筑物，如图5所示，当砂土中地下水位上升时，建筑物是会上升还是下降？

有人回答，水位上升，地基的有效自重应力减少，地基应当回弹，使建筑物上升。事实如何呢？

砂土的抗剪强度和变形模量都是由围压决定的，没有围压就是“一盘散沙”。基底中心处 M 点的应力 $\sigma_1 - \sigma_3$ 主要是由建筑物引起的，而水位上升，自重应力计算由天然重度变为浮重度，减少了围压 σ_3，但 $\sigma_1 - \sigma_3$ 变化不大，根据Duncan-Chang模型，砂土的初始变形模量为

$$E_i = K\left(\frac{\sigma_3}{p_a}\right)^n$$

由于围压 σ_3 减少，变形模量减小，建筑物的自重并没有变化，所以在砂土中地下水位上升，建筑物会发生沉降，此外可能还会发生非饱和土吸力的消失、强度降低和湿化变形。

（七）灌浆能挤密什么地基？

在既有建筑物的加固纠偏、钻孔灌注桩后压浆技术中，人们常常提到的灌浆的各种功能中总是有对于地基土的挤密作用。情况确实如此吗？灌浆在什么土层和什么条件下能够挤密土层？

北京丰台区一座办公楼，由于门厅部分比原设计增加了一层，设计用地基灌浆增加承载力，地基土为饱和粉质黏土，在一个小范围内用几吨水泥灌浆加固，灌浆以后做标贯试验，结果灌浆地基比未灌浆地基标贯击数还略低，强度指标也基本未变，看来挤密只是一厢情愿了。

在高饱和度的黏性土中灌浆，浆液不可能进入土的孔隙中，即使形成了一个灌浆泡，占据了土体的体积，但是在灌浆的短时间内，相当于不排水试验情况，土的体积不变，超静孔隙水压力增加，可能附近地面隆起或侧移。在通常的预压固结中，超静孔隙水压力会逐渐消散，使有效应力增加，土体被上部荷载压密。但在灌浆情况下，这时灌浆泡边界已经固化，孔压的消散可能伴随着应力的松弛，土体不会被加密。至于劈裂灌浆，是有一定条件和技术的。

（八）1+1<1 的故事

在地基处理中，存在着加固体和原地基土两部分，成功的处理方法达到 1+1>2，亦即事半功倍，至少做到 1+1>1，但不适当的处理和分析会事倍功半。

在云南雾坪水库工程中，其土石坝最大坝高 58m，地基为较厚的软泥土。采用振冲碎石桩加固地基，置换率 $m=0.4$。这么大面积的地基处理，在土石坝数值分析时，必须用一种均匀的材料模拟被加固后的地基土，同时通过试验确定地基土的参数。拟使用 Duncan-Chang 双曲线模型进行计算，要求通过三轴试验确定地基土的模型参数。有人将 40% 的碎石（干密度 $\rho_d=1.78g/cm^3$），60% 的原地基土（干密度 $\rho_d=1.51g/cm^3$）混合做成三轴试样进行试验。结果出人意料，这种经过"加固"的土的强度比原来地基土强度还低，亦即做到了 1+1<1。

根据图 6，可以计算混合前后土的密度情况：

(1)混合前

碎石的总体积　$V_1=0.4$

孔隙体积　$V_{v1}=0.4\times0.33=0.133$

颗粒固体体积　$V_{s1}=0.4\times0.667=0.267$

黏土总体积　$V_2=0.6$

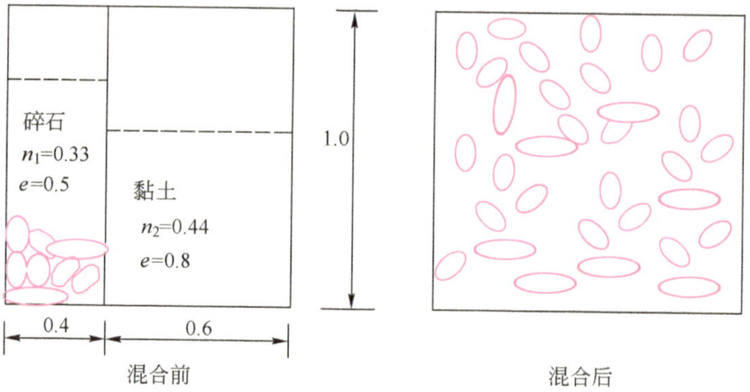

图 6　混合试样示意图

孔隙体积　　$V_{v2}=0.6\times0.44=0.264$

颗粒固体体积　　$V_{s2}=0.6\times0.56=0.336$

这时，黏土的干密度为 $\rho_d=1.51\text{g/cm}^3$，碎石干密度为 $\rho_d=1.78\text{g/cm}^3$，形成碎石桩复合地基，桩土相互作用，承载力、坝体稳定和沉降能够满足设计要求。

(2)混合后

这时由于碎石含量少于 65%，形不成碎石的骨架，碎石颗粒一个个孤立地"悬浮"在黏土的基体之中。混合土的性质由黏土基体决定，可是这时的黏土的密度比混合前明显减少，这是由于碎石以单个颗粒形式出现在混合体中，它们的干密度变成颗粒矿物的密度($\rho_d=2.7\text{g/cm}^3$)，黏土的孔隙体积 $V'_{v2}=0.133+0.264=0.497$，混合后的黏土孔隙比变成

$$e'_2=\frac{V_{v1}+V_{v2}}{V_{s2}}=\frac{0.497}{0.336}=1.48$$

黏土的孔隙比由 0.8 增加到 1.48，干密度减小，而混合土的强度是由黏土决定的，所以其强度低于不处理的地基土就毫不奇怪了。

在碎石桩复合地基中，碎石桩中碎石形成骨架，在周围土体的约束下，具有很高的强度和刚度，它加固了地基土，使复合地基承载力和压缩模量有很大提高。但在混合土中，碎石被隔离孤立，形不成骨架，而其孔隙部分又分散到黏土里，使黏土变松，混合土的整体性质恶化。

在第二次世界大战中，德国改变了以往坦克分散到步兵的做法，建立独立的装甲兵团，集中作战，结果闪电战席卷了欧洲和非洲。碎石也必须集中成桩，发挥桩体的作战能力，如将其一颗颗分散到黏土中会起负面的作用。

（九） 模量叠加的错误

在《建筑地基处理技术规范》(JGJ 79—2002)中，对于复合地基压缩模量可以计算如下

$$E_{sp}=mE_p+(1-m)E_s$$

式中 E_p 和 E_s 分别为碎石桩和桩间土的压缩模量，m 为面积置换率，亦即用面积比来加权平均求得复合地基的模量。

还是案例八的问题，在确定复合地基的 Duncan-Chang 模型中的体积模量数 K_b 时，有人也采用面积置换率加权平均，亦即碎石 $K_{b1}=1054$，黏土 $K_{b2}=30$，按 $m=0.4$ 计算，$K_b=440$。用此数进行数值计算，发现计算的体积压缩量很小。为什么体积模量不能加权平均呢？可通过图 7 来解释。

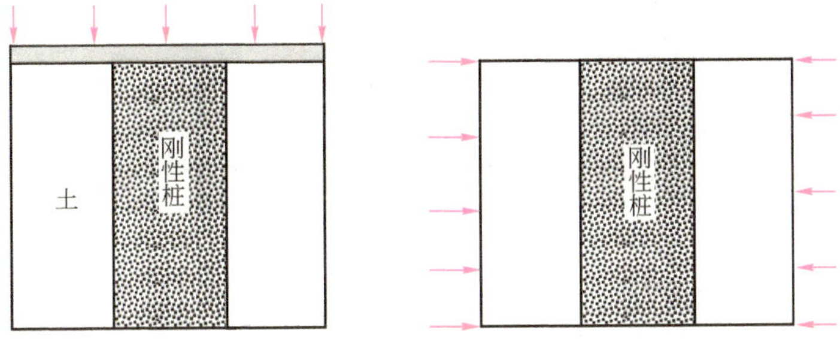

图 7　模量叠加示意图

在图 7a)中，如果中间的刚性桩模量极大 $E_p\to\infty$，在竖向压力作用下，根据上式，复合地基的模量 $E_{spz}\to\infty$，但是在图 7b)中，水平压力作用下，其复合模量就主要由土决定了，即

$$E_{spx}=\frac{1}{\frac{1}{E_s}(1-m)+\frac{1}{E_p}m}=\frac{E_s}{1-m}$$

而体积模量是由三个方向的模量决定的，不能用面积置换率按照上式计算，否则只要有一根很小的绝对刚性桩，在各向等压作用下，复合体就变成不可压缩的了。

（十） 桩承堤

在北京六环路工程中，为迎接奥运，部分路段 2006 年底通车，为了消灭桥头跳车，在不少桥头的填方路基下设置了各种桩加固，其中有 CFG 桩、搅拌桩、复合载体夯扩桩等。但是这与建筑物地基不同，因为没有刚性基础或承台，桩式复合地基上直接支撑柔性的填土路基，即使单桩承载力很大，实

际上也只能承担桩头部分的填土重量。实测结果，桩上荷载远低于其设计值，也就是说设桩基本无用。

对于桩承堤，要想发挥桩的作用，一是适当扩大桩顶，形成一个小承台；二是发挥拱效应，在桩顶上设置碎石垫层，厚度不小于 1/2 桩距（或者至少 1/2 桩间净距）；三是利用膜效应，在桩顶设置土工织物或土工格栅，将竖向荷载传递到桩上，见图 8 所示。

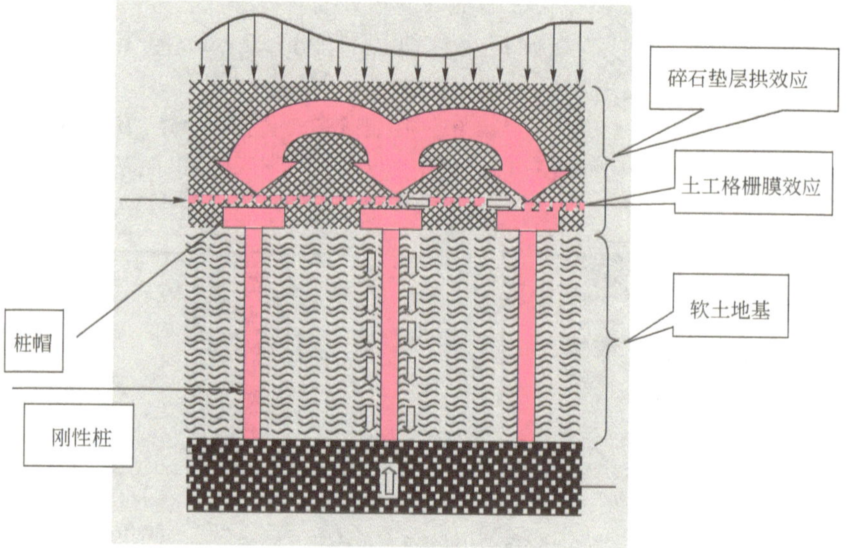

图 8　桩承堤荷载传递示意图

如果采用双层格栅，之间填充碎石，则可加强拱效应，进而形成一个作用于弹性地基上的柔性的承台，一方面发挥桩间土的承载力，另一方面可以将荷载有效地传递到刚性桩上。

第10讲 案例十析[1]

(一) 天气预报与自然灾害预报

不知从什么时候开始，在雨季，电视台的天气预报之后常常紧跟着地质灾害预报，其具体的内容就是滑坡及泥石流等。为什么降雨会引发边坡失稳呢？

降雨引起滑坡的原因有多种，其中降雨使土体自重变化；饱和度提高使基质吸力减少甚至完全丧失，从而使土的抗剪强度减小；岩土矿物遇水软化；土中水的渗流增加滑动土体的滑动力是几个主要因素。

弗雷德隆德(Fredlund)提出的非饱和土强度准则可表示为[2]

$$\tau=c'+\sigma'\tan\varphi'+(u_a-u_w)\tan\varphi'' \tag{1}$$

若表示成通常的莫尔—库仑强度准则形式，则为

$$\tau=c''+\sigma'\tan\varphi' \tag{2}$$

其中，$c''=c'+(u_a-u_w)\tan\varphi''$，后一项也称为“假黏聚力”，$s=u_a-u_w$ 是基质吸力，随着饱和度增加，吸力减少，使黏聚力 c''减小，抗剪强度下降，从而引发滑坡。与此相似，土中水也可能使岩土矿物软化、泥化和风化，使土体或者岩体裂隙的土夹层中孔隙水压力增加，这也会使土的抗剪强度降低。

降雨引起的渗流一般接近于沿坡渗流，其渗流方向与滑裂面方向夹角不大，因而渗透力主要是滑动力(矩)。例如对于有沿坡渗流的砂土坡，其安全系数几乎是无渗流情况的一半(γ'/γ_{sat})。

土重度的变化也是引起滑坡的重要原因之一。按简单条计算分法土坡稳定的安全系数为

[1] 原文刊于《岩土工程界》2006 年第 6 期.

[2] 弗雷德隆德. 非饱和土力学. 陈仲颐，等，译. 北京：中国建筑工业出版社，1997.

$$F_s=\frac{\sum(c_i l_i+W_i\cos\theta_i\tan\varphi_i)}{\sum W_i\sin\theta_i} \tag{3}$$

从图1和式(3)可见，θ_i 较小的土条(即土坡下部)$\sin\theta_i$ 小，$\cos\theta_i$ 大，产生的滑动力矩小(甚至可是负值)而抗滑力矩大，有利于稳定；反之，θ_i 较大的土条(即土坡上部)$\sin\theta_i$ 大，$\cos\theta_i$ 小，产生的滑动力矩大而抗滑力矩小，不利于稳定。如果降雨使①区的土变湿，重度增加，则不利于稳定。如果降雨达到下部积水，②区的土体重度变成浮重度，抗滑力矩减少，也可能引发滑坡，这也是水库初次蓄水而引发库区滑坡的主要原因。

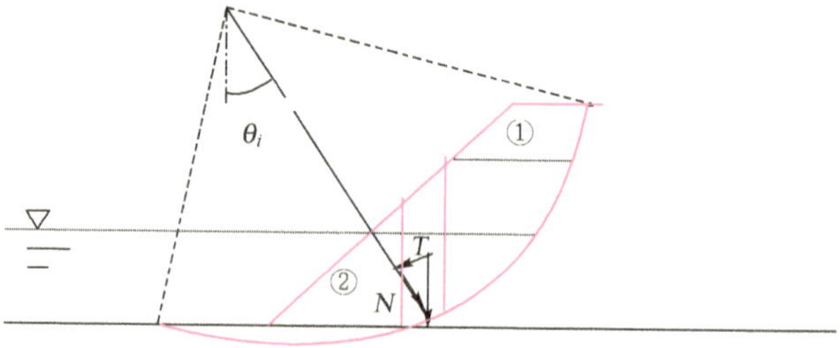

图1 土中水对土坡稳定性的影响

(二) 土钉墙的灾星

近年来，土钉墙支护在我国基坑工程中广泛和迅速推广，创造了很大的经济效益。设计和施工的经验越来越多，“艺高人胆大”，相应的事故也就不少见。总结事故的原因，十有八九是土中水引起的，所以称土中水是土钉墙的灾星似不为过。

一般使用土钉墙支护的基坑或者位于稳定的潜水位以上，或者采用人工降低地下水，所以由于水引起的土钉墙失事主要由于降雨、局部滞水、地下管线漏水和局部水源等，其原因主要是由于土的强度降低。在式(1)中，非饱和土的基质吸力 $s=u_a-u_w$ 对于强度的贡献有时是相当大的，尤其是对于北京地区的粉细砂土、粉土和粉质黏土。有人认为这种吸力对于强度的贡献是一种安全储备[1]，这是不符合实际的，因为目前测定强度指标的室内试验极少采用饱和土的三轴试验，主要进行原状土(非饱和土)的直剪试验(快剪或者固结快剪)，在设计的强度指标中其实已经包括了吸力所构成的“假黏聚力”，亦即其黏聚力为式(2)的 c''。一旦浸水，吸力丧失，土的强度急剧减少，土的结构破坏，土与土钉间的摩阻力也减少，土体自重增加，造成浸水部位土钉墙的垮塌。另外，可能产生的局部的水压力或者渗透力的作用也是引发事故的原因之一。

[1] 李广信. 基坑支护结构上水土压力的分算与合算. 岩土工程学报，2000，22(3)：348-352.

(三) 翻旧成灾

在2003年，北京某18m深由土钉墙支护的基坑倒塌事故中有一个特殊的问题，那就是它首先发生在施工中改变基坑平面形状的部分。原设计基坑在平面上有一段突出部分，已经使用土钉墙支护开挖到10m以下，后又决定将其挖去，见图2的阴影部分。这样就从上而下一段段拆旧，一段段开挖，同时一段段修建新的土钉墙支护，结果在开挖到10m左右时，下部开挖的已暴露部分土体无法直立，土不断流出，墙后土松动外流，最后基坑倒塌。

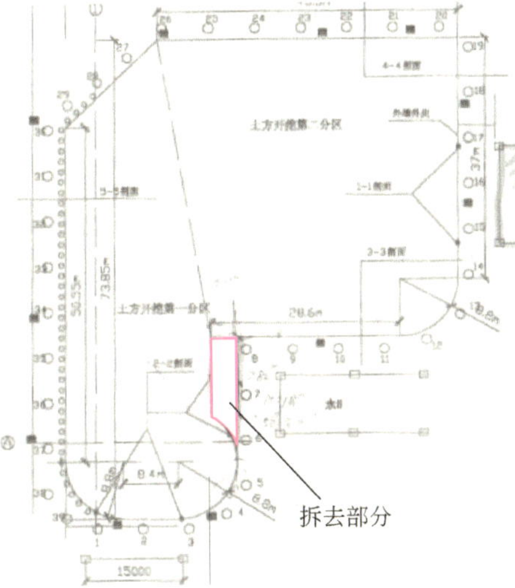

图2 基坑设计平面变化示意

由于土钉是全长注浆，没有预应力张拉，土钉发挥作用需要一定的土体变形，使土达到接近主动土压力状态。这就会使墙后一定范围的土体发生一定程度的松弛及土的结构性扰动。在拆除旧的土钉墙时对土体的扰动进一步加大，这时，土钉墙壁后的土已非原状土，土体的开挖暴露段不能自稳，对土钉也不能提供足够的锚固力。在裁缝业有个说法，宁肯做十件新衣，不翻改一件旧衣，就是这个道理。

近来也常遇到下述的情况：在拟开挖的基坑水平距离10m之内存在已建的地下结构物。如果原结构物的基坑施工是采用护坡桩和地下连续墙加锚杆支护的，新基坑在这一段土体使用土钉墙较为可行（但要拆除锚杆）；如果旧基坑也是土钉墙支护，这一部分土体实际已经扰动，新建的土钉墙可能会有上述类似的问题；如果原来是放坡开挖，在肥槽回填土中做土钉，则十有八九会出事。

（四） 挂在树上的鸟巢

最近以来复合土钉墙（或称加强土钉墙）使用较多，其中有将土钉与锚杆一起使用的，据说可用于较深的基坑，减少变形。成功的例子不少，失事的案例也时有发生。

在国内外学术会议中土钉是被列入加筋（reinforcement）专题的，而锚杆一般不包括在加筋之内。加筋实际上是土与筋材共同作用，性能互补，形成一种新的复合材料或者复合结构。土钉全长注浆，通过土与筋材在微分尺度上的摩阻力约束土体，提高土的抗剪强度，使二者合而为一。而土层锚杆则严格区分自由段与锚固段、主动区与被动区，力的传递和作用十分清晰；锚杆对于主动区的土体施加外部的拉力，增加其稳定性，亦即是一分为二的。在复合土钉墙中，土钉与土形成一个加筋的整体，类似编织成的一个鸟巢，锚杆则是将这个整体与其外部土体连起来，类似于将鸟巢挂在树上的条带。亦即土钉是增加加筋土体的内部稳定，锚杆是增加其外部稳定。一旦外部失稳，则覆巢之下无完卵。

但是在一些设计计算中，常见一个圆弧滑裂面同时通过土钉与锚杆，它们的设计拉力都用以计算滑动土体的抗滑力矩，如图 3 所示。可是锚杆是施加预应力张拉的，充分发挥其设计拉拔力的位移很小，而土钉没有自由段，不施加预应力，其产生设计拉力时需要的位移较大。那么会不会锚杆充分发挥拉力时，土钉尚没有发挥作用；土钉发挥设计拉力时，锚杆已经失效呢？也就是可能发生渐进破坏。这正如两个高个子与几个矮子一起抬一根直梁，要想大家共同工作，要么高个子弯腰以迁就矮子（这需要好的柔韧性），要么矮子踩高跷以适应高个子（这需要较高的协调性），可惜钢材缺少这么大的柔性和韧性。

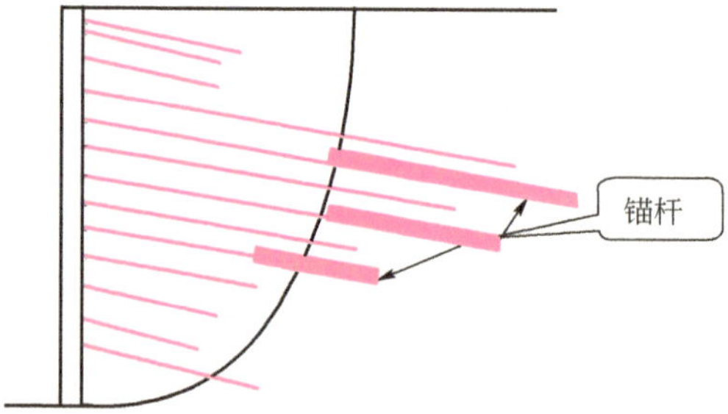

图 3　复合土钉墙的稳定计算

（五） 桩基的渐进破坏

说起渐进破坏，涉及一个桩基础的案例。某电厂的锅炉基础有 454 根桩，桩长 43～68m，原设计均为嵌岩桩。由于勘察的失误，将含黏土的碎石层误认为凝灰岩基岩，致使施工中大部分桩没有嵌岩。其中有 75 根可判定为嵌岩桩，其余桩的桩端基本落在碎石土层，甚至可能落在黏土层上。桩端以下还有 10～30m 厚黏性土⑤、砾砂$⑤_2$，坡积土⑥等。如图 4、图 5 所示。

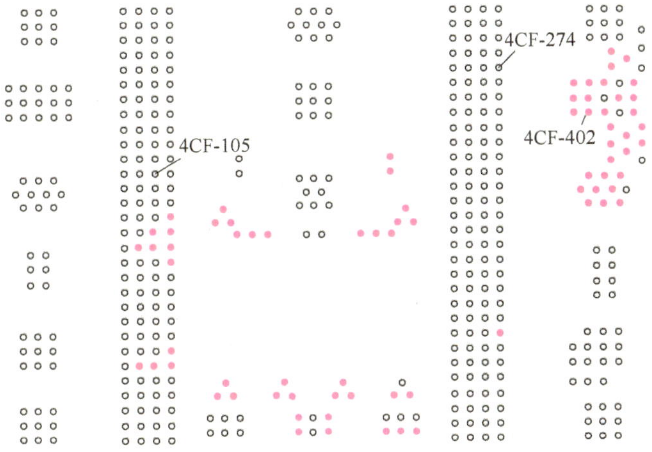

图 4　筏板基础下的桩分布平面图（彩色点表示嵌岩桩）

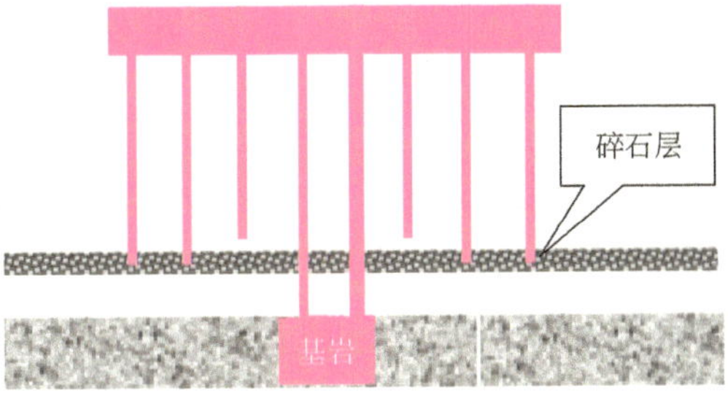

图 5　各桩受力的示意图

单桩的载荷试验表明，两种单桩的荷载沉降曲线及极限承载力相差不大，那么在刚性较大的筏板基础中，中心荷载情况下，它们是否能够承受相同的竖向力呢？实际上，群桩在相同的承台底位移情况下，嵌岩桩桩端基本没有位移，其桩顶位移全部由桩身压缩产生；其他桩由于桩端以下土层的压缩，桩端发生位移，桩身平移，压缩变形较小。这样，嵌岩桩将分担更大竖向力，可能使桩身混凝土达到抗压强度而破坏，丧失承载能力，然后将荷载向桩端土相对较硬的桩上转移，使其破坏，最后使其余的桩破坏，导致整个桩筏基础失稳，是一种渐进破坏。

在目前较为流行的长短桩、疏桩、调平桩等设计中，经常是某些桩按极限承载力设计，一定要进行共同作用的分析，使用摩擦桩，避免这种渐进破坏的情况。

（六） 悬桩及其事故

在《建筑桩基技术规范》(JGJ 94—94)[1]中规定："桩基应穿透湿陷性黄土层"，对于深厚填土和湿陷性黄土地基中的桩基这是十分重要的。

有一个夯扩桩基础建在有深厚沉积黄土的山沟场地，夯扩体部分没有落在原状地基土上，悬在湿陷性黄土层中。单桩载荷试验表明其单桩承载力相当高，满足设计要求。但是建筑物建成以后，由于降雨造成桩端土湿陷，建筑物整体不均匀沉降，房屋裂缝，酿成事故。

近年来，由于城市地价飙升，原城乡接合部成为房地产商所青睐的地段，但是这些地区常常存在规模巨大、深厚的建筑材料（砂石料）取土坑，后用建筑垃圾及杂填土填平。这些地区首选的基础方案是各类桩基础，夯扩桩也是主要的桩型，但是一定不要做成悬桩，否则后患无穷。

上述两个例子表明，单桩的性状与群桩不同，考虑了上部结构——基础——桩的共同作用以后的桩的受力变形情况与单桩载荷试验的情况也不同。

（七） 基础旁边有个洞

目前在城市住宅楼和办公楼之下、之旁建造地下车库已经十分普遍，天然地基旁的纯地下结构对于地基承载力的影响一般采用等代埋深法进行深度修正，或称为等代土层法。

有一筏板基础埋深10m，一侧修建一个同深度的三层地下车库，每层自重25kN/m^2，上部覆土1m，覆土重度为20kN/m^3，设计抗浮水位距设计地面3m，水上土的重度为18kN/m^3，水下为20kN/m^3，地基承载力的深度修正系数$\eta_d=1.5$，问承载力的深度修正部分为多少？

这一问题有如下几种情况与计算方法：

(1)如果没有地下水：

$\Delta f=\eta_d\gamma_m(d-0.5)$，$d=(3\times25+20)/18=5.3$m。计算得到的深度修正部分的承载力为$\Delta f=130$kPa，这比没有车库时的$\Delta f=257$kPa要小很多。

如果有地下水，又有如下几种算法。

---

[1] 现行版本号为JGJ 94—2008.

(2)按 10m 土层计算加权平均重度 γ_m 和等效埋深：

$\gamma_m=(3\times18+7\times10)/10=12.4kN/m^3$，$d=(3\times25+20)/12.4=7.66m$

$\Delta f=133kPa$，这比没有车库时的 $\Delta f=177kPa$ 也要小很多。

(3)由于等代的埋深 d 小于 10m，加权平均重度 γ_m 不宜用 10m 土层计算，按实际情况计算加权平均重度如下：

$\gamma_m=[(d-7)\times18+7\times10]/10$，$d=(3\times25+20)/\gamma_m$，得到的 $d=9m$，$\gamma_m=10.6kN/m^3$，$\Delta f=135kPa$，比(2)计算的稍大。

(2)、(3)两种算法中没有计及车库本身受到的浮力，如果扣除车库的浮力，计算如(4)。

(4)γ_m 取为 12.4 kN/m^3，$d=(3\times25+20-70)/12.4=2.0m$，$\Delta f=28kPa$。

(5)由于 d 小于水深 7m，γ_m 应取为土的浮重度 $\gamma'=10kN/m^3$，$d=2.5m$，$\Delta f=30kPa$，反而稍高于(4)的计算结果。

上述的前三种算法不计车库的浮力，显然高估了地基承载力，第(4)算法平均重度计算不够合理，第(5)种算法较为合适。如果地下车库自重不足以抵抗浮力，甚至需要抗浮桩承担浮力，则地基承载力的深度修正部分为零。这个问题涉及：

- 如何计算土层的加权平均重度 γ_m？
- 如何计算等效埋深 d？
- 是否应扣除地下水对于车库的浮力？

而问题又似乎并不是这样简单，车库与建筑物基础形式、尺寸大小、连接方式、施工方法与次序也有很大影响。

(1)如果车库与建筑物基础为整体筏板，尺寸也不大，是否二者可以当作一个整体的建筑物，承载力按基底以上的实际土层厚度 d 计算；

(2)如果二者基础是分开的，或者设有后浇带，主体建筑物竣工后，才浇筑后浇带。在图 6 中，车库的宽度①小于地基整体破坏的范围，那么实际的基础旁侧超载不止车库的自重，还包括一部分基底以上的地基土重，承载力会高一些。

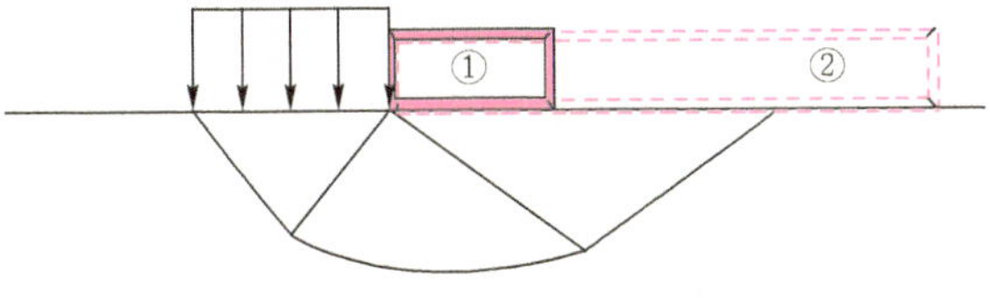

图 6 基础旁车库对承载力影响示意图

(3)如果车库尺寸很大，整体性也较好，车库②的宽度大于地基整体破坏的范围，那么实际的基础旁侧超载是整体车库的总自重，承载力也会高一些。

这种情况在设计中已经常会遇到，目前各种规范也没有明确规定，其中很有一些问题需要进一步研究解决。

（八） 敌军还是我军？

有一个水泥土挡土墙如图7所示，填土和地基土都是砂土，墙后水位与填土齐平，墙前水位与地面齐平，计算它的抗倾覆稳定安全系数。

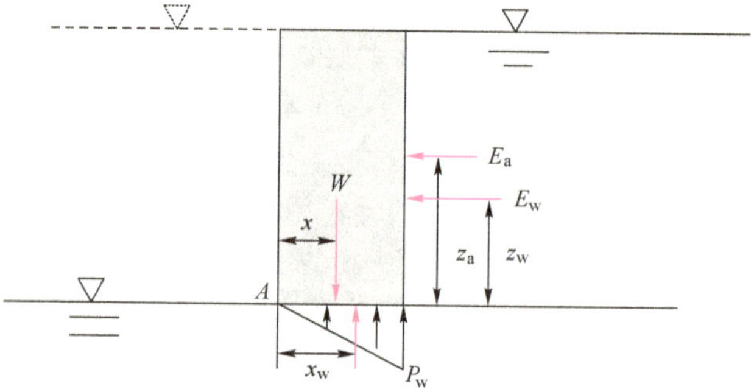

图7　挡土墙的抗倾覆稳定计算简图

这个问题的计算似乎十分简单，各力对于点 A 取矩，抗倾覆力矩被倾覆力矩除就是安全系数。亦即

$$F_s=\frac{M_R}{M_S} \tag{4}$$

其中共有四个力产生力矩，自重 W 产生顺时针力矩；墙后水、土压力 E_w 和 E_a 产生逆时针力矩；基底水的扬压力 P_w 也产生逆时针力矩。那么是否所有的逆时针力矩都是倾覆力矩，顺时针力矩都是抗倾覆力矩呢？问题在于分清哪些是荷载，哪些是抗力，亦即分清敌我。在四个力中，其中主动土压力 E_a 和墙后的水压力 E_w 是荷载，墙体自重 W 是抗力；那么基底的扬压力 P_w 是荷载吗？实际上它并不是荷载，他的作用只是减少了墙体的自重，计算公式如下

$$F_s=\frac{Wx-P_wx_w}{E_az_a+E_wz_w} \tag{5}$$

为什么基底的扬压力 P_w 产生的力矩不加在分母，而减在分子呢？假设墙前后的水位是平的（如图中虚线所示），那么计算墙的自重用墙体材料的浮重度（或者自重减去浮力）计算，然后计算抗力是很容易理解的。亦即：

$$F_s=\frac{W'x}{E_a z_a+E_w z_w}=\frac{(W-P_w)x}{E_a z_a+E_w z_w} \tag{6}$$

可见与浮力一样，扬压力是减少了墙的自重，因而它并不是荷载。亦即它实际上是一部分（由于浮力）退出战斗的“我军”（或“友军”），但是它们并没有叛变投敌，掉转枪口，因而非加入战斗的“敌军”。在所有的挡水的墙、坝、闸的抗滑、抗倾覆稳定计算中，扬压力总是从自重项扣除，而不是加入荷载项[1]。在条分法进行稳定分析时，滑弧底部的水压力也是从垂直于滑弧面的力 N（抗力）中扣除。

（九） 大面积荷载

人们常常认为只要说是“大面积荷载”，对于附加应力分布、地基沉降和固结就是一维问题，可以完全按一维的方法解决，这是一种误解，下面这个问题可以说明这一问题。

大面积堆载以下测得各层中点的起始超静孔隙水压力如表 1 所示。

表 1

编　　号	土层	顶部高程(m)	顶部沉降(mm)	超静孔压(kPa)
①	粉质黏土	2.0	230	190
②	黏土	5.0	200	120
③	粉质黏土	15.0	50	70

有人通过上述数据反算出第②层土的模量为 $E=120\times10/0.15=8000$kPa，应当指出，为了进行这种反算还需要明确：(1)饱和土；(2)瞬时加载；(3)压缩模量 E_s。

如果第①层土的超静孔隙水压力近似等于基底附加压力 $p_0=190$kPa，可见在第②层土中附加应力已经明显扩散，远不是一维应力状态。Skempton 和 Bjerrum 提出的“考虑三向变形效应的单向压缩分层总和法”，建议用超静孔隙水压力代替附加应力计算沉降，其计算的沉降 S_c 与通常的分层总和法计算结果 S 间关系为

$$S_c=\mu_c S \tag{7}$$

其中 $\mu_c=A+(1-A)\alpha$，其中 α 为与土层的附加应力分布有关的系数。可见这样计算的沉降与孔隙水压力系数 A 及附加应力分布有关[2]。简单按一维压缩计算的沉降反算压缩模量 E_s 是不对的。

---

❶ 吴媚玲. 土工建筑物. 北京：清华大学出版社，1991.

❷ 李广信. 高等土力学. 北京：清华大学出版社，2004.

其实问题是否符合一维应力状态，不是荷载绝对面积的大小，而是荷载作用尺寸 $2a$ 与压缩层厚度 H 之比。图 8 表示了圆形荷载不同 a/H 比值时比奥固结与太沙基一维固结理论计算的固结度与时间的关系曲线（图中的虚线）的比较，可见只有比值 a/H 大于 10 时，二者才比较接近。图中 a 为荷载的半径，H 为压缩土层的厚度。

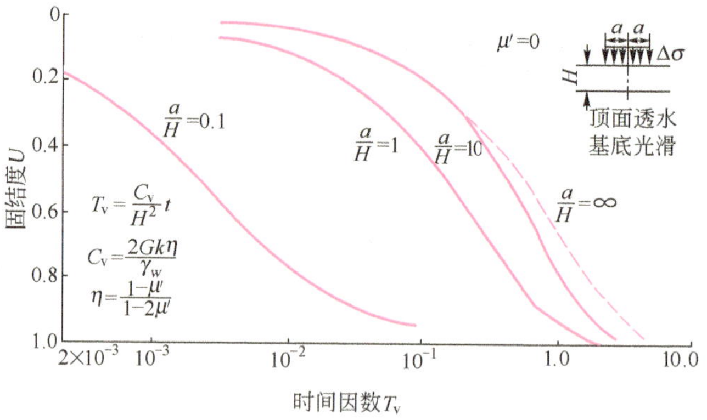

图 8　一维固结与三维固结曲线的比较

因而问题是否近似一维状态，除了荷载面积大以外，还必须压缩土层较薄，而认为只要是"大面积荷载"，地基土中附加应力与超静孔隙水压力就等于基底附加压力，沉降与固结就都是一维状态，是十分错误的。

（十）舍近求远的等效直径

在复合地基的置换率计算中，常常引进一个等效直径 d_e❶，如果断面为圆形的桩，等边三角形布置时，$d_e=1.05s$；正方形布置时，$d_e=1.13s$；矩形布置时，$d_e=1.13\sqrt{s_1 s_2}$；则面积置换率 $m=d^2/d_e^2$。这种等效直径本来就是通过等效圆的面积与原来每个桩所对应的面积相等折算出来的，完全无需这种舍近求远的方法。对于等边三角形布置情况，每个三角形中有桩的断面积 3×60°＝180°的扇形面积，亦即半个圆断面积，见图 9。所以

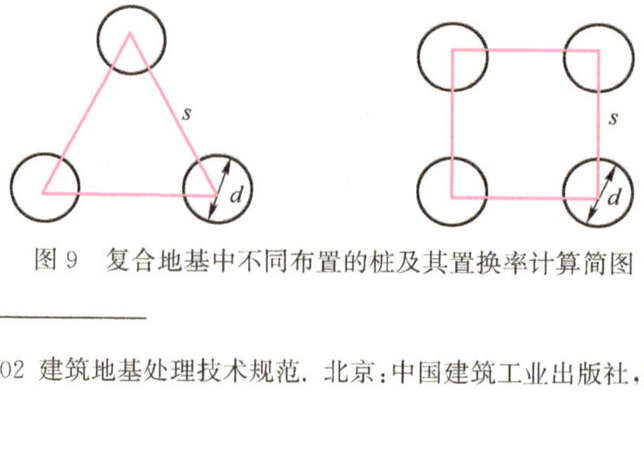

图 9　复合地基中不同布置的桩及其置换率计算简图

❶ JGJ 79—2002 建筑地基处理技术规范．北京：中国建筑工业出版社，2002.

$$m = \text{半个圆面积}/\text{正三角形面积}$$

$$= \frac{\pi}{8}d^2 \Big/ \left(\frac{\sqrt{3}}{4}s^2\right) = 0.907d^2/s^2 = d^2/(1.05s)^2 \tag{8}$$

同样对于正方形布置，每个正方形中有 $4\times90°=360°$，亦即一个整圆。

$$m = \text{一个圆面积}/\text{正方形面积}$$

$$= \frac{\pi}{4}d^2/s^2 = 0.785d^2/s^2 = d^2/(1.13s)^2 \tag{9}$$

这表明，等效圆和等效直径的概念和方法，是舍近求远，将简单问题复杂化。那么这一概念从何而来的呢？其实它来源于也是地基处理手段的砂井渗流固结问题。由于在砂井排水固结中，是将问题分解为一个一维固结（上下方向）和一个轴对称固结（水平方向）问题的叠加。轴对称的固结，要求将不同平面布置的砂井与地基土等效于同心圆才能解答，所以这种近似的等效是必要的。而在计算复合地基置换率时，这种等效概念就毫无必要了，不如让设计者直接用简单的几何计算面积。这正如先将萝卜雕成花，随后又将萝卜花蘸酱吃掉一样，实属多此一举。

上述的布置如果是一般三角形、梯形和其他不规则布置，如何计算等效面积呢？有趣的是在一次注册考试中，条件是桩布置在等边三角形的重心处，计算置换率，几乎 90% 的人仍然使用 $1.05s$ 计算，这显然少算了一半，看来等效直径的概念害人不浅。

对于经典的、权威的理论的批判，可以无畏，但不可以无知；而作假比无知更不可原谅。

第11讲 岩土工程中的预测[1]

一、引言

岩土材料是天然的地质历史的产物，它一般是碎散的、不连续或部分连续的介质，材料性质十分复杂，具有极大的时空变异性。在岩土工程中，其地基或者岩土环境几乎不可能完全探知，边界条件和荷载过程也有很大的影响，因而岩土工程问题具有很强的不确定性。非此非彼、亦此亦彼的情况，一因多果、一果多因的情况都可能发生。所以对于这样一个复杂的对象和众多的影响因素，准确的定量的预测是相当困难的，依靠纯理论和计算技术预测往往不成功，而经验的判断是不可缺少的。

土以碎散的颗粒为骨架，由固、液、气三相物质组成，它由岩石风化而生成，在其搬运和沉积过程中几经沧桑，形成了不同于其他材料的复杂的力学性质，而不同时空条件下土的性状也各不相同。所以尽管已提出的土的本构关系数学模型不下百种，动用了传统力学和现代力学的各种理论和手段，但是到目前为止，还没有一种为人们所公认的，能够准确、全面反映各种土的应力应变关系的数学模型，甚至是否存在这样的模型也是值得怀疑的。

在计算机和计算技术基础上发展起来的以有限元为代表的数值计算是解决边值问题的强有力的手段，当用来计算弹性体时其精确程度令人叹为观止，其计算结果与光弹试验结果毫厘不差，结果光弹试验很快被代替。土是碎散材料，而在一般数值计算中首先假设土体为连续体，然后再离散化，假设各单元间的结点位移协调，计算土体的应力变形关系，这常常不能反映土的变形的微观机理。以 DDA 为代表的离散单元计算方法在计算某些农产品(如谷类) 和工业零件(如滚珠)时是相当成功的，以至被称为“数值试

[1] 原文刊于《地基处理》2000 年第 3 期.

验”，可以精确地代替模型试验。该方法在定性地探索土的变形的微观机理时，也是很有价值的，但是用以描述由不同尺寸、不同形状、不同矿物成分的颗粒组成的土，反映不同三相成分及其物理、化学和力学的相互作用，即使是可能，恐怕也是相当遥远的事情。

数学模型和数值计算预测的另一个难点是土的参数的选取，它受到取样(制样)和试验手段的限制。原状土在取样过程中不可避免地受到扰动和发生应力释放，会破坏其结构性；即使是重塑土试样，制样的方式、器具、操作程序和量测的差别也严重影响试验的结果。另一方面，目前使用的土工试验仪器也存在局限性，以真三轴仪为例，由于仪器边界之间的干扰，试样的应力或应变的均匀是很难保证的。

在对地基和土工建筑物的探测方面，土层的时空变异及人类活动给勘探测试及其结果的判释造成困难。除此以外，岩土工程中的复杂边界条件和施工过程中的诸多因素也严重影响工程的实际结果。

在我国每年撰写和发表了大量的论文和报告，提出了各种理论、模型、计算方法、计算程序和技术手段，常常伴以试验或者实测数据的验证，其结果也常常是“符合得很好”。自己的试验或观测证实了理论或者方法的完美，正是：“各夸自家颜色好，百花园中各称王。”这种结果的可信性很值得怀疑。笔者在评阅一些论文和成果时，对于那些符合得完美无缺，天衣无缝的图与曲线，常常抱有很大的不信任；而对于存在相当差别，甚至坦率地承认预测不成功的情况，则是完全理解的。可惜这种情况较少。

近年来，主要在国外进行了多次的“考试”或者“竞赛”活动：首先委托一个(或几个)单位进行所谓的“目标试验”，亦即需要预测的试验或实例。其结果是保密的，或者预测前不做试验，预测以后再完成试验。事先公布有关的土的一般资料、基本试验的数据(为确定有关参数)和目标试验的应力(应变)路径。在全世界或者一定范围征求参赛者(参加目标试验的人不参赛)。全部预测结果上交以后，公布试验结果。一般是召开研讨会，评估或者评分，参赛者也可进行申辩和总结。这是一种客观、公正和有权威性的检查比较方式，也是推动岩土工程发展的十分有益的活动和手段。它使我们认识到在岩土工程领域，我们的认识能力、预测能力和水平的真实情况。

二、试验方法和设备的检验比较

(一) 不同仪器的相同试验的检验

1982年在法国Grenoble召开的“土的本构关系国际研讨会”上，用剑桥式的立方体真三轴仪分别由德国的Karlsrube大学和法国的Grenoble

大学对同样的砂土和黏性土进行同样复杂应力路径和应变路径的真三轴试验，两份试验结果是存在着差别的。由于使用的仪器与土料都是相同的，差别主要源于操作方法和技巧。

1987年在美国克里夫兰召开的"非黏性土的本构关系国际研讨会"上❶，利用美国 Case Western Reserve 大学的空心圆柱扭剪仪和法国 Grenoble 大学的剑桥式立方体真三轴仪进行砂土的相同应力路径的试验。试验内容包括：

（1）不同常数的不同密度两种砂土的真三轴试验，$b=(\sigma_1-\sigma_2)/(\sigma_1-\sigma_3)$。

（2）在 π 平面上应力路径为圆周（两周）的真三轴试验。

图1表示了对于 Hostun 密砂（干密度 $\rho_d=1.65\text{g/cm}^3$）在 $b=$不同常数，中主应力 $\sigma_2=500\text{kPa}$ 保持不变，用两种仪器试验得到的轴向应力与轴向应变关系曲线，轴向应变和体应变的关系曲线。可见在 $b=0$ 和 0.28 时，不同仪器试验结果的差别是很大的。但是在评价它们时，主持者说：对于轴应变，除了 $b=0.28$ 的结果很差（very poor）以外，其他的曲线符合的很好（very well）；而对于图1b）的曲线认为符合得很优良（excellent）。对比我们的一些论文中理论与实测曲线丝丝入扣的符合，这是实事求是的。在这两个试验中试样的破坏形态也有很大不同：空心圆柱试样发生颈缩；立方体试样产生V形的剪切带。这些差别可能是由于试样的制样方法不同、试样中的实际应力分布不同和试验中的边界条件不同引起的。

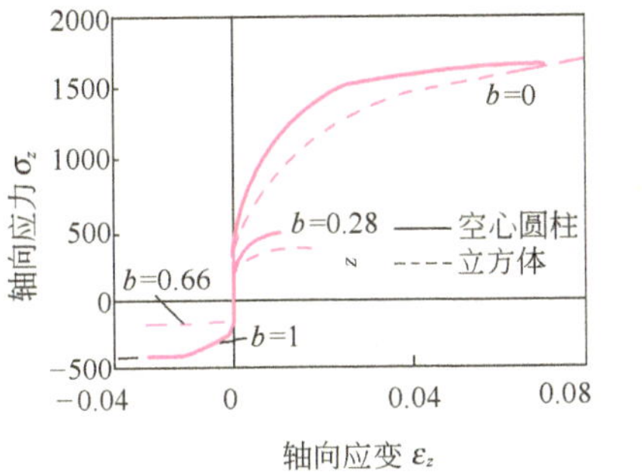

a) 轴向应力 σ_z 与轴向应变 ε_z 间试验曲线

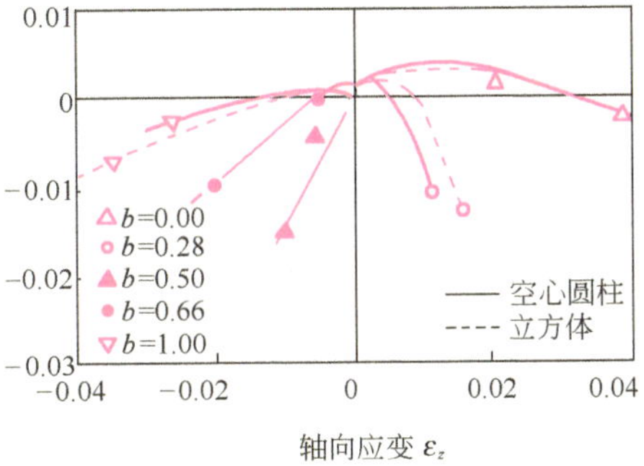

b) 体应变 ε_v 与轴向应变 ε_z 间试验曲线

图1　$b=$常数的真三轴试验与空心圆柱试验的比较

---

❶ Bianchini，G. ，et. al. Complex Stress Paths and Validation of Constitutive Model. Geotechnical Testing，1991，14(1)：13-25.

（二） 土工离心机模型试验

1986年由欧洲共同体资助，发起“土工离心机的合作试验”[1]。参赛者有三家：英国的剑桥大学、法国的道桥中心研究室和丹麦的工程院。试验的内容是模拟饱和砂土地基上的圆形浅基础的承载力和荷载—沉降关系。试验土料统一为巴黎盆地天然沉积的一种均匀石英细砂。模型地基的孔隙比规定为 $e=0.66$（相对密实度 $D_r=86\%$），规定圆形基础的模型尺寸为直径 $D=56.6$mm，离心加速度 $a=28.2g$，基底完全粗糙。此前，由丹麦岩土研究所对于这种土进行了物性试验和三轴试验，其结果公布于众。要求荷载—沉降关系表示成无量纲的变量 $q/(\gamma' nb)$-s/b 关系曲线。

其中，q 为基础上施加的荷载（kPa）；γ' 为土的浮重度（kN/m^3）；n 为重力加速度水平，即模型比尺；b 为模型基础的尺寸（m）；s 为基础的中心垂直沉降（m）。

同时也进行了相同条件下的现场载荷试验，以便与模型试验结果对比。

这三家使出了浑身解数，精心制样、安装、运转和量测，反复摸索，反复校验，检查各种参数和影响因素。剑桥大学还在离心机上做了静力触探试验。最后，剑桥大学提交了一组试验结果，另外两家按要求给出了一条曲线。图2表示了其试验结果，其中剑桥大学是笔者选取的最接近于规定条件的试验结果（$e=0.664$）。

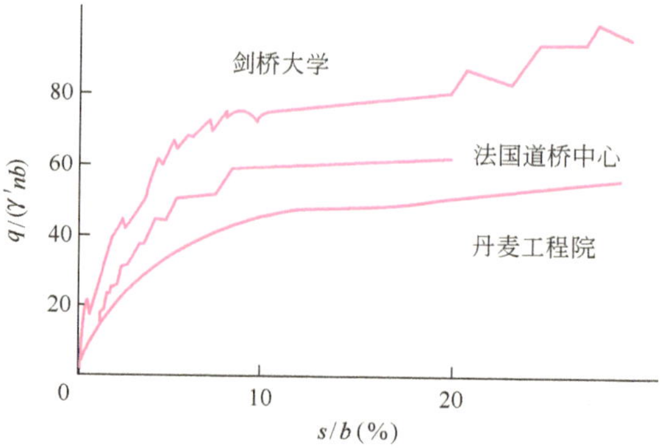

图2 圆形天然浅基础的试验荷载—沉降关系曲线

可见，这种“国际先进水平”的土工离心模型试验的误差也在±30%以上。值得提出的是，这是一种条件非常简单明确的模型试验，而现场的工程实际情况的条件和影响因素远比这复杂。在这个试验中，加载速率、模型地

[1] Corte, J. F. et al. Modeling of the Behavior of Shallow Foundation .

基砂的密度、制样方法和运行程序对试验结果都有影响。例如剑桥大学的试验表明，砂土的孔隙比变化 0.01（相当于相对密度变化 3%），则其承载力变化 18%，如图 3 所示。而由于模型地基是先制样，后运转，保证地基内砂土处处均匀，孔隙比误差在 0.01 范围内是有较大难度的。

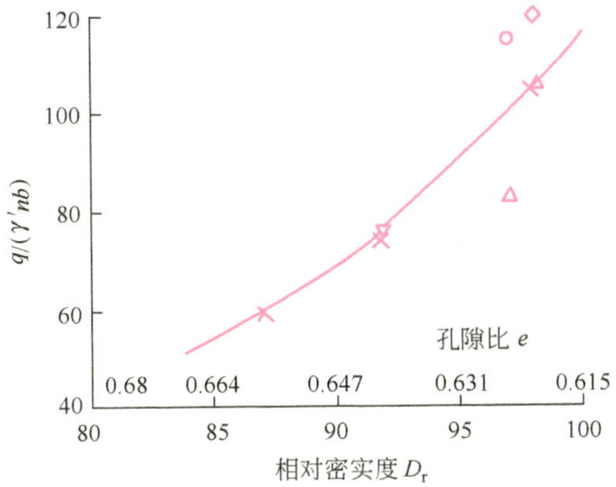

图 3　地基承载力与模型地基孔隙比间的关系（剑桥大学试验结果）

（三）单桩动测法的考试

1992 年在荷兰海牙进行了一次动测桩的“考试”❶。在第一轮，10 根预制桩预先被沉入地基，桩径 250mm，桩长 18m（7 号桩 17m），要求测出其人工预先制造出的“缺陷”。其中一根桩完整无缺，其余的 9 根桩各有缺陷：颈缩、扩径和在不同部位的 10mm 宽、130mm 深的刻槽。事先由特尔夫公司进行了地基勘察，将土层资料公布于众。有 12 家具有国际声誉的公司参赛，用小应变动测法检测，结果是平均测对 4 根；最多对 7 根，最少对两根。没有一家测出那根完整无损的桩，亦即都测出“寡人有疾”。他们认为对于只有 10 mm 宽的缺痕很难分辨。

第二轮是沉入 11.5 ～19m 长的 5 根桩，然后用静载荷试验测出极限承载力。10 家公司用大应变动测法测试其极限承载力，其结果也不乐观。比如，由静载试验确定极限承载力为 340kN 的一根桩，各家给出的结果分布在 90～510kN 的范围。

（四）堤防隐患检测的“大比武”

我国目前有各类堤防 25 万多公里，很多已具有几百上千年的历史，是

❶ 盛崇文. 从桩的动测法谈起．地基处理，1996,7(3).

民堤逐年加高培厚或者在汛期抢修形成的。地质条件及堤身土料和质量千差万别，隐患很多。1998年洪水期间发生的许多险情和决口都是由于渗透通道形成的“管涌”和蚁穴鼠洞、裂隙异物和局部疏松土体等造成的。为此水利部和防汛办于1999年3月在湖南宜阳召开了“堤防隐患综合检测技术检验会”，也被称为“大比武”。有我国的十几家科研院所、大专院校和少数厂家（包括美国的劳雷公司）参加。

检测堤段位于宜阳的一段废堤上。每个参赛的检测手段负责200m堤段，时间是2h。几处“隐患”是事先人工布置的，埋设了稻草、钢管，模拟蚁穴和鼠洞。像电影“地雷战”中一样，表面做好伪装，一般深度在2m范围内。参赛者的测试手段包括：高密度电阻率法、瞬变电磁法、地震波法、弹性波法和探地雷达等。这些方法都有一定的分辨率限制，即分辨尺寸与深度之比一般是相对固定的，因而2m深的隐患的检测不应算是难题。检测结果聘请有关专家评审，打分。图4所给的分数只是相对的，测试结果基本上未达到他们自称的效果。参赛者各自对其结果误差的原因进行了解释。针对这种结果，水利部斥资几百万，开展专题研究，目标是“傻瓜”式的快速检测仪器和方法。但关键问题可能是要结合各地具体情况和长期的抗洪防汛经验，因地制宜，积累资料和经验，合理判释，仪器才会发挥作用。很难想象，一个“傻瓜”可以身背“傻瓜机”，会走遍天下都灵验。

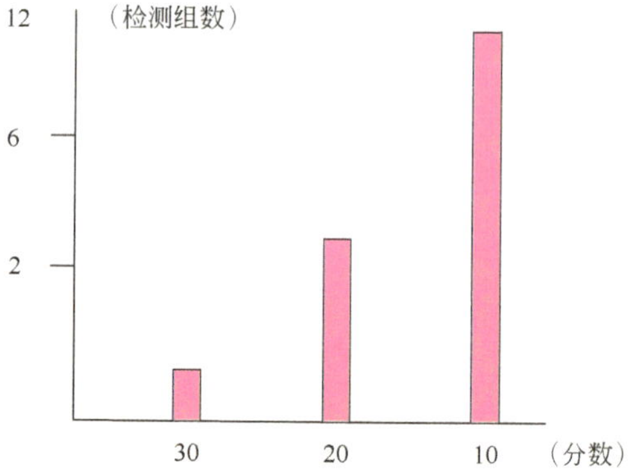

图4 堤防隐患的检测结果评分

三、土的本构模型的检验

20世纪80年代以来，关于土的本构关系的“考试”至少进行了3次。1980年美国和加拿大召开了“岩土工程中极限平衡、塑性理论和一般的应力应变关系北美研讨会”❶。会前用两种天然黏土、一种重塑的高岭黏土和渥太华砂进行了一系列试验。试验包括：

---

❶ Proceedings of The Workshop on Limit Equilibrium, Plasticity and Generalized Stress-strain in Geotechnical Engineering. McGill University, 1980.

- 平均主应力 p=常数的三轴试验；
- 毕肖甫参数 b=常数的真三轴试验；
- 砂土在 π 平面上应力路径为圆周的真三轴试验；
- 天然黏土大主应力方向与其沉积方向成不同角度的三轴试验。

事先将土的物性参数和基本试验的结果公开提供，然后在全世界范围征求参赛者。参加预测的有来自不同国家的 17 个本构模型。从给出的结果看，轴向应力应变关系预测的精度一般尚可，体应变预测的精度差别很大。对于应力路径在 π 平面上为圆周的情况，许多模型无能为力。由于原状土的各向异性，对于其循环加载和超固结性状很难预测，只有少数模型参加了预测。结果表明，没有一个模型能够合理地预测所有的试验情况。这也是符合当前的土力学理论发展的现状的。

1982 年在法国召开了"土的本构关系国际研讨会"，人们用不同的理论模型对砂土和黏土的复杂应力路径和应变路径的试验结果进行了类似的预测。如上所述，也对试验本身进行了检验。

1987 年在美国克里夫兰召开了"非黏性土的本构关系国际研讨会"。会议征求对真三轴试验和空心扭剪试验结果用理论模型进行预测，共有世界各国的 32 个土的本构模型参赛。其中包括：3 个次弹性模型(H)，3 个增量非线性弹性模型(I)，1 个内时模型(E)，9 个具有一个屈服面的弹塑性模型(EP1)，10 个具有两个屈服面的弹塑性模型(EP2)，6 个其他形式的弹塑性模型(EP)。

会议将预测结果与试验结果比较，按四个单项评分，评分的标准见图 5，规定了上下限，按统计方法打分，图 6 与图 7 表示出 b=常数的真三轴试验的预测得分情况，可见其轴向应力应变关系预测经过还差强人意，而体应变的预测则全不及格。

这些"考试"基本上反映了人们当前认识和描述土的应力应变关系的能力和水平。它表明，即使对于实验室制作的重塑土试样，其应力应变关系也是相当复杂的。现有的土的本构关系的数学模型的描述能力在精度和条件方面都是有限的。有的模型使用了 20 多个，甚至 40 多个常数，结果仍然不令人满意。

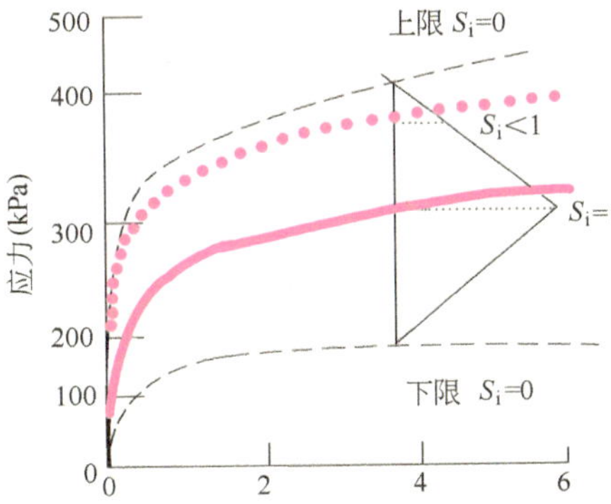

图 5　本构模型预测的评分标准

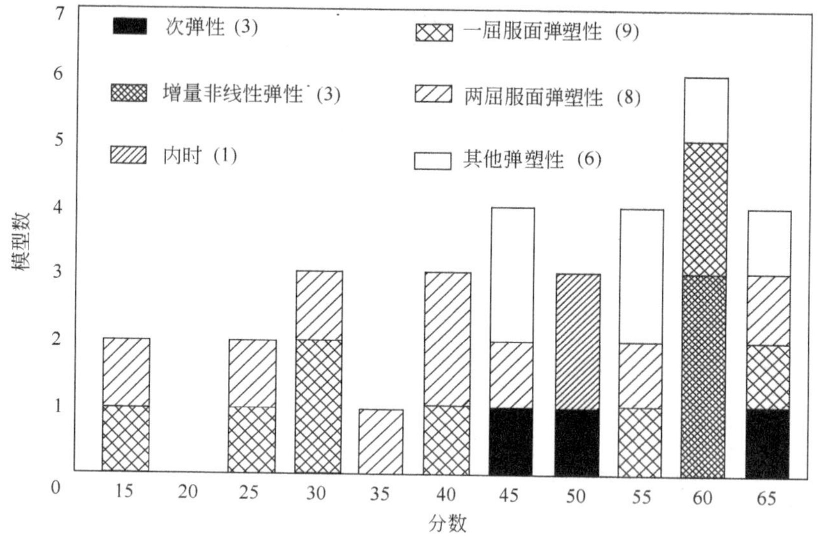

图 6　轴向应力应变关系得分的直方图(满分 100)

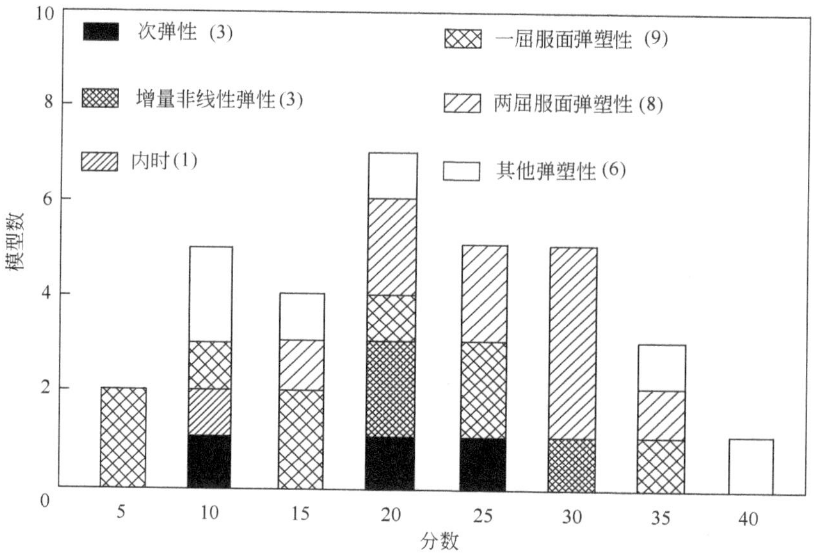

图 7　体应变与轴向应变关系得分的直方图(满分 100)

四、土工计算的考试

(一) 土工加筋挡土墙的计算

20 世纪 60 年代以来，随着计算机和计算技术的发展，土工数值计算大大加强了我们解决复杂的岩土工程边值问题的能力。有人提出可将土力学分成理论土力学、实验土力学和计算土力学三部分。由于它几乎可以精确地计算任何边值问题，似乎一台计算机，几页打印纸，就可以驰骋在岩土工程的所有领域。这种表观上的简单、快捷和“精确”，常使青年岩土工作者产生误解，忽视了其与实际工程问题间的距离，轻视在岩土工程实践中积累经验的重要意义。

加筋土的计算是岩土数值计算中很有代表性的课题。它涉及土的本构模型，筋材的应力应变关系模型和筋、土间的界面模型及这些模型涉及的参数。目前已经有较多的加筋土的计算程序和经验。1991 年在美国的科罗拉多大学，由美国联邦公路局资助，在足尺试验的基础上进行了加筋土计算的竞赛[1]。

目标试验是在一个高 3.05m，宽 1.22m，长 2.084m 的大型试验槽中进行的。铺设了 12 层长为 1.68m 的无纺土工织物，作成土工织布加筋挡土墙。墙顶采用气囊加压。气囊下铺设 5cm 的砂垫层。试验用的土料有两种：一种是均匀的砂土，$D_{50}=0.42$ mm；另一种为粉质黏土，塑限 $w_p=19\%$，液限 $w_L=37\%$。事先公布了砂土的三轴试验，黏土的不同排水条件下的三轴试验，土工布的拉伸试验和筋土间的界面直剪试验等试验的结果。征求世界各国同行们进行数值计算，预测试验观测结果。预测项目有：

(1)两种填料中的加筋挡土墙在顶部加载 103.5 kPa 以后的墙顶最大位移、不同位置的墙面位移及筋的应变；

(2)在加载 100h 后的以上各项位移和应变。

共有来自 15 个不同国家的大学和研究单位参赛，包括美国的科罗拉多大学等 8 家，英国的哥拉斯格大学等两家，日本的东京大学等 3 家，中国和加拿大各一家。其中 14 家参加了荷载—变形和应变关系的预测，计算的结果见图 8 和图 9。它们分别表示了砂土和黏土在上述荷载下的墙顶最大位移的预测误差。有几家没有预测黏土加筋挡土墙，有几家计算得到的结果表明，在此荷载下挡土墙早就破坏。只有少数计算的误差在 30%

---

[1] Jonathan, T H Wu. Predicting Performance of The Denver Walls, 1992.

以内。

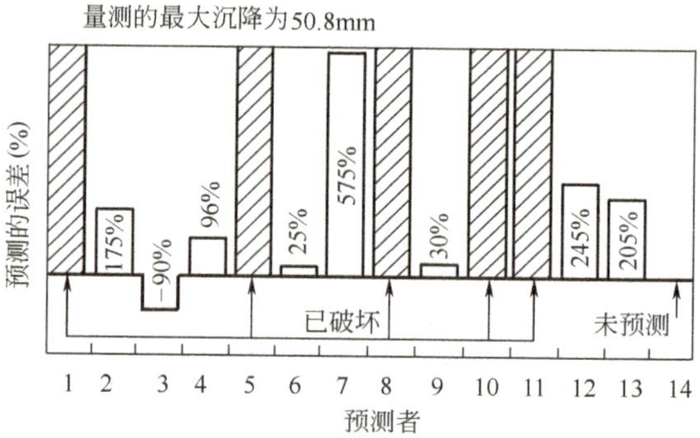

图 8 砂土加筋挡土墙的墙顶最大位移计算的误差

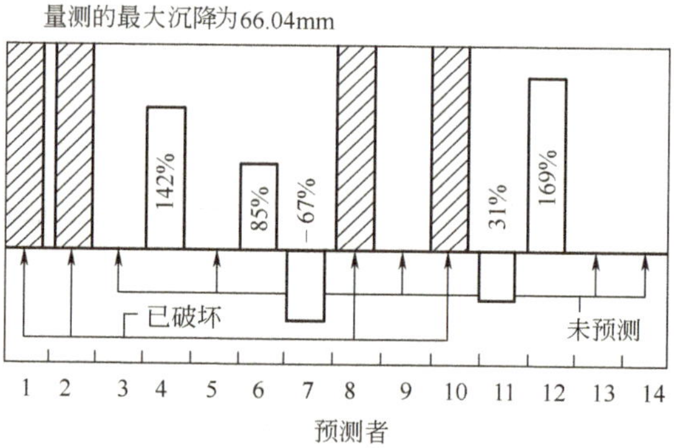

图 9 黏土加筋挡土墙的墙顶最大位移计算的误差

对于砂土加筋挡土墙试验的破坏荷载是 207kPa，预测值从 10kPa 到 517kPa 不等。黏土加筋挡土墙在荷载加到 230kPa 时由于气囊爆破而未能继续试验，但挡土墙并没有破坏。计算的破坏荷载在 21～207kPa 之间，其误差之大令人沮丧。

(二) 土的液化分析方法的检验

在 1989～1994 年间由美国 NSF 拨款 350 万美元，资助用离心机模型试验来检验地震反应分析方法，这是 NSF 历年来投入单项经费最多的项目，项目简称 VELACS，参加的单位和个人包括：美国加州大学戴维斯分校，加州理工大学，英国剑桥大学等 7 座大学；其中有 10 名美国国家科学院院士和英国皇家学会会员。参加考试的“考生”有美、加、日和欧洲的 23 个数值计算专家和研究组。

项目动用了 9 台带有振动台的土工离心机，并且进行了平行试验。模拟地震的振动模型试验内容包括：

(1)水平自由地基；

(2)倾斜地基；

(3)组合地基(一半是密砂，另一半是松砂)；

(4)刚性箱成层水平地基；

(5)柔性箱成层水平地基；

(6)护岸的重力式挡土墙；

(7)堤坝；

(8)心墙坝；

(9)砂基础上的刚性建筑物。

涉及以上9种边值问题的模型试验，都是相当简单的工程问题，如图10所示。在土工离心机试验的基础上，提出了三类考题：

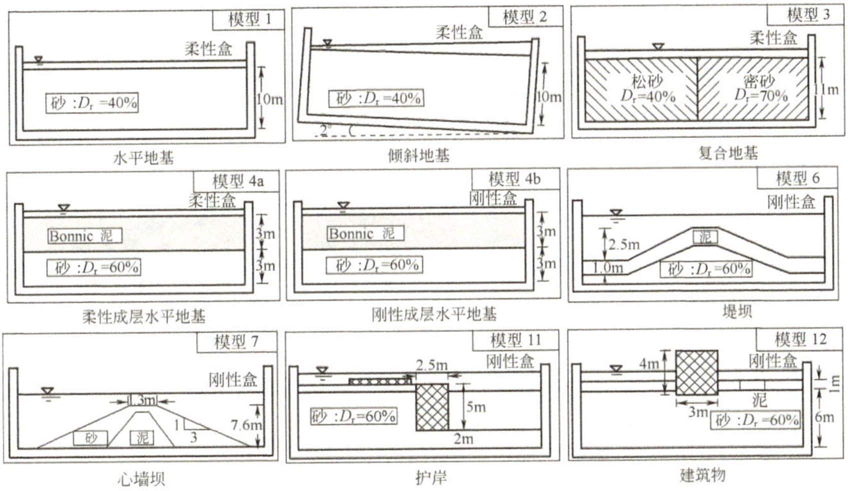

图10　九种不同边值问题的动力离心模型试验

A类：在离心机试验前，提供试验的初始条件和边界条件，在尚无任何试验资料的情况下，进行数值计算，是一种“盲测”。

B类：离心试验完成以后，不公布试验结果，但向计算者提供试验的较为详细的条件和细节。

C类：公布试验结果，让“考生”用自己的数值计算进行计算和比较。

考试的成绩按照A、B、C的次序有所提高，对于A类考题，有30多个数值计算模型参加考试。预测的地震反应加速度比较接近；计算的静孔压和沉降量与试验量测的结果比较，趋势还是相同的。但二者在数值上差别很大，多达几十倍。但是在试验后，考虑了试验中的具体条件量测方法，修正计算条件和参数，计算结果明显改善。

五、结论与讨论

(1)土的力学性质是非常复杂多变的,岩土工程问题具有很强的不确定性。目前我们的理论分析、数值计算和勘探试验还远不能精确定量地描述、反映和预测它们。对此应当有清醒的认识,但是正确的理论和有效的方法应当能够揭示土受力变形的基本规律,反映岩土工程中的影响因素及影响范围。

(2)对于岩土工程问题,正面的纯理论和数值预测及计算,往往是很难奏效的。必须详细地了解实际的条件和过程,熟悉当地的情况,积累经验,对理论和参数进行合理修正;在工程中不断观测和积累数据,在其基础上合理选取参数,再计算和预测以后的变化,往往达到很高的精度。因而,有人提出在复杂的岩土工程中需要"理论导向,经验判断,精心观测,合理反算"。这是非常中肯和宝贵的认识。

(3)这种情况并不影响我们进一步改进试验设备和技术,深入发展理论模型和计算手段,以期加强我们的预测能力。

第12讲　土的渗透破坏及其工程问题[1]

一、引言

据统计分析，大多数地质灾害及岩土工程中发生的事故都与土中的水有关。土中水的增加会使非饱和土的基质吸力减少；部分岩土矿物软化，土的结构破坏；产生的孔隙水压力使土体内有效应力减小，强度降低，由于土中水引起土体自重应力的变化常使荷载增加，抗力减少；当发生渗流时还可能由于渗透力的作用而引发许多不利因素。

我国目前有各类水库大坝 8 万多座，数量居世界之首，它们 90%以上为土石坝，其中病险坝占很大比例（大约一半以上），主要都是渗透问题。垮坝失事的案例也大多数为土石坝，其中渗透破坏为主要原因。建于 1989 年的青海沟后水库混凝土面板砂砾石坝，由于防浪墙与坝体接触处漏水而使库水大量渗流，同时由于渗流的各向异性，坝体的浸润线很高，导致坝体失稳，在 1993 年 8 月 7 日发生溃坝，造成 300 多人死亡。美国的蒂顿坝（Teton）在 1976 年 6 月 5 日由于渗透引起（水力劈裂）溃坝造成 14 人死亡和 2.6亿美元经济损失。

地质灾害可能是天然发生的，也可能是人为引发的，各种滑坡和泥石流多数与土中水有关。天然滑坡大多发生在雨季（或雪水融化的春季）。西藏的易贡地区于 2000 年 4 月 9 日由于冰雪的融化引发了坡高 2300m，总滑动土石方为 3 亿 m^3 的巨型滑坡，堆积体堵塞了易贡河，形成了总库容为 15 亿 m^3 的堰塞湖，最后溃坝时洪水奔腾而下到达印度和孟加拉国，造成下游暴发洪水。1972 年 7 月在香港发生的宝城滑坡是由于雨水入渗山坡残积土引起的，只有区区两万立方米滑坡体，却冲垮了宝城大厦，砸毁相邻一楼

---

[1] 原文刊于《工程勘查》2004 年第 5 期.

房，造成67人死亡。1961年3月6日湖南柘溪水库由于蓄水而引发165万m^3的含黏土夹层的板岩沿底面和软弱夹层平面滑动，体积达百万立方米滑坡体瞬时落入库区，掀起了20m高的波浪，漫过坝顶，夺去了正在溢洪道上工作的70多人的生命。三峡库区蓄水之后，库区水位上升诱发滑坡已成为目前被广泛关注的重大课题。

对于地下工程、矿山工程，地下水引起的流沙、突涌和冒顶等险情危害极大。上海轨道交通四号线越江隧道工程的联结旁通道使用冰冻法支护施工，由于设计与施工失误，造成水、砂透过冰冻层而大量涌入隧道，支护结构破坏，使地面开裂下沉2～4m，最后造成多处楼房倒塌，近70m的黄浦江防汛墙被严重破坏，黄浦江水进入隧道，造成中外关注的重大事故。

基坑工程也是"水灾"事故多发处。认真的分析这些事故，绝大多数都与土中水有关。例如关于水土压力的计算有误；对降雨和附近管线漏水形成的上层滞水处理不当；承压水处理不到位等。如珠海祖国广场基坑、广州京光广场基坑、北京的万亨基坑等，分析事故原因可能有许多方面，而土中水常常是罪魁祸首。

我国1998年的特大洪水意外地在全民中普及了一个土力学的名词——"管涌"。1998年长江堤防险情共有6000多处，其中有所谓管涌、崩岸、散浸、跌窝、漏洞、塌坡、脱坡等，都与土中水及其渗流有关，见图1。其中管涌引起的险情约占60%。九江、簰洲湾等几处大溃堤无一不是由管涌引起的。崩岸是与渗流有关的另一种险情。1996年1月3日～8日，江西省马湖长江大堤崩岸1200m长，崩岸达500万m^3，造成24人丧生；湖北荆南咸宁大堤1996年6月11日江岸一天后退400m，最大每小时崩岸55m；湖北粑铺大堤1950～1989年江岸后退1324m，迫使铁路、公路、厂矿迁移。

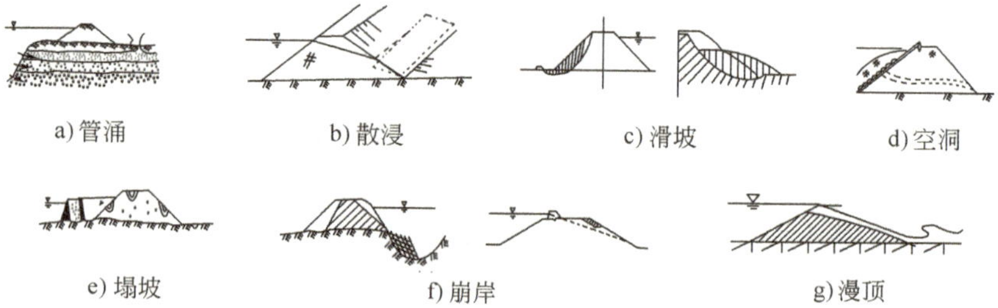

图1　长江堤防的隐患与险情

二、渗透破坏

渗透破坏(seepage failure)通常叫渗透变形(seepage deformation)，也有称为

渗透失稳(instability due to seepage)[1]。笔者查阅了国内外许多资料,发现关于渗透破坏的概念,国内外岩土工程界的认识和表述有很大差异。

比较普遍的认识是土中渗透破坏有两种基本的形式,即流土和管涌。所谓流土是在向上的渗透水流作用下,表层一定范围的土体或颗粒同时悬浮、移动的现象。所谓管涌是指在渗透水流作用下,土中细颗粒在粗颗粒形成的孔隙通道中移动、流失的现象。

关于流土,我国土力学界的叙述比较统一。各种大专院校的《土力学》教材中所述基本一致[2][3]。这里应当明确的是:

(1)流土时的渗流方向是向上的;

(2)流土一般发生在地表,也可能发生在两层土之间;

(3)不管黏性土还是粗粒土都可能发生流土。

其中发生在坡上的有渗流情况下的破坏一般属于边坡抗滑稳定,但是在缓坡情况,水向上渗流时,可能较难区分是渗透稳定还是抗滑稳定。

关于管涌国内外的定义也都较为一致:

(1)它是沿着渗流方向发生的(不一定向上)。

(2)是粗细颗粒间的相对运动。

(3)就一层土来讲,黏性土不会发生管涌现象。

(4)管涌发生后有两种后果:一种是继细粒土被带走后,粗粒土也被渗流移动和带走,最后导致渐进破坏;另一种是细粒土被带走,粗粒土形成的骨架尚能支持,渗漏量加大但不一定随即发生破坏。发生在两层土之间的管涌,是细粒土被渗透水流携带通过粗粒土层的孔隙而带走。

流土这一名词在英文中似乎没有一种准确的译法。我国《岩土工程基本术语标准》(GB/T 50279—98)中译为“soil flow”。英文文献中对应的名词很多,如:砂沸(boiling),流沙(flowing sand、quick-sand[4]),管涌(piping[2][4][5][6])。这些说法应当说都是针对砂土的,其中“砂沸”最为形象。笔者早年曾在松花江滩进行沉井施工,一次突然停电,井点失效,井底地下水挟砂汹涌而起,突泉无数,状如沸水,用6m长的竹竿一捅到底,竟无阻力。

---

❶ GB/T 50279—98 岩土工程基本术语标准. 北京:中国计划出版社,1998.

❷ R. Whitlow. Basic Soil Mechanics. 3rd ed.. Longman Malaysia,1995.

❸ 陈仲颐,周景星,王洪瑾. 土力学. 北京:清华大学出版社,1992.

❹ 卢廷浩. 土力学. 南京:河海大学出版社,2002.

❺ J. H. Atkinson, P. L. Bransby. The Mechanics of Soils——An Introduction of Critical State Soil Mechanics. MCGRAW-Hill Book Company(UK) Limited,1997.

❻ A. N Schofield, C. P. Wroth. Critical State Soil Mechanics. MCGRAW-Hill, Publishing Company Limited,1968.

由于这种“液体”密度及浮力很大，人并不下沉，但十分凶险。对于这种现象，流沙(quick sand, flowing sand)的提法不够准确，而管涌(piping)则显然是概念错误。美国《基础工程师手册》(*Foundation Engineering Handbook*)[1]对于管涌的说法较为准确。

当在粗细两层间发生沿层间渗流时，土颗粒可能从层间被带走，称为接触冲刷。

我国的工程地质界[2][3]经常将砂土的流土叫流沙，而将黏土的流土叫突涌。其中流沙的叫法不准确，流沙的内涵较广，包括砂土坡的失稳流动等现象；将指黏性土的流土称为“突涌”也是可以的。但其实对于流土不必分什么土，其原理都很明晰。从两种角度分析，分析的结果都一样。在图2中的向上渗流情况下，如果用总应力分析，取土体单元(土骨架+孔隙水)为隔离体考虑其平衡。

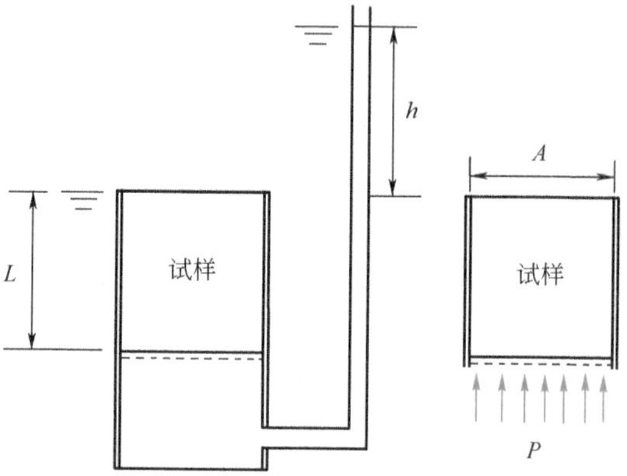

图2 流土示意图

土体自重 $lA\gamma_{sat}$(向下)，上下总水压力差 $P=(h+l)\gamma_w A$(向上)，当其处于悬浮状态(流土)时

$$lA\gamma_{sat}=(h+l)\gamma_w A$$

$$h=\frac{\gamma_{sat}-\gamma_w}{\gamma_w}l=\frac{\gamma'}{\gamma_w}l$$

而这时土中渗流的水力梯度(水力坡降)

[1] H. F. Winterkorn, H. Y. Fang. Foundation Engineering Handbook. VAN Nostrand Reinhord Company. Litton Educational Publishing, Inc, 1975.

[2] 《岩土工程手册》编写委员会. 岩土工程手册. 北京：中国建筑工业出版社，1994.

[3] 《工程地质手册》编写委员会. 工程地质手册. 第2版. 北京：中国建筑工业出版社. 1992.

$$i_{cr}=\frac{h}{l}=\frac{\gamma'}{\gamma_w} \tag{1}$$

这一水力梯度就是流土的临界水力梯度。

如果取土颗粒组成的同样体积的“土骨架”作隔离体，则其在水中扣除浮力以后的自重为 $lA\gamma'$(向下)，向上渗流作用在骨架上的总渗透力为 $J=jV=i\gamma_w Al$(向上)。处于临界状态时有

$$lA\gamma'=i\gamma_w Al$$

$$i_{cr}=\frac{\gamma'}{\gamma_w}$$

可见在土中稳定渗流的情况下，不管是黏性土还是砂土，二者的流土机理和准则是完全相同的。

黏性土的“突涌”可以有更广泛的含义，例如图 2 中承压水上部的土层可以是不透水层(例如可以隔一层塑料膜)，也可以是黏土层上设置砂卵石压重。只要扬压力等于上部总自重，都可以成为突涌。

三、土的渗透破坏与渗透引起的土的破坏

土的渗透破坏主要是流土和管涌，二者都有严格的定义，概念是清楚的。但是土中水及其渗透可能引发的问题比较复杂，引起土的破坏有多种形式，对此常会发生一些认识上的混淆。

(一) 流土

如上所述，流土是针对有向上的稳定渗流的一种渗透破坏现象。如图 2 中土下部的水如果是突然施加，并且土的透水性差，土未被饱和，在土中也没有产生稳定渗流，那么其悬浮的条件为

$$(h+l)A\gamma_w=Al\gamma \tag{2}$$

式中 γ 为天然重度，这时土起动破坏的水头可能比有稳定渗流时产生流土的水头小。而这种破坏形式不能叫流土，叫做“突涌”似乎较贴切。另外一种情况是如果在渗透系数较小的土层上布置了一层砂砾石压重，如图 3 所示，如果土要被“抬起”，则需要两层土一起移动，这时条件是

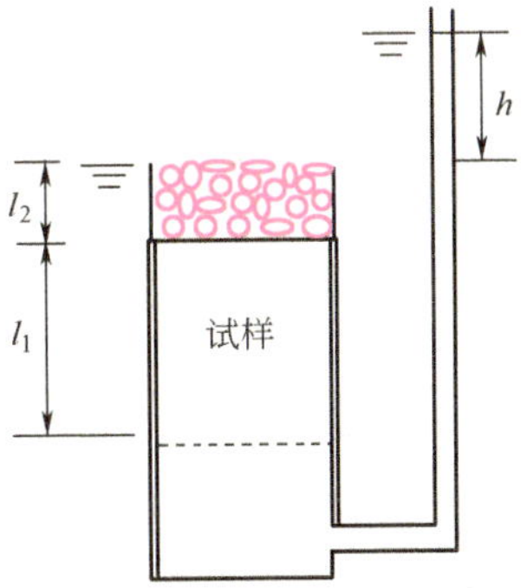

图 3　有压重时的流土

$$[h+(l_1+l_2)]\gamma_w A=(l_2\gamma_{sat2}+l_1\gamma_{sat1})A$$

如果

$$\gamma_{sat1}=\gamma_{sat2}$$

则

$$h=\frac{(\gamma_{sat}-\gamma_w)}{\gamma_w}(l_1+l_2)=\frac{\gamma'}{\gamma_w}(l_1+l_2)$$

由于土层 1 中渗透系数小得多，忽略渗流在土层 2 中水头损失，则

$$i\approx\frac{\gamma'}{\gamma_w}\times\frac{l_1+l_2}{l_1} \tag{3}$$

这远比式(1)中的临界水力坡降大，由于有上部反滤压重，使其抗流土的能力提高了。

(二) 管涌

1998 年的洪水使全民都熟悉了一个土力学名词——管涌，可是这种叫法在严格意义上常常是不确切的。以长江堤防为例，其地基属于二元结构，即在均匀的(细)砂层上，分布有一层弱透水的粉土或黏性土。如上所述，在黏性土中一般不会发生管涌，而下部细砂的级配相当均匀，实际上也不会发生管涌。那么实际情况大多数属于流土，或者地基及堤身的缺陷和孔洞的冲蚀，或者细砂沿着两层土界面被接触冲刷。在反滤设计中，当水流从下部的细砂层流向上部粗粒土层时，为了防止在粗细两层土界面处发生接触管涌，一般使两种土颗粒满足如下条件

$$\frac{D_{15}}{d_{85}}<4\sim5 \tag{4}$$

式中：D_{15}——粗粒土中比其小的颗粒含量占 15%的颗粒粒径；

d_{85}——细粒土中比其小的颗粒含量占 85%的颗粒粒径，比值被称为管涌比(piping ratio)。

在被保护土层上设置合适的反滤层对于管涌和流土均有保护作用。目前也有用无纺织物作为反滤层的方法，但也应当满足一定的孔隙条件。

(三) 流沙(flowing sand，quick-sand)

人们常把流沙和流土混为一谈，似乎砂土的流失叫作流沙。而实际上流沙的意义更广一些。流土发生在垂直方向上的渗流情况，而流沙可能发生在任何方向。《岩土工程基本术语标准》(GB/T 50279—98)中指出："饱和松砂中剪应力增大时，在不排水的条件下剪缩势使土内孔隙水压力大幅度升高，土强度骤然下降，导致砂土出现无限流动的现象"。在实际中，人们的"流沙"的概念似乎更广一些。如在隧洞施工时，由于衬砌不良或破坏，饱和的砂土在压力水作用下可从侧壁、洞顶奔涌而出，也可称为流沙，如上海轨道四号线的隧洞中的情况。另外在饱和砂土坡中，渗流方向与坡向成一定角

度引发的滑坡，随即可以成为流沙，如图 4 所示。

这时流沙（滑坡）的临界条件是

$$\gamma' \sin\beta + \gamma_w i_{cr} \cos(\beta - \theta) = [\gamma' \cos\beta - \gamma_w i_{cr} \sin(\beta - \theta)] \tan\varphi \quad (5)$$

可见它比流土的临界水力坡降要小。在式(5)中，当 $\beta=0°$，$\theta=90°$时，则变成典型的流土问题，即 $i_{cr}=\dfrac{\gamma'}{\gamma_w}$。而在沿坡渗流的情况下，$\beta=\theta$，$i=\sin\theta=\sin\beta$ 临界状态下

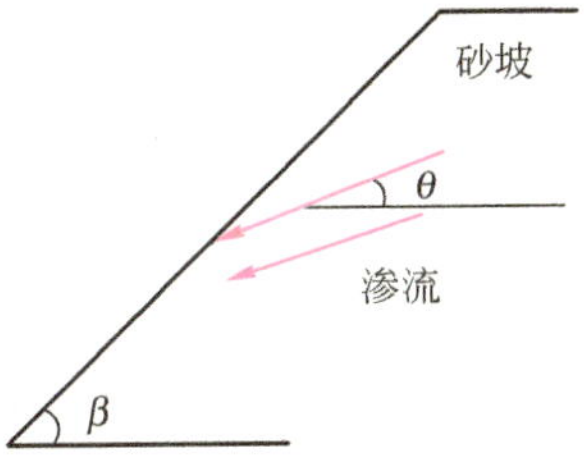

图 4　砂坡的稳定

$$\frac{\tan\beta}{\tan\varphi}=\frac{\gamma'}{\gamma_{sat}} \quad (6)$$

（四）流滑

土的流滑(flow slide)是土失稳的一种现象，它与土对扰动的敏感性(sensitivity, quick ,alive, mobility)有关。

笔者曾在黑龙江某河滩的淤泥土中开挖基坑，开挖施工很容易，几乎可以垂直开挖，但放置一会儿就发现基坑壁上流泥，一晚以后就满坑泥浆。

北欧一些地方的高灵敏性黏土可能因为微小的扰动（如人工少量开挖或水的冲刷）而引发大面积流滑和渐进破坏。这种流滑主要是由于扰动及土中水的运动而破坏了高灵敏性黏土的结构，使其结构强度完全丧失而泥化。

另一种为人们所熟知的情况是在振动荷载下饱和松砂的液化，也可划入流滑之类，它可以在瞬时发生。但是饱和松砂的流滑也可能是在静态荷载引起的静应变下发生。在美国密西西比河下游一些地方的砂土会因为偶然的扰动而迅速大面积流滑。我国某些地方高含水率的粉土河岸在短期内大范围崩岸也属于相似的情况。以上两种情况的原理在于：由于排水不充分，瞬时产生的超静孔隙水压力，使有效应力降低接近于零，抗剪强度丧失。在自然界可能随后形成汹涌澎湃的泥石流。其根源在于松砂与粉土等强烈的剪缩性。这与上述的“流沙”是一致的，所以可以说流沙是流滑的一种，其原理见图 5 所示。由于它是在静态荷载下发生的类似于液化的现象，所以也叫做静态破坏或静态液化。在河海岸坡水力充填坝等情况可能发生，如美国的 Ft. Peck 坝的溃决[1]。

图 5 为饱和松砂在围压 σ_3 条件下的固结不排水三轴试验的结果，可见在应变 ε_{1c} 下由于剪缩趋势而产生很高的超静水压，其数值几乎等于围压

[1] R. D. Holtz , W. D. Kovacs. An Introduction to Geotechnical Engineering. Pretice-Hall, Inc, 1981.

σ_3，使有效应力 $\sigma'_3 \approx 0$，从而发生强度急剧下降，发生液化。综上所述，流滑是一种由于土中水引起的强度丧失现象，可以包括敏感性黏土的结构破坏、流沙和液化。

(五) 液化

砂土的液化(liquefaction)通常是指振动液化，是人们所熟知的现象，它的主要特点是有效应力接近于0，砂土颗粒处于悬浮状态，抗剪强度基本为0。如上所述，广义的液化也应包括砂土的流土(boiling)、静态的流滑(见图5)等。

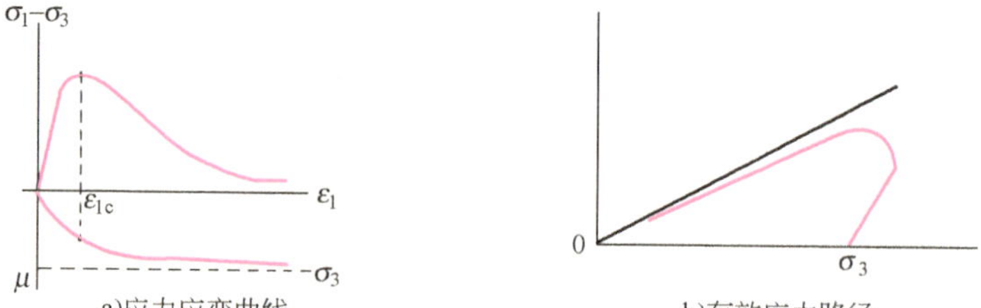

图5　饱和松砂的静态流滑

(六) 土力学课题与水力学课题

土力学主要是固体力学的范畴，水力学属于流体力学的范畴，两者交叉于土中的渗流。土力学中的渗流研究一般限于土中水的层流，是水在土骨架中的流动，遵循达西定律。但是有些与渗流有关的问题超过了这一范围，成为挟沙水流的运动，变为两相或多相的混合流。比如工程中的流沙、流土与管涌引发的土体的破坏、泥石流、崩岸与河道变迁、堤坝由于洪水漫顶而溃决等，这些需要两个学科的合作。

四、渗透破坏的几个工程问题

在基坑工程中，渗透破坏是很大的威胁，而地下水的赋存形式及运动方式和人们对于地下水的处理方法不同，会使实际情况比较复杂，不能不认真进行渗流分析，一旦失察，就可能铸成大错。

(一) 流土的破坏准则

流土的临界水力坡降如式(1)所示，它是很清楚的。由于黏性土存在着黏聚力，所以实际上可能承受稍大一些的水力坡降。尤其对于土层均匀，尺寸较小的基坑，有人建议按双向板的计算确定其可承受的承压水头，但地基土层及基坑开挖不确定性很大，还是稍保守为宜。

(二) 坑壁支护止水的入土深度

各种支护桩、墙的入土深度主要是按照水土压力及结构的内力确定，但也应该注意渗流破坏问题。在图 6a)中的均匀土层中，如果在坑内排水，简化计算时，则挡水的边墙入土深度为（考虑抗流土安全系数为 2）

$$d \geqslant \frac{H}{2} \tag{7}$$

但最好绘制流网，检验局部的水力坡降。对于图 6b)情况，满足(7)式显然是不够的，这时黏土层 2 渗透系数比土层 1 小得多，在坑内土层 2 向上的水力坡降近似为

$$i = \frac{H}{2l} \tag{8}$$

这时不管墙向下埋深多大，基本公式(8)不会变化。

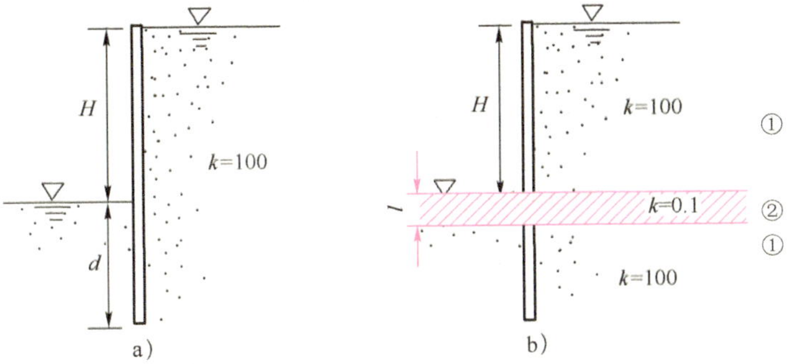

图 6　边墙入土深度

(三) 管涌

如果图 6a)中土层为管涌土，则其临界水力坡降比公式(1)计算的小得多，基底发生管涌会严重破坏地基土的结构，降低承载力。

值得注意的是在地下水以下施工封底时，如果是水下浇筑混凝土，需要其凝固到一定强度后再排干基坑。如果是在基坑内通过集水井排水，然后直接封底，在图 6a)情况下，由于封底以后无法再排水，混凝土底板以下形成承压水；在人工降水情况下，过早停止抽水，情况也一样。承压水在未凝固的混凝土中向上渗流，会将混凝土中水泥浆及砂骨料中的细粒带出，这也是一种管涌。导致混凝土底板强度降低，止水失效，是应当注意的。这种情况下，最好在浇筑底板前预留排水管，实际上是减压井，待混凝土达到一定强度后集中封堵。

(四) 有渗流情况的土压力

在图 6a)中，坑外（右侧）有向下的渗流，坑内（左侧）有向上的渗流，其

数值近似为[1][2]

$$i=\frac{H}{H+2d} \tag{9}$$

墙右向下的渗透力增加了主动土压力，墙左的向上渗透力减少了被动土压力。所以实际失事的情况可能是：在 $i<i_{cr}$，即水力坡降没有达到流土临界水力坡降时，墙体由于被动侧抗力不够而倾覆，这时被动土压力为

$$p_p=K_p\sigma'_z=K_p(\gamma'-i\gamma_w)z \tag{10}$$

式中：z——从坑底算起的深度。

当 $i_{cr}=\frac{\gamma'}{\gamma_w}$ 时（流土时），有效压力 σ'_z 为 0，被动土压力也为 0。

（五） 坑内降水与坑外降水

无论是在坑内还是坑外采用井点降水时，对于防止渗透破坏都是有效的。但在坑内降水的渗流方向是向基坑内部的，会使主动土压力增加，被动土压力减少，对于支护结构不利，基坑外降水对支护结构的稳定更有利。

（六） 不同形态地下水的处理

在基坑工程中，人们往往重视潜水，忽略上层滞水和下层承压水。上层滞水成因复杂，比如附近各类输水管线，当基坑开挖时（尤其是土钉墙支护）会由于地基土位移而开裂漏水，或者使原来漏水管线的损害进一步加剧，严重危及工程。而降水如果不处理下部承压水，即使不发生渗透破坏，也可能影响土中有效应力而使支护结构失效。

五、结论

（1）土中水及其渗流是工程失事及发生地质灾害的重要原因，土木工程不应忽视土中水的渗流问题。

（2）土的渗透破坏主要是指流土和管涌。渗流引起的土的破坏则有许多类型，它们往往与土中有效应力的减小有关。

（3）基坑工程中除了应注意防止坑底的流土和管涌以外，还应注意渗流引起的土压力变化。

（4）合理处理基坑工程中的地下水，对安全施工是至关重要的。

---

[1] 李广信，刘早云．渗透对基坑水土压力的影响，水利学报，2002.

[2] 李广信．基坑支护结构上水土压力的分算与合算．岩土工程学报，2000，22(3)：348-352.

第13讲 土强度试验的排水条件与强度指标的应用[1]

一、引言

土是由三相组成的:液、气相与固体颗粒。它们间的相互作用对于土的抗剪强度有很大影响,存在着孔隙水压力、吸力等土力学所特有的要素,它们出现在土的应力中,对土的强度影响不容忽视。这样,对饱和土体提出了有效应力原理;对非饱和土提出包括基质吸力的双应力体系。相应的,土的抗剪强度指标中分为有效应力强度指标和总应力强度指标,总应力强度指标又分为固结不排水和不固结不排水强度指标。确定强度指标需要通过室内外试验与测试,不同的试验方法测得土的强度指标有较大区别。而在工程应用中,选择的试验条件应当尽可能与实际工程条件相似,这就使工程中土的抗剪强度指标选择成为一个极其重要的课题。

例如,在饱和软黏土地基上修建土堤(路堤、防洪堤、防波堤等),如果采用地基土的(不固结)不排水强度指标,则土堤的高度会受到限制;如果采用固结不排水强度指标,设计高度可明显增加,但是填土速度需要限制,或者进行地基的砂井排水处理。黏性土作为土坝的筑坝材料,如果在施工期间不产生超静孔隙水压力,则边坡可以更陡,否则就要考虑施工期的超静孔压,采用不排水强度,减小内摩擦角。而对于大型土坝,摩擦角减小几度,土方量可能增加上百万立方米。

关于强度指标的正确选用,目前在一些工程技术人员中存在一些误解或者模糊的认识,这需要加强对土力学基本概念和原理的理解并在工程实践中逐步提高,正确合理地解决与土的强度有关的工程问题。

[1] 原文刊于《工程勘查》2006 年第 3 期.

二、直剪试验与三轴试验确定的强度指标

在测定土的强度指标时，根据工程中土的渗透系数、排水条件及施工速度，采用的直剪试验有慢剪、固结快剪和（不固结）快剪试验三种；三轴试验有（固结）排水试验、固结不排水试验和（不固结）不排水试验三种。三轴试验通常称为三轴压缩试验（triaxial compression test），也叫做三轴剪切试验（triaxial shear test）。这种三轴试验围压 σ_3 一般为常数，亦即常规三轴压缩试验。

在某规程标准中，将三轴固结不排水试验等同于固结快剪试验❶，其强度指标也称为固结快剪指标，这显然是错误的。所谓不排水是指在三轴试验中，施加主应力差（$\sigma_1-\sigma_3$）时与试样连通的排水阀门是关闭的，这就保证了试样中的水不能排出，与荷载施加的快慢没有任何关系。当然，为了节省时间，都是尽快施加荷载，因为尽管你加载速率极慢，结果也是一样的。也有人将直剪试验的固结快剪写（说）成是固结不排水试验。将快剪试验称为不排水试验，也是错误的。在直剪试验中，很快的剪切速度对于饱和黏土确实限制了排水，其强度指标往往与三轴试验中的不排水情况相近；但是对于粉土、砂土和碎石土，二者则可能根本不同。由于直剪试验上下盒之间存在缝隙，对于渗透系数较大的土，即使在快剪过程中，这种缝隙也足以排水了。所以对于颗粒较粗的砂土和碎石土，固结快剪、快剪试验得到的内摩擦角基本都是有效应力的值。有的规范对于（三轴）不排水剪与（直剪）快剪不加区别，甚至对于碎石土及砂土的强度指标也要求“三轴试验确定的固结不排水剪强度指标”❶，则是明显的误导。砂土与碎石土的三轴固结不排水强度指标在实际工程中极少应用。也有的核心学术期刊中将直剪试验的固结快剪强度指标表示为 c_{cu} 和 φ_{cu}，这种混淆更是不可容忍了。

三、不排水强度指标的测定

三轴不固结不排水试验简称不排水试验（UU：unconsolidated-undrained triaxial test），在地基基础工程中它常用于饱和软黏土的强度指标测定中。对于饱和正常固结原状土，其取样过程是土样从原位应力状态（K_0 固结状态——图 1 中的 A 点）减少到总应力为 0，而为了能够保持原状土的不回弹与体积不变，需要保持一定的有效应力。根据式（1），需要有一个负的超静孔隙水压力 u_r（B 点）。在图 1 中，取样以后，土样中的总应力为 0，

❶ JGJ 120—99 建筑基坑支护技术规程. 北京：中国建筑工业出版社，1999.

残余孔压为 $u_r<0$，有效各向等压应力 $\sigma'_r=-u_r$。如果试样是完全不回弹的，则 u_r 与 σ'_r 的大小应当是使试样的体积不变，亦即取样以后的体积与在地下时的原位体积相同[1]。

$$\sigma=\sigma'_r+u_r=0 \tag{1}$$

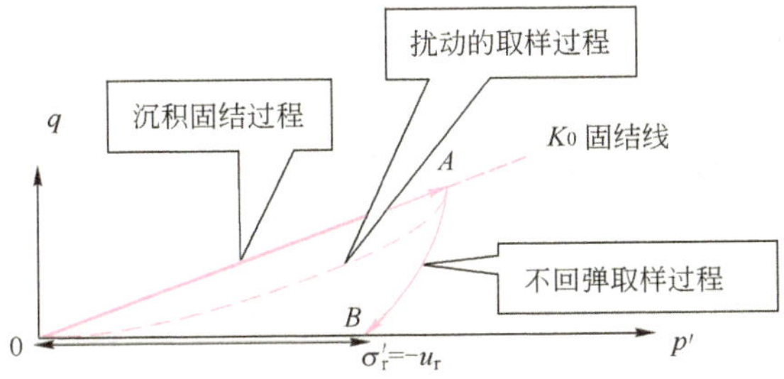

图 1　正常固结黏土在沉积和取样过程中的有效应力路径

上述条件对取样的技术和设备要求很高；另外，负的孔压 u_r 绝对值不可能大于和等于大气压力，所以取样深度也不能过深。如果不能满足这样的要求，试样可能回弹、松弛，甚至进气而成为非饱和土，测得的强度指标失真。在某些勘察报告提交的饱和黏土的不排水内摩擦角 φ_u 比 0°高得多，可能就是这种原因。也有的勘察报告提交的饱和土的“不排水”内摩擦角 φ_u 高达 15°～20°，就更叫人费解了，因为不管是什么土，在完全饱和土的三轴不排水试验中，其内摩擦角理论上都必须为零。所以给出的可能是直剪试验的快剪指标，这时对于一些粉土有可能得到较高的内摩擦角。

如果不能满足试样完全不回弹与不扰动，则可以在原位有效自重压力下固结，然后再进行三轴不排水试验测定土的强度指标。如果取样后土样的有效应力已经减少，甚至已卸载到 0（图 1），则需要施加固结压力 $\sigma'_3=-u_r$ 使试样的体积与原位体积相同。值得指出的是，对于一正常固结饱和黏土层，可取其层中点的有效自重应力固结到原位体积以后，再进行几个围压的三轴不固结不排水试验，而不能按每一深度的实际自重应力分别固结，再将不同深度的试样破坏时的莫尔圆的包线作为强度包线，这样得到的强度指标就不是不排水而是固结不排水的强度指标了。

无侧限压缩试验（unconfined compression test）得到的强度 q_u 有时也叫做无侧限抗压强度。它是 UU 试验的一种特殊情况，亦即施加的围压为 0，而实际的有效围压为 $-u_r$。用这种试验同样可以得到不排水抗剪强度 $c_u=q_u/2$。所以将 q_u 叫做无侧限抗压强度是不妥的，因为土没有单纯的“抗

[1] 李广信. 高等土力学. 北京：清华大学出版社，2004.

压强度”，只有抗剪强度（极少情况考虑抗拉强度）。无侧限压缩试验对试样的要求很高，条件是：①试样完全饱和；②试样必须是原状、均匀、无缺陷的；③在黏土情况下，初始的有效围压等于残余毛细应力（负孔压），如图 1 所示，没有回弹及再固结；④取样后，试样必须快速地试验到破坏（5～15min），以免发生水分蒸发和表面干燥。

原位的十字板剪切试验也是测定饱和软黏土不排水强度的一种方法。由于试验的应力状态与应力路径、土样的扰动程度、仪器设备的影响，通过现场十字板剪切试验、无侧限压缩试验、不排水三轴试验和直剪试验的快剪试验得到的结果不可能完全一致。

四、非饱和土的强度

根据非饱和土的强度理论，吸力 $s=u_a-u_w$ 对于土的强度有很大贡献。弗雷德伦德（D. G. Fredlund）提出了一种非饱和土强度的表达式[1]

$$\tau_f = c' + (\sigma - u_a)\tan\varphi' + (u_a - u_w)\tan\varphi'' \qquad (2)$$

而在工程问题中，我们通常没有单独考虑到吸力对于强度的贡献。有人认为这里隐含着一个吸力对抗剪强度的安全储备。而实际上，如果使用原含水率的原状土试样进行三轴和直剪试验，其中吸力对于强度的贡献已经包括在强度指标之中了，亦即

$$c=c'+(u_a-u_w)\tan\varphi''$$

另一方面，如果是对饱和度较高的土进行不排水不排气强度指标（例如在最优含水率下黏性填土的压实的填方工程）进行分析，则其中施加围压产生了正的超静孔隙气压力和孔隙水压力，所以非饱和土在一定条件下也会发生正孔压。这样，在很多工程问题中，不是考虑还有多少安全储备的问题，而是考虑一旦吸力丧失（如降雨和浸水），安全系数会降低多少的问题。这也是一些基坑由于降雨和邻近管路漏水而引起支护倒塌的主要原因。

五、强度指标的工程应用

（一）有效应力强度指标与总应力强度指标

根据有效应力原理，土的抗剪强度是由土的有效应力决定的，孔隙水压力对于土的抗剪强度没有任何贡献，因而使用有效应力强度指标是最为明确合理的。在一切没有超静孔隙水压力或者孔隙水压力可以确定时，都应

[1] 弗雷德隆德．非饱和土力学．陈仲颐，等，译．北京：中国建筑工业出版社，1997.

当用有效应力强度指标。

对于砂土和碎石土，在通常的加载速率和排水条件下，可使用有效应力强度指标计算设计；只有在松散状态下的饱和粉细砂土，扰动或振动引起的液化或者流滑时才类似于固结不排水的情况。砂土和碎石土的有效应力强度指标应通过三轴排水试验确定，由于其渗透系数大，试验的加载速度可以很快。如果使用直剪试验，剪切速率以孔压能够消散为准，一般其剪切速率为快剪即可[1]。对于黏性土，如果没有产生超静孔隙水压力或者孔隙水压力可以确定时，可以应用有效应力强度指标。例如用稳定渗流的流网可以较准确地确定正常使用处于稳定渗流状态的土坝中各点的孔隙水压力，长期稳定的天然土坡，在软黏土地基上施工非常慢的填方，或者使用砂井和塑料排水板加速地基固结而在加载时孔压可以消散的情况。

黏性土的有效应力强度指标可以通过三轴排水试验或者直剪仪的慢剪试验确定，也可以通过三轴固结不排水试验，同时量测孔隙水压力测定有效应力强度指标。

在很多与饱和或者高饱和度的黏性土有关的工程问题中，存在无法确定的超静孔隙水压力，已知的只有总应力，在稳定和强度问题计算分析时只能采用总压力强度指标。这时可以是三轴试验的固结不排水或不固结不排水指标（c_{cu}，φ_{cu}，c_u，φ_u），直剪试验的固结快剪或者快剪强度指标。一般直剪试验较易于操作，有的工程技术人员也习惯于使用它。由于三轴试验不排水加载过程阀门完全关闭，这与实际工程问题有一定差别，是一种极端情况。

应当看到，工程实践中强度指标的正确选用绝非易事，由于现场的土质、施工速度控制、排水的边界条件十分复杂，而试验的排水条件和应力路径与工程实际的情况很难一致，使其成为土工问题的主要难点之一。强度指标的合理选用基于对工程条件的了解和对于土力学基本概念的准确把握。

（二） 固结不排水强度指标的使用

如果土体在现有的应力体系中平衡并完全地固结，然后，由于某种原因而很快施加荷载形成不排水情况，这时就适用于固结不排水强度指标。如图 2 中所示的几种工况。其中图 2a）表示的是在填方部分 1 作用下填方及地基已经固结稳定，然后又很快施加填方部分 2；图 2b）表示土坝蓄水后库水位骤降时土坝上游边坡的稳定分析；图 2c）表示在一个天然土坡上很快施工一个填方的情况。在这些情况的稳定分析中都适于使用固结不排水强

[1] GB/T 50123—1999 土工试验方法标准. 北京：中国计划出版社，1999.

度指标。

（三） 不排水强度指标的使用

如果在黏性土工程问题中，荷载是很快地被施加，从而被引起的超静孔隙水压力没有时间消散，土也没有时间在这种荷载产生的围压下固结。在这种情况下，我们假设施工中所施加的总应力变化不影响原状土的不排水强度。图 3 中所列的几种例子包括：图 3a）在正常固结软黏土地基上很快地填筑填方工程；图 3b）很快施工的土坝在竣工稳定验算时；图 3c）在正常固结黏土地基上很快施工基础及上部结构。这些工程的稳定分析和承载力验算中的控制条件是刚刚施加了荷载之后。而随着时间的延续，孔压消散，土被固结，地基或边坡也变得更加安全了。实际工程的施工工程中，大部分属于“部分固结”的情况，使用不排水强度指标是偏于安全的。

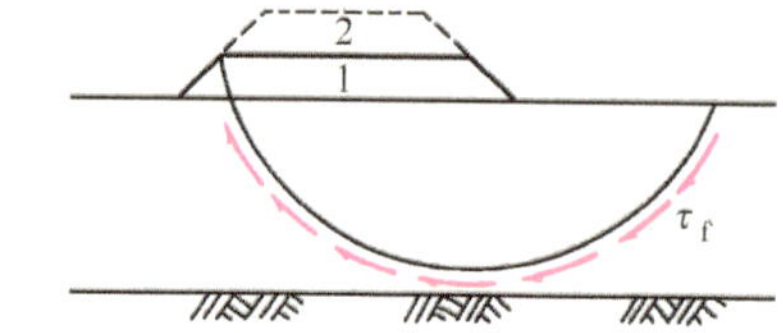

a) 在①层填土固结后施工②层填土

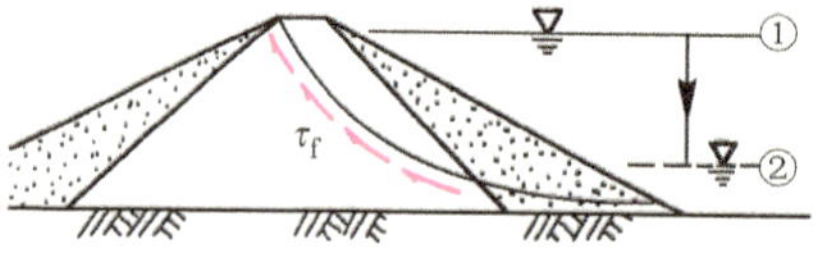

b) 库水位从①骤降到②

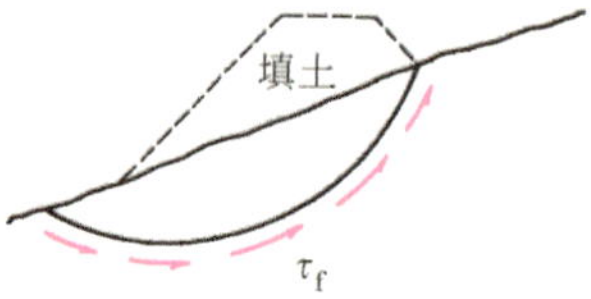

c) 在天然土坡上快速填方

图 2　在黏性土中使用固结不排水强度的例子

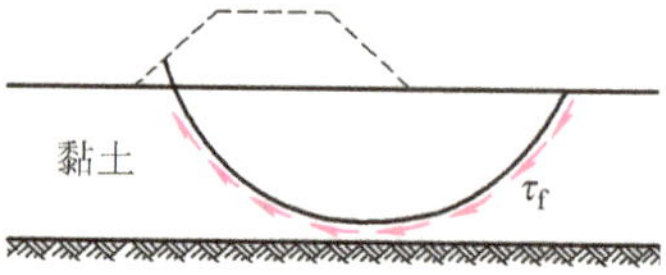

a) 在软黏土地基上快速施工的填方

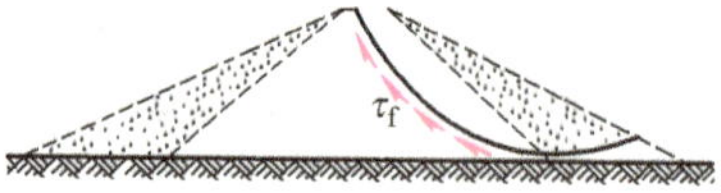

b) 土坝快速施工，竣工后，心墙未固结

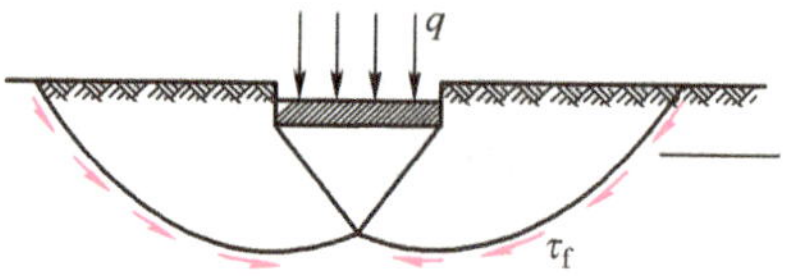

c) 在黏土地基上快速施工建筑物

3　在黏性土中使用不固结不排水强度的例子

（四） 砂土的固结不排水强度指标应用

如上所述，砂土一般是采用有效应力强度指标进行分析计算，但是饱和粉细砂在一些情况下，发生的现象应当用固结不排水强度指标进行分析，这就是液化与流滑（流沙）。图 4 表示的是饱和松砂的固结不排水试验的应力应变曲线和有效应力路径。这时很小的应变引发了很大的超静孔隙水压力，使有效围压急剧减少，有效应力接近于 0，砂土发生流滑，成为流沙，这其实是一种广义的液化，也称为静态液化。最后残余的固结不排水内摩擦角只有几度。图 5 表示的是邻水的松砂坡由于很小的扰动产生了应变，引发超静孔隙水压力而流滑的现象。最后稳定时的坡度只有 3°～5°，这就是为什么天然的河滩与海滩都是非常平缓的原因，也是饱和松砂的工程中经常发生流沙而失事的原因。

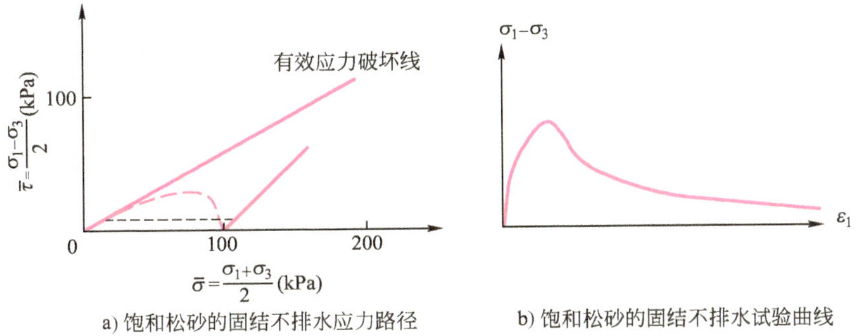

图 4　饱和松砂的固结不排水试验

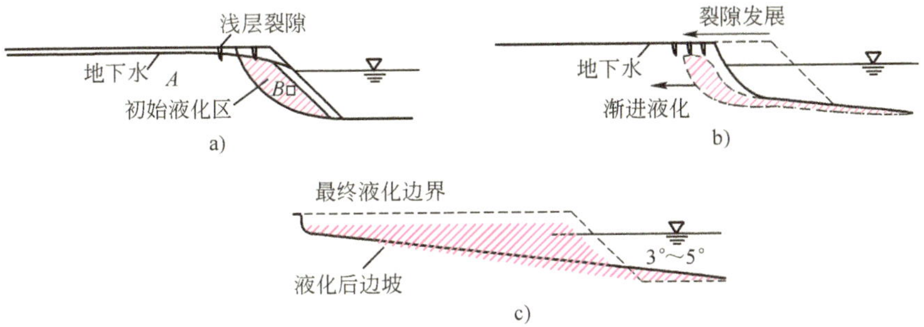

图 5　邻水松砂坡的液化与流滑

六、结论

(1)在土的三轴试验中是以与试样相连阀门的开关控制排水条件，直剪试验中是以加载速率控制排水条件。二者的强度指标不应混淆。

(2)室内试验测定原状地基黏土的不排水强度指标需要有良好的取样技术和设备；当取样深度大，试样有回弹和扰动时，可采用相应于原位有效自重应力的预固结，进行不排水试验。

(3)通常用非饱和原状土进行三轴和直剪试验测定的快剪强度中实际已经包含了吸力的贡献，不应再考虑吸力的潜在安全储备。

(4)有效应力强度指标、固结不排水、(不固结)不排水强度指标的工程使用是非常重要的，应当根据土质情况、施工加载速率、周围排水条件、地基处理等因素综合分析，合理选用。

(5)饱和松砂的固结不排水强度指标极低，在实践中，由于扰动发生很小的应变时，如果来不及排水，可能发生流沙而引起事故。

第14讲 有效应力原理能够推翻吗

一、引言

李杜文章在，光焰万丈长；

不知群儿愚，那用故谤伤；

蚍蜉撼大树，可笑不自量。（韩愈《调张籍》）

这是唐朝中后期韩愈针对某些人对于李白和杜甫两个诗坛巨匠的一些非议的严肃的批评。其实这也是我们对于一个领域的“权威”的正确的态度：可以超越，但不可以无视；可以无畏，但不可以无知。

近年来，笔者所见到国内与有效应力原理相悖的文章（发表与未发表）有多篇，这些文章大都涉及黏性土的浮力、自重应力和水土合算与分算等问题。它们或者是将孔压 u 打折，或者是将压力的计算面积折减，实际上有意或者无意在力图推翻或者改写这一原理。最“豪爽”的一位作者在文章开头就直接声称：“土力学中太沙基的有效应力原理几十年来有一个根本错误没有被发现”，亦即他认为式(1)应改成式(2)

$$\sigma = \sigma' + u \tag{1}$$

$$\sigma = (1-n)\sigma' + nu \tag{2}$$

式中：n——孔隙率。

还有一位作者更彻底，他认为水压力只与土内的自由水有关，且应当表示为

$$u = \xi \gamma_{\mathrm{w}} h \tag{3}$$

式中：ξ——单位土截面上自由水所占的面积。

按照这一观点，预压渗流固结所能达到的最大效果就是使黏土达到流限含水率（这时才出现自由水），大量的预压固结工程实践表明，这是十分荒谬的。

J. K. Mitchell 认为太沙基的有效应力原理是土力学的“拱心石(keystone)”❶,可见抽掉它土力学就要垮台。确实,有效应力原理在土力学园地中不是一条树枝,几个蚂蚁就可将其搬走。它与“李杜文章”一样是一棵大树,要撼倒它首先要解决其无数的主根及根系,包括太沙基一维渗流固结理论、比奥固结理论、土的固结不排水强度、不排水强度及其指标,Skempton 的孔隙水压力系数、水下土体的自重应力与附加应力的计算、渗透变形、土中水的压力(扬压力与侧压力)、基础的浮力计算、地基的预压固结处理、有水情况下的极限平衡法边坡的稳定分析等,如果推翻了有效应力原理而不理会这些问题,那么土力学的大厦就倾覆了。所以如果将这一原理从土力学中拔出,就像从土中拔出一棵大树一样是一个巨大的、系统的工程,也像将“力学”从土力学抽出一样,“土力学”将只剩下“土”了。看来事情严重到了不得不议的时候了。

二、饱和粗粒土中的有效应力原理

对于饱和砂土和碎石土的情况比较简单,图 1 表示推导时所用的一般示意图❷,截面 *MM* 取在颗粒间接触点处。

从图 1 可见,作用在总面积 A 上的总垂直荷载是 P,它由土中的颗粒间接触压力的同向分力 P' 和静水压力 $(A-A_c)u$ 共同承担,亦即

$$P = P' + (A - A_c)u \tag{4}$$

式中:A_c——颗粒间接触面积。

上式两侧分别除以总面积 A

$$\frac{P}{A} = \frac{P'}{A} + \left(\frac{A - A_c}{A}\right)u \tag{5}$$

又可表示为

$$\sigma = \sigma' + \left(1 - \frac{A_c}{A}\right)u$$

$$\sigma = \sigma' + (1 - \alpha_c)u \tag{6}$$

式中:α_c——颗粒间接触面积与总面积之比。

从图 2 可见,颗粒接触点处的应力实际上常常达到矿物的屈服应力,所

❶ J. K. Mitchell. Fundamentals of Soil Behavior. New York:John Wiley & Sons,Inc., 1993.
❷ 李广信,高等土力学.北京:清华大学出版社,2004.

以实际接触面积可以表示为

$$A_c = \frac{P'}{\sigma_y} \tag{7}$$

式中：σ_y——颗粒矿物的屈服强度。

它一般是很高的，这样实际接触面积由其屈服强度和法向荷载决定，在一般情况下，这个接触面积是可以忽略的，则式(6)可以表示成

$$\sigma = \sigma' + u$$

这就是 20 世纪年代太沙基所提出的饱和土体有效应力原理的数学表达式。

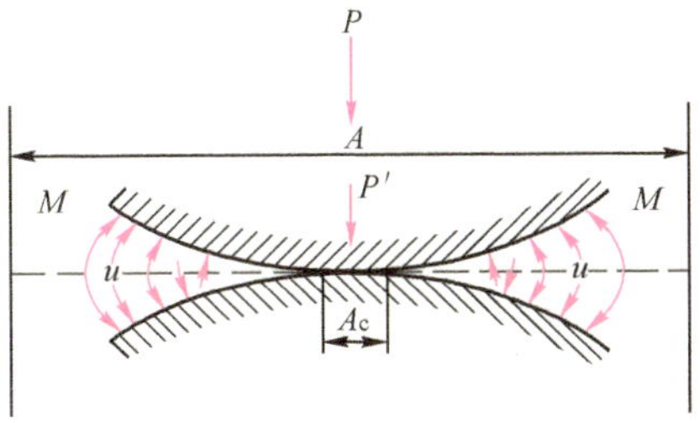

图 1　颗粒间的接触与有效应力原理

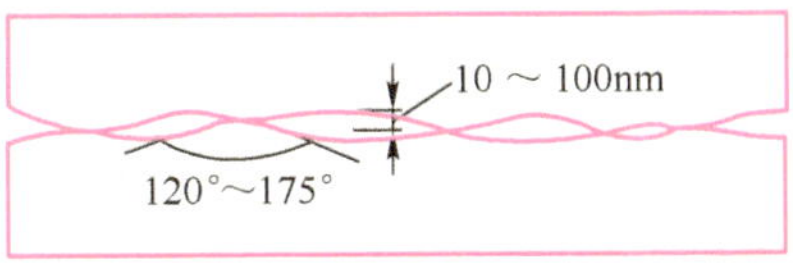

图 2　光滑固体表面间接触的微观情况

从式(5)和式(6)可以看出，所谓有效应力 σ'实际是一个虚拟的物理量，它是土颗粒间接触点力的竖向分量的总和除以土体的总面积，比颗粒间实际接触应力要小得多。

三、岩石与混凝土的有效应力原理

饱和的岩石与混凝土中太沙基的有效应力原理是否适用的问题已为许多学者所研究，图 3 为简单分析的示意图。如果设孔隙率为 n，由于岩石及混凝土的固相是连通的，非散体材料固体间接触面积 A_c 是不可忽略的。这时有效应力原理的表达方式不同于式(1)，也不是式(2)，而是根据静力平衡和变形协调，或者强度等效的原理进行分析推导。

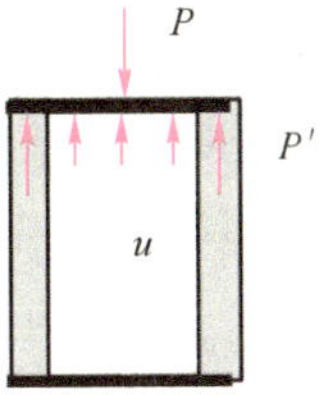

图 3　岩石与混凝土的受力情况

Mitchell 和 Skempton 通过详细的推导❶❷❸指出：对于饱和材料，在考虑抗剪强度时有效应力原理应表示为

❶ J. K. Mitchell. Fundamentals of Soil Behavior. New York: John Wiley & Sons, Inc., 1993.

❷ A. W. Skempton. Effective Stress in Soils, Concrete and Rocks. London: Pore Pressure and Suctions, 1960.

❸ R. D. Holtz, W. D. Kovacs. An Introduction to Geotechnical Engineering. London: Prentice-Hall International Inc., 1981.

$$\sigma' = \sigma - \left(1 - \frac{\alpha_c \tan\psi}{\tan\varphi'}\right)u \tag{8}$$

式中：ψ——固相的真摩擦角；

φ'——有效摩擦角。

可见，如果其中 α_c 不为零，式(1)形式的有效应力原理就不适用。

在考虑饱和材料的体积压缩变形时，有效应力原理为

$$\sigma' = \sigma - \left(1 - \frac{C_s}{C}\right)u \tag{9}$$

式中：C——材料系统(土骨架、岩体、混凝土体)的体积压缩系数；

C_s——固相矿物的体积压缩系数。

表1是各种土、岩石和混凝土的体积压缩系数比。

各种土、岩石和混凝土的体积压缩系数比 表1

材料	C_s/C	材料	C_s/C
石英砂岩	0.46	密砂	0.0015
30m深的Quincy花岗岩	0.25	松砂	0.0003
佛蒙特大理石	0.08	伦敦黏土(超固结)	0.00025
混凝土(近似)	0.12	Gospor黏土(正常固结)	0.00003

从表1可见，式(1)形式的有效应力原理对于岩石和混凝土是不适用的，而不论何种土，式(1)带来的误差都是可以接受的。

四、饱和黏土的有效应力原理

黏土的情况比较复杂。首先，黏土矿物颗粒极其微小，形状以片状为主，其接触情况不像图1那样简单；其次，颗粒表面带有双电层，双电层具有强、弱结合水膜，颗粒间固相的实际接触情况相当复杂；最后，颗粒间作用有各种层次的作用力(斥力与引力)。所以对有效应力原理的怀疑往往集中在黏土上。对此Mitchell和Skempton在黏土中考虑了各种因素，包括：

A——长期有效的引(应)力，如范德华力和静电引力引起的应力；

A'——短期的引(应)力，包括化学键和胶结引起的应力；

C——斥(应)力，由于水化、固有的斥(应)力；

R——渗压(由于盐分浓度不同)，它反映了双电层的斥力。

在考虑了以上这些因素进行分析推导之后，认为：对于粉土和低塑性黏土，A和R很小，式(1)仍是适用的；当$A \approx R$时，斥力与引力抵消式(1)也是可用的。只有其中一个很大，或者两者都很大，并且不等时，式(1)才会出现误差，如分散的钠膨胀土，但是这种情况并不普遍。大量的试验、工程实践都表明式(1)这样的有效应力原理表达式对于饱和土(砂土和黏土)都是

近于完美(excellent)地反映了实际情况[1]。黏土颗粒结合水的存在是引起各种疑问的根源。一些人认为"结合水不能传递孔隙水压力",这显然是误解。结合水分为强结合水和弱结合水,一般认为,弱结合水的下限是塑限含水率,上限是液限含水率。其中强结合水的性质不同于一般流体,例如黏土颗粒表面如果只有3个水分子时(相当于10nm),即使几千个大气压也不能把它"压"走,这时对于高岭土含水率大约为3%,对于某些蒙特土,可达60%以上。但是,对于弱结合水,没有证据表明它在水动力特性方面不同于自由水,亦即达西定律仍是适用的,这已经为试验和工程实践所证明[2][3],而有效应力原理绝大多数情况下正是用于黏土,例如渗流固结问题。

五、一些有待研究的问题

土固化成岩,岩风化成土,二者有区别,又无严格界限。例如岩体有新鲜、微风化、中等风化、强风化等状态,有效应力原理适用于哪个界限?老黏土与软岩的区别有时也是人为区分的。从地面以下200m取出的黏土和砂土,很难与软岩相区别。

我们曾经对一种干密度为1.7g/cm³的饱和黏土试样进行高压试验,结果表明在等向压力达到700~1000kPa以后,体积压缩性和各项指标都有突变,相对应的饱和含水率在15%左右,这恰好稍低于其塑限含水率,也就是其强结合水含量的上限,这表明在没有自由水和弱结合水时,黏土中孔隙水性质有别于通常的水。有人主张液性指数 $I_L<0$ 的饱和黏土(有效)的自重应力按饱和重度计算[4],可能就是基于这种考虑。但是其毕竟有悖于有效应力原理[5],有待验证证实。

笔者和合作者也进行过下面的试验:在饱和黏土上,上部增加1m静水,而下部土中的孔隙水压力传感器对其反映一是滞后,二是即使在最后稳定状态,其增量也小于10kPa。结合黏土渗流的初始水力坡降现象,这也表明黏土中的结合水具有黏滞性,对于较小孔压的传递是有障碍的[6]。这些

[1] R. D. Holtz, W. D. Kovacs. An Introduction to Geotechnical Engineering. London: Prentice-Hall International Inc., 1981.

[2] J. K. Mitchell. Fundamentals of Soil Behavior. New York: John Wiley & Sons, Inc., 1993.

[3] 李广信. 高等土力学. 北京:清华大学出版社,2004.

[4] 高大钊. 土力学与基础工程. 北京:中国建筑工业出版社. 1998.

[5] 李广信. 土体、土骨架、土中应力及其他. 岩土工程界,2005,8(7):13-17.

[6] 张彬,李广信,杨俊峰. 地下水浮力作用机理模型试验设计与实施. 岩土工程技术,2006,20(3):128-131.

问题有待于从微观到宏观的试验和研究[1]，不是简单地用显微镜一看就能作出黏土颗粒的接触面积不可忽略的、有效应力原理要推翻或者改写的结论。

关于水土合算，作为基坑设计一种经验的算法可以姑妄用之，在黏土地基浮力计算中，对浮力进行折减，也可在敢于承担责任的前提下，作为经验算法使用，但是不要忙于先推翻有效应力原理。因为这将动摇土力学的基石，是一个你所绝对无法完成和无法证实的工作。有人不做系统的试验，不深入了解前人在这方面的研究，单凭臆想和推断就制造一套理论和方法，这不是科学的态度。

六、从孔隙水压力系数 B 看黏性土的有效应力原理

能够反映式(1)和式(2)是否正确的最有说服力的参数是孔隙水压力系数 B，如果式(2)是正确的，则在不排水情况下，施加各向等压的总应力(即三轴试验中的围压)，忽略颗粒和水的可压缩性时，式(2)变成

$$\Delta\sigma = n\Delta u \tag{10}$$

这样就得到了孔隙水压力系数 $B=1/n$ 的结论，亦即孔隙水压力系数 B 将大于 1.0，而这是不可能的。而只要有土的试验的基本知识都可以知道，只要保证很高的饱和度(真空、反压)，对于任何土，孔隙水压力系数 B 都可以达到或者接近于 1.0，见表 2。

孔隙水压系数 *B* 的计算值 表 2

块石或土	C ($10^{-4}\times kPa^{-1}$)	n (%)	B
巴斯石灰岩	0.06	15	0.468
滑石	0.25	30	0.647
密砂	15	40	0.988
硬黏土	80	42	0.997
软黏土	400	55	0.999

设在施加三轴各向等压荷载时

$$\Delta u = B\Delta\sigma_3 \tag{11}$$

[1] 李广信. 基坑支护结构上水土压力的分算与合算. 岩土工程学报，2000，22，(3)：348-352.

由于

$$\Delta p = \Delta\sigma_3$$

式中：B——孔隙水压力系数。

$$B = \frac{1}{1 + n\frac{C_v}{C}} \tag{12}$$

式中：C——土骨架的体积压缩系数；

C_v——孔隙流体的体积压缩系数；

n——孔隙率。

对于饱和的岩与土，孔隙水的压缩系数 C_v 很小。在岩石中，结构的刚度很大（C 很小），故 B 值较小，而土骨架的压缩性大（C 较大），故对饱和土而言，B 值取 1；对非饱和土，孔隙流体的压缩性，即 C_v 的数值增大，B 值依赖于饱和度 S_r，参见图 4。饱和岩石和土的 B 值可计算并列于表 2。

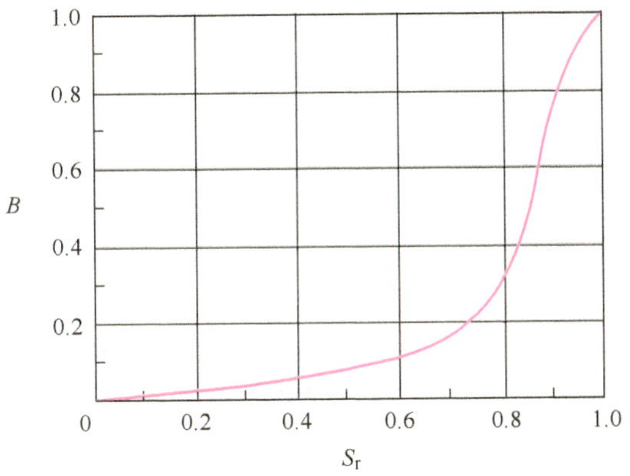

图 4　某种黏土孔隙水压力系数 B 与饱和度间的关系

七、黏土中浮力和水压力偏小可能的原因

如上所述，在现场量测时，都会发现黏土中的孔隙水压力没有理论值大，有效应力原理似乎不适用。其可能的原因有：

（1）饱和度影响

从图 4 可见，饱和度对于孔隙水压力系数 B 影响极大，而实际天然土的饱和度很难达到 1.0，这可能是实际工程中黏土的孔压比理论值小的原因之一。

（2）负孔压

在地下室浮力和挡土墙墙后水土压力方面，由于在浮力作用下，地下室有向上移动的趋势；在水土压力作用下，挡土墙有向前位移的倾向。这都会在饱和黏土中产生负的超静孔隙水压力，而使孔压值低于静水压力，由于渗透系数小，这个负孔压很难消散，并且由于黏土渗透的“初始水力坡降”，可能孔压永远不会达到静水压力的理论值。反算的总压力和结构内力也总是偏小。

(3)孔压的量测

在老式的三轴仪中，试样中孔压量测多使用“零位计”，即保证水银面不变，因而容易保证试样中量测点处的体积是不变的。但由于水银有毒，现在它基本被淘汰了。目前大多使用金属薄膜式传感器，金属膜的变形反映了孔压的变化：孔压提高，膜被压缩，使局部土体膨胀，会产生负孔压，如上所述，黏土渗透系数很小，负孔压很难消散，这样使量测的孔压偏小。对于三轴试验，各国对于孔压传感器的体变都有严格限制[1]。我国规定在 0～0.7MPa范围内，传感器的体积压缩值小于 $1.5\times10^{-5}\text{cm}^3/\text{kPa}$；英国规定小于 $1.4\times10^{-5}\text{cm}^3/\text{kPa}$；挪威规定

$$\frac{\Delta V}{V\Delta u}\leqslant 0.4\times10^{-6}/\text{kPa} \tag{13}$$

式中：ΔV——传感器的体积变化；

V——试样体积；

Δu——孔隙压力变化(kPa)。

在室内的试验中，可以选用极小的孔压传感器(例如在离心机试验中传感器直径只有 6mm)，传感器本身也可以达到充分饱和，所以可测出孔隙水压力系数 $B=1.0$。可是，在地基、基坑和挡墙的现场使用的传感器一般尺寸很大，有时不能保证完全饱和，实测的孔压会小于理论值，因此就要推翻有效应力原理，不是有点操之过急了吗？

八、结论

(1)有效应力原理是土力学的基本支柱，大量的理论研究和多年的实际工程都证明其对于砂土和黏土都是正确和适用的；

(2)对于岩石和混凝土材料，式(1)形式的有效应力原理是不适用的，这一原理的表达式对于其强度和对于其压缩的情况是不同的；

(3)可塑状态的黏性土中，弱结合水与自由水没有本质差别，有效应力

[1] 朱思哲，等. 三轴试验原理与应用技术. 北京：中国电力出版社，2003.

原理适用于这种情况；

(4)黏土中孔压和总水压力小于理论值，可能是由于土的饱和度不够、传感器的体变及传感器未充分饱和、结构与土间的相对位移等原因，黏性土的渗透系数小及存在初始水力坡降会使孔压的量测失真。

(5)在一些特殊的土类和情况下，尚有一些问题有待研究，但这种研究应抱着严肃的态度，以严谨的学风，通过深入刻苦系统的研究工作求得真知。

第15讲 土体、土骨架、土中应力及其他[1]

——兼与陈津民先生讨论

拜读陈津民先生在《岩土工程界》2003 年第 9 期发表的“土中的应力——错误的自重应力计算公式”[2]一文(下面简称“陈文”),很受启发,也深感土力学中很多名词、术语和概念值得深入探讨。

一、土体与土骨架——力与应力的作用对象

我们通常认为“土体”或者“土”实际上是碎散、三相的天然地质历史的产物,因而它包括了固、液和气三相,对于饱和土体则包括固体颗粒和孔隙水两相。而所谓“土骨架”则是专指土体中的相互接触,共同作用的颗粒形成的整体框架,它占据的面积和体积与整个土体相同,而非土颗粒自身的平均面积和总体颗粒的实际体积。如固体颗粒不能形成“骨架”,在水中就是泥沙,在空气中叫粉尘或沙尘暴。因而土的干密度与颗粒的密度二者在数值上是不等的,二者分子相同,前者的分母为土骨架所占的空间体积,后者为所有颗粒所占的空间体积。

这样在谈及土中应力时就不能不明确其作用的对象:总压力作用于土体上(包括土骨架、土中的水及气);有效应力则作用于骨架上。渗透力也是作用于骨架上的体积力;所谓浮重度其实是单位体积的土骨架的重力减去水对骨架的浮力,也可以认为是单位体积饱和土体(土骨架+孔隙水)的总重力扣除水对整个土体的浮力,它是关于土骨架的物理量,所以才常有$\sigma'_z=\gamma' z$这样的计算式。

这样再看“陈文”中所说的土体的自重应力,由于其作用对象是整个土体,对于地下水以下,用饱和重度计算是准确和严密的。对于这一问题,国

[1] 原文刊于《岩土工程界》2005 年第 7 期.

[2] 陈津民. 土中的应力——错误的自重应力计算公式. 岩土工程界,2003,6(9):22-23.

内外不同的土力学方面的教材和著作的提法不尽相同。对于地下水以下，有的是以饱和重度计算[1]；而大多数国内外教材则是用浮重度定义自重应力[2][3]；有的教材则规定在地下水以下无黏性土用浮重度，对于液性指数小于 0 的黏性土使用饱和重度计算有效自重应力[4][5]。这是一种彻底的“水土合算”了。可是有关基坑的规范的“水土合算”是用以计算主(被)动土压力[6]，所以争论的焦点是在用总应力法计算时，强度指标是使用 c_u 还是 $c_{cu}(\varphi_{cu})$，还没有人说用水土合算进行有效应力分析。对于 $L_L<0$ 的黏土的水力和力学特性确实有值得从宏观到微观深入研究的必要，但是用饱和重度计算有效自重应力毕竟有悖于有效应力原理。

在土力学中，人们约定俗成地讲“土体的有效应力”，也基本上被认同。如果每次都要讲“土骨架上”的有效应力似乎不胜其烦。所以很多情况下地下水以下土的自重应力直接用土的浮重度计算，可能更方便一些，但不够严密。

二、浮密度与浮重度——从一个算例看自重应力的计算

《岩土工程基本术语标准》(GB/T 50279—98)[7]中定义密度为“单位体积上土的质量”，可见它包括土中的固、液、气三相的质量。在初中的物理课堂上，老师就教导我们：质量是“物质的量”；质量是物质的固有属性，不能创造也不能消灭；因而它是用天平(不是用秤)来度量的；不管在地球、月球还是在太空，物质的质量是不变的，亦即“物质守恒”。唯物主义者坚持物质第一性，物质不生不灭。可是只有在土力学中经常会出现“浮密度(buoyant density)ρ'这一物理量，对它直观的理解就是单位体积土在水下的质量。难道物质(土)在水下其质量会减少，部分物质会消亡吗？这不能不令唯物主义者抗争[8]。

20 世纪 90 年代以后国内教材直接定义浮密度的少了，但是浮重度 γ' 还是出现在几乎每一本国内外的教材和规范中。上述标准定义重度为“单

[1] Robert D. Holtz，William D. Kovacs. An Introduction to Geotechnical Engineering. New Jersey: Printice-Hall, Inc.，1981.
[2] R. Whitlow. Basic Soil Mechanics，3rd ed. London: Longman Group Limited，1995.
[3] 松冈元. 土力学. 罗汀，姚仰平，译. 北京：中国水利水电出版社，2001.
[4] 赵成刚. 土力学原理. 北京：清华大学出版社，北方交通大学出版社，2004.
[5] 高大钊. 土力学与基础工程. 北京：中国建筑工业出版社，1998.
[6] JGJ 120—99 建筑基坑支护技术规程. 北京：中国建筑工业出版社，1999.
[7] GB/T 50279—98 岩土工程基本术语标准. 北京：中国计划出版社，1998.
[8] 李广信，温庆博. 关于土的浮密度和浮重度的讨论，岩土工程师，1994(2).

位体积土的重量”；何谓重量：“由于地心引力作用，物体具有向下的力，这个力的大小叫重量”。那么望文生义，浮重度（submerged or buoyant unit weight）应当是指“土在水下的重量”了。为什么在地球的同一海拔处，土在水下的重量就会减少呢？可见它与浮密度一样也是荒谬的概念。

有趣的是浮重度这一术语是土力学学科所特有的“专利”，在其他的力学和学科中尚未发现。也未见其他学科定义混凝土、钢材和木材的浮重度，木材如果也有浮重度，它就是“负重度”了。可是在《建筑桩基技术规范》（JGJ 94—2008）中，居然也称桩的浮重度，这显然有越界之嫌。

这又使笔者想起某作者所犯的一个错误。他举出一个例子：在一个桶中装满了饱和的砂土，在计算该桶中土的重量时，他使用“水土合算”与“水土分算”，并认为“分算”更合理。

（1）他所谓的“水土合算”：

$$W_1 = \gamma_{sat} V \tag{1}$$

式中：γ_{sat}——饱和重度；

V——桶的体积。

这无疑是正确的，因为直接用秤称量出的重量即是如此。

（2）他所谓的“水土分算”：

①土骨架（在水中）的重量：$W_s = \gamma' V$。

②土中孔隙水的重量：$W_w = \gamma_w V n$，其中 n 是土的孔隙率。

③总的重量：

$$W_2 = W_s + W_w = \gamma_{sat} V - \gamma_w (1-n) V \tag{2}$$

若按照上述浮重度的定义，即单位体积土骨架在水下的重量，这样计算无可非议，因为饱和土重无非是骨架重量加上孔隙水重量，可是却比式（1）少了后边的一项。其原因就是浮重度的定义使骨架在水下减少了重量。实践是检验真理的唯一标准，该作者的错误显而易见，但似乎也情有可原，问题在于浮重度这一定义。

我们如果消除关于“浮重度”的错误概念，可以另外计算如下：

（3）饱和土体的重量＝土骨架重＋孔隙水重，但是承认物质的重量是不变的：

①土骨架的重量：$W_s = \gamma_d V$，γ_d 为土的干重度；

②土中孔隙水的重量：$W_w = \gamma_w V n$；

③总的重量：

$$W_2 = W_s + W_w = \gamma_{sat} V \tag{3}$$

这就没有重量“损失”的问题了。

(4)如果理解“浮重度”为单位体积的土骨架重量减去水对它的浮力$\gamma_w(1-n)V$,而这一浮力又有反作用力加在桶底部,也会计算得到式(1),同样没有重量的“损失”。

所以所谓的“浮重度”是单位体积的土骨架重量减去水对骨架的浮力,这是一个合力,称为浮重度显然不正确。在土力学中大家约定俗成地使用浮重度这一名词和概念,也就使它逐渐“合法”化。

三、自重应力与附加应力——广义的附加应力

土体的自重应力(geostatic stress, self-weight stress, body stress or overburden pressure)在几乎所有教科书中都有所论及,如上所述,其定义不尽相同。严格地讲,对于水下的土体,它应当用饱和重度计算。陈文中对于自重应力和附加应力作了论述和“严格”的定义:“自重应力是土力学中最简单的部分”,“土的自重以外的外荷载所产生的应力称为附加应力”,“自重应力和附加应力叠加起来就是总压力”,并且他也同意1957年清华大学《土力学》[1]教材中关于自重应力的定义:“在没有修筑建筑物之前,地基中由于土的自重力作用而已经存在的应力称为自重应力”,但是这些论述与定义却是很值得商榷的。

自重应力总是“最简单的部分”吗?在上述的英文名词中除了overburden pressure以外,其他似乎都不能简单认为它仅仅是竖向应力。严格地讲,它是一种应力状态,即σ_{ij},除了在半无限地基中的正常固结土中,水平方向为静止土压力外,在坡地及地形变化处,土中的自重应力状态可能并不简单;土质分区堤坝中土体的自重应力分布十分复杂,常常需要用数值计算确定;而对于超固结土和欠固结土,竖向和横向应力无论是量测,还是计算都是不易确定的;即使是正常固结土,其静止土压力系数也是由经验公式确定的;“没有修筑建筑物之前”的开挖中和开挖后的基坑,地基土体的自重应力是不断变化的,也是相当复杂的,这就涉及“自重应力”与“自应力”的问题,与岩体中的二次应力相似,极难确定。

陈先生似乎将问题只限于通常的地基基础问题,但既然涉足于土体,就不能不牵扯到更复杂的课题,这就涉及附加应力的定义。以图1中基坑下土体中A点的应力为例,如果将“在没有修筑建筑物之前”改成“基坑开挖

[1] 陈梁生,等.土力学与基础工程.北京:水利电力出版社,1957.

之前”，则在图中的地基应力分析就清晰得多了。

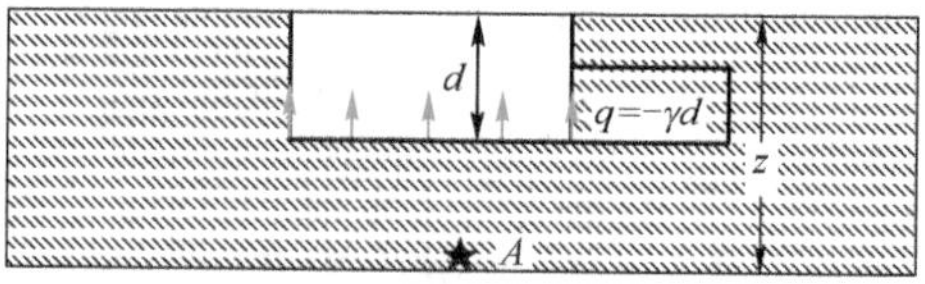

图 1　基坑下的自重应力与附加应力

A 点的自重应力 $\sigma_z=\gamma z$。

可以认为基坑开挖后的附加应力是由基坑开挖的“荷载”引起的，该荷载作用于基坑的底面，数值为 $q=-\gamma d$，在半无限地基中引起的“附加”应力它可以通过布辛尼斯克的半无限弹性理论解获得。与上述的自重应力“叠加”就是该点总(的)应力。所以陈文中所谓的“自重以外的外荷载”应当包含有更广泛的意义，否则二者叠加就不是“总(的)应力”。例如水位升降、冻胀、膨胀土浸水膨胀，会引起正的应力；而湿陷性黄土浸水湿陷、膨胀土干缩会引起应力松弛(负的应力增量)；地震作用、温度应力可引起或正或负应力等。所以比“自重以外的外荷载”更准确的提法应当是“外部作用”，从而引“广义的附加应力”。否则二者叠加就不是土中总(的)应力。陈文中定义附加应力是“自重以外的外荷载”引起的就不对了，在有些情况下，附加应力正是由于自重变化引起的。

如果按陈文的说法，自重应力必为总压力，地下水以下用饱和重度计算；而附加应力是“自重以外的外荷载”引起的，下面几个例子的分析就会遇到麻烦。

例 1：如图 2 所示，水下的土体 A 点自重应力是 $\gamma_{sat}h_2$，还是 $\gamma_w h_1+\gamma_{sat}h_2$？若用前者，总压力减去该点的孔隙水压力不等于有效应力。若用有效应力计算，自重应力则较为明确与方便：$\sigma'_z=\gamma' h_2$。

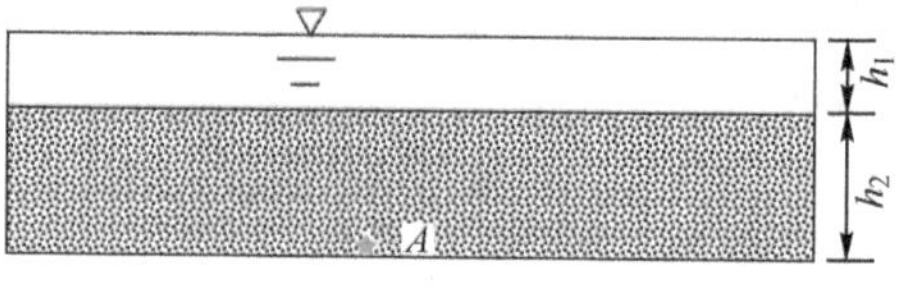

图 2　水下土体的自重应力

例 2：地下水位下降情况，如图 3 所示。这时用总压力表示的自重应力是减少的，而且没有所谓的“自重以外的外荷载”作用，但是地基会发生沉降。

如果用有效应力计算自重应力，则 A 点初始的自重应力为：$\sigma'_z=\gamma' z$，

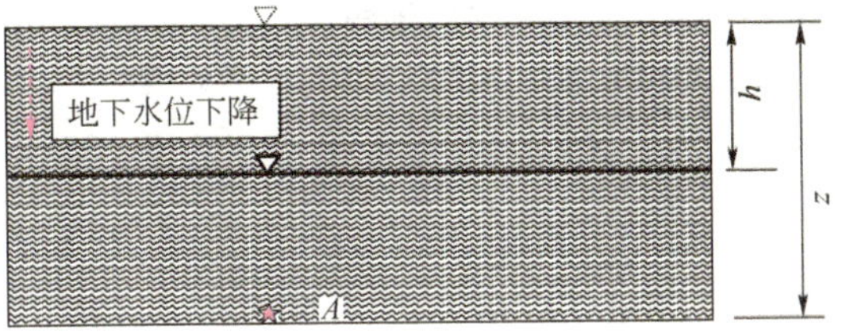

图 3　地下水位下降时土中的应力

由于外部作用(水位下降)引起的有效附加应力为:$\sigma_z=(\gamma_{sat}-\gamma')h=\gamma_w h$,后者引起了土体的沉降。

例 3:竖向渗流时土中应力。在图 4 中,设原来地下水是静止的,当抽取砂层中地下水时,如表面的自由水位不变,在黏土中发生竖向渗流。这时用总压力表示的自重应力没有变化,也没有所谓的“自重以外的外荷载”,即什么都没有变,但是地基也会发生沉降。

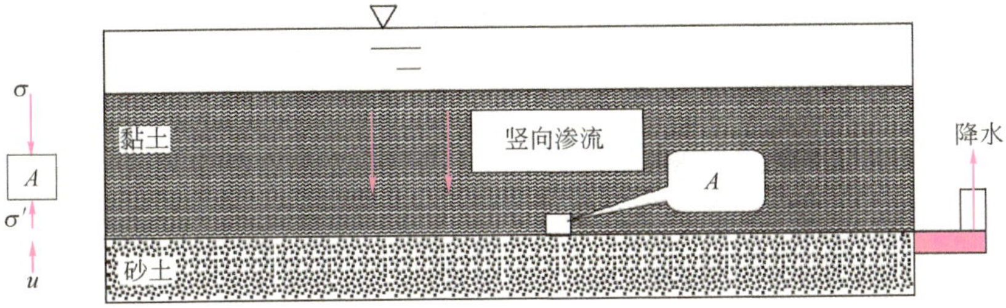

图 4　竖向渗流时土中应力

如果用有效应力计算自重应力,只需以土骨架为隔离体,在有效自重应力 σ'_z 之外,加上竖向渗透力 j 产生的应力 jz(可以认为是渗流这一外部作用引起的附加应力),就可以进行沉降分析。

值得讨论的是,如果黏土 $I_L<0$,处于静水情况时,根据文献[1][2],微单元 A 上部的孔压为 0,下部为 u,则水力梯度 i 将趋近于无穷大,无法满足水的连续性条件,见图 4。因为既然称为土,它就是透水的,没有绝对不透水的土。

例 4:欠固结土层的自重固结过程。这时用总压力表示的自重应力也基本没有变化,同样没有所谓的“自重以外的外荷载”,但是地基同样会发生沉降,这也可以归结为土中有效应力的增加。如果用有效应力计算自重应力,只有在完全固结以后才会是 $\sigma'_z=\gamma' z$。此前的“有效自重应力”是变化

[1] 赵成刚. 土力学原理. 北京:清华大学出版社,北方交通大学出版社,2004.

[2] 高大钊. 土力学与基础工程. 北京:中国建筑工业出版社,1998.

的，$\sigma'_z=\sigma_z-u=\gamma_{sat}z-u$，其中 u 包括静孔隙水压力与超静孔隙水压力。所以通常说欠固结土的沉降是由土体自重引起固结沉降。在图 4 中，如果砂层中存在承压水，则其有效自重应力如果用 $\sigma'_z=\gamma' z$ 计算反而是不对的，其有效自重应力 $\sigma'_z=\sigma_z-u=\gamma_{sat}z-u$，其中 u 是土层中孔隙水压力，通过渗流计算确定。

在上述各例中可见，自重应力和附加应力二者本来就没有严格区别，所以人为地划分有时就难免遇到尴尬的局面。自重应力（特别是有效自重应力）本身的变化有时成为附加应力。由于土体的变形、强度和稳定最终都落实在有效应力上，在土力学教材中，将土中应力这一章放在土体变形（压缩与固结）和土的强度之前，也正是为下面的内容做好准备。较多地介绍和使用有效应力也正源于此。

为了严密和方便，是否可以分别定义作用于土体上的总自重应力和作用于土骨架上的有效自重应力，在水下，前者可用饱和重度计算，后者可用浮重度计算。附加应力则可“广义”定义为外部作用产生的土中应力。是否加上“自重以外”的限制，可以讨论。自重应力与附加应力有时是难以区分的，所以应当界定讨论问题的时段。附加应力常常是在原有状态下的一个应力增量的问题，例如大面积填海造地等，当地基与填土完全固结以后再修建建筑物，填土自身及其在原地基中引起的应力，都可以归入自重应力，而后施加的应力（如建筑物在地基中产生的应力）则为附加应力。而在填海及随后的固结过程中，原地基土产生自重应力，填土则产生附加应力。

四、孔隙水压力

孔隙水压力的分类和界定是困惑笔者多年的问题，陈津民先生宣称他要对孔隙水压力“另文讨论”，可是翘首企盼，已近两年，斯文未出，仍难以解惑。

《岩土工程基本术语标准》中定义孔隙水压力为“土体中某点孔隙水承受的压力”，这表明其作用对象是孔隙水。因而从物理角度讲，孔隙水压力的概念是清楚的。《岩土工程基本术语标准》规定静水压力是“给定点与自由水位差引起的压力”，超静孔隙水压力是“饱和土体内一点的孔隙水中超过静水压力的那部分”。这些定义存在一系列的疑义与误导。

首先超静孔隙水压力并不是饱和土体的专利，众所周知，孔隙水压力系数 $B<1.0$，它表示土的非饱和程度。小浪底大坝的心墙中非饱和高塑性黏土中实际测到 500kPa 以上的超静孔隙水压力，心墙底部在筑坝完成时的孔压可达到 1300kPa，所以并非一定是“饱和土体”；而对于剪胀性的土，可

能有孔隙水压力系数 $A<0$ 及 $u<0$，负超静孔隙水压力也并非是"超过静水压力的那部分"。

其次从以上定义可见，孔隙水压力＝静孔隙水压力＋超静孔隙水压力。但是根据上述定义，一般的(稳定与非稳定)渗流场中的孔隙水压力无法归入上述定义中的任何一种。

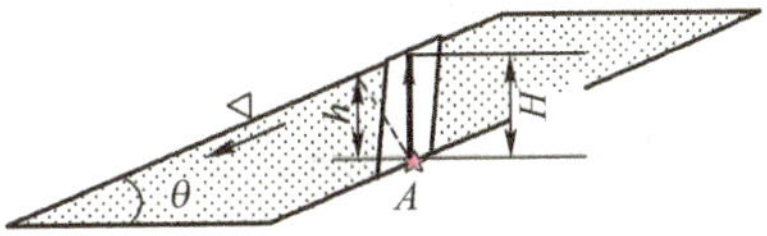

图5　沿坡渗流情况

在图5中，自由水位与坡面齐平，发生沿坡稳定渗流。如果将渗流的孔压归入静孔压，A 点的"自由水位差"应当是到自由水面的距离 H。而实际上该点孔隙水压力 $u=\gamma_w h=\gamma_w H\cos^2\theta<\gamma_w H$，可见它不是"自由水位差引起的压力"；如果称它是超静孔隙水压力，那么静水压力是什么？"超过静水压力的那部分"又是多少？

如果"自由水位差"是指通过该点的测压管中的自由水位差，那么超静孔隙水压力不是也同样可以用测压管中的自由水位差量测吗？

再则非饱和土的吸力表示为 u_a-u_w，当 $u_a=0$ 时，孔隙水压力是负值，它应当归入静或超静哪一类？

在进行饱和土体简单的渗流数值计算和渗流固结(太沙基或者比奥固结理论)数值分析时，在其微分方程中，稳定渗流中的孔隙水压力一般不涉及土体本身的体积变化，亦即无需土的本构关系，其连续性条件是流入水量等于流出的水量；而在渗流固结计算中，为了满足连续性条件，在颗粒与水不可压缩的假定下，饱和土体中孔隙水的流出与流进的差值必须等于土体(骨架)的体积压缩。有人认为是"其变化引起土体体积变化的孔隙水压力为超静水压力"。这样，常规的渗流计算中(不计土的体积或密度的变化)的孔隙水压力都成了静孔隙水压力，数值计算中无需引进应力应变关系，只需满足连续性条件即可。而太沙基渗流固结理论需要土的压缩系数(模量)，比奥固结理论还需要土骨架变形的协调条件。在土骨架的平衡方程中，$\frac{\partial u}{\partial z}$ 项中 u 如果包括了静孔隙水压力，单位体积力用 γ_{sat}，u 如果只包括超静孔隙水压力，单位体积力用 γ'。但是水面变化的不稳定渗流同样可以引起土的体积变化，并且可以用比奥固结理论计算。这样就有以下歧义：

(1)静孔隙水压力可以有3种定义：

一是指无渗流发生的静止自由水面以下土中的孔隙水压力，这时所有产生渗流的孔隙水压力都是超静水压力；

二是指静水与稳定渗流情况下的孔隙水压力，亦即 $\frac{\partial u}{\partial t}=0$；

三是指单纯的渗流(不计土的变形)中的孔隙水压力,亦即包括了水位变化情况下的不稳定渗流场中的孔隙水压力。

但是在无排水条件的(例如三轴压力室的排水阀门关闭)超静孔隙水压力也满足$\frac{\partial u}{\partial t}=0$条件;水位变化情况下的不稳定渗流场的孔隙水压力,在渗流计算中被当成静孔隙水压力,而利用比奥固结理论渗流固结计算时,它又可能被当成超静孔隙水压力。

(2)假定土的静孔隙水压力被定义为一,其余的一切孔隙水压力均为超静孔隙水压力,包括稳定与非稳定渗流场中的孔隙水压力。

(3)假定土的静孔隙水压力被定义为一,另外还有超静孔隙水压力和渗流场中的孔隙水压力,这样就出现了三种孔隙水压力,并且后两者很难界定,因为超静孔隙水压力的消散也会发生渗流。

(4)认为"其变化会引起土体体积变化的孔隙水压力为超静水压力"。其余为静孔隙水压力。

但是这样,不稳定渗流的孔隙水压力性质还是由计算方法决定。

(5)以前饱和与非饱和土的简单渗流计算中(如有自由面的非稳定渗流),也是不考虑土体的体积(孔隙比)变化的,因而吸力似乎也是纳入静孔隙水压力之列;最近非饱和土的本构关系研究发展很快,其中就有一个吸力与土体体积的关系式(曲线)。因而吸力的变化也会引起体变,所以似乎又应计入到超静孔隙水压力之列。

与上述的自重应力与附加应力相似,其实静孔压与超静孔压的物理本质并无不同,其分类往往是人们为了理解和计算的方便❶,但是为了大家理解的同一性,还是应当取得共识。

五、关于虚拟的物理量——渗透力

沈珠江先生指出土力学中有一些物理量是虚拟的❷,这对于我们正确认识和理解土力学中的概念很重要。这些概念大多与"土骨架"有关,例如上述的土骨架的面积和体积就是虚拟的:土骨架的平均面积应当是$(1-n)A$,而土中的颗粒接触点的面积可以忽略;骨架的实际体积为$(1-n)V$。

达西定律中土的流速v同样是虚拟流速,称为逸出流速(discharge velocity),它是流量除以整个土体面积,在骨架中的真实流速其方向与大小十分复杂,无法确定。骨架中的有效应力σ'是土骨架受到的总(压)力除以整

❶ 李广信,高等土力学.北京:清华大学出版社.2004.

❷ 沈珠江.莫把虚拟当现实.岩土工程学报,2003,25(1).

个土体面积，是一个虚拟的应力，不是颗粒接触点的实际应力，后者远远大于σ'，它可能使土颗粒在接触点发生屈服、破碎，甚至重结晶。

渗透力既然是作用于土骨架上的体积力，仔细分析它也有虚拟的成分。渗透力与浮力一样其实是面积力转化成的体积力。在图 6 中，取单位土体竖向受到的浮力数值为 $p_2-p_1=\gamma_w$，水平方向单位土体的骨架受到的渗透力数值是 $p_4-p_3=j$。但是应当注意，如果以土骨架为对象，浮力是一个真实的量，单位土体中对骨架的浮力其大小为 $\gamma_w(1-n)$，方向是向上的；而渗透力为 $j=\gamma_w i$，方向与渗流方向相同。可是土骨架对渗透水流的实际阻力，或者水流对骨架的真实的推动和拖曳力是十分复杂的，用整体的体积度量也就是虚拟的了。

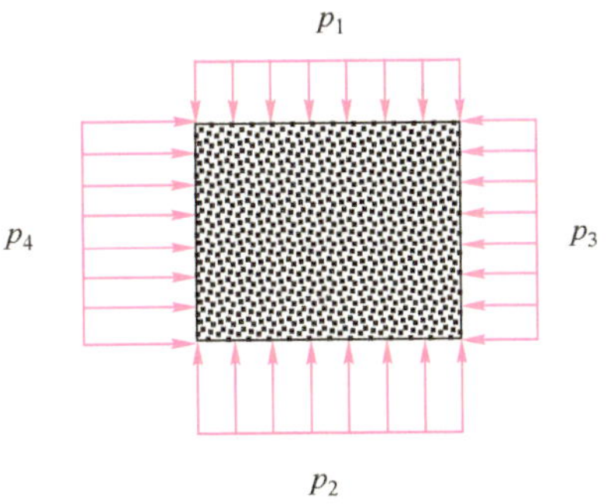

图 6　浮力与渗透力

尽管如此，在土力学中这些虚拟的物理量对于认识其中的基本理论和概念，对于分析计算是不可缺少的，其本质在于对有效应力原理的理解和应用。以图 5 中沿坡渗流的稳定安全系数分析为例，使用浮重度计算土柱的重力，加上作用于其上的渗透力 $j=\gamma_w\sin\theta$，可以方便地推导出安全系数：$F_s=\dfrac{\gamma'}{\gamma_{sat}}\dfrac{\tan\varphi}{\tan\theta}$，采用土体为隔离体，用总压力和孔隙水压力同样可以推导该式，但难度高得多，所以几乎所有的教科书都是以土骨架为对象进行推导。而在多数稳定分析中，尤其是与渗流的数值计算相结合时，总压力+孔隙水压力的方法会简单、方便。另外是否虚拟也与我们所研究的载体和研究问题的层次有关，从微观角度看，宏观的许多物理量都是虚拟的。例如所谓的固体摩擦力，从微观上看，也是只有极少的点接触，接触面积极小。

六、结论

(1)与其他力学比较，土力学中一些名词、术语和概念常常是人为定义和划分的，有时不够严密准确，约定俗成，姑妄用之的情况不可避免，即使在教材和规范中也是如此。所以，从经典力学的角度看，土力学似乎是一门很“土”的力学。

(2)土中的自重应力可以分为作用于土体上的总自重应力和作用于骨架上的有效自重应力，在地下水以下，有时直接用浮重度计算有效自重应力更简便;有时用饱和重度计算总自重应力,然后扣除其孔隙水压力,确定有效自重应力更明确。而广义的附加应力则可以定义为由于外部作用而引起的土体中应力,但是二者只是人为的划分,有时也难以截然分开,与所讨论的问题的时段有关。

(3)土中的静与超静孔隙水压力也是人为划分的,它们实质上没有区别,其统一的界定尚有待于研究,以期取得共识。

(4)近年来,土力学教材如雨后春笋般出版,各学校似乎非本校教材不用,但其水平参差不齐。有的不但承袭了以往的瑕疵,还创造了新的谬误。开展广泛的讨论与争鸣是必要的。

第16讲 基坑支护结构上水土压力的分算与合算[1]

一、引言

随着我国大规模建筑基坑和地下工程的发展，支护结构设计计算中的许多问题逐步凸现出来。支护结构上的水土压力计算得到越来越多的重视和讨论[2][3]。一方面，大量的实测结果表明：支护结构上的实际内力常常远小于计算值，尽管人们一再降低安全系数，或者将荷载打折，往往实测应力还是偏小；另一方面，还是有许多基坑事故频繁发生，基坑工程失事又多与土中水有关。这种情况表明，我们对于在原状土中开挖过程中的土与结构的共同作用和水土相互作用的机理的认识还远不够透彻和深入。对于这样一个有着巨大实际工程意义和学术价值的课题，进行深入系统的研究是土力学和岩土工程界的迫切任务。本文并不企图对这一问题给出最后的答案，只是在以前的讨论和研究的基础上，提出自己的一些看法，甚至只是提出一些疑问，以期引起进一步的研究和讨论。

二、影响支护结构上水土压力的若干因素

基坑开挖中，支护结构上的水土压力与用经典的朗肯、库仑挡土墙土压力理论及其方法的计算值比较，在应力路径、参数取值及边界条件方面有很大的不同。造成实际结构内力比理论计算值小得多的原因可能有以下几点。

---

❶ 原文刊于《岩土工程学报》2002 年第 3 期.

❷ 魏汝龙. 深基坑开挖中的土压力计算. 地基处理，1998，9(1)：3-15.

❸ 陈愈炯，温彦锋. 基坑支护结构上的水土压力. 岩土工程学报，1999，21(2)：139-143.

（一） 土的微观结构方面的因素

1. 原状土的结构性

取样的扰动会大大降低原状土的强度指标，对于砂土可能将其结构强度丧失殆尽。原状土在长期沉积固结过程中形成的颗粒间的胶结、咬合和土层间的物质渗透和约束作用有时是十分强烈的。

2. 非饱和土的基质吸力

非饱和土的基质吸力$(u_a - u_w)$与土的饱和度有关，$c'' = (u_a - u_w)\tan\varphi''$所形成的黏聚力被称为“表观黏聚力”，它可以大大提高无支护开挖的深度。在很多情况下，由于取样扰动等原因，这种吸力对于支护结构上的荷载的减少和抗力的增加常被忽略或低估。

3. 正常固结土的“真黏聚力”

一般认为正常固结土的强度包线是过原点的，即黏聚力为零，这使得很多软黏土的有效应力摩擦角达到较高的值。而这只是“表观内摩擦角”，实际上随着深度和固结压力的增加，正常固结黏土密度也增加，在此密度下土本身是存在黏聚力的，这是一种随压力而增加的黏聚力。亦即抗剪强度由两部分组成：真黏聚力 c_e 和由真内摩擦角产生的强度 $\sigma\tan\varphi_e$。这种情况将改变支护结构上的土压力大小及分布。

（二） 土体的应力状态和应力路径的影响

1. 中主应力的影响

常规三轴应力中 $\sigma_2 = \sigma_3$。当 $\sigma_2 \neq \sigma_3$ 时，土的内摩擦角将随洛德角增加而提高，在基坑支护结构之后的土体应力状态是三维的，其中中主应力对强度的影响是显著的。

2. 小围压情况下土的强度指标

研究表明在小围压情况下土的强度指标偏高许多❶。在地表以下 10m 范围内，土的实际围压一般小于 100kPa，而室内的试验常用的围压都在 100kPa 以上，这样低估了地基土的强度指标。

---

❶ Vmiquel Ponce ,James M. Bell. Shear strength of sand at extremely low pressure. ASCE. JSMFD, 1971, 97(SM4): 625-838.

3. 土的超固结

如果地基土是正常固结土，在开挖减压后由于其平均主应力与围压减少而变成超固结土[1]。在围压不大时，强度包线提高，减少了主动土压力，增加了被动土压力。

(三) 孔隙水压力的影响

1. 开挖引起的负超静孔压

在基坑内逐层开挖时，造成土体减载，围压 $\Delta\sigma_3$ 减少，支护结构前移，支护结构后土体侧胀；基坑下土体向上回弹，使各部分土体均有膨胀的趋势。这将在土体中形成负超静孔隙水压力，对于渗透系数较小的土层，这种负孔压将持续较长时间，它改变了支护结构上的荷载和抗力的大小和分布，所以快速的施工有利于利用这种负孔压。

2. 墙后土体中的毛细饱和区

处于地下水位以上的“毛细饱和区”内的土其实不是完全饱和的，其孔隙水压力也是负值，是一种吸力。对于粉细砂、粉质黏土和粉质砂土，这个区域是比较厚的，形成“假黏聚力”，明显减少了墙后土压力。

3. 人工降低地下水产生的渗透力

在人工降水的情况下，渗透力主要是向外、向下的，有利于减少主动土压力和增加被动土压力。

4. 基坑排水渗流影响

当在基坑内排水时，渗流将产生渗透力，他对土压力的影响因土层条件不同而不同，其水压力一般可以根据流网确定。

(四) 边界条件的影响

1. 基坑支护的三维效应

基坑中的长、宽、高之比一般不是很大，也不完全是平面应变问题。如果坑壁中部的土体向外位移，两端的土体基本固定不动，土层间将产生摩擦力，这种拱效应对于增加被动土压力特别明显。另一方面，三维的基坑支护结构形成框架结构，将横向力转化成水平轴向力，这大大约束了支护结构的变形，减少了支护结构中的弯矩及钢筋应力。

---

[1] 应宏伟. 软土地基深基坑工程性状的研究. 浙江大学土木系，1997.

2. 支护结构与土间的摩擦力

支护结构与土间摩擦力使主动土压力减少，墙前被动土压力增加，对于板桩和砂土，其前部的被动土压力的提高是显著的。

3. 土层间的约束作用

在墙后土体中不同土层间的水平位移不同，土层间也存在着摩擦力和拱效应，这增加了整体稳定性，尤其是浅层黏性土与砂土互层的情况。

三、水土合算的理论缺陷

(一) 有效应力原理和孔隙水压力

根据饱和土体的有效应力原理，土体中的竖直有效应力可以表示为

$$\sigma_z = \sigma'_z + u \tag{1}$$

在以重力为主的工程问题中，大主应力往往是竖直方向的重力引起的，$\sigma_z = \gamma_{sat} z$，$\sigma'_z = \gamma' z$。而在挡土结构中，水平向小主应力由土压力和水压力组成，分别计算为

$$p_a = \sigma'_x = K_a \sigma_z \tag{2}$$

$$p_w = u \tag{3}$$

这就是所谓的水土分算，亦即孔隙水压力是各向等压的。在实际问题中，孔隙水压力 u 可以是静水压力、稳定渗流中的水压力或者超静孔隙水压力。狭义的“水土合算”通常只针对超静水压力。由于在实际问题中，超静水压力一般难于确定，所以采用与实际应力路径和排水条件相近的试验确定强度指标。在分析工程问题时使用固结不排水或不排水强度指标，将超静孔隙水压力的影响包括在强度指标中。而在基坑支护计算中，“土水合算”对于饱和土体只用式(1)中的总竖向应力 σ_z 计算水平向的主动或被动土压力，而不再计及包括静水压力在内的一切孔隙水压力❶❷。在认为土是碎散的，土中的孔隙水是连通的前提下，这显然有悖于有效应力原理，因为静水压力是不应随排水条件变化的。

---

❶ JGJ 120—99 建筑基坑支护技术规程. 北京：中国建筑工业出版社，1999.

❷ YB 9258—97 建筑基坑工程技术规范. 北京：冶金工业出版社，1998.

(二) 国内外的水土合算

美国的《基础工程手册》和其他的一些教材、专著❶❷❸建议对于黏土和粉土，作用在板桩上的水土压力可计算如下：

主动土压力

$$p_a = \gamma h - 2c \tag{4}$$

被动土压力

$$p_p = \gamma h + 2c \tag{5}$$

在水下 γ 为土的饱和重度，c 为不排水抗剪强度。

这种水土合算方法有如下几点值得注意：

(1) 由于饱和土体不排水情况下 $\varphi_u = 0$，则水的侧压力系数、土的主动和被动土压力系数都是 1.0，即

$$K_w = K_a = K_p = 1.0 \tag{6}$$

所以水土分算和合算的公式表达形式相同。

(2) 在实际上，用有效应力强度指标与水土分算的结果与上述算法的结果是不同的。例如，当 $h < z_0 = 2c/\gamma$ 时会出现负压力，《基础工程手册》建议在这个区域内主动土压力不小于 $\gamma h/3$。但合算时在 z_0 以上没有水压力。在分算时，黏聚力小得多(常常等于 0)，水压力及土压力都要计入，所以分算时在这一部分总压力还是大得多的。

(3) 相关文献[①]也指出，随着时间延续，板桩后土中超静孔压消散，应当使用有效应力指标计算土压力。对于软黏土，有效黏聚力 $c' = 0$，$\varphi' = 15° \sim 25°$。用土的浮重度计算土压力，加上静水压力。该手册指出：由于基坑工程持续时间不长，用合算计算总压力较小，而用有效应力分算时荷载偏大和偏于保守。

对于这种情况，也有人主张利用固结不排水指标进行水土合算。所以上述的"合算"属于狭义的合算。

我国最近颁布的有关基坑规范中❹❺对于支护结构上的主动土压力建

---

❶ Hans F. Winterkorn，Hsai-Yang Fang. Foundation Engineering Handbook. Van Nostrand Reinhold Com Publishing，1975：427-428.

❷ R. B. Peck. Foundation Engineering. John Wilen & Sons publishing，1974：451-452.

❸ R Whitlow. Soil Mechanics. 3rd ed. Lomgman Publishing，1997：284-287.

❹ JGJ 120—99 建筑基坑支护技术规程. 北京：中国建筑工业出版社，1999.

❺ YB 9258—97 建筑基坑工程技术规范. 北京：冶金工业出版社，1998.

议如下计算

$$e=\sigma K_a-2c(K_a)^{0.5} \tag{7}$$

其中，$\sigma=\gamma_m z$，γ_m 在水下为饱和重度，计算中采用固结不排水强度指标，并且不计任何孔隙水压力。对于这种“水土合算”在理论和实践中都是有异议的。例如在计算粉土和黏土中的重力式挡土墙的倾覆稳定时，上述规程规定在地下水以下部分仍用水土合算计算各方向的土压力，不计水压力。因而也就不计浮力。若按此类推，在利用水土合算验算地下室稳定时，位于地下水以下粉土、黏土地基中的地下室因为没有扬压力，所以也不会浮起，这显然不符合实际情况，可见这种水土合算在理论和实践方面都是有缺陷的。

（三） 水土合算与土的强度指标

到目前为止，很少见到解释和分析水土合算方法的微观机理和试验验证方面的工作。唯一的解释是认为开挖引起的负超静孔隙水压力不能准确计算与测定，这一负孔压是会减少支护结构上的总压力的，从而采用三轴固结不排水强度指标计算土压力，同时将一切孔隙水压力均忽略。但这种计算方法存在两个问题：

（1）在基坑开挖过程中主要是由于 $\Delta\sigma_3$ 减少而产生的负超静孔隙水压力，而三轴不排水试验产生的是由于 $\Delta(\sigma_1-\sigma_3)$ 的增加，一般是正孔压，二者是完全不同的。

（2）静孔压与稳定渗流的孔压是容易确定的，它应当与采用的强度指标无关，也不是用不排水的强度指标所能反映的，因而这种“水土合算”在概念上是非常含混的。

下面以两个例子说明这个问题❶：

例 1：墙面排水的 5m 高挡土墙后填土是黏性土，上下边界都是排水层。饱和度 $S_r=90\%$，重度 $\gamma=20\text{kN/m}^3$，渗透系数 $k=1.0\times10^{-6}\text{cm/s}$，有效应力强度指标 $c'=5\text{kPa}$，$\varphi'=30°$，初始孔隙比 $e_0=0.5$，压缩系数 $a=0.2\text{MPa}^{-1}$。分 10 层填筑，每层施工 8h。在填土完成后，在墙后填土表面一次施加均布荷载 $q=30\text{kPa}$，再过 24h 后墙后填土中计算的孔压的分布如图 1a）所示。这是二维问题，不能用朗肯土压力理论计算，只能用库仑理论的图解法进行计算，其滑裂面与水平方向夹角不是 $45°+\varphi'/2=60°$，而是 $53°$，得到的滑裂面上的超静孔压 u，墙上的有效主动土压力 $p_a{}'$ 及水土压

❶ 李广信，周顺和．挡土结构上的土压力与超静孔压力的关系．工程力学：增刊，1999：507-512.

力之和 p_a 的分布见图 1c)。计算得到的总的主动状态下总(水土)压力为 $E_a=155\text{kN}$(无孔压时总主动土压力 $E_a=104.5\text{kN}$)。

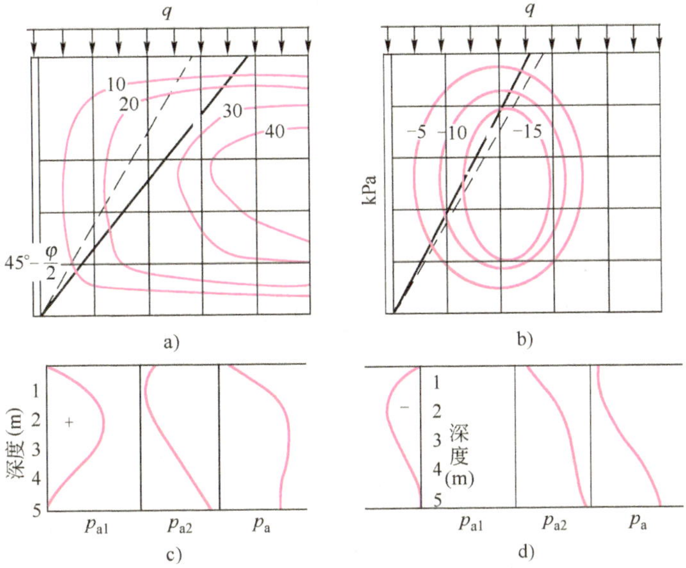

图 1　挡土结构物后二维超静孔压分布情况下的水土压力

如果采用固结不排水强度指标,假设 $c_{cu}=10\text{kPa}$,$\varphi_{cu}=15°$,则计算的主动土压力(水土合算)是 160kN,与上面分算的 155kN 比较接近,这是由于二者的应力路径相近。

例 2:土质及荷载与边界条件与例 1 完全相同,问题变成基坑开挖的支护结构问题。假设支护后原状土体由于开挖卸载及支护结构位移而发生的负超静水孔压如图 1b)所示,同样只能用图解法来计算。得到的滑裂面与水平夹角为 62.6°,对应的支护结构上主动状态下总(水土)压力 $E_a=76.5\text{kPa}$,其滑裂面上负超静孔压及支护结构上的有效主动土压力及水土总压力的分布见图 1d)。

从以上两个例子可见:

(1)对于基坑支护结构,由于负超静孔隙水压力,使作用在墙上的总水土压力明显减少,只有挡土墙情况的一半左右,这种负 Δu 的影响是用常规三轴不排水试验所无法表现的。

(2)在例 1 挡土墙情况,超静孔压对土压力的影响可用固结不排水强度指标来反映。

(3)以上例子是不完全饱和但具有较高饱和度的情况,在完全饱和情况下,上述两例子都应另外计算静水压力,总静水压力是 125kN,这是用水土合算不能反映的。

(4)在以上的计算中,决定支护结构上总压力的是滑裂面上的超静水压力,而不是紧靠墙后的土体中的超静水压力。

四、关于水土合算的可能的微观基础

水土分算基于有效应力原理,其微观理论基础是假设土体中颗粒是碎散的,孔隙水是完全连通和可流动的。由于黏性土颗粒表面存在着结合水膜,关于黏性土在某些条件下是否仍符合有效应力原理,一直是有争论的。在以下情况下饱和土中的孔隙水问题应深入分析。

(1)土的饱和度小于100%时,孔隙水压力系数 B 小于1.0,静水压力系数也应当小于1.0。只有施加一定的反压时,孔隙水中的气泡被压缩、溶解,基本达到饱和。但在地下水位以下不深的原状黏土范围内,水压力可能小于理论值。

(2)在某些黏性土的渗透试验中,当水力坡降 $i<i_0$ 时,几乎没有渗流发生(见图2)。有人解释说这是由于黏土颗粒表面黏滞的结合水膜囚禁了颗粒间的自由水,只有在较大的水力坡降下"自由水"才克服黏滞阻力而真正自由,所以在这一水力坡降以下,它们可能不传递静水压力。

(3)在小浪底前苇塘黏土的等向压缩固结试验中发现[1],在 $\sigma_3=850$kPa时,土的体应变 $\varepsilon_v=11\%$,这时土的饱和含水率为 $w=15.7\%$,已经小于塑限含水率 $w_p=20\%$。当 σ_3 增加时试样体积几乎不再减少,这表明已经无水排出了(见图3)。我们知道黏性土的塑限含水率是弱结合水的下限,含水率小于 w_p 表明饱和土中已无自由水及弱结合水了,这时土中水被吸附在黏土颗粒表面,像"石榴粒"一样,成为颗粒的一部分。那么对于液性指数接近或小于零的硬黏土,如果不扰动不开裂,其中水压力的传递值得深入探讨。

(4)由于开挖使地基黏性土膨胀产生负超静水压力,土中水的补充需要从外部流入,又由于 $i<i_0$,使外部的水无法进入土体内部,从而使土中水不连通,水压力也无法传递。

五、结语

(1)在原状土的基坑支护结构上的水土压力与用经典土压力理论计算的结果是有很大差别的,涉及许多复杂影响因素。

[1] 管馨.小浪底水库前苇塘土料的常规和高压三轴试验研究//清华大学水利工程学报告,1988.

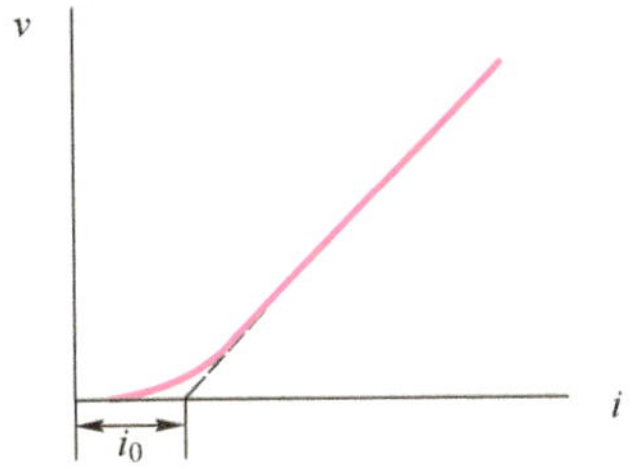

图 2　黏土渗透试验中的初始水力坡降

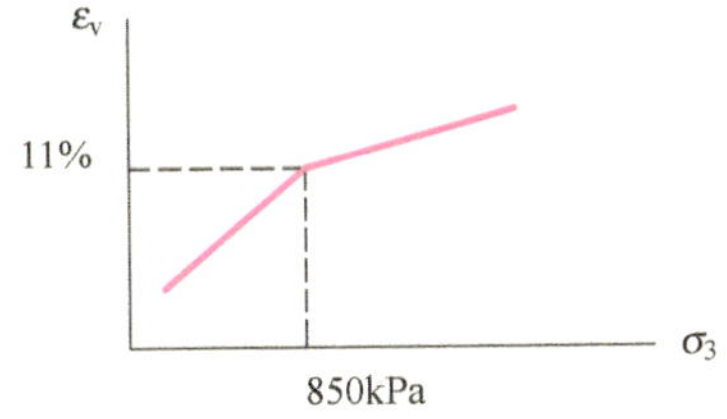

图 3　前苇塘黏土的等向压缩试验

(2)水土合算与土力学的基本原理有冲突，在机理上也有许多不明之处，有待进一步研究。

(3)水土分算的概念是清楚的，但在某些情况下很难确定孔隙压力；在一些原状黏性土中，实测的孔隙水压力比理论值要小。

(4)我们对于原状黏性土中的水土相互作用问题，以及复杂应力路径所涉及的一些问题尚未清楚认识，有待于从微观机理、室内试验、模型试验、现场测试和计算比较等方面进行研究。

(5)土力学基本原理还不能完全解决一切工程问题，这表明我们对于其应用条件和参数确定的认识有待完善，但是许多基坑的失事常常是由于违背了土力学的基本原理，所以不应当忽视土力学的理论研究。

第17讲 地基处理设计计算的三个原则[1]

目前，地基处理的方法和技术丰富多彩，其原理都是基于土、基础、加固增强体的共同作用。而这种共同作用有时十分复杂，用理论和数值方法很难定量的描述，因而，关于复合地基的承载力与沉降计算成为基础工程中一个关键技术问题，研究者和研究成果很多，但目前很多问题仍未能很好解决。在实际设计计算中，大都采用一些简化与假设，而承载力往往靠现场载荷试验来最后决定。处理后的人工地基与天然地基和桩基础有明显的差别，在处理后的地基设计和施工中存在如下几个原则。

一、局部加固原则

广义上讲，不管采用什么方法对地基加密、加固和加筋，都使地基成为两种不同部分：一种是天然的原状土；另一种是经加密、加固、加筋的增强体。这就由增强体和周围地基土共同承担荷载，形成复合地基。不管是预压加密、强夯加密、换填垫层、加筋垫层，还是各类置换桩、挤密桩、振冲桩、柱锤冲扩桩、各类含胶结材料形成的桩，都可以形成复合地基。因而除少量单纯为了防渗用的地基处理外，都可以认为经处理后的地基都形成复合地基。前一类可称为横向增强体复合地基，其作用是扩散荷载，类似垫层作用；后一类为竖向增强体复合地基，也可称为桩式复合地基。按照桩的材料及刚度，又有人分为散体桩、柔性桩和刚性桩复合地基[2]，亦即：

---

[1] 原文刊于《地基处理》2003 年第 3 期.

[2] 龚晓南. 地基处理新技术. 西安：陕西科学技术出版社，1997.

- 复合地基
  - 竖向增强体复合地基
    - 散体桩
    - 柔性桩
    - 刚性桩
  - 水平增强体复合地基
    - 换填垫层
    - 加密层复合地基
    - 加筋层复合地基

这种广义复合地基的概念，使其区别于天然地基，区别之一是增强体是人工干预的结果，区别之二是增强体的局部化。

不管采用何种方法加固、加密、加筋，除大面积人工填土与大面积预压加固情况外，都是在有限范围内实现的，这与天然土层在平面方向是无限延伸是不同的。不管是外部植入的增强体，还是人工加密的增强体，范围总是有限的，一般是与基础范围相同，或者稍大于基础范围。这样就使建筑物地基受力及可能的破坏形式有别于天然地基。比如，这些复合地基是局部加固，很难在增强体内发生地基的整体破坏，形成整体滑裂面，而容易产生类似于冲剪形式的破坏。对于整体破坏，基础的宽度和埋深对于承载力的影响很大，而对于冲剪破坏，则影响较小或可以忽略。

所以《建筑地基处理技术规范》(JGJ 79—2002)规定，按地基承载力确定基础面积及埋深时，对地基承载力特征值进行修正时，除大面积压实填土和大面积预压固结的情况外，应符合下列规定：

(1)基础宽度的地基承载力修正系数应取为零，即 $\eta_b=0$；

(2)基础埋深的地基承载力修正系数应取为 1.0，即 $\eta_b=0$。

尽管这一规定有时偏于保守，也有争论，但有其理论根据。就是由于增强体的局部化，不可能在其中产生整体破坏。

二、复合地基中增强体的均匀化原则

在复合地基的增强体中，材料和成分各种各样，常常是两种或两种以上材料的复合体，或者成为复合材料，在荷载作用下呈十分复杂的相互作用和共同作用的关系。这样在设计时分别考虑各种组成单元(或材料)的受力、变形、强度及各单元的相互作用，问题将十分复杂。为此在复合地基设计计算中一般是将增强体均匀化为一种等效的均质材料，确定其等效的承载力及刚度。在一般的承载力、沉降计算时如此，在有限元数值分析时确定模型参数时也是如此。

以桩式复合地基为例，对于散体桩复合地基，如振冲砂石桩、挤密桩、灰

土桩等情况，复合地基的承载力特征值可按下式计算

$$f_{spk} = mf_{pk} + (1-m)f_{sk} \tag{1}$$

式中：f_{pk}——桩体单位截面积承载力特征值；

f_{sk}——桩间土承载力特征值，当挤（冲）密时用加密处理后的值；

m——桩的面积置换率；

$$m = \frac{d^2}{d_e^2} \tag{2}$$

d——桩的平均直径；

d_e——每桩的等效影响圆的直径。

对于小型工程的黏性土地基如无现场载荷试验资料，复合地基承载力特征值可按下式计算，用于初步设计

$$f_{spk} = [1 + m(n-1)]f_{sk} \tag{3}$$

式中：n——桩土应力比，无实测资料时可取 2～4，原土强度高时取小值，原土强度低时取大值。

对于深层搅拌桩、夯实水泥土桩、高压喷射桩和 CFG 桩（水泥粉煤灰碎石桩），由于桩的刚度相对比较大，复合土层不易发生较大变形，因而桩间土的承载力不容易完全发挥，否则桩体可能由于应变过大而破坏。因而在式（1）中的桩间土承载力一项中，应给予一定的折减。

$$f_{spk} = m\frac{R_a}{A_p} + \beta(1-m)f_{sk} \tag{4}$$

式中：f_{spk}——复合地基承载力特征值（kPa）；

m——面积置换率；

R_a——单桩竖向承载力特征值（kN）；

A_p——桩的截面积（m^2）；

β——桩间土承载力折减系数，宜按地区经验取值，天然地基承载力较高时取大值；

f_{sk}——处理后桩间土承载力特征值（kPa），宜按当地经验取值，如无经验时，可取天然地基承载力特征值。

式（1）、式（3）、式（4）实际上将复合地基均匀化，按面积加权平均，确定其等效承载力。这种均匀化原则同样适用于变形计算中确定复合土层的模量。一般情况下，桩式增强体的复合土层压缩模量可通过下式计算

$$E_{sp} = [1 - m(n-1)]E_s \tag{5}$$

或者

$$E_{sp}=E_s(1-m)+E_p m \tag{6}$$

对于 CFG 桩，复合土层的压缩模量也按假想的“均匀”土层处理，将土的压缩模量乘以承载力提高系数。

$$E_{sp}=\frac{\zeta}{E_s} \tag{7}$$

$$\zeta=\frac{f_{spk}}{f_{ak}} \tag{8}$$

式中：f_{ak}——基础底面下天然地基承载力特征值(kPa)。

从以上承载力和压缩模量的计算可见，实际上是按面积的加权平均将地基当成一种等效的均匀材料。

三、共同作用原则

在上述的复合地基中，存在着增强体与原地基土间的共同作用问题。对于横向(水平)增强体复合地基，增强体将荷载向下部地基土扩散，从而满足承载力要求和减少地基沉降。对于竖向增强体复合地基情况，也存在垫层作用，将荷载向深层传递。另外一种相互作用是增强体内桩、土间的相互作用、共同作用问题[1]。

(一) 加筋土内的共同作用问题

柔韧连续的土工合成材料筋材与碎散的土体在力学性质上有很强的互补性。由于两种材料变形模量的差别较大，在荷载作用下二者变形差异导致在界面上的摩擦力。这样土通过这种摩擦力向筋材施加拉力，而筋材通过摩擦力向土提供一个约束应力，即等效的围压。围压对于提高土的强度及刚度均有很大作用。筋土间相互作用关系见图 1 和图 2。

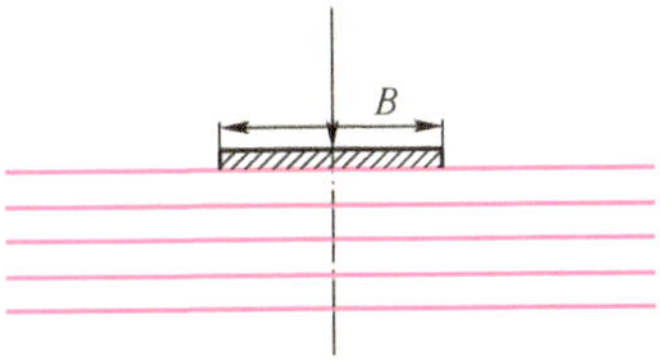

图 1 地基上加筋

在图 1 的加筋土层中，由于筋材对于地基土的约束作用，将增加其强度和刚度，达到提高承载力减少沉降的目的。

在图 2 中线 I 为素土的强度包线，线 II 为加筋后土的强度包线。如果

[1] 李广信. 有关土的相互作用问题. 岩土工程学报，1996，18(6)：111-114.

将素土及加筋土试样分别在围压 σ_3 固结后，作常规三轴压缩试验，则破坏时分别为莫尔圆①与②，前者与Ⅰ线相切，后者与Ⅱ线相切。圆③为在破坏时加筋土中的土的应力状态，它应与线Ⅰ相切。则图中的 $\Delta\sigma_3$ 就是筋材对于土的附加约束应力，它提高了加筋土的强度，一般认为土的内摩擦角 φ 不变，加筋的作用在于增加了一个“黏聚力”Δc。

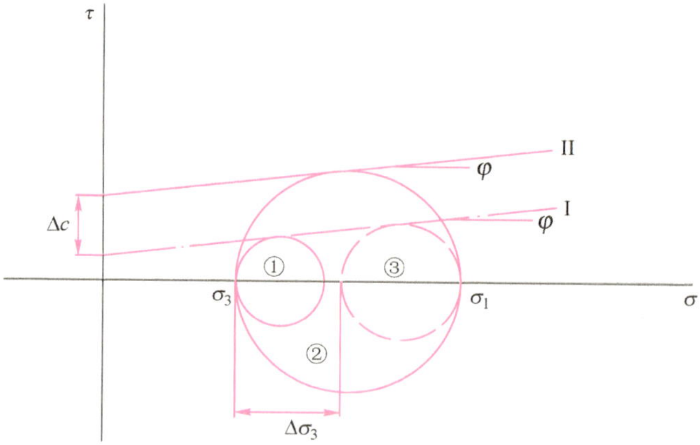

图 2　加筋土中破坏时应和状态

从图 2 可看出

$$\Delta c = \frac{\Delta\sigma_3}{2} / \tan\left(45° - \frac{\varphi}{2}\right) \tag{9}$$

同样加筋土的模量的增加可从下式看出

$$E_0 = K\left(\frac{\sigma_3 + \Delta\sigma_3}{p_a}\right)^n \tag{10}$$

（二）刚性复合地基桩内的共同作用

由于 CFG 桩、素混凝土桩等本身的刚度很大，在荷载作用下，桩顶位移就很小。所以若将基础底面直接放在与桩顶齐平的水平地面上，则桩承受荷载很大，而由于向下位移小，桩间土上荷载很小，不能充分发挥其承载能力。这与一般桩基情况相类似，亦即桩土应力比 n 大到数十甚至数百，所以一般忽略承台下桩间土的承载力。

复合地基的设计原则就是使桩与桩间土共同工作，充分发挥二者共同承担荷载的能力，一般在桩顶以上铺设 15～30cm 厚的砂石垫层，其效果是使桩土沉降不同，增加了桩间土的沉降，从而更充分发挥了桩间土的承载能力。另一方面，由于桩顶向垫层内刺入，使上部地基土沉降大于桩沉降，从而在一定范围内产生负摩阻力。这对于减少桩土应力比，充分发挥桩间土的承载能力是十分必要的，也是复合地基区别于一般桩基的主要原则❶。

图 3 中，在荷载作用下桩向垫层刺入使桩周土沉降变形加大；图 4 表明桩上的摩阻力分布，由于存在一段负摩阻力，使桩与桩周土能共同工作。图 5 示意说明垫层的作用：图中表示了桩与土二者的应力应变关系曲线，在同样沉降（应变）情况下，桩上应力增长极快，而土上应力尚远未达到其强度。应变继续增加，则桩身材料断裂，或者桩身本身刺入桩端地基达到破坏。如果设置垫层，则使桩与桩间土二者应变不等，桩的应力应变曲线平移到 O' 处，从而达到桩土共同作用的目的。

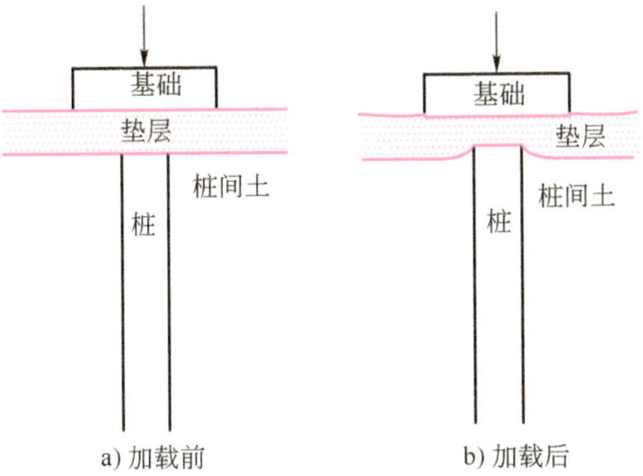

图 3　刚性桩复合地基的变形

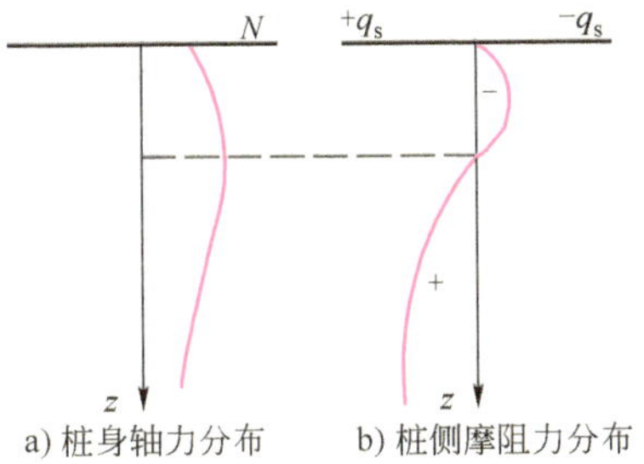

图 4　桩上的负摩擦阻力

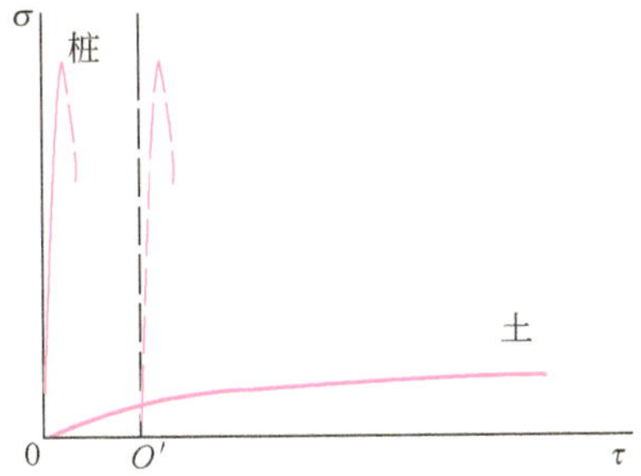

图 5　垫层的调节作用示意图

从此可见，在刚性桩内，桩、土间共同作用主要发生在竖向，亦即在竖向

❶ 闫明礼，吴春林，杨军. CFG 桩复合地基设计//第四届全国地基处理学术讨论会论文集. 杭州：浙江大学出版社，1995：391-395.

二者共同工作，协调变形传递荷载。

(三) 散体桩复合地基内的共同作用

散体桩的材料主要是砂石，其特点是，如果没有围压的约束，它既没有强度($c=0$)，也没有刚度，即 $E=0$，见式(10)。可想而知，它需要足够的桩间土对它约束。比如对于不排水强度 $c_u<20\text{kPa}$ 的软黏土，由于不能对碎石桩提供足够的围压约束。在竖向荷载作用下，会在桩顶 $2d$ 范围内发生侧向鼓胀而破坏，见图 6，所以这种地基不适用于碎石桩来处理。

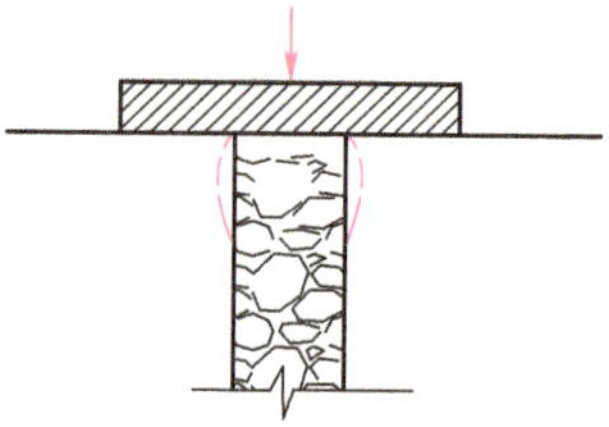

图 6 碎石桩的鼓胀破坏

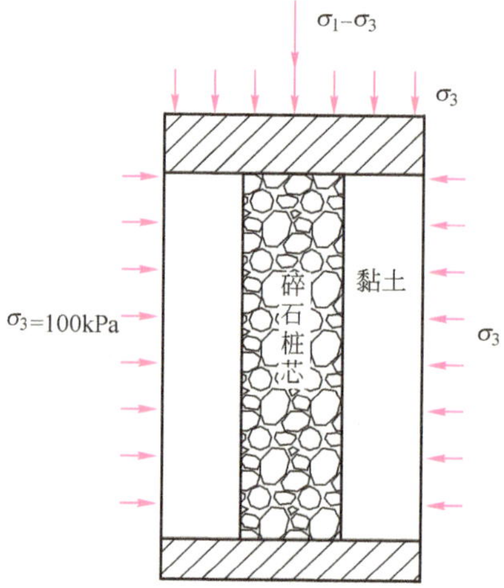

图 7 复合试样的三轴试验

如果将被模拟的加固地基土做成空心圆柱形试样，在中心用碎石小圆柱体模拟碎石桩，其置换率与复合地基相同。图 7 是用碎石桩复合圆柱试样在围压为 $\sigma_3=100\text{kPa}$ 条件下进行的常规三轴压缩试验的情况，由图 8 可见，碎石桩模型上受到的实际约束远大于在三轴压力室内施加的 100kPa，亦即桩间土对它有较强的附加约束。由于桩内碎石的强烈的剪胀性，造成桩芯有向外扩张的趋势。而四周的黏土在偏差应力 $\sigma_1-\sigma_3$ 作用下体应变是收缩的，碎石向外，黏土向内变形，方向不同，在界面处发生了约束和反约束作用。结果是桩芯上围压增加，亦即 $\sigma_{g3}=\sigma_r>100\text{kPa}$，而在一定范围内桩周土内小主应力减少[1]($\sigma_\theta=\sigma_{s3}<100\text{kPa}$)。

在碎石桩复合地基的极限状态下，碎石体在桩顶竖向压力下向四周推进，使桩周土达到被动土压力状态而破坏，而使其达到极限应力状态。

$$p_f=[(\gamma z+q)K_{ps}+zc\sqrt{K_{ps}}]K_p \tag{11}$$

式中：γ——土的重度；

q——桩间地面土上的荷载；

c——桩间土的黏聚力；

[1] 李广信，余斌，宋二祥. 堤坝复合地基的计算参数研究. 岩土工程学报，2003，25(1)：18-22.

K_{ps}——桩间土的被动土压力系数；

K_p——桩体材料的被动土压力系数。

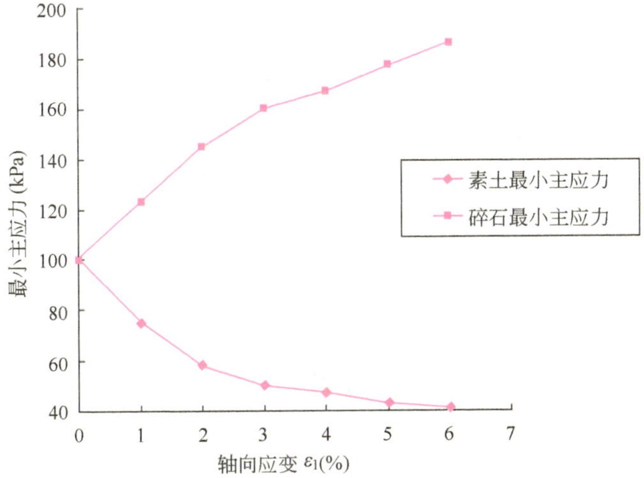

图 8　复合试样中碎石桩芯与桩周土上的小主应力变化

所以，在复合地基中关键问题是使增强体与地基土很好地共同作用；而在增强体内，两种组成材料或成分之间共同作用，达到事半功倍的效果。

第18讲 关于Duncan双曲线模型参数确定的若干错误做法[1]

Duncan 双曲线模型是一种建立在增量广义虎克定律基础上的非线性弹性模型。它在岩土工程界为人们所熟知并在数值计算中被广泛应用。它具有非线性弹性模型的优点，如可以反映应力应变关系的非线性，参数的物理意义明确和易于确定，易于掌握和便于在数值计算中运用等；可是它也不可避免地具有这类模型的固有的弱点：不能反映土的剪胀性和应力路径的影响，加卸载的判断不明确等。模型的提出者指出，其模型参数必须和只需用常规三轴试验来确定。以 E-B 模型为例，根据虎克定律：

当 $d\sigma_2 = d\sigma_3 = 0$ 时

$$E_t = \frac{d\sigma_1}{d\varepsilon_1} \tag{1}$$

$$B = \frac{dp}{d\varepsilon_v} \tag{2}$$

在常规三轴试验中

$$d\sigma_2 = d\sigma_3 = 0,\ d\sigma_1 = d(\sigma_1 - \sigma_3),\ dp = d(\sigma_1 - \sigma_3)/3$$

这样，表示$(\sigma_1 - \sigma_3)$-ε_1 关系的双曲线各点的切线的斜率就是该应力下的切线变形模量 E_t。另外，以偏差应力为 70%强度时的 $\Delta p = (\sigma_1 - \sigma_3)_{70\%}/3$ 与其体应变 ε_v 之比作为体积模量 B[2]。

长期以来，在一些文章和计算中，有人期望用这一模型来反映应力路径的影响，反映土的剪胀性，强其所难，迫使这个模型承担它很难完成的任务，企图用其他形式的室内试验确定此模型的参数，结果常常是犯了基本理论

---

❶ 原文刊于《岩土工程学报》1998 年第 5 期.

❷ M. Duncan, K. S. Wong , P. Mabry,. Strength, Stress-strain and Buik Modulus Parameters for Finite Element Analyses of Stresses and Movement in Soil Masses. Report No. VCB/GT/78-02, Univ. Of California, Berkeley, 1978.

的错误。有人在基坑支护的有限元计算中，为了反映应力路径的影响，竟利用不排水的减载三轴压缩试验的应力应变双曲线关系（轴向应力不变，围压逐渐减少）确定该模型的参数，然后用比奥固结理论与该模型耦合，计算基坑变形问题。这表明其概念已经混乱到相当的程度。这里列举一些笔者所知的一些例子。

一、用 σ_3 = 常数的平面应变试验确定参数

从这种试验得到的 $(\sigma_1-\sigma_3)$-ε_1 关系曲线呈良好的双曲线关系[1]，但不能用此曲线之切线的斜率来直接求取 E_t，这时的条件是：$d\sigma_3=0$，$d\varepsilon_2=0$，$d\sigma_2=\mu d\sigma_1$，通过广义虎克定律可以推导得出

$$\frac{d(\sigma_1-\sigma_3)}{d\varepsilon_1}=\frac{E_t}{1-\mu_t^2}\neq E_t \tag{3}$$

其中，μ_t 为切线泊松比。由于大部分工程问题更接近于平面应变问题，李树勤建议在用常规三轴试验确定的 Duncan 双曲线模型的参数中，用平面应变试验得到的黏聚力 c 和内摩擦角 φ 代替原来的值，从而使土的强度和刚度都有所提高，这个建议没有理论错误，是合理可行的。

二、用 p = 常数的三轴试验确定参数

这种试验可能是三轴压缩试验，也可能是三轴伸长试验。以三轴压缩试验为例，它的 $(\sigma_1-\sigma_3)-\varepsilon_1$ 关系也可用双曲线来表示[2]，这时的条件是：$d\sigma_3=d\sigma_2=-0.5d\sigma_1$。

可以得到

$$\frac{d(\sigma_1-\sigma_3)}{d\sigma_1}=\frac{1.5E_t}{1+\mu_t}\neq E_t \tag{4}$$

三、用三轴固结不排水试验确定参数

一般来讲，用三轴固结不排水试验确定土的 Duncan 双曲线模型的参数，进行总应力数值分析计算是可以的。对于饱和试样，泊松比 μ 可以取稍

---

❶ 李树勤. 在平面应变条件下砂土本构关系的试验研究//全国水力发电中青年科学工程技术干部学术报告论文集，1983.

❷ 孙岳崧，濮家骝，李广信. 不同应力路径对砂土应力—应变关系影响的试验研究. 岩土工程学报，1987，9(6).

小于0.5的值。但在用这个模型与比奥固结理论耦合进行渗流固结的有限元计算时，必须用排水三轴压缩试验确定参数。用不同应力路径的不排水三轴试验确定该模型的参数，无疑是错误的。以常规三轴固结不排水试验为例，其条件是

$$d\sigma_1' = d\sigma_1 - du, d\sigma_2 = d\sigma_3 = 0, d\sigma'_2 = d\sigma_3' = -du$$

对于饱和度为100%的试样

$$du = Ad(\sigma_1 - \sigma_3)$$

这样

$$\frac{d(\sigma_1 - \sigma_3)}{d\sigma_1} = \frac{E_t}{1 - A(1 - 2\mu_t)} \neq E_t \tag{5}$$

式中，A 为孔隙水压力系数。

四、用围压不变的三轴伸长试验确定参数

用 σ_a 和 σ_r 来表示轴向应力和围压（分别为 σ_3 和 σ_1），用 ε_a 和 ε_r 表示轴向应变和径向应变（分别为 ε_1 和 ε_3），这时试验得到的 $(\sigma_a - \sigma_r)$-ε_a 的关系也可用双曲线来表示。由于这种试验的条件是 $d\sigma_r = 0$，所以

$$\frac{d(\sigma_a - \sigma_r)}{d\varepsilon_a} = E_t \tag{6}$$

但是由于 dp 为负值，而体应变又常常是收缩（剪缩），即体应变是正值，得到的体积模量 B 是负值。有人以为这可以反映土的剪胀性，这是十分错误的。参数 B 的计算式表面上似乎反映的是偏差应力引起的体应变，实际上它是虎克定律中的体积模量。设想：如果 B 为负值，那么土在等向压力作用下，它将会越压越胀，这岂不违背了能量守恒定律。同样的问题也存在于有人认为只要设泊松比 $\mu > 0.5$，Duncan 双曲线模型也可以反映土的剪胀性。那么施加一个应力增量 dp，即 $d\sigma_1 = d\sigma_2 = d\sigma_3 = dp$，则会发生土的体积膨胀，从而土会“释放能量”，就可以造出“永动机”了。

五、假设泊松比 μ＝常数

在应力水平不高时，这样计算误差不大，但在临近破坏时，ε_1 不断增加，如果泊松比 μ 不等于或接近于0.5，则体应变 ε_v 也按比例增加，体积无限压缩，这显然是不可能的。尤其对于密实砂土，随着 ε_1 增加，往往伴随着强烈的剪胀，会使计算结果很不合理。另外，在平面应变条件下，切线泊松比

决定了零应变方向的主应力,进一步影响了土的变形计算。

总之,Duncan 双曲线模型具有其特定的理论基础,也具有其固有的缺点,如要使用它就要接受它的固有的缺点,不能在其原有的理论框架上对它寄予过高的期望,施以过分沉重的负担,迫使其完成它所无法完成的使命。它的参数一般必须并且只需从常规三轴试验确定,不清楚这一点,常常会造成错误。

第19讲 对"土的清华弹塑性模型及其发展"讨论的答复[1]

王运霞对"土的清华弹塑性模型及其发展"一文的讨论文章所涉及的某些问题值得深入探讨。本文结合最近以来的一些有关议论，着重就土的弹塑性模型的发展和意义给予回答并进行讨论。

弹塑性理论为土的本构关系研究提供了广阔的空间和有力的工具，岩土的弹塑性模型研究对传统力学和经典弹塑性理论的发展作出了巨大的贡献。由土的碎散性引起的塑性变形本质决定了使用塑性理论的合理性和必要性。这就使土的弹塑性理论模型成为20世纪60年代以来土力学园地中最为绚烂的花圃，成为土的本构关系模型的主流，在工程实践中得到广泛的应用，对解决工程问题起到了重大作用。

由于土变形的复杂性，在建立土的弹塑性模型时必然对经典弹塑性理论做一定的修改与发展。基于土的硬化屈服将理想塑性发展为增量塑性；针对土的应变软化，人们提出了应变空间的弹塑性模型；针对塑性应变的不唯一性及其与应力路径有关，提出多重屈服面理论模型；针对减载屈服和减载体缩，提出了边界面模型、亚塑性模型和旋转硬化模型等。为建立土的动本构关系模型，人们还在作进一步的探索。这是科技工作者从事研究的正确和必经的途径和路线。土的弹塑性模型研究已经经历了近半个世纪，取得了公认的成果和贡献，但它们还远不能完美、精确和全面地描述土的应力应变特性，因此完全否定它们也不是一种科学的态度。寻求一种完美的模型是我们共同的梦想，尽管它也许本来就不存在。

观察和思考西方国家在土的弹塑性模型方面的研究工作对于我们是很有启迪的。剑桥模型经历了近50年的研究、改进和发展，它在理论进展、应用范围、数值计算和工程应用等方面都取得辉煌的成就，开发了许多商用软

[1] 本文是对王运霞对本人在《岩土工程学报》2006年"黄文熙讲座"—"土的清华弹塑性模型及其发展"一文的讨论的答复，原文刊于《岩土工程学报》2006年第9期.

件，推动了工程应用，“临界状态土力学”已成为土力学中的重要分支，在西方本科土力学教材中也占一席之地。Lade 在此前的 30 多年中，带领十余名博士对于 Lade-Duncan 模型进行不断地发展与改进，取得了突出的成果。回顾我国在这个领域的研究，就可看出明显的差距。尽管我们也提出了一些具有特色的模型，但是缺少持续不断、队伍稳定的研究工作和推广应用，而不时出现的新构思、新术语和时髦的理论，大多数转瞬即逝，渺如黄鹤。

关于土的本构模型的适用性问题是一个实践的问题而不是一个理论的问题。即使是线弹性模型在许多与土有关的工程计算中仍在使用；经典弹塑性理论模型在极限分析和极限平衡中是不可替代的；Drucker-Prager 理想塑性模型在强度折减法稳定分析的有限元计算中就不宜用非线性模型代替；对于应力路径不很复杂，基本处于加载的工程问题，一般弹塑性模型的适用性仍然是肯定的；对于大多数土工建筑物的变形问题，不能反映剪胀的 Duncan-Chang 模型还在广泛应用，不能反映减载屈服与减载体缩就更不会成为障碍。可见适用性取决于工程特点本身，理论模型各有所长，应用时就要扬长避短，百花齐放的局面仍然是不可避免的。其适用性和合理性表现在它们应不违背上一级学科的基本原理与定律；应当具有较普遍的描述能力；其复杂程度应与所解决的工程问题相适应；尽可能简便，参数物理意义明确和易于确定。由于描述对象的复杂性，它们可以不囿于经典力学，简化与假设是不可避免的。不断出现的新问题，新领域也促使人们探索更精密复杂的理论模型。但有些华而不实的所谓原理往往是画蛇添足，使简单问题复杂化，例如修正剑桥模型的能量原理完全可以用假设椭圆屈服面代替。

关于土是否适用于相适应的流动法则，其实也是一个人为的问题，相适应与否只是一个工具。在早期，人们从经典的塑性理论出发，假设 Mohr-Coulomb 强度准则就是土的屈服准则，或者是屈服准则的上限。这样相适应的流动法则会高估了土的剪胀量，因而就提出了不相适应的问题。可是这类屈服面不能反映土在各向等压时的塑性体应变，于是又假设了帽子屈服面，而这类屈服面往往可以使用相适应的流动法则。可见关键在于我们无法得到土的实际屈服面，也就无从证明相适应与否。如果按照清华弹塑性模型的思路，先从试验资料确定土的塑性势面，然后人为地规定相适应的流动法则，那么正交性就得到了保证。当然土的塑性应变与应力路径有关，使问题复杂化。这只是说明了模型应用的局限性。复杂应力路径下土的应力变形问题仍然是一个有待解决和探索的课题。值得注意的是，有时土的塑性应变增量与屈服面的正交性相当完美和稳定，例如在高应力水平下 π 平面上的塑性应变增量与清华模型和 Lade-Duncan 模型所给出的这类屈服轨迹近乎完美的正交已被广泛地承认。

最后就“讨论”文章中的几个具体问题答复如下：

(1)在使用清华的二维模型中，并不需“做很多试验”，原文第3页指出：“(参数)可从各向等压试验和常规压缩三轴试验及其卸载再加载试验确定”，这与其他模型所需的试验基本是相同的。

(2)建立任何的三维土的本构模型，不进行真三轴试验是不可理解的；但要求模型的使用者进行真三轴试验确定参数那是不可理喻的。使用三维清华模型不需工程勘察设计单位“做很多真三轴试验”。原文第4页写明：“只需再做一个三轴伸长试验确定其强度和试验常数 t，就可以将二维模型推广到三维形式”。也可直接从 Mohr-Coulomb 强度准则计算这一常数。

(3)清华模型是在黄文熙先生指导下建立和发展起来的。十余年间，对于多种土料完成了各种应力路径的试验，最早发现和揭示了减载体缩、平面应变中主应力转化及不同应力路径下土独特的变形规律和特性；在弹塑性理论基础上进行“总结和提升”；最后经过多种应力路径试验验证和在小浪底、三峡二期围堰等工程的计算应用和检验。并且在《碾压式土石坝设计规范》(SL 274—2001)中，对于土石坝的应力变形分析，清华弹塑性模型作为首要推荐模型，并非是只进行了“原始阶段”。

以上各点只需稍许认真阅读原文，同时再阅读原文所列的参考文献应当是不难了解的。

第20讲 浮力计算与黏土中的有效应力原理[1]

一、引言

随着城市地下空间的开发利用，地下建筑物上的浮力计算越来越被人们所关注。按照阿基米德定律，物体的浮力等于它所排除的等体积水的重量，那么在饱和土中，这一定律还成立吗？

应当看到地下水的赋存方式是不同的，地下水可能是流动的，所以情况常常变得十分复杂。最近拜读黄志仑大师的文章"关于地下建筑物的地下水扬力问题分析"[2]（以下简称"黄文"），很受启发，但对于某些意见不敢苟同，另外也结合本人见到和听到的一些观点，进行一些分析，以期引起同行们的讨论和指正。

二、浮力与地下水的运动

（一）上层滞水情况

在很多城市的上部黏土中的地下水是以滞水的形态存在的[3]，它们可能由天然降水或者管道、渠道、蓄水库池等漏水等原因形成，它们在时空上变化较大，并且含有这种滞水的土常常并不是完全饱和的。

在图1中，上部黏土存在着滞水，下部砂土中存在着层间潜水。在黏土中的水实际上成为"悬水"，其实它是在竖直向下层渗流。在黏土层 A 点的

---

[1] 原文刊于《岩土工程技术》2003年第2期.

[2] 黄志仑. 关于地下建筑物的地下水扬压力问题分析. 岩土工程技术，2002(5)：273-274.

[3] 张在明，孙保卫，徐宏声. 地下水赋存状态与渗流特征对基础浮力的影响. 土木工程学报，2001，34(1)：73-78.

水压力为 0，B 点的水压力也是 0（以砂层顶面计）。根据达西定律和水的连续性原理，均质土层的渗透系数为常数，这时的孔隙水压力的分布应为直线，亦即 AB 间各点孔压均为 0。这样地下室底部位于 AB 之间时其浮力为 0；位于 B 到 C 点之间时，浮力计算服从静水压力下规律。

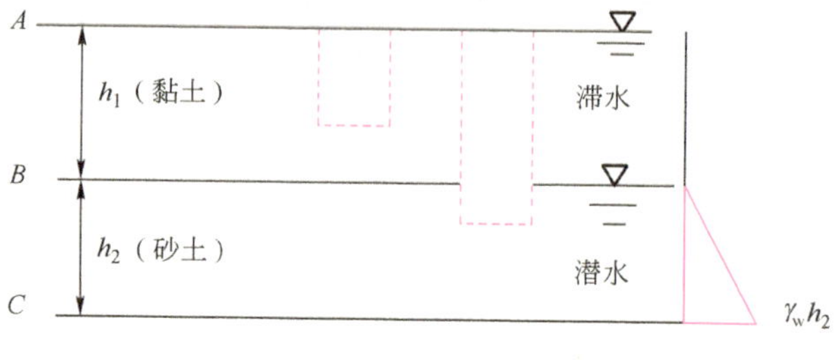

图 1　滞水和潜水中的孔压分布和浮力

有趣的是，这时在黏土层中基坑支护结构上的水平方向土压力，采用水土合算与水土分算其结果是相同的，同时应当采用相同的强度指标。因而在这种情况下，黏土中水土压力采用合算，砂土中水土压力采用分算是符合有效应力原理的。

（二）层间水与承压水中的浮力

关于层间潜水与承压水中的浮力，关键要根据渗流确定。一般来讲，在砂土中，浮力只由本层水的测管水头决定，而黏土层中水压力或浮力则与相邻土层中的水位有关。图 2 是黄文中的例子。

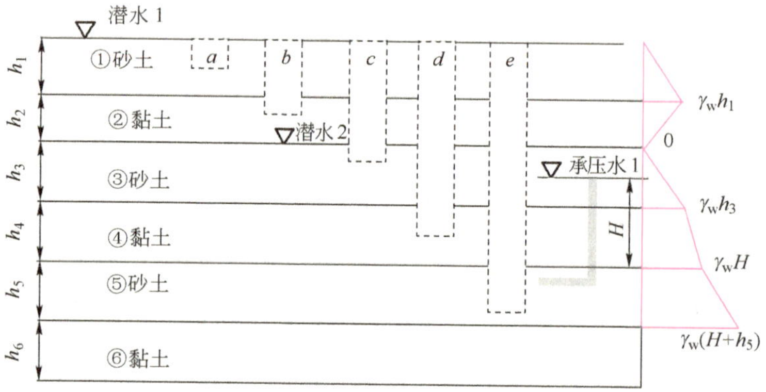

图 2　几层水情况下的孔隙水压力分布与浮力

本人认为：

（1）地下结构底部在砂土层①中时，因为下部为黏土层，透水性小，在砂土中垂直渗流的水头损失可以忽略，浮力按静水压力计算；

(2)当它处于黏土层②时，浮力在 $\gamma_w h_1$ 与 0 之间线性内插；

(3)当它处于砂土层③时，浮力与潜水 1 无关，根据潜水 2 的静水压力计算；

(4)当它处于黏土层④时，浮力既与潜水 2 有关，也与承压水 1 有关，按上下边界的水压力线性内插；

(5)当它处于砂层⑤时，浮力只与承压水 1 有关，上部水压力为 $\gamma_w H$，以下按静水压力递增。

黄文中的关键问题是认为在黏土中，浮力(或者孔隙水压力)要乘以一个贯通孔隙率 k，或者乘以孔隙率 n。这是有悖于有效应力原理的，同时这样计算在各土层之间的界面处的孔隙水压力分布会出现不连续，发生突变，无法用达西定律解释。将孔压乘以“贯通率”的做法已经涉及太沙基的有效应力原理适用性问题，应当慎重。

值得注意的是，在情况(4)中，尽管基底没有达到含承压水的砂层⑤，但是底部受到承压水的顶托，浮力不能按潜水 2 的静水压力计算。在类似的情况下，可能出现如图 3 所示的情况。这时除了按照图 2 进行地下建筑物抗浮验算外，尚需验算这种情况

$$G+\gamma_{sat}HA \leqslant \gamma_w H_w$$

亦即连带建筑物以下的黏土一起被浮起的情况。

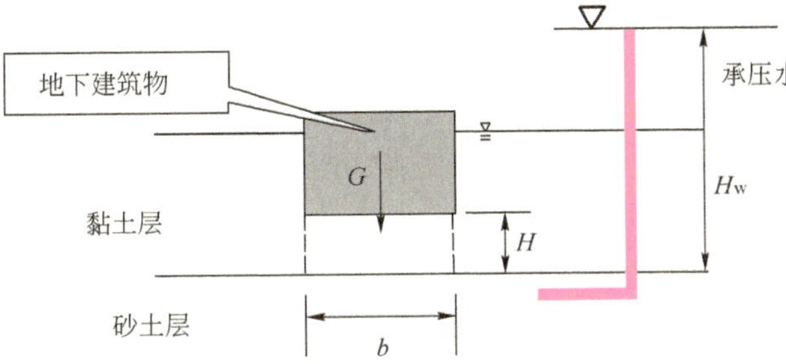

图 3　承压水砂层以上的建筑物抗浮问题

(三) 有待讨论的问题

关于黏土中的孔隙水压力及其渗流问题，在实际试验和工程中尚有一些问题，那就是有时渗流存在“初始水力坡降”问题、孔压的传递滞后问题、孔压传递的折减问题等。理论和实践都已经证明[1]，土的有效应力原理对

[1] Robert D Horltz, William D Kovacs. An Introduction to Geotechnical Engineering. New Jersey: Printice-Hall, Inc. Englewood Cliffs, 1981.

于砂土和黏性土都是适用的，但是在静水情况下的浮力确实尚存在一些有待研究解决的问题[1]。

三、关于浮力计算的其他问题

（一）关于侧壁摩阻力

当地下室有向上浮起的趋势时，土对侧壁的摩阻力是向下的，有利于抗浮。尤其是地下室施工采用地下连续墙或者沉井时，原状土与外墙间的摩阻力可以充分发挥。但是这种"负摩阻力"比一般的正摩阻力要小，同时，它的发挥需要一定向上位移，所以一般只是作为安全储备，设计时不予考虑。

（二）饱和黏土中浮力的时效性

在饱和黏土，特别是饱和软黏土中，如果地下室与地基土间没有排水设施，当地下室有上浮趋势时，会在地基土与外墙间发生负的孔隙水压力，负孔压有利于抗浮。但是随着时间的延续，负孔压会逐渐消散，它不能被用作永久建筑物的抗浮力，但是在地下室封底到上部结构建成这段时间里是可以考虑利用这种负孔压的。

（三）地下室施工的肥槽填筑

地下室的肥槽需要回填，如果回填松散，或者用砂石料回填；或者基底以下采用砂石垫层，这样降雨或者积水会将肥槽充满水，并且没有设置排水设施，这时，不管地下水如何，地下建筑物都要从积水的自由水面计算浮力。

（四）永久排水

采用可靠的永久排水措施除了防止地下室漏水以外，还会大大降低建筑物基础的浮力，但需要确保其长期可靠性。

四、结论

（1）地下水的浮力与地下水的赋存形态及地下水的运动有关，这时应当

---

[1] 张彬，李广信，杨俊峰. 地下水浮力作用机理模型试验设计与实施. 岩土工程技术，2006，20(3)：128-131.

通过渗流计算分析确定；

(2)将孔隙水压力和浮力用土的孔隙率 n 进行折减是有悖于饱和土体的有效应力原理的，没有理论根据；

(3)在浮力计算中，侧壁摩擦、饱和黏土的负孔压、永久排水设施等有利于抗浮，而填筑不好的肥槽、砂石垫层及地下室外墙与地基土间裂隙等可能产生很大的浮力。

第21讲 关于“湖北省公安县虎渡河严家台复堤裂缝及散浸成果分析”的讨论[1]

《岩土工程师》2000年第2期发表的“湖北省公安县虎渡河严家台复堤裂缝及散浸成果分析”一文（以下简称原文）对于严家台复堤的裂缝和散浸的原因进行了分析，其中有些问题值得商榷。

（1）原文对于“浸水不均匀沉降”的分析，认为是堤身在水位上升浸水后土体的自重应力从天然重度变成饱和重度，自重应力增加导致了不均匀沉降。我们知道，根据有效应力原理，是有效应力决定了土的强度与变形，水位上升，土体的总应力增加（由天然重度增加到饱和重度），在浸润线以下土体的有效应力是减少的（由天然重度减少为浮重度）。实际上，在原文中所谓的 n 点的有效应力的变化是减少的。

亦即

$$\sigma_0 = (H - h_w)\gamma_0 + h_w\gamma_{sat} \quad （浸水前）$$

$$\sigma_1 = (H - h_w - \Delta h)\gamma_0 + (h_w + \Delta h)\gamma' \quad （浸水后）$$

这样，浸水前后 n 点的自重应力较少了

$$\Delta\sigma = (\gamma_0 - \gamma')\Delta h$$

式中：γ_0——天然重度；

h_w——浸润线以下的高度；

Δh——水位上升高度。

因而从有效应力进行分析，靠近河水一侧的堤身是卸载，应当回弹。那么为什么这一侧反而发生沉降，造成堤身开裂呢？本人认为这是由于堤身粉质黏土遇水湿陷所致。原文描述“山冈黏土（粉质黏土）”及“部分土体甚至几乎是干燥状态”，以这样的土筑堤，压实度不可能高，其浸水湿陷是十分

[1] 原文刊于《岩土工程师》2000年第3期.

严重的，因而沿河一侧的堤身浸水湿陷，造成堤身开裂。

(2)奇怪的是，在原文中关于“复堤邻水面的侧向变形”分析中，原文作者又突然清醒了，即用有效应力进行计算，浸润线以下的土自重用浮重度计算。让人不解的是，作者们似乎并不是不懂有效应力原理，而是为了解释某种特定的现象，采用了实用主义和自欺欺人的做法，如果这样，则是极不严肃的。因为作假比无知更不可原谅。

目前，新编的土力学教材多如过江之鲫，各有其特色，但也确有以讹传讹，甚至改正为误的情况

第22讲　关于土体的自重应力[1]

《岩土工程界》在其岩土论坛栏目中开展了有关本科土力学教材中一些概念的讨论，自2003年始，已陆续进行了5年。挑战者为陈津民先生，应战者多人，你来我往，也有若干回合了。

应当说，本科土力学课程是介绍土的基本知识，其教材经几十年千锤百炼，基本已成经典。近年来，土力学教材如雨后春笋般出版，大多数是在前人的基础上编排和修补，有些针对特定的专业和学生水平，有的试图增加一些新的内容，也可说各有特色，但也确实有以讹传讹，甚至改正为误的情况。

与其他力学相比，土力学中深奥的理论和公式不多，只要掌握了一些基本的数理知识就不难理解其中的理论，甚至不难编一本书。但是要编写一本概念准确，逻辑和数理无(或极少有)误，并有特色的教材也绝非易事。这需要作者对土性的深刻理解，丰富的试验知识，扎实的数学与力学功底，还需要认真的态度和"十年磨一剑"的精神。所以近年出版的教材中，堪称经典的不多。松冈元编写的《土力学》[2]很有特色，概念准确，也具有较强的可读性，体现了大师的水平。

陈津民先生有较强的数理功底，他主要以清华大学陈仲颐教授等编写的《土力学》[3]为对象，提出了不少问题；也对国内的土力学教材"吹毛求疵"，提出了有时是很尖锐的批评，这就在一直平静的土力学教材领域中掀起了一阵波澜。"风乍起，吹皱一池春水"，是很有趣和有益的事，但在讨论中也反映出他对土力学试验的知识了解不够。在这种"交锋"中，能够相互切磋，取长补短，澄清概念，加深理解，所以希望高校的土力学任课老师和岩土工程技术人员都能够认真读一读这些讨论的文章。5年来的论战，参战者

---

❶ 原文刊于《岩土工程界》2008年第9期.

❷ 松冈元. 土力学. 罗汀，姚仰平，译. 北京：中国水利水电出版社，2001.

❸ 陈仲颐，周景星，王洪瑾. 土力学. 北京：清华大学出版社，1994.

基本保持着平和的态度，避免攻击性和批判性的语言，使讨论进行得很正常，这也是值得提倡和称道的。陈文中的一些提法，如“没有发现表达正确的土力学教科书”❶，“完全正确的一本也没有”❷，似有些绝对，但这也可能是一种战术，即以期引起重视和应战。

最近，本人又精读了这些讨论文章，在学习中又有一些体会，同时也觉得有些情况需要说明，就将这些学习收获陆续写出来，希望得到同行和老师们的批评和帮助。

大约2003年初，沈珠江先生拿给我一篇陈津民先生批评我校土力学教材的文章❸，可能是《岩土工程界》编辑部征求意见的稿件，我看过后认为有些质疑和意见是值得讨论的；况且我们也不能学阿Q不许别人批评，这种讨论文章不能要求都正确，“文责自负”，能够引起讨论就是有益的。文章发表后，果然引起一些人的重视，《土力学》的作者之一周景星老师与我进行了讨论，交流了意见后分别发表了我们的讨论文章❹❺。可见，关于土自重应力的定义和计算二者的意见是不完全一致的。

（一） 关于自重应力的三种意见

这里讨论的土体的自重应力，主要是半无限地基土中的自重应力。因为天然土坡、填方堤坝、开挖的基坑中的自重应力十分复杂。对于地下水与地面齐平的均匀土体，关于自重应力的意见有3种。

（1）文献❺认为自重应力是有效应力，用浮重度计算，对于水面与地面齐平的均匀土地基，自重应力表示为式（1），并且解释了用有效应力定义自重应力的原因、优点和历史，以及与国内外的大部分教材的一致性。

$$\sigma_z = \gamma' z \tag{1}$$

其中，z为地面以下的深度。

（2）文献❸认为自重应力应定义为总应力，在上述情况下，应当用饱和重度计算，见式（2）。

$$\sigma_z = \gamma_{sat} z \tag{2}$$

---

❶ 陈津民. 饱和土的有效应力. 岩土工程界，2006，9(11)：21-22.

❷ 陈津民. 土力学中的e、a、E_s. 岩土工程界，2005，8(2)：15-16.

❸ 陈津民. 土中的应力——错误的自重应力计算公式. 岩土工程界，2003，6(9)：22-23.

❹ 李广信. 土体、土骨架、土中应力及其他——兼与陈津民先生讨论. 岩土工程界，2005，8(7)：14-17.

❺ 周景星，王洪瑾. 也谈土中的应力——兼答陈津民先生文章“土中的应力——错误的自重应力计算公式”. 岩土工程界，2005，8(7)：18-21.

(3)文献[1]认为可以分为总自重应力和有效自重应力两部分，二者的关系如式(3)，有时也可分别用式(2)和式(1)计算。

$$\sigma'_z = \sigma_z - u \tag{3}$$

(二) 几种情况的分析

将自重应力简单定义为有效应力或总应力有一定的片面性。由于地下水的赋存形式十分复杂，有时式(1)和式(2)不能正确计算自重应力。

在图1a)中，由于黏性土中的地下水实际是滞水，其中水压力 $u=0$，所以用式(1)计算的有效自重应力是不对的。分别用式(2)和式(3)可以得到其有效自重应力与总自重应力相等，即 $\sigma'_z=\sigma_z-u=\gamma_{sat}z-0=\gamma_{sat}z$。

在图1b)中，黏性土层以下有承压水，用式(1)计算自重应力同样不对，用式(2)和式(3)计算得到 $\sigma_z=\gamma_{sat}z$，$u=z\gamma_w(1+h/h_1)$，$\sigma'_z=z(\gamma'-\gamma_w h/h_1)$。

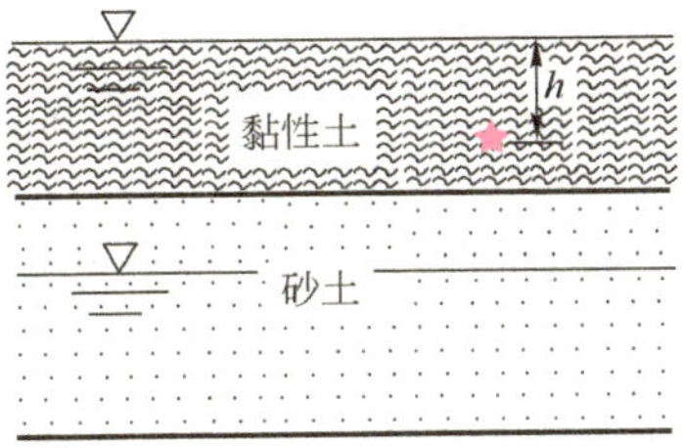

a) 地下水为滞水

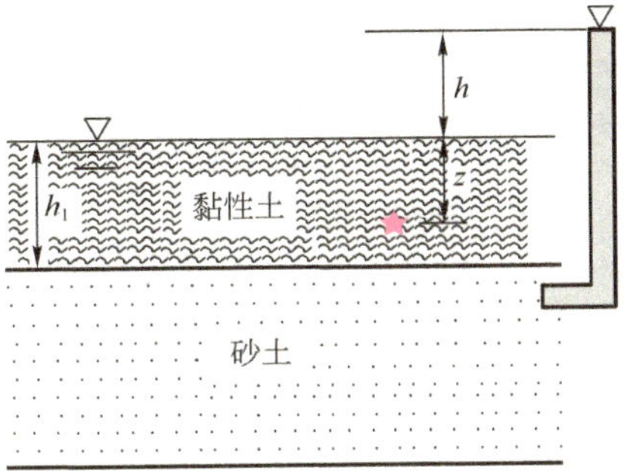

b) 地下水为承压水

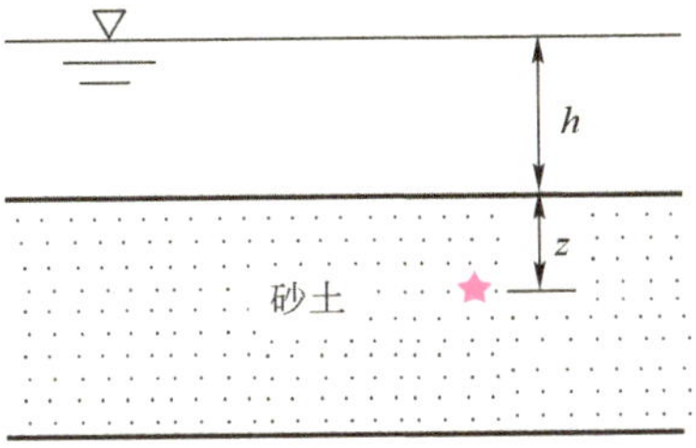

c) 地面有积水

图1 三种地下水状态的自重应力

在图1c)中，地面以上有深度为 h 的积水，直接用式(1)计算 z 深度的有效自重应力比较方便，而在地面以下 z 深度处的总自重应力似乎为式(4)而不是式(2)，这只能理解为地面上的水也会在土内产生自重应力。

[1] 李广信. 土体、土骨架、土中应力及其他——兼与陈津民先生的讨论. 岩土工程界，2005，8(7)：14-17.

$$\sigma_z = \gamma_w h + \gamma_{sat} z \tag{4}$$

$$\sigma'_z = \sigma_z - u = \gamma_{sat} z + \gamma_w h - \gamma_w (z + h) = \gamma' z \tag{5}$$

陈津民先生在《饱和土渗流固结的基本概念——兼评 Biot 固结理论》中也将自重应力区分为有效和总应力两种，这说明通过讨论彼此的观点在接近。

（三） 另外一点意见

此前高大钊著的《土力学与基础工程》认为由于液性指数 $I_L<0$ 的黏性土不能传递静水压力，土体不受浮力作用，所以其有效自重应力为 $\sigma_z=\sigma'_z=\gamma_{sat} z$，这种观点在最近出版的教材中十分普遍[1][2]。因为完全不透水的土是不存在的，在图 1b）中的黏性土受到承压水的作用，其浮力（扬压力）甚至使该土层发生流土（突涌），所以这种计算要慎重。

（四） 关于附加应力

土体的附加应力也不能简单的定义为由建筑物荷载所引起，基坑开挖（负的附加应力）、人工降水（正的附加应力）、地基土的干湿和温度变化、地震等外部的作用也会引起附加应力。同时，自重应力和附加应力的区分有时要取决于时段。例如，堤坝填方工程的自重在施工和竣工初期在地基中引起的为附加应力，而在运行期间则成为土体的自重应力。

附注：本文发表后，由《岩土工程界》转来陈津民先生的一份稿件，主要讲了三点：一是当时他的文章由沈珠江院士征求我的意见时，我同意他的一些意见，并支持其发表，据他称："李老师有恩于我。所以文章[3]发表后，我不愿和李老师公开争论，保持三年沉默"；二是本文既未同意他的意见，也未同意周景星老师的观点，就是"给周老师和我左右开工（原文如此）打了三个耳光"；三是我开始是同意发表他的文章，支持过他的观点，后又认为自重应力可分为总应力和有效应力，因而指出我本人"善变"。

由于我支持过他的文章发表，陈先生就说我"有恩于"他，使我诚惶诚恐，他因这种"有恩"而不愿与我争论，真是始料不及。因为这可能使我在黑暗中又多摸索了 3 年。盲人骑瞎马，夜半奔深渊，喝彩者未必有恩，喝止者未必无义。批评者常常是挚友、诤友，所以陈先生原本不应由于我曾同意他

---

❶ 李镜培，等. 土力学. 北京：高等教育出版社，2008.

❷ 王铁行，等. 土力学. 北京：中国电力出版社，2007.

❸ 李广信. 土体、土骨架、土中应力及其他——兼与陈津民先生讨论. 岩土工程界，2005，8(7)：14-17.

的某些观点而在争论中却步。

我对陈先生虽仰慕已久，但似乎从未谋面，说我打了他的“耳光”，岂不冤哉；周景星老师也是我十分尊重的师辈，竟说我打了周老师“三个耳光”，这种欺师灭祖的行为，实为佛法不容，也非有教养者所为。对于他这种凡是别人发表了不同意见，就认为是打了耳光的看法，实难苟同。

另外就是陈先生认为本人“善变”，即开始时认为自重应力以“总应力定义为好”，然后又认为应分为总自重应力与有效自重应力。

以往土力学教材都是以有效应力定义自重应力，陈先生提出异议，我认为是有一定道理，在后来的文章中我已经指出：“与周景星老师进行了讨论，交流了意见”，最近本人又研读了不同人的讨论文章，在学习中有一些体会。在这些交流和学习中吸收两种观点的意见，修改原来的看法，是十分正常的，这种“善变”也是值得提倡的。子曰“就有道而正焉”，乃是好学的君子。认为自己一言九鼎，句句是真理，未必是智者。在争论中明辨是非真理，是十分有益的，无所谓“丢面子”。

陈先生承认自己“对土力学只懂一点点”，可似乎说出的话又从来没有错。例如“没有发现表达正确的土力学教科书，”“完全正确的一本也没有，”这些说法这就有些绝对了，颇有些“斯人不出，奈苍生何”的意思。

第23讲 关于土力学中的正负号❶

与其他力学相比，土力学是一门十分“感性”的学科，亦即是基于试验和经验的学科，也可以说是一门很“土”的力学。这主要是源于土的特性和实际土工问题条件的复杂性，使经典的力学用于土时，常常附加很多假设或本身被改造，所以土力学的计算极少与实际精确地符合。这就使一些岩土工程技术人员往往忽视理论和不求精细与准确，这种作风也影响了土力学教学和教材，常常可以发现名词术语的不准确、数学表达和推导不严密的情况。但是土性的复杂性和土工问题的近似性不应成为教材中基础知识错误的屏蔽，一些很“低级”的错误也反映了目前的学风问题，老一代专家的著作就比较严谨，这种错误极少。不管学科如何特殊，既然使用数学和力学的理论工具，就必须遵守其游戏规则，也必须服从不可违背的基本原理。

陈津民先生在“错过八次正负号的正确解”❷一文中对某教材❸的一维固结理论公式的推导中的正负号进行了分析，指出其连续错了8次，由于负负为正，最后的结果竟是对的。文章的意见很重要，值得重视，这种错误在土力学教材中并不少见，建议作(编)者们仔细检查一下教材中的正负号，错误的在再版时改正。陈文关于向量的正负号总结了以下3种情况：

(1)以图示指向和真实方向比较，方向相同为正，相反为负；

(2)以坐标系为标准，和坐标轴方向一致的为正，反之为负，以坐标轴为标准的一般不画假设方向；

(3)以定义为标准，如弹性力学定义拉应力、拉应变为正，而岩土力学定义压应力、压应变为正。

---

❶ 原文刊于《岩土工程界》2008年第11期.

❷ 陈津民.错过八次正负号的正确解.岩土工程界，2004，7(4)：14-15.

❸ 东南大学，浙江大学，湖南大学，苏州科技学院.土力学.北京：中国建筑工业出版社，2001.

这些规则是很重要的，除陈津民文献中指出的以外，土力学中还涉及其他方面的正负号。

（一） 三维状态下应力的正负号

正如陈津民文中所说，在直角坐标系中，弹性力学中规定正应力以拉为正，在正面上（外法线方向与坐标方向相同）与坐标方向相同的正应力和剪应力为正；在负面上与坐标方向相反的正应力和剪应力为正，所以可见 τ_{xy} 和 τ_{yx} 是同号的[1]，见图 1。

在土力学中，由于规定压应力为正，同时为了进行土与结构共同作用的数值计算，最好是不改变坐标方向。为了使弹性力学的基本公式与解答仍然适用，则其剪应力的规定变为：正面上正应力和剪应力与坐标轴反向为正[2]，负面上则相反，见图 2。

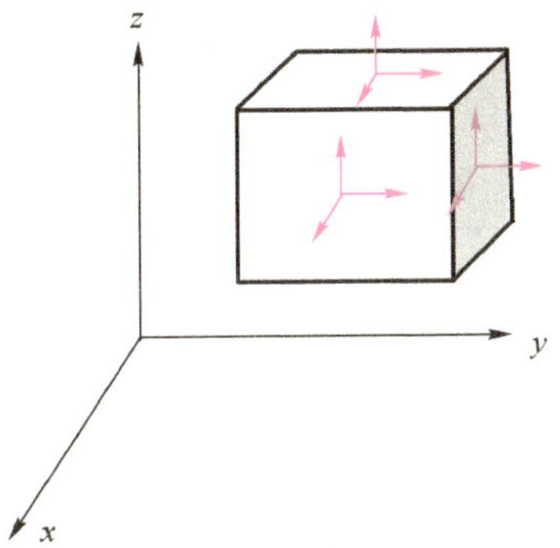

图 1 弹性力学中的坐标与应力的正方向

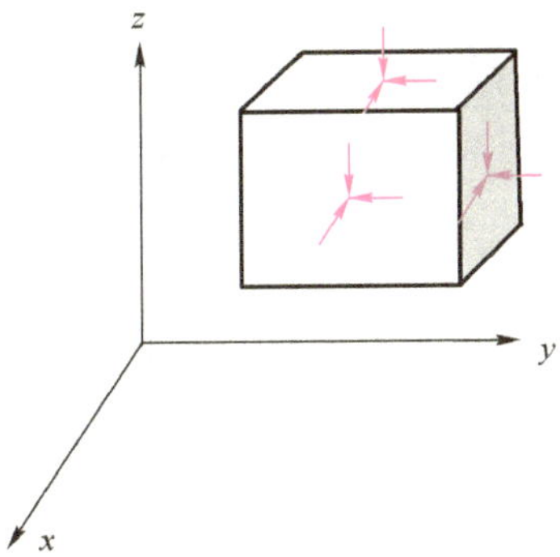

图 2 文献[2]规定中的应力的正方向

另一种方法是将竖向坐标 z 反向，仍采用右手坐标系，在其正面上正应力与剪应力也是与坐标反向为正[3]，与图 2 没有区别，所以弹性力学的解答也不变，见图 3。

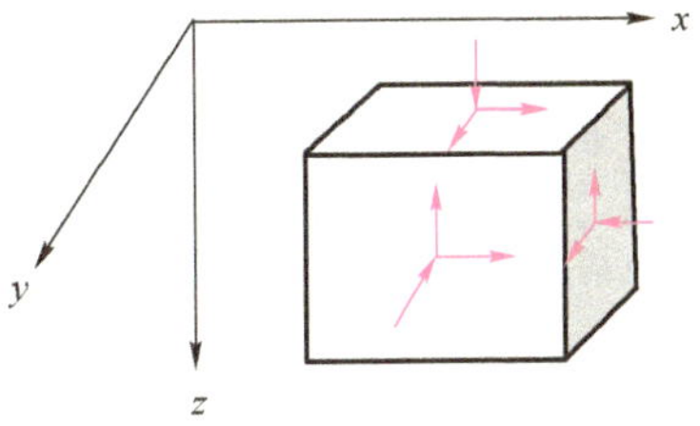

图 3 文献[3]规定的应力正方向

但是有的土力学教材将竖向坐标反向，而规定以拉应力为正，如图 4 所示，而其弹性力学的解答（布辛尼斯克解）不变，这就错了。

另一种规定压应力为正，将三个坐标

---

❶ 陆明万，罗学富. 弹性理论基础. 北京：清华大学出版社，1990.

❷ 李广信. 高等土力学. 北京：清华大学出版社，2004.

❸ 高大钊. 土力学与基础工程. 北京：中国建筑工业出版社，1998.

全部反向，其规定的剪应力正方向如图 5 所示[1][2]。这样在其正面上剪应力以与坐标同向为正，但正应力则是相反为正，相应的弹性力学解答要经过判断确定正负号。同时，这种简图画法是不合适的，在没有特别指定的情况下，应当保证所画图的 x、y、z 指标是正号，增量也应当从图中看是正号才对。按图 5 画法，从图中看单元体的 x 坐标是负的，亦即应当把单元体画在第一象限。

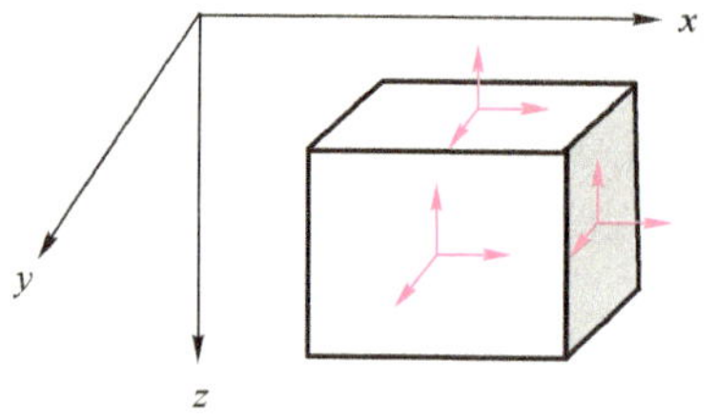

图 4　某教材规定的正方向

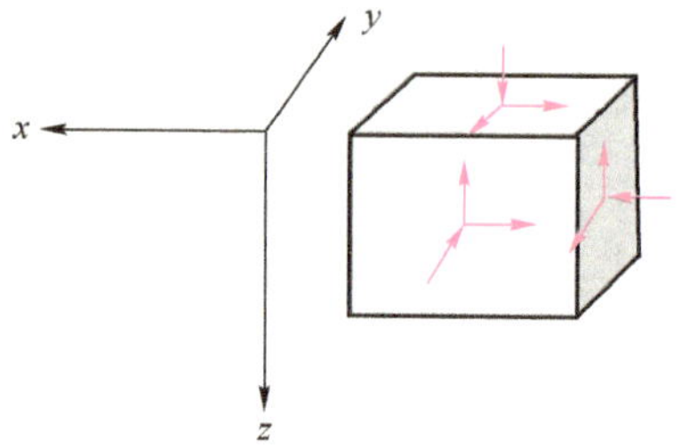

图 5　文献[1]规定的正方向

（二）平面状态下应力莫尔圆中的正负号

对于平面应力（变）问题，材料力学使用莫尔圆时，规定正应力以拉为正，规定剪应力以从该作用面的外法线方向顺时针旋转为正，所以 $\tau_{xz}=-\tau_{zx}$。在土力学中规定正应力以压为正，则剪应力以从外法线逆时针旋转的方向为正[3]，见图 6，这样，原来的莫尔圆及其规则都可以应用。而对此的正负号标注错误的教材也不罕见。

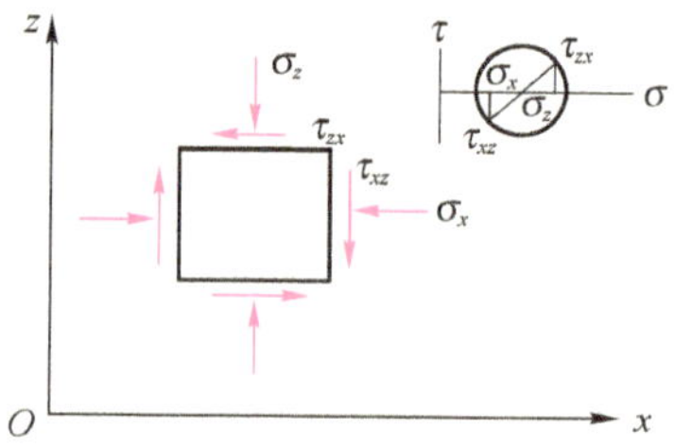

图 6　平面应变下应力的正方向

（三）模量的正负号

如果说，上述对于向量的正负号错误是由于疏忽，那么模量的符号错误就是根本的问题。而有时这种错误又似乎有试验依据。例如，三轴试验中，由于密砂具有剪胀性，所以轴向应力 $\sigma_1-\sigma_3$ 增加，平均主应力 p 也增加，而其体积在膨胀（体应变增量为负），所以有人主张在 Duncan-Chang 模型中

---

❶ 龚晓南. 高等土力学. 杭州：浙江大学出版社，1996.

❷ 东南大学，浙江大学，湖南大学，苏州科技学院. 土力学. 2 版. 北京：中国建筑工业出版社，2005.

❸ 李广信. 高等土力学. 北京：清华大学出版社，2004.

使切线体积模量为负(或者泊松比大于 0.5),可以计算这种体胀。另有一个强夯加固碎石土的卸载—再加载试验,其报告竟然是模量小于 0。

在土力学中使用广义的虎克定律比较普遍,但是必须遵循其基本规则,其底线是弹性(变形)模量和体积模量大于 0,或者泊松比不大于 0.5,否则就会出现施加压应力增量,在应力方向上产生拉应变,或者施加一个各向等压增量,土体会膨胀,亦即产生了能量,果真如此,就彻底解决了能源问题,但这是不可能的。

上述在前一个例子中,体胀是剪应力产生的,而这种剪胀不能用增量广义虎克定律描述,即其超越了该理论的工作范围。后者是由于碎石试样极其密实,卸载—再加载模量极高,测试仪器精度不够,测试的读数少,再加载时,后一个位移读数稍小于前一个,就“如实”记下,以此计算出负的模量,就在基本理论上犯了严重错误。

第24讲 关于沉降计算中的孔隙比 e

关于土一维压缩试验中的竖向应变或者体应变计算式中的 $1+e$ 的取值问题，陈津民先生先后发表了4篇文章，相应的讨论文章也有3篇，可见争论之激烈。

在"土力学中的'糊涂爹'"一文中，陈津民先生先指出了陈希哲先生编写的教材《土力学地基基础》(第3版)中的下式是错误的

$$\Delta V=\frac{\mathrm{d}e}{1+e}\mathrm{d}x\mathrm{d}y\mathrm{d}z \tag{1}$$

这个公式除了将有限增量与微元长度混淆以外，最重要的问题是其分母中的孔隙比 e 不应是变量，而应是试样的初始值，其基础就是在定义工程应变时，其分母为试样的初始长度 l_0，或者初始高度 h_0，这在土力学界也是没有疑义的，后来王运霞和苏彦老师的意见也是如此。但没有料到争论会继续了几个回合，后来的焦点成为用 e_0 还是用 e_1。陈文认为用 e_0 是正确的，用 e_1 是错误的。对于这个问题的讨论，周景星老师的文章是很准确和全面的[1]。讨论中也可看出陈津民先生对于土工勘察和试验方法还不够了解。

(一) 是 e_0 还是 e_1

如上所述，地基沉积计算中，原位土体在一维压缩的附加应力作用下的竖向应变(或者体应变)定义和计算为

$$\varepsilon_z=\frac{\Delta h}{h_0}=\frac{-\Delta e}{1+e_0} \tag{2}$$

其中，h_0 为土体初始高度，所以 e_0 为土体的初始孔隙比。

在重塑土的三轴试验中，计算轴向应变 ε_a 时所用的初始高度是取制样后试样的高度 h_0，而不能取试样固结后的高度 h_c，因为固结应力 σ_c 是各不

---

[1] 周景星. 也对基础沉降计算中的 e、a、E_s 谈点看法. 岩土工程界，2006，9(4)：16-19.

相同的。但是绘制应力应变关系曲线时，所用的应力则需随时修正截面积。例如，密砂试样的轴向应变 $\varepsilon_1=10\%$，体应变 $\varepsilon_v=-5\%$（剪胀），则截面面积增加了 17%，不修正会使曲线失真，甚至不能反映应变软化现象。

式(2)在理论上是没有异议的，但是在土工问题中，计算沉降主要是针对黏性土（砂土的变形很小），因而原状黏性土试样在原位土层中的 h_0（或者 e_0）需要通过取样测定。对于饱和黏性土，如取样后保持其体积不变（亦即 e_0 不变），其应力路径如图 1a）所示❶，亦即从 B 点变化到 C 点。

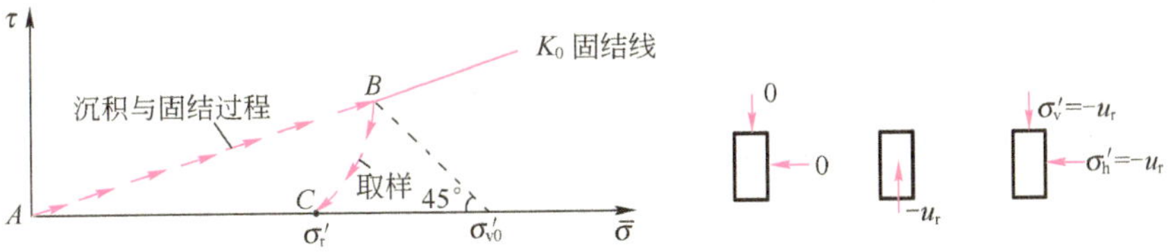

a）正常固结黏土沉积与取样过程的有效应力路径　　b）饱和原状土取样后的应力状态

图 1　黏性土取样过程的应力路径与应力状态

图中 $\bar{\sigma}=(\sigma_1+\sigma_3)/2$，$\bar{\tau}=(\sigma_1-\sigma_3)/2$，$\sigma'_{v0}$ 是原位的上覆有效竖向压力，由于取样过程总应力是卸载，并且从 K_0 固结状态变到各向等压状态，如果体积保持不变，则试样中需要有负孔压 u_r，从而使试样的有效应力 $\sigma'_r=-u_r$。这样在图 1b）中，总应力为 0，（超静）孔隙水压力为 $u_r<0$，有效应力 $\sigma'_r=-u_r$。

这就是陈津民文中所说的"零应力状态。即 $p=0$，其高度 h_0，孔隙比 e_0，即初始状态。"但尽管其孔隙比 e_0 等于初始孔隙比，但是土样的三维尺寸也已经不是"初始状态"了。

这种体积不变，或者 e_0 不变的理想情况，需要极苛刻的条件：

(1)试样为完全饱和黏土；

(2)精细的取样技术和设备，保证试样不扰动、均匀、无缺陷；

(3)取样后快速结束试验(5～15min)，以免发生水分蒸发和表面干燥；

(4)取样深度很小，因为 $|u_r|<p_a$，p_a 为大气压。

实际上，负孔压 u_r 的绝对值应远小于 p_a。在如图 2 所示的非饱和土土水特征曲线中，如果没有严格的密封措施，当 $|u_r|>(u_a-u_w)_b$，亦即负孔压大于其进气值时，试样就会发生进气回弹，不能保证体积不变。

可见，保持体积不变是相当不易的。我国的勘察单位在测定饱和黏性土的不排水抗剪强度时，常常是将试样先在压力室中用相当于有效原位压力的条件下固结，使其体积与原位情况接近，这就是 e_1。同样在单向压缩试验中，也是用原位压力作 p_1，对应孔隙比为 e_1。由于卸载一再加载，尽管 p_1

❶ 李广信. 高等土力学. 北京：清华大学出版社，2004.

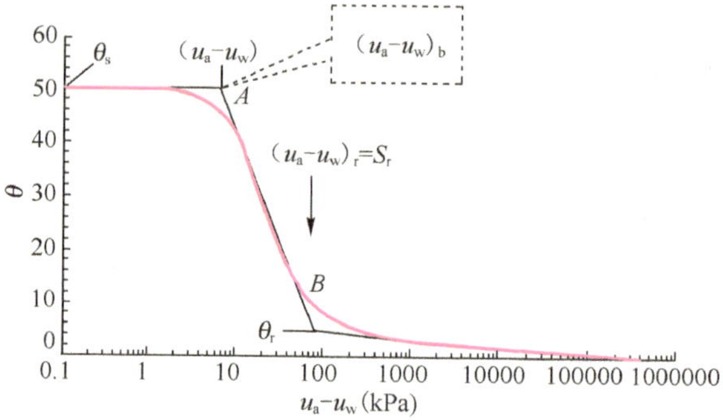

图 2　黏土的土水特征曲线

等于有效原位压力，e_1 也不完全等于 e_0，如图 3 所示。所以在土力学教材中，e_0 表明的是理论（原位）值，或者假设取样不回弹的数值；e_1 是用有效原位压力再压缩时数值，假设 $e_1=e_0$。实际上二者均有应用，也都有误差。

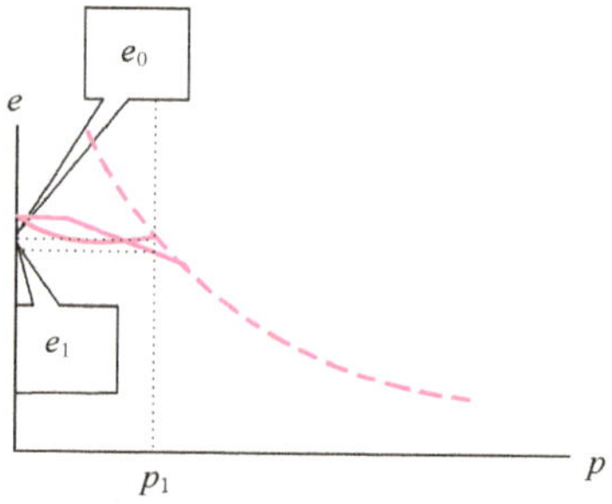

图 3　取样回弹—再压缩示意图

以此看来，陈津民先生认为使用 e_1 就是错的，并且断言在这方面“没有发现表达正确的土力学教科书”，就有些绝对了。

（二）关于清华大学出版社的两本土力学教材

陈津民先生对清华大学出版社出版的两本土力学教材进行了较多的质疑，一本是由陈仲颐教授等编写，1994 年出版的《土力学》；另一本是陈希哲先生编著的《土力学地基基础》，1998 年第 3 版。

前者是目前国内本科土力学教材中内容最丰富的版本，老一辈教授们学风严谨，编写中投入了很大的精力，反复对照比较国内外各种版本的教材，其基本概念比较准确，错误也较少，是十多年清华大学本科生一直使用的教材。但是正如编者之一的周景星老师诚恳而幽默的说法，其距离陈津民先生要求的“完美的境界”还很远[1]。陈津民先生的多次质疑，使我们发现了一些值得进一步锤炼推敲的地方，这是非常有益的，也是应当十分感谢的。

后者的作者是陈希哲先生，陈津民先生对于这本由“名校、名教授”所编的书中的错误表示惊诧。正如陈津民先生所言，作者已经故去，不宜再议其短长。但是既然涉及了“名校”的声誉，不得不说几句话。

---

[1] 周景星. 也对基础沉降计算中的 e、a、E_s 谈点看法. 岩土工程界，2006，9(4)：16-19.

首先陈希哲先生并不是教授，更不是“博导”，也不是“名教授”。他也没有做过我校任何一个博士、硕士研究生的指导教师。“文革”期间开门办学时，为了适应工农兵学员的水平，任课教师们对我校原土力学教材和讲义进行了精简，增加了较多实例，逐步形成了一套《土力学地基基础》讲义。陈梁生先生也参加了对“工农兵学员”的教学工作和“开门办学”，上述讲义也是他主持编写的。陈希哲本人并没有参加上述工作。“文革”以后，陈希哲归队，负责当时在城里的电视班的教学，急需教材，教研组请他利用为工农兵学员编写的讲义，进行补充修改，这就成为他出版的教材的初稿，后交清华大学出版社，于 1982 年出版了第一版的《土力学地基基础》。首先，此稿是在特定的条件下为“工农兵学员”编写的，陈希哲本人并没有参加原始讲义的编写，这就有一个知识版权的问题。另外教研组的老师们认为该书内容过于粗浅，会使人误以为其是清华大学的本科教材；同时摘抄其他教材的内容较多，正式出版影响不好。但是当时书已经印出来了，这引起其他教师的不满，于是陈希哲离开了土力学教研组和教师序列，到清华勘察所工作。对于“文革”以后的我校的本科生，土力学课程开始使用的是华东水利学院钱家欢等编写的《土力学》，1994 年以后使用的是陈仲颐教授等编写的《土力学》，土木、水利两系的本科生从来没有使用过陈希哲的那本书。

由于当时正式出版的专业教材和图书极少，该书以其浅显、直观和实例见长，受到了校内外广泛的欢迎，不但许多高校使用它作为教材，而且工程技术人员也很欢迎。存在即是合理的，陈希哲老师的书印了十几万册，对土力学地基基础的普及起到了积极的作用，也是不能简单否定的。清华大学出版社也很重视该书，于是 1989 年第二版、1998 年第三版、2004 年第四版陆续发行。该书确有不少错误和不足，我们也对出版社讲过。在陈希哲故去以后，出版社建议我们修改再版，但鉴于上述渊源，我任教研室主任期间，不同意其他教师插手该书，后来也不知出版社找什么人改的版。所以此书并不代表清华大学的土力学水平，幸勿误解。但人已故去，对于已经没有答辩能力的作者，陈津民先生的“进行血淋淋的解剖”，就有些不够忠厚了。

第25讲　关于有效应力原理的讨论

以陈津民先生为主，围绕着有效应力原理解释问题的讨论文章共有三篇，还有一篇涉及该原理本身的文章，可见也是一个热门。

有关有效应力原理的解释和推导，针对当前国内土力学教材，陈津民先生主要提出以下3个方面的问题：

(1)隔离截面的选取问题；

(2)颗粒间采用接触力还是接触应力；

(3)截面上的接触力与孔隙水压力的作用方向问题。

陈津民先生文中对于以上3个方面的问题的主要意见都是有道理的，它指出了目前一些教材在这一问题表述的不足之处。

关于隔离截面的选取问题，不同的教材有不同的做法，最简单的如图1所示❶。

由于实际土体的组构和力的传递情况极其复杂，而图1a)这种高度简化的示意图抓住了最基本的机理，忽略了细节，基本上可以把问题解释清楚，同时也没有任何力学上的缺陷。另一种方法是画出很多接触于同一平面上的颗粒，接触点法向均正交于该面，见图1b)。尽管其意思与图1a)相同，但是颗粒多了，反而更容易发现其排列的不合理性❷。

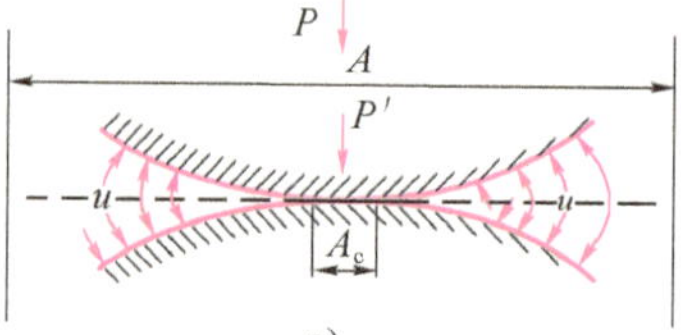

a)

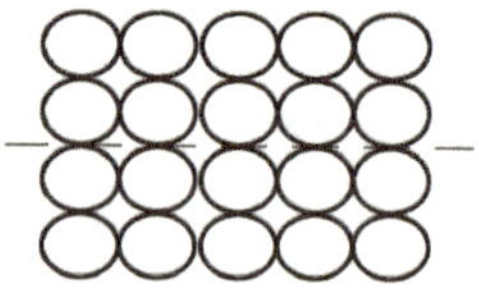
b)

图1　颗粒接触与有效应力原理示意简图

❶ R. D. Holtz, W. D. Kovacs. An Introduction to Geotechnical Engineering. London: Prentice-Hall International Inc., 1981.

❷ 赵成刚，等. 土力学原理. 北京：北京交通大学出版社，2004.

国内土力学教材最普遍的是画一个最短且通过各个接触点的曲线(面),如图 2a)N-N 线,这就存在着接触力和孔隙水压力的方向问题,不交代讨论的是与外荷载(一般是竖向)方向一致的分量,在力学上是不准确的。

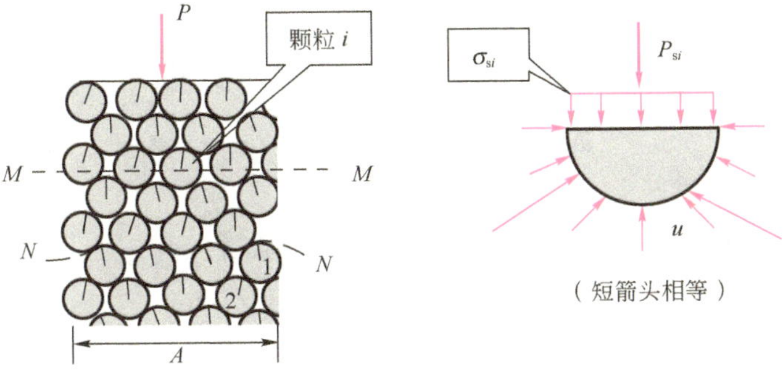

a) 穿过颗粒的截面 M－M　　b) 第 i 个颗粒的受力情况

图 2　穿过颗粒的截面与有效应力原理

其实,这样的一个曲面本身可以在宏观上近似于一个平面,因为对于一个宏观的土体,我们在讲某个面上的总应力、有效应力和孔隙水压力时,都理所当然地认为是作用于该平面上的应力,而没有再去追究在细观上此面应是什么形状,微观上应力是如何接触和传递的。即使是混凝土、钢材,我们所定义的某平面上的应力,微观上该平面也肯定也是要截断骨架的颗粒,或者通过晶格的空间,力的传递极其复杂,面上各点的应力都不会相同,如图 3a)所示,我们无需去追究它们,而很容易在宏观上理解。这也正是王运霞所说的"平均化以后的概念"❶,但是因为这里是在解释土的有效应力原理,所以必须要将颗粒与孔隙水间力的分担讲清楚,笼统地画一个平面是无法讲明白的。

在目前土力学教材中,还没有见到用切割所有遇到的颗粒的平面解释有效应力原理的方法,笔者试推导如下,见图 2。

图 2a)表示试样受到竖向外力 P 作用,水平面 MM 切割遇到的所有颗粒,试样总截面积为 A。图 2b)表示被平面切割的第 i 个颗粒,在其横截面上:P_{si} 为截面一侧与其他颗粒接触合力的竖向分量;A_{si} 为该颗粒截面上的面积;σ_{si} 为截面上的竖向正应力;A_{ci} 为与其他颗粒的接触面在水平方向上的投影面积。

考虑截面上各竖向力的平衡

$$\sigma_{si}A_{si} = P_{si} + u(A_{si} - A_{ci}) \tag{1}$$

---

❶ 王运霞. 关于饱和土的有效应力的讨论. 岩土工程界,2007,10(3):21-22.

由于颗粒间的接触面积很小，$A_{ci}\approx 0$，式(1)可以表示为

$$\sigma_{si}=\frac{P_{si}}{A_{si}}+u \tag{2}$$

对于各向同性的土体，当平面切割大量的颗粒情况下，MM 平面切割的孔隙面积为 nA，切割的颗粒面积为 $\sum A_{si}=(1-n)A$，其中 n 为土的孔隙率，则在 MM 平面上竖向力的平衡条件为

$$\begin{aligned}P&=(nA)u+\sum_{i=1}^{N}\sigma_{si}A_{si}\\&=nAu+\sum_{i=1}^{N}\frac{P_{si}}{A_{si}}A_{si}+u\sum_{i=1}^{N}A_{si}\\&=nAu+(1-n)Au+\sum_{i=1}^{N}P_{si}\\&=Au+\sum_{i=1}^{N}P_{si}\end{aligned} \tag{3}$$

式(3)的两侧除以面积 A，则得到

$$\sigma=\sigma'+u \tag{4}$$

其中，$\sigma=P/A$，$\sigma'=\sum P_{si}/A$，可见有效应力是一个虚拟的物理量，它代表截面通过的所有颗粒的接触力的竖向分量之和被截面总面积除。上面这种推导和解释的基础还是接触面积可以忽略，但是其中引入的颗粒截面应力竖向分量 σ_{si} 比较有意义，它并不是有效应力，从式(2)可见，当 $P=0$ 时，$\sigma_{si}=u$，亦即在深水下表层的土体，土粒的内部应力可能非常大，但是土体的有效应力为 0，土体没有变形(设颗粒不可压缩)，也没有抗剪强度。这对于学生理解有效应力是有益的。

土力学中的有效应力原理的概念非常重要，关键在于土的颗粒是肉眼可见的，土的变形量是明显的，土的强度是摩擦为主的抗剪强度，所以这种总应力与有效应力的划分就非常必要。其实，世界上物体的接触都是十分复杂的，图 3 表示的是两个非常“光滑”的固体表面接触的微观图示，由图 3a)可见，即使是非常光滑的表面，其实际接触也是点接触，其接触应力常常可达到材料的屈服应力，而外力同样是由接触点接触(应)力与吸附膜的流体压力共同承担，见图 3b)。也有类似于有效应力原理一样的机理，这就是为什么经过化学清洁以后的固体表面摩擦力明显提高的原因，而几乎所有的润滑无非是增加膜的面积和增加“孔隙油压力”的比例。但是在其他学科一般不涉及这种情况，还是笼而统之地分析问题。这是由于固体力学所涉及的都是连续介质，固体表面的接触问题一般不是主要问题。

如上所述，对于土体我们提到总应力和有效应力时，完全可以用一个宏观的平面来分析计算，不计其中颗粒接触细观的“实际”情况，否则世界上就没有绝对的平面上的应力。但是在解释有效应力原理时还是必须使用一个

示意的曲面。但是在计算曲面上的竖向总水压力时，用该处水压力 u 乘以曲面在水平方向的投影面积即可，对于那些已经受过严格力学训练的学生，理解这样的基础知识是没有困难的。

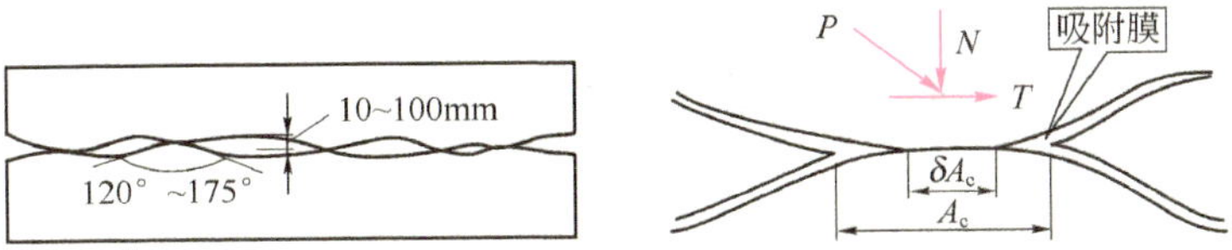

a) 接触面上的点接触　　b) 接触点处的吸附膜

图 3　光滑固体接触面的微观图示

在上述分析过程中，接触是问题的关键，而实际接触的情况十分复杂：一个颗粒可能与若干个颗粒接触；接触面上既有法向力，也有切向力；涉及接触面积和接触应力等。如图 3 所示，由于接触应力常达到矿物的屈服应力，所以对于粗粒土总接触面积往往由其屈服应力决定

$$A_c = P/\sigma_{sf} \tag{5}$$

其中，σ_{sf} 为矿物的屈服应力。而对于黏性土实际接触情况更复杂得多，所以正如陈津民先生文中所说，应尽量回避接触应力，而使用接触力的竖向分量。

第 26 讲 关于孔隙水压力系数

关于饱和土体的孔隙水压力系数的讨论，首先由陈津民先生质疑文献❶中关于孔隙水压力系数的表述，随后该书的两位编者周景星、王洪瑾给予答复（以下简称“陈文”和“周文”），本文对此谈一些个人的意见。

（一） 土力学中的应力状态

在土力学中，Skempton 的孔隙水压力系数是在不排水常规三轴压缩试验基础上得到的，对于一般的三维应力状态与复杂的应力路径，其使用是存在着一些问题。

首先陈文对文献❶中轴对称情况的应力状态的表达提出疑义

$$\begin{bmatrix}\sigma_1 & 0 & 0\\ 0 & \sigma_2 & 0\\ 0 & 0 & \sigma_3\end{bmatrix}=\begin{bmatrix}\sigma_3 & 0 & 0\\ 0 & \sigma_3 & 0\\ 0 & 0 & \sigma_3\end{bmatrix}+\begin{bmatrix}\sigma_1-\sigma_3 & 0 & 0\\ 0 & 0 & 0\\ 0 & 0 & 0\end{bmatrix} \tag{1}$$

这个公式是表示土力学中的一种特殊的加载过程和应力状态——常规三轴压缩试验，亦即通常所说的三轴应力状态。三轴试验在土力学中是如此重要，以至于许多力学中的表述都因之而改变。图 1 表示的是三轴试验的特殊加载过程，试样在压力室中首先被施加室压 σ_c，形成各向等压应力状态 $\sigma_1=\sigma_2=\sigma_3=\sigma_c$，然后再施加 $\sigma_1-\sigma_3$，该过程称为压缩或者剪切，试验被称为三轴压缩试验，也有叫三轴剪切试验的。所以式(1)的右侧第一项表示的是第一加载过程，第二项表示的是第二加载过程。如果说第一项是所谓的“球应力状态”，只适用于在施加室压（或称围压）这个阶段。正如陈文指出的，文献❶的表述是不准确的，因为使用了弹性力学的术语，就要遵循其规则。在弹性力学中，球应力张量（或称应力球量）为 $\sigma_m=\sigma_{mk}/3$，而偏应力张量（或称应力偏量）为 $s_{ij}=\sigma_{ij}-\sigma_{kk}\delta_{ij}/3$，对于三轴应力状态，由于 $\sigma_2=\sigma_3$，$\sigma_m=(\sigma_1+2\sigma_3)/3$，三个偏应力分别为：$s_1=2(\sigma_1-\sigma_3)/3$；$s_2=s_3=(\sigma_3-\sigma_1)/3$。

---

❶ 陈仲颐，周景星，王洪瑾. 土力学. 北京：清华大学出版社，1994.

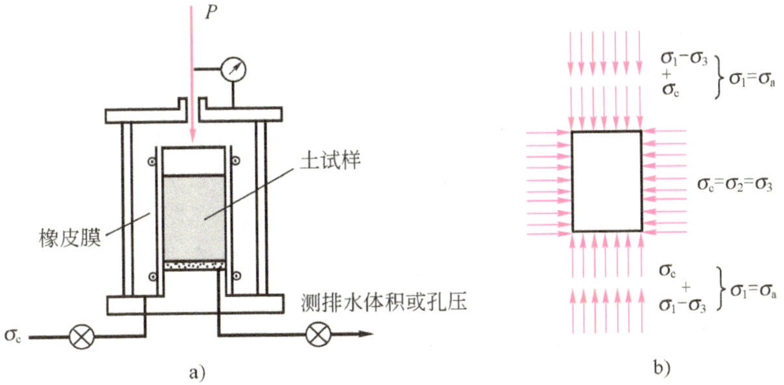

图 1　三轴试验加载过程与应力状态

在土力学中，为了适应三轴试验和三轴应力状态，在土的本构关系理论中经常使用如下三个应力不变量

$$\left.\begin{aligned} p &= \frac{1}{3}(\sigma_1+\sigma_2+\sigma_3)=\frac{1}{3}(\sigma_1+2\sigma_3) \\ q &= \frac{1}{\sqrt{2}}[(\sigma_1-\sigma_2)^2+(\sigma_2-\sigma_3)^2+(\sigma_3-\sigma_1)^2]^{1/2}=\sigma_1-\sigma_3 \\ \theta &= \arctan\frac{2\sigma_2-\sigma_1-\sigma_3}{\sqrt{3}(\sigma_1-\sigma_3)}=-30^\circ \end{aligned}\right\} \tag{2}$$

式(2)的三个方程的后一项表示的是三轴应力状态下的三个不变量的数值。其中，p 为平均正应力（等于八面体正应力）；q 称为广义剪应力，它与八面体剪应力及偏应力第二不变量的平方根 $\sqrt{J_2}$ 的表达功能是相同的，但相差一定的常数；θ 为应力罗德角。使用广义剪应力 q 之目的是其在三轴状态下表达式更简单（$q=\sigma_1-\sigma_3$），其中 $\sigma_1-\sigma_3$ 在土力学中也被称为偏差应力（不是上述的偏应力）。在陈文和周文中关于 $\sigma_1-\sigma_3$ 是不是剪应力的意见不同。我认为，式(1)中它不能被称为剪应力，因为在施加它时，在试样中同时增加了 $\Delta p=(\sigma_1-\sigma_3)/3$ 的平均正应力（球应力）；所以这种三轴试验应称为"三轴压缩试验"而不宜称为"三轴剪切试验"；而在式(2)中它可以称为剪应力（广义剪应力），因为 $p=(\sigma_1-\sigma_3)/3+\sigma_3$，它的球应力部分已经包括在 p 的表达式中。

（二）关于孔隙水压力系数

Skempton 提出的孔隙水压力系数 B 和 A 的定义为

$$\Delta u = B[\Delta\sigma_3 + A\Delta(\sigma_1-\sigma_3)] \tag{3}$$

孔隙水压力系数是在不排水三轴试验中测得的试验参数，不应将它们看成是与虎克定律中的弹性模量 E 和泊松比 μ 一样的理论常数。亦即在施加围压 σ_3 时测得 $u_1=B\sigma_3$，再施加 $\sigma_1-\sigma_3$ 时，测得 $u_2=AB(\sigma_1-\sigma_3)$。由于 B 和 A 不是常数，系数 A 一般是以试样破坏时量测的超静孔压计算的。其中，B 反映试样的饱和度，A 反映试样在随后加载过程中的剪胀（缩）性，亦即与随着 $\sigma_1-\sigma_3$ 增加试样的体变规律有关。由于它们来源于三轴试验，对于一般应力状态的使用存在困难，所以主要用于描述与土的不排水抗剪强度有关的问题。

为了计算在一般应力状态下孔隙水压力的变化，本人曾用土的弹塑性本构模型推导过三维应力状态下的孔隙水压力系数[1]

$$\mathrm{d}u=b(\mathrm{d}p+a\mathrm{d}q+cq\mathrm{d}\theta) \tag{4}$$

其中，对于饱和土

$$b=1.0 \tag{5}$$

$$a=\frac{K\dfrac{\partial f}{\partial q}\dfrac{\partial f}{\partial p'}}{\left(A^*+K\dfrac{\partial f}{\partial p'}\cdot\dfrac{\partial f}{\partial p'}\right)} \tag{6}$$

$$c=K\frac{1}{q}\frac{\partial f}{\partial\theta}\frac{\partial f}{\partial p'}\Big/\left(A^*+K\frac{\partial f}{\partial p'}\cdot\frac{\partial f}{\partial p'}\right) \tag{7}$$

其中，$A^*=-\dfrac{\partial f}{\partial H}\left(\dfrac{\partial f}{\partial p'}\dfrac{\partial H}{\partial\varepsilon_v^p}+\dfrac{\partial f}{\partial q}\dfrac{\partial H}{\partial\bar{\varepsilon}^p}\right)$，$H$ 为硬化参数，f 为屈服函数，K 为模型的弹性部分的体积模量。

可见，与从试验中得到的 B、A 不同，孔隙水压力系数 a、b、c 是从弹塑性理论模型推导出来的，但它们同样不是常数。

对于符合增量虎克定律的饱和弹性材料：$B=1.0$，$A=1/3$；$b=1.0$，$a=0$，$c=0$。由此也可发现，对于三轴试验，在式(3)中，$\sigma_1-\sigma_3$ 不是剪应力，因为对于弹性材料，它也会产生孔隙水压力；而在式(4)中它就是剪应力了，因为对于弹性材料，它不引起任何孔隙水压力($a=0$)。

正因为土是非弹性材料，具有剪胀（缩）性，因而表现出剪应力引起超静孔隙水压力，而对于弹性材料，孔隙水压力系数 A 恒等于 1/3，其意义不大。陈文没有意识到土的特殊的变形特性，将其当成线弹性材料进行讨论，例如将三个单向压缩叠加得到 $\Delta u=AB(\Delta\sigma_1+2\Delta\sigma_3)$ 的错误结论。如果三个相等的单向压缩能够叠加，当施加各向等压应力 $\Delta\sigma_3$，就会得到 $\Delta u=AB(3\Delta\sigma_3)$，这实际上也只有 $A=1/3$ 时才正确。正如周文所说，这种叠加只适用于线弹性情况。如果 $A=1/3$，则陈文中的式(9)、式(11)和式(12)就都相等了。

[1] 李广信. 劳台角对土的体变和孔压的影响. 勘察科学技术，1991(1)：1-4.

(三) 孔隙水压力系数 B 与土的饱和度

孔隙水压力系数 B 与饱和度间的关系，是一个试验的结果。图 2 表示的是一种黏性土在某围压下的饱和度与孔隙水压力系数间的试验结果。可见，随着饱和度减小，B 急剧下降。

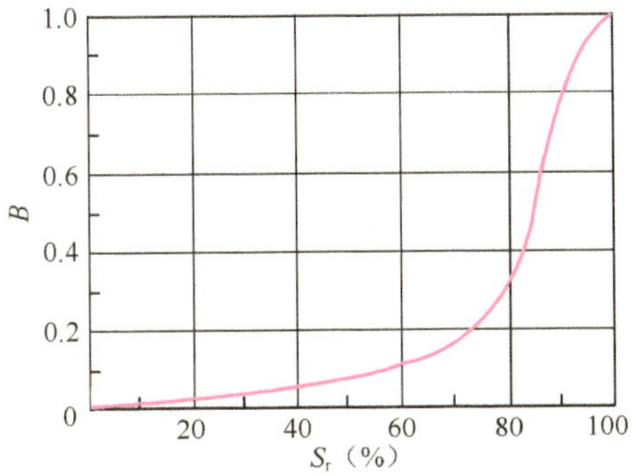

图 2　孔隙水压力系数 B 与土的饱和度 S_r

为了解释试验的现象，Bishop 与 Skempton 提出下式

$$B = \frac{1}{1 + nC_f/C_s} \tag{8}$$

式中，C_f 为孔隙流体的压缩系数，C_s 为土骨架的压缩系数，n 为土的孔隙率。当土体饱和时，水体几乎不可压缩；当土体孔隙中有气体时，C_f 急剧增大，B 就随之减小。所以 B 主要反映了土的饱和度。

陈文认为，$B<1.0$，就是非饱和土的范畴了，Bishop 将非饱和土的有效应力原理的表达式为

$$\sigma' = \sigma - [u_a - \chi(u_a - u_w)] \tag{9}$$

其实非饱和土的复杂性主要是涉及吸力 $s = u_a - u_w$，它是 $B<1.0$ 的原因。非饱和土在不排水（气）条件下施加各向等压 σ_3 时，$\sigma_3 = u_a$，量测的孔隙水压力 $u_w = B\sigma_3$，则 $s = (1-B)\sigma_3$，亦即

$$B = 1 - s/\sigma_3 \tag{10}$$

当吸力大于所施加的围压 σ_3 时 B 可能为负值，但是常规试验中使用的是量测孔隙水的孔压传感器，不能测吸力（负孔压），所以 B 值就一概为 0。因为实测的是孔隙水压力 u_w，由式(9)可见，如果 $\chi \neq 1.0$，则饱和土体的有效应力原理 $\sigma' = \sigma - u_w$ 与非饱和土的式(9)是有差别的。周文认为 $u_f = u_a - \chi(u_a - u_w)$ 是孔隙流体的压力，因而 $\sigma' = \sigma - u_f$ 仍然适用，在理论上也是可以这么理解的，问题是实测的孔隙水压力应当是 u_w。

实际上，孔隙水压力系数主要使用于高饱和度的土，亦即气封闭情况，在图3中，当体积含水率 θ 接近于饱和值 θ_s 时，吸力很小，小于进气值 $(u_a-u_w)_b$，气体以气泡形式存在，这时饱和土的有效应力原理是可以使用的。同时在一定的围压下，气泡会被压缩和溶解于水，饱和度提高，孔隙水压力系数 B 也就接近于1.0。所以在试验中一般可施加200kPa的反压使试样达到饱和。

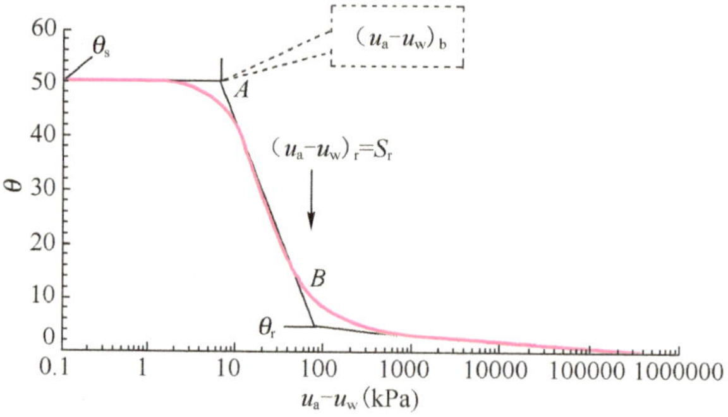

图3　非饱和土的土水特征曲线

第27讲 土力学中的渗透力与超静孔隙水压力

(一) 渗透力

拜读了《岩土工程界》2008年10期陈津民先生的“土中渗透力的定义和论证”一文(以下简称“陈文”),受益匪浅。陈文中所指出的渗透力不只是水流对土颗粒的切向作用力,也包括其对颗粒的部分法向水压力,是很重要的概念。可以设想:你想要在奔跑的人流中屹立不动,你受到的绝不仅是别人对你侧面温柔的摩擦力,更可怕的是迎面而来猛烈的冲撞,这也是践踏事故中伤亡的主因。

这样,陈仲颐等编写的《土力学》[1]中的图2-22应当画成如图1所示的形式。其中,J为渗透水流对该颗粒的渗透力,T为水作用于颗粒上的浮力。由于沿渗流方向的水压力减小,渗透力包括了水作用在土颗粒上的部分法向压力在渗流方向的分力之差,以及切向拖曳力在渗流方向的分力。而浮力则等于颗粒表面对应于位置水头的水压力的合力(也就是颗粒所排除那部分水的重力)。

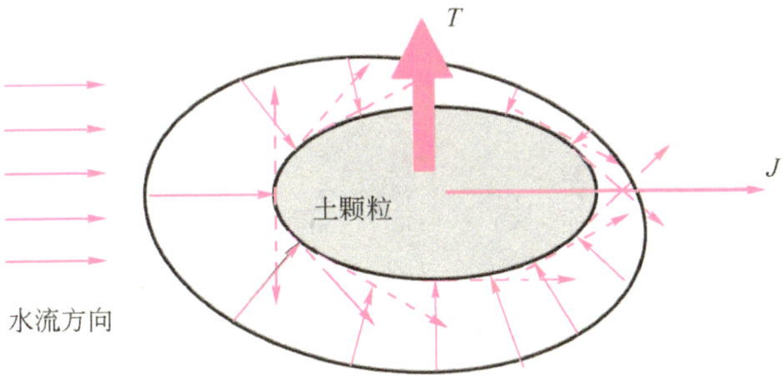

图1 渗透力示意图

[1] 陈仲颐,周景星,王洪瑾. 土力学. 北京:清华大学出版社,1994.

这样，渗透力是水作用于土骨架上的推动力和拖曳力，其反作用力是土骨架对于渗透水流的阻力。

（二） 静孔隙水压力

在陈文中，将水压力分解为两部分：静水压与超静水压。其中，静水压产生浮力，并且定义静水压为：$u_1=\gamma_w z$，z 是相对于某一基准线（陈文称为“零静水压的参考点”）的竖向距离。由陈文的图 2 看出，作者显然是将位置水头（或者重力势）与压力水头（或者压力势）混淆了。

在图 2 中，当基准面选为 0-0 时，作用于静水下物体 A 上任一点的静水压力为 $u_1=\gamma_w z$；如果基准面选为 $0'$-$0'$（陈文中讲“零静水压的参考点”可以是“任选”的），则物体 A 上任一点的静水压力变为 $u_1=\gamma_w z'$，而按照陈文，出现了超静水压 $u_2=u-u_1=\gamma_w(h+z')-\gamma_w z'=\gamma_w h$，在静水中竟然出现了超静水压力，岂不荒谬？如果我们将参考点选在 $0'$-$0'$ 以下，在静水中还会出现负的“静水压力”，这更不合常理。

问题在于，在复杂的水力条件下，不存在也难以确定一个统一的“零静水压的参考点”。图 2 中的 $-z$ 是该点相对于 0-0 基准线的位置水头，$-\gamma_w z$ 是其重力势。所以在前文中笔者讲：“浮力的数值等于颗粒表面对应于位置水头的水压力的合力”，或者说是对应于重力势的水压力合力。在图 2 中的静水中，由于重力势＋压力势＝常数，所以也可以说浮力等于作用于物体上各点的（静）压力势的合力。但是，这在有渗流的条件下就不合适了（见图 3）。

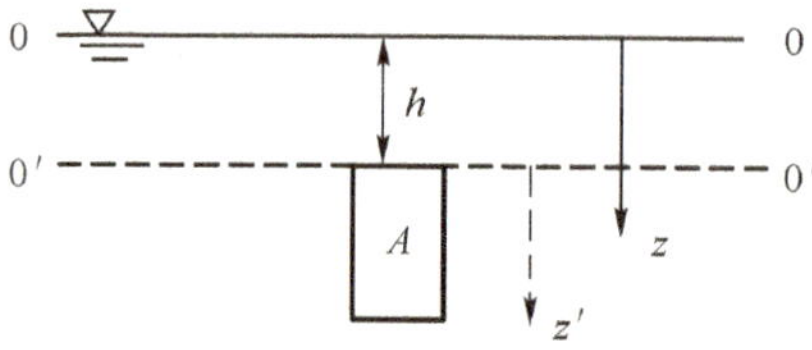

图 2 静水压力与“参考点”无关

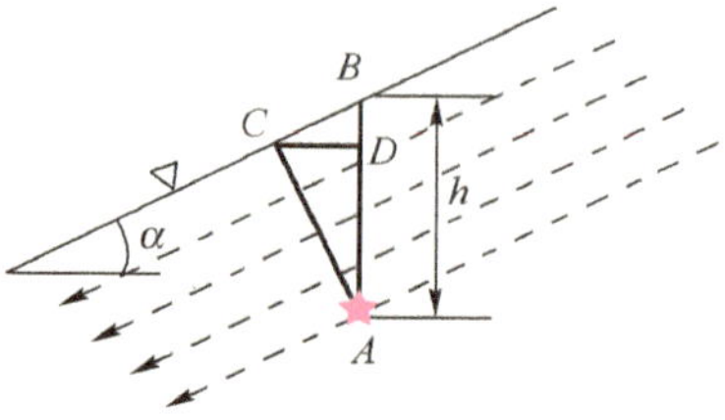

图 3 沿坡稳定渗流情况下点 A 的水压力

在《岩土工程基本术语标准》（GB/T 50279—98）中，孔隙水压力被定义为：“土体中某点孔隙水承受的压力”，这是可以接受的。而静水压力则被定义为：“给定点与自由水位差引起的压力”，这意味着将静水压力定义为“在静止的地下水位以下的水压力”，而有渗流时情况就会不同。但陈文注意到“有渗流时，$u=0$（亦即自由水位）的点不在同一水平面上”，因而“只有任选一个作为零静水压的参考点”。但正如上所述，也是错误的。

图 3 表示的是一个有沿坡渗流的无限土坡，它没有一个水平的“自由水

位”,作用于点 A 上的水压力并不是用与自由水位($u=0$)之差 AB 计算的 $u=\gamma_w h$,而是用通过该点的等势线 AC 的竖向投影 AD 计算的$u=\gamma_w h\cos^2\alpha$。如果按照“标准”定义 A 点的静水压力为 $\gamma_w h$,那么 $\Delta u=-(1-\cos^2\alpha)\gamma_w h$ 是超静水压力吗?

(三) 超静孔隙水压力

关于静孔隙水压力与超静孔隙水压力的定义一直是使作者迷惘的问题[1],也曾经与一些同行讨论过,也还没有一个确定的定义。

《岩土工程基本术语标准》(GB/T 50279—98)中定义超静孔隙水压力为:“饱和土体中一点的孔隙水中超过静水压力的那一部分”。基于三轴试验,Skempton 提出了一个超静孔压的公式

$$\Delta u = B[\Delta\sigma_3 + A\Delta(\sigma_1 - \sigma_3)]$$

从上式看,上述定义至少存在两处漏洞。当 $B<1.0$ 时,土并不是“饱和”土;当 $A<0$ 时,会产生负的超静孔隙水压力,它就不是“超过”而是“低于”静水压力的部分。

笔者试图定义静孔隙水压力与超静孔隙水压力如下,并与同行们切磋:

(1)土的静孔隙水压力是由水的自重产生的,是不随时间变化的水压力,包括静止的地下水以下和稳定渗流场中土中的水压力。这样,图 2 和图 3 表示的情况都可以归入静孔隙水压力之列。

(2)超静孔隙水压力可以定义为:在饱和土与高饱和度的土中,由于外部作用或者边界条件变化引起的不同于静孔隙水压力的那部分孔隙水压力,在有排水条件下,它将逐渐消散,并在消散过程中伴随土体的体积变化

这里对超静孔隙水压力强调以下几点:

①不一定是饱和土,如碾压土坝;

②因而不一定“超过”静水压力,甚至不一定同时存在静孔隙水压力(如碾压土坝中的高饱和度黏性土),只是不同于静孔隙水压力;

③它与土的应变尤其是体应变有关。

它的产生可以有如下几种情况:

①荷载:土体受到压应力作用,但来不及或者不允许排水压缩时;剪应力引起的剪胀或者剪缩趋势,但排水条件受阻,体积不变或变化较慢时。

②振动、扰动与触动。例如饱和砂土的振动液化、邻水的砂坡由于微小应变、敏感性土因触动而流滑等。

---

[1] 李广信.土体、土骨架、土中应力及其他——兼与陈津民先生讨论.岩土工程界,2005,8(7):14-17.

③水位升降：包括静地下水位和稳定渗流情况下水位骤降或者骤升。见图 4。

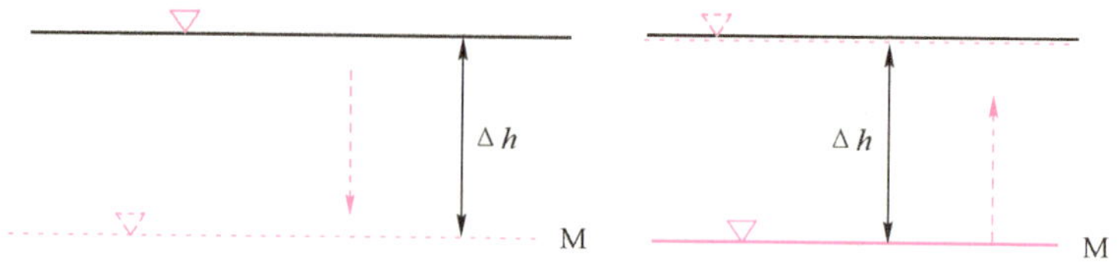

a) 水位下降　　b) 水位上升

图 4　水位变化产生的超静孔隙水压力

在图 a)中，点 M 水位下降前的静孔隙水压力为 $\gamma_w \Delta h$，下降后，M 点变形稳定时，静孔隙水压力为 0。而在下降后的瞬时，静孔隙水压力为 0，超静孔隙水压力为 $\gamma_w \Delta h$，它会逐渐消散，有效应力由 $\gamma' \Delta h$ 也逐渐变成 $\gamma \Delta h$（γ 为土的天然重度），土体被压缩，地面沉降。

在图 b)中，点 M 在水位上升前的静孔隙水压力为 0，总应力和有效应力都是 $\gamma \Delta h$；水位上升后，土体变形稳定时的静孔隙水压力为 $\gamma_w \Delta h$，总应力 $\sigma = \gamma_{sat} \Delta h$，有效应力 $\sigma' = \gamma' \Delta h$；而在水位上升了 Δh 的瞬时，总应力和有效应力仍然都是 $\gamma \Delta h$，静孔隙水压力为 $\gamma_w \Delta h$，超静孔隙水压力为 $u = -\gamma_w \Delta h$，由于它是负值，其消散会使土体固结回弹。

（四）结语

静孔压与超静孔压在本质上是相同的，它们都可用通过该点的测管水头来衡量，在数值计算中也常常不加区别。

孔隙水压力与所选的基准面（参考点）无关，与基准面有关的只是位置水头（或者重力势）。

本文给出的静与超静两种孔隙水压力定义，静止地下水中和稳定渗流中的孔隙水压力都可以归入静孔隙水压力；产生渗流固结的水压力为超静孔隙水压力。

第28讲 国内外一些《土力学》教材的分析

（一） 一些国外教材的主要特点

20世纪70年代以前的国外本科《土力学》教材章节设置比较一致，内容也很简练，与我国的土力学基本一致。美国的土木工程师协会（ASCE）下所主办的本学科期刊创办时名为“土力学及基础工程”（Soil Mechanics and Foundation Engineering）；1974年以后更名为“土力学及岩土工程”（Soil Mechanics and Geotechnical Engineering），相应的学会也改成此名；20世纪90年代以后，期刊又更名为“岩土工程与环境岩土工程”（Geotechnical & Environmental Engineering）。

与早期的教材都叫“土力学”不同，目前国外很多教材称为“岩土工程”（见表1教材26、30，以下有编号的教材均列于表1），这与他们的课程设置、学科融合及上述的不以简单的单类工程为对象有关，因而内容中反映的学科面比较宽，体现了大岩土的理念。例如，有的学校将工程地质、土力学、基础工程和土工结构物分别称为《岩土工程》1、《岩土工程》2、《岩土工程》3。而《土力学基础工程》这类的教材就很少见了。

由于一些经济发达国家的土木建筑工程较少，更多的是与环境、能源及生态等有关的实际问题，所以教材一般不以建筑工程为中心，而是较为侧重于环境问题，所以对于（黏）土的微观组成和结构较重视；土中水所占的篇幅较多，甚至包括了两章“土中水”（见表1教材26、27、30）；有的专门有“土的热、电特性”的章节，其中表1教材30主要是侧重于环境工程专业。

国外教材比较重视土工试验和勘察测试，表1教材28甚至专门设置了三轴试验一章。与国内教材相比，近年出版的国外同类教材设置的章节数目比较多。

部分国内外土力学教材比较表

表 1

编号	书名(万字/土力学占的比例)	主编	出版社	时间	章节及内容											
					1章	2章	3章	4章	5章	6章	7章	8章	9章	10章	11章	12章及以后各章
1	土力学(56)	陈仲颐等	清华大学出版社	1994	土的物性和工程分类	渗透性与渗流问题	土体中应力计算	压缩性、地基沉降计算	土的抗剪强度	挡土结构上的土压力	土坡稳定分析	地基承载力	土的动力特性			
2	土力学与地基(62×2/3)	天津大学	人民交通出版社	1980	土的物理性质	地基应力计算	土的应力应变特性	地基变形计算	土的抗剪强度	挡土墙、土压力	土坡稳定分析	地基承载力	地震若干土力学问题	软土地基	地基变形参数	桩基
3	土力学(38)	钱家欢等		1983	土的物性和工程分类	土的渗透性	地基中应力计算	压缩性基础沉降计算	土的抗剪强度	土压力	土坡稳定分析	地基承载力	沉降固结进一步分析	地基设计与地基处理		
4	土力学(34)(武水)	冯国栋	中国水利水电出版社	1986	绪论	土的物性和工程分类	土的渗透性	土体中的应力	土变形性质地基沉降	土的抗剪强度	土压力	土坡稳定分析	地基的稳定性	地基、桩基与地基处理		
5	土力学地基基础(43/2)	陈希哲	清华大学出版社	1989	土的工程性质	物性与工程分类	土压缩性与地基沉降	抗剪强度、地基承载力	土压力与土坡稳定	勘察	浅基础	桩基础	人工地基	地震区地基基础		
6	土力学及基础工程(45/2)	丁金粟等	地震出版社	1992	物性与工程分类	土的渗透性与渗流	地基的应力及变形	抗剪强度与地基承载力	挡土墙、土压力及边坡	勘察	浅基础	桩基础	人工地基			
7	土力学与基础工程(74/3)	高大钊	中国建筑工业出版社	1998	物性及其工程分类	土中水的运动	土中应力分布与计算	压缩性与地基沉降	土的抗剪强度	土压力计算	土坡稳定分析	地基承载力	到16章为基础工程部分			

续上表

编号	书名（万字/土力学占的比例）	主编	出版社	时间	章节及内容											
					1章	2章	3章	4章	5章	6章	7章	8章	9章	10章	11章	12章及以后各章
8	土力学（54）	赵树德等	高等教育出版社	2001	物性及其工程分类	土的渗透性与渗流	地基中的应力	压缩性与地基沉降	土的抗剪强度	地基承载力	土坡稳定分析	土压力和挡土墙	土力学专题（本构、黄土、冻土、土动力学等）			
9	土力学（32）	东南、浙大、湖南、苏州	中国建筑工业出版社	2001（1版）	物性及其工程分类	土的渗透性与渗流	土中的应力	压缩性与固结理论	地基沉降	土的抗剪强度	土压力	地基承载力	土坡与地基稳定	土在动荷载下的特性		
10	土力学（40）	东南、浙大、湖南、苏州	中国建筑工业出版社	2005（2版）	土的组成	物性及其工程分类	土的渗透性与渗流	土中的应力	土的压缩性	地基变形	土的抗剪强度	土压力	地基承载力	土坡与地基稳定	土在动荷载下的特性	
11	土力学（35）	龚晓南	中国建筑工业出版社	2002	绪论	物性及其工程分类	土的渗透性与渗流	地基中的应力计算	土的压缩性与固结	地基沉降计算	土的抗剪强度	土压力和支挡结构	地基承载力	土坡稳定分析		
12	土力学（38）	卢廷浩	河海大学出版社	2002	物性指标及工程分类	土体应力计算	土的渗透性	压缩固结、土的压缩性	土的抗剪强度	挡土结构上的土压力	边坡稳定分析	地基承载力				
13	土力学原理（36）	王成华	天津大学出版社	2002	物性与工程分类	地基应力分析	渗透性与渗流分析	地基变形分析	土的强度特性	土的动力特性	挡土墙土压力计算	土坡稳定分析	地基极限承载力理论			
14	土力学（36）	郭莹等	大连理工大学出版社	2003（2版）	物性与工程分类	有效应力原理、土中应力	压缩性与地基沉降	土的抗剪强度	土压力	土坡稳定分析	地基承载力	土的本构关系简介				

续上表

编号	书名（万字/土力学占的比例）	主编	出版社	时间	章节及内容											
					1章	2章	3章	4章	5章	6章	7章	8章	9章	10章	11章	12章及以后各章
15	土力学(50)	刘大鹏 尤晓暐	清华大学出版社、北京交通大学出版社	2005	物性与工程分类	土中应力计算	渗透性与渗流分析	地基变形分析	土的抗剪强度	挡土结构物上土压力	边坡稳定分析	地基承载力	土的动力特性（击实）			
16	土力学(37.5)西安建筑科技	刘增荣等	同济大学出版社	2005	绪论	物性与工程分类	土体的渗透性与渗流	土中应力	压缩性与地基沉降	土的抗剪强度	土的强度试验	地基承载力	土压力	土坡稳定分析		
17	土力学(65.2×3/4)	杨进良	中国水利水电出版社	2006（3版）	绪论	物性与工程分类	土体中的应力	土的渗透性渗透稳定	压缩性与地基变形	土的抗剪强度	填土的力学性质	土压力	土坡稳定分析	地基承载力	土的动力特性	12～14章地基基础，试验
18	土力学(46.4)	肖昭然	郑州大学出版社	2007	物性与工程分类	土的渗透性与渗流	地基中的应力	压缩性与地基沉降计算	土的抗剪强度	地基承载力	土压力	土坡稳定分析				
19	土力学(24.4)	王铁行	中国电力出版社	2007	物性与工程分类	土体渗流	土中应力计算	压缩性与地基沉降	土的抗剪强度	地基承载力	土压力及挡土墙	土坡稳定分析				
20	土力学原理(44)	张梦喜	华中科技大学出版社	2007	物性与工程分类	土中应力	土的渗透性	土的压缩固结与沉降	抗剪强度与本构关系	土压力与挡土墙设计	边坡稳定分析	地基承载力	9章：非饱和土基础		10章：土力学求解器（应力、固结、沉降、边坡稳定）	

续上表

编号	书名(万字/土力学占的比例)	主编	出版社	时间	章节及内容											
					1章	2章	3章	4章	5章	6章	7章	8章	9章	10章	11章	12章及以后各章
21	土力学(25.2)	龚文惠	华中科技大学出版社	2007	绪论	物性与工程分类	土的渗透性	土中应力	压缩性与地基沉降	土的抗剪强度	地基承载力	土压力	土坡稳定分析	土的动力特性		
22	土质学与土力学(桥涵)(45)	赵明阶	人民交通出版社	2006	绪论	物性与工程分类	土中水及其渗透性	地基中应力计算	地基变形计算	土的抗剪强度	土压力计算	土坡稳定计算	地基承载力	土的动力特性		
23	高等土力学(41.4)	薛守义	中国建材工业出版社	2007	基本概念与原理	土的基本力学性质	土的强度理论	土的本构关系	土体渗流计算	土体强度计算(挡土墙、地基、土坡)	土体变形计算	土体动力分析	土体流变分析	土体可靠度分析	非饱和土分析	
国外(外文)教材																
24	土力学(21.5)	松冈元编写，姚仰平译	中国水利水电出版社	2001	土及其基本性质	土中水及其流动	弹性地基中的应力与变形	土的固结	土的剪切	土压力稳定分析 II	稳定分析 II	稳定分析 III				
25	Soil Mechanics	施建勇等	人民交通出版社	2004	物性与工程分类	地基中应力分析	土中水与渗流	土中应力	土的压缩与固结	土的抗剪强度	挡土结构上的土压力	边坡稳定	地基承载力			

续上表

编号	书名（万字/土力学占的比例）	主编	出版社	时间	章节及内容											
					1章	2章	3章	4章	5章	6章	7章	8章	9章	10章	11章	12章及以后各章
26	An Introduction to Geotechnical Engineering	R. D. Holtz（普渡）	Prentice-Hall Inc.	1981	岩土工程绪论	土性指标	土的分类	黏土矿物及结构	土的压缩	土中水：毛细干缩膨胀	土中水：渗透性与渗流	固结、沉降	固结度	莫尔圆、破坏理论和应力路径	砂土与黏土抗剪强度	
27	Basic Soil Mechanics	R. Whitlow	Longman	1995（3版）	土的组成、结构	工程分类	土的物性	土中水：存在和影响	土中水渗透性与渗流	土中应力与应变	抗剪强度与测试	土压力与挡土墙	土坡稳定	土的压缩性与沉降	地基承载力	现场勘察与测试
28	Soil Mechanics	William Powrie	Spon Press	2004	土的起源与分类	土的强度	地下水渗透性与渗流	一维压缩与固结	三轴试验及土的性状	弹性理论沉降计算	塑性理论及极限分析——挡土墙	地基与土坡	复杂情况下的土压力与承载力	特种挡土墙	模拟现场测试与地基处理	
29	Geotechnical Engineering	V. N. Murthy	Marcel Dekker Inc.	2003	绪言	土的形成与特性	三相关系与指标分类	渗透性与渗流	有效应力原理及孔隙水压力	荷载引起土中应力分布	压缩性与固结	土的抗剪强度	土的勘察	土坡稳定	横向土压力	浅基极限承载力
30	Introductory Geotechnical Engineering	Hsai-Yang-Fang	Taylor & Francis	2006	绪言	岩土特性	土和黏土矿物	环境中的土水关系	土的渗透性	土的热电特性	土的压缩性	土的张拉与裂隙	固结应力分布与沉降	土的应力应变与强度	土的动力特性	12～14章土坡土压力与承载力

（二）我国近年的《土力学》教材内容分析

我国近两年新出版的教材很多，内容也有一定的发展，有地区性与专业化的趋势。比如，有的教材对交通方面的内容就有所侧重（表1教材10、15等）。在一些以土木工程专业工业与民用建筑方向的教材中，特别是较早出版的大专教材，没有单列土中水与渗流这一章，这显然是不合适的（见表1教材2、5、14），而水利水电专业院校的教材则十分重视这方面的内容。对于有效应力原理，有的教材轻描淡写，甚至没有专列一个题目，而国外的教材（表1教材29）则列为一章，这也与我们建筑行业的教材不重视土中水有关。有的将有效应力原理这部分内容放在渗流一章（表1教材11、26），大部分放在土中应力一章，有的只在土的固结部分才简单提一下（表1教材17）。放在渗流一章有一定优点，涉及孔隙水压力、渗透力、流土破坏和土中应力时，容易讲清楚。

有的教材（包括国外几本）单列出一章绪论（表1教材4、11、16、17、21、26、29、30），也有的没有这一章，有一个简短的“前言”，基本是讲关于土的工程特性和土力学的特点，这是必要的，但不宜过长。

在近年出版的教材中，内容上也进行了一些扩展，一般在附录部分。例如，表1教材8就介绍了本构、黄土、冻土、土动力等，表1教材20介绍了非饱和土基础知识，应当说这是有益的。因为经典土力学基本上是针对“饱和重塑土力学”，使得学生参加实际工作，接触天然土体时会很不适应。但是本科土力学还是应以基础内容为主，一些教材介绍了土的本构关系、非饱和土、特殊土、土的动力特性（地震与动荷载）、土工试验及测试等，课时不足，与《高等土力学》的内容重复，如何把握尺度是一个重要问题。原来我们教材（表1教材1）的内容就明显偏多、偏难、偏杂，往往冲淡了主要内容，对于某些章节，学生就反映内容庞杂，不好复习。解决的方法可以在每一章的后面用小号字附录参考性的内容，同时全书后以附录的形式介绍进一步的内容。这里涉及所谓“研究型”大学的本科教学如何定位的问题。对于工程师教育，主要介绍和学习经典理论和概念，要求掌握常规的计算方法和试验手段，不一定要求掌握在学科发展中的其他理论和方法。

表1教材20附录有配套的“求解器”。由于目前计算机的普遍应用，教材中的许多图表似乎有些过时，可以附带一个“求解器”随时计算，但是像分层总和法计算沉降、原位固结曲线确定、条分法土坡稳定分析及固结度计算等不宜让学生用程序计算，这不利于他们的锻炼与理解。以前我们布置“大作业”，让同学自己动手计算，但由于学时紧张，目前我们无法布置“大作业”了，这是需要讨论的。

关于内容和章节的安排，其中表1教材24只写到土的抗剪强度为止，但目前我国的《基础工程》教材没有土压力、地基承载力、土坡稳定，无法衔接。以前的教材后几章次序一般是土压力－土坡稳定－地基承载力；近年的教材有地基承载力－土压力－土坡稳定的次序（见表1教材16、18、19、21），可能是认为地基承载力更重要，但这种安排并不合适。例如，地基极限承载力的主动区与被动区需要土压力理论的知识，同时朗肯土压力理论与莫尔－库仑强度理论的关系非常密切，二者应当紧密相连。

教材与规范间的关系，相对于《基础工程》，《土力学》教材就更应超脱规范，但是在以下几个方面无法回避：①土的工程分类，不同专业、院校侧重点不同；②土工试验，有些需按规范介绍（如快剪、固结试验等）；③沉降计算的平均附加应力系数法就是地基规范提出的[1]。

（三） 一些质疑与意见

不少教材都有“结合水不能传递静水压力”这一提法（见表1教材1、5、6、21等），而几乎又都主张“地下水以下土的（有效）自重应力按浮重度计算”，这其实是矛盾的。有的教材主张对于饱和含水率在塑限含水率以下的土按饱和重度计算（有效）自重应力（表1教材7、13等），这一说法与有效应力原理相悖，在前后都没有解释。其实用饱和重度计算总自重应力，再扣除该处的孔隙水压力计算有效自重应力，是更合理的。关于结合水的水力学性质目前资料很少。Mitchel在*Fundamentals of Soil Behavior*一书中讲到[2]：“没有证据表明弱结合水在水动力特性上不同于自由水”。《岩土工程界》上发表了一系列针对《土力学》教材的质疑和讨论，值得我们参考。

自重应力是否定义为“有效应力”可以讨论。这一部分一般是在讲“有效应力原理”之前介绍的，学生难以理解。其实可以定义自重应力的有总应力和有效用力两种，总自重应力减去孔隙水压力就是有效自重应力，即

$$\sigma'_z = \sigma_z - u$$

目前国内教材都在沉降计算一章中介绍“平均附加应力系数法”，有的书将其称为“规范法”，显然不合适，它只是分层总和法的一种。

排水条件与强度指标是土力学教材中最难撰写的部分，如何讲清楚是很难解决的问题。我国近年出版的大部分教材对此都没有深入解释，而较早的教材（见表1教材1、3）对于固结排水、固结不排水和不固结不排水试验及其强度指标的概念和应用解释的较为细致和清楚。

---

[1] GB 50007—2002 建筑地基基础设计规范．北京：中国建筑工业出版社，2002.

[2] J. K. Mitchell. Fundamentals of Soil Behavior. New York：John Wiley & Sons，Inc.，1993.

（四）结论

与国外近年出版的同类教材相比，我国《土力学》教材内容变化不大，应当顺应大岩土和环境、生态和资源等问题日趋重要的大趋势，逐渐增加相应的内容。

本科《土力学》教材还是应当注重基本概念，内容的拓宽应当有度，主次分明。

不论什么专业的土力学教材，都应当注意土中水的部分，这是许多工程问题和事故的原因，也是今后学科发展所涉及的重点内容。

关于土的微观组成、状态、结构及其对土的宏观性质的影响，是亟须在深入学习和研究的基础上加强的。

第29讲 对“基于水压率讨论土中孔隙水压力及有关问题”一文的讨论[1]

拜读了《岩土工程界》2007年第5期刊登的方玉树先生的“基于水压率讨论土中孔隙水压力及有关问题”一文(以下简称“方文”),作者通过猜想而提出了新颖而大胆的模型和论点,并在所提模型的基础上,对于经典土力学学科的主要课题都进行了系统地改造,正如恩格斯所说:“不动则已,一动至少就要创造一个完整的体系[2]”。

方文的核心是下式,即孔隙水压力需要折减

$$u = \xi\gamma_{w}h \tag{1}$$

其中,ξ为单位土体截面上自由水所占的面积。

其物理模型的基础是“结合水不能传递静水压力,也不能流动”。

关于土中水的静水压力、超静水压力和方文中所说的“动水头”的水压力,其实质是相同的,是很难严格区分的[3],正如方文所说“当土体能传递静水压力时,在不同位置可以形成压力水头差,当压力水头差造成总水头差时水就会流动”。可见以作者的观点,所谓的静水压力与所谓的动水头的压力是没有区别的。另外,所谓静水压力与超静水压力也是没有严格区别的。在图1中,如果在10m厚的饱和黏土层以上增加10m深的静水,按静水压力计算,是在土中增加静水压力100kPa,见图1a);如果将100kPa作为外加荷载,孔隙水压力系数$B=1$,在加载的瞬时,土中产生的100kPa也可以看做是超静孔隙水压力u,见图1b);而在透水的饱和黏土下部存在透水的砂层时,100kPa也就可以是所谓的“动水头”压力。因而,方文的模型也可以理解为“结合水不能传递水压力,也不能流动”。

---

[1] 原文刊于《岩土工程界》2007年第9期.

[2] 恩格斯.反杜林论.北京:人民出版社,1970.

[3] 李广信.土体、土骨架、土中应力及其他.岩土工程界,2005,8(7):13-17.

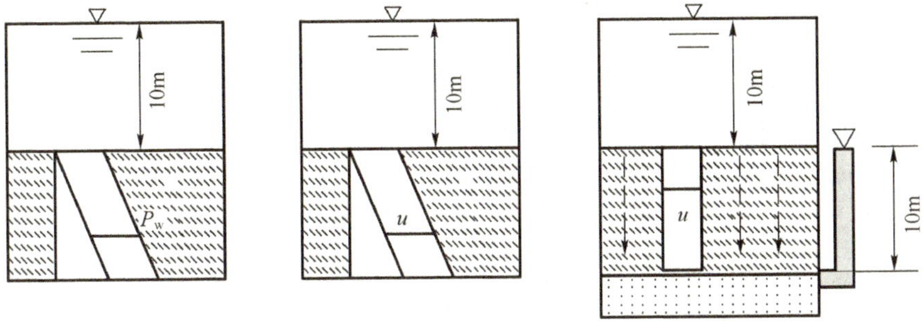

a）增加 P_w=100kPa 静水压力　b）增加 u=100kPa 超静水压力　c）施加 u=100kPa 渗流压力

图 1　静水压力、超静水压力与渗流水压力

深入理解方文的“模型”，似乎可以叫做“石榴模型”。亦即在饱和黏性土中，一切与水有关的部分都是自由水的事情。结合水（包括强、弱结合水）都是围绕在固体的石榴籽外围的“胶团”（也是我们食用的部分），它既不流动，也不能传递水压力。

所谓液限，通常会认为是黏性土流塑状态的含水率下限。有人将各种矿物的黏土的液限含水率用下式估算[1]

$$w_L = 19 + 0.56A_s \qquad (\pm 20\%) \tag{2}$$

其中，A_s 为黏土颗粒的比表面积（m^2/g）。这一公式对于不同的黏土矿物都是适用的，亦即可认为在黏土表面在大约相当于 6kPa 的吸力下，单位面积黏土颗粒的表面吸附的结合水膜厚度是相同的。例如，蒙特石矿物组成的黏土，其比表面积大约为 700～840m^2/g，其液限含水率约为 300%以上[1]。因而通常认为式（2）中的系数 0.56 表示了颗粒表面吸附结合水的能力，所以也可以说黏土的液限含水率基本上是（弱）结合水的上限。这样一般黏土在 I_L≈0.75～1.0 时，饱和土中就基本没有自由水了，根据方文的理论，土体成为一个实体的石榴。由于结合水不能流动和排出，可怜的黏土固体颗粒们如天鹰座中的牛郎与天琴座的织女一样，只能遥遥相望，而永不得接近。

可是，科学研究及其成果应当遵照以下一些基本原则：

（1）正确性（accuracy）：观测、试验、推理、运算精确可靠；

（2）确证性（verifiability）：亦即可重复性，其他人在规定的条件下也可以得到相同的结果；

（3）客观性（objectivity）：不以主观意见为转移，是完全客观的固有存在和规律；

[1] J. K. Mitchell. Fundamentals of Soil Behavior. New York: John Wiley & Sons, Inc., 1993.

(4)公正性(impartiality):对数据、参数的严肃的态度,不可任意取舍。

在改革开放的初期,有一个著名的论断:“实践是检验真理的唯一标准”;黄文熙先生也有一句名言:“试验资料是永存的”。方文的模型一个主要不足是得不到已知的试验和实践结果的支持。

(1)按照“石榴模型”,$I_L<1.0$ 的饱和黏土,孔隙水不能传递水压力,也不能流动,在压力水头作用下,$\xi=u=0$,石榴就是不透水的,那么其渗透系数 $k=0$。而大量的试验表明,这个状态黏土的渗透系数一般在 $10^{-4}\sim10^{-9}$ cm/s 范围,即使是处于塑限含水率的饱和土,其渗透系数也不会是 0。例如,一种纯的膨润土,处于液限含水率时,$w_L=330\%$,相应孔隙比 $e=9.24$,试验得到的渗透系数 $k=1.28\times10^{-7}$ cm/s❶。利用具有液限含水率的白河堡粉质黏土进行的渗透试验表明,渗透系数 k 为 1.7×10^{-5} cm/s❷;即使是液性指数小于 0($I_L=-0.20$)的黄淮煤矿的深层黏土,其渗透系数也可达到 7.4×10^{-11} cm/s❸。

(2)根据方文所说“孔隙水压力的变化可因各层土的水压率不同而在交界处不连续”,由于方文还没有发展和改造达西定律,姑且认为达西定律还适用,由于交界点处孔压不连续,水力坡降 $i=\infty$,根据达西定律,该点流速 $v=\infty$,如何保证水流的连续性和物质守恒?

(3)根据方文的模型,在 $I_L<1.0$ 的饱和黏土试样中的孔隙水是不能传递水压力的。由于试样中埋设的孔压传感器和零位计周围没有自由水,则测得的孔隙水压力系数 $B\equiv0$。可是试验表明,只要黏土试样充分饱和,施加反压,试验中 B 完全可以达到 1.0。我们用 $I_L=0.64$ 的白河堡黏土进行不排水三轴试验,施加 200kPa 的反压,测得的孔隙水压力系数 $B>0.95$❹。

(4)关于浮力和渗透力,按方文提出的模型,没有自由水即没有浮力和渗透力,只有饱和含水率高于液限的黏土(流塑态)中才有浮力和渗透力,并按其水压率 ξ 折减,可是在泥浆护壁中使用密度为 1.2g/cm^3 的膨润土泥浆,含水率接近于液限,其水压率 ξ 只是稍大于 0,实际上其浮力却是大于 $\gamma_w V$ 的,黏土泥浆的浮力和渗透力,甚至可以把几吨重的块石浮起和推移,如泥质泥石流。

---

❶ J. K. Mitchell. Fundamentals of Soil Behavior. New York:John Wiley & Sons,Inc.,1993.

❷ 宋磊.黏土基坑支挡结构水土压力研究.北京:清华大学土木水利学院,2003.

❸ 刘正.深部黏土性质及土层疏水对矿井井壁受力变形影响的研究.北京:清华大学土木水利学院,2005.

❹ 吴佳晔.K_c 固结黏土特性研究及其边值问题的有效应力分析.北京:清华大学土木水利学院,1995.

(5)按照方文的理论，由于强弱结合水都不流动，在压缩固结试验中，水既不能流出，颗粒和(结合)水本身又是不可压缩的，那么 $I_L<1.0$ 的饱和黏土的压缩模量 $E_s \to \infty$。可是对小浪底水库工程的前苇塘黏土进行的试验表明，即使是饱和含水率接近于塑限时($I_L \approx 0$)，其压缩模量 E_s 也在 20MPa 左右[1]。

(6)正常固结黏土的有效内摩擦角 φ' 很大程度源于在压力作用下土的固结加密，颗粒间距离减小，相互吸引力增加。根据上述模型，$I_L<1.0$ 的黏土固体颗粒被囚禁，又不能排水加密，“胶团”间又是没有摩擦力的，因而这相当于不排水试验(体变为 0)，这样，在三轴排水试验中应 $\varphi'=0°$。而实际上饱和正常固结黏土的 $c'=0\text{kPa}$，$\varphi' \approx 30°$；而对小浪底的心墙压实黏土现场取样(其饱和含水率接近塑限)，进行的 492 组排水三轴试验结果表明，$c'=47.5 \sim 62.6\text{kPa}$，$\varphi' \approx 22.0° \sim 23.5°$[2]。

(7)按照方文的模型，如果将黏土调成泥浆，加压固结，那么不管压力多大，最后也只能达到可塑状态，因为这时基本没有自由水了，而结合水既不能流动，也不能传递水压力，因而也就根本不可能存在饱和土的坚硬、硬塑等状态。而我们对小浪底水库的前苇塘饱和黏土进行高压固结试验，在 3MPa 压力下[1]，饱和含水率可达到 13%，远低于其塑限含水率 $w_p=17\%$，亦即 $I_L<0$。

(8)同样，在预压渗流固结时，根据上述模型，地基土不可能预压到含水率低于液限，更不可能达到塑限，尽管方文提出“在固结过程中，一部分弱结合水转移至相邻胶团不接触方向上使该方向上一部分弱结合水转化为自由水”，似乎给出了弱结合水变成自由水的一线希望，但接着他又指出“不会导致自由水所占面积比例增加”，这又堵死了这种可能，因为原来没有自由水的土(所占比例为 0)，永远不会转化出自由水来。可是实际上，强结合水也是可以被固结排出的，黄淮地区的一些煤矿深层饱和黏土其液性指数 I_L 可达 $-0.2 \sim -0.4$[3]。

(9)方文关于基坑突涌(流土)的公式是方文中的式(15)，即

$$H_{cr} = \xi\gamma_w h_0/(\gamma - \xi\gamma_w) \tag{3}$$

式中，H_{cr} 为临界深度，h_0 为坑底处的压力水头，γ 为含水层顶板重度。

其实所谓的突涌或者流土完全是一个静力平衡问题，正如方文所说“基坑底突涌总是从含水顶板的底面开始”，这种静力平衡与材料透水与否无

[1] 管馨. 小浪底水库前苇塘土料的常规和高压三轴试验研究//清华大学水利工程系报告，1988.

[2] 陈立宏. 土石坝固结和稳定的风险与可靠度分析. 北京：清华大学土木水利学院，2003.

[3] 刘正. 深部黏土性质及土层疏水对矿井井壁受力变形影响的研究. 北京：清华大学土木水利学院，2005.

关，见图 2，亦即

$$\gamma H_{cr} = \gamma_w (h_0 + H_{cr}) \tag{4}$$

而根据式(3)，如黏土的“水压率” $\xi=0$，则黏土底面发生突涌的临界厚度 $H_{cr}=0$，亦即只需一张纸厚度的黏土就可抵抗不管多么高的压力水头 h_0，这无疑是不满足静力平衡条件的。

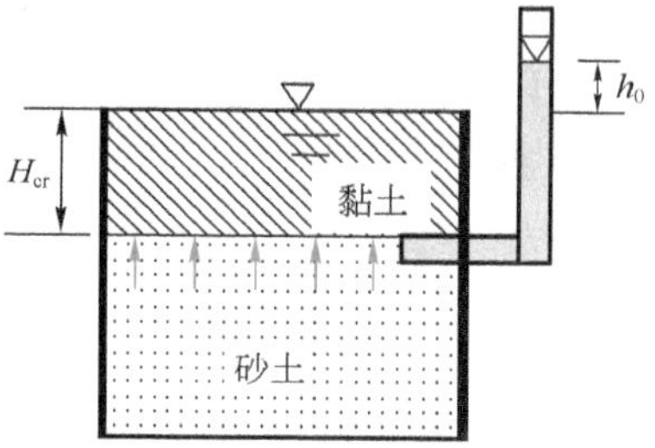

图 2　土的突涌(流土)示意图

关于方文及其模型，还有不少不解之处。例如，ξ 到底是“单位土体截面上自由水所占的面积”，还是“自由水所占面积与孔隙所占面积之比”？因为土的孔隙率 n 远小于 1.0，二者是不等的。而“自由水所占面积与孔隙所占面积之比”又怎么能够会在“忽略了各向异性时接近于 V_w/V_v”？如果自由水体积 V_w 占孔隙总体积 V_v 为 1/27，各向同性时，三个方向尺度自由水占孔隙长度的 1/3，“自由水所占面积与孔隙所占面积之比”似乎是 1/9。可见作者定义的水压率是相当矛盾与模糊的概念。❶

另外，黏土具有复杂的组构，常常是以粒组、粒团的形式组成一级结构，然后它们又形成另一级结构❷，如图 3 所示。重塑土与原状土结构是很不相同的，土中的离子浓度和价位也严重影响结合水的形态与含量，如何定量确定自由水的比例？

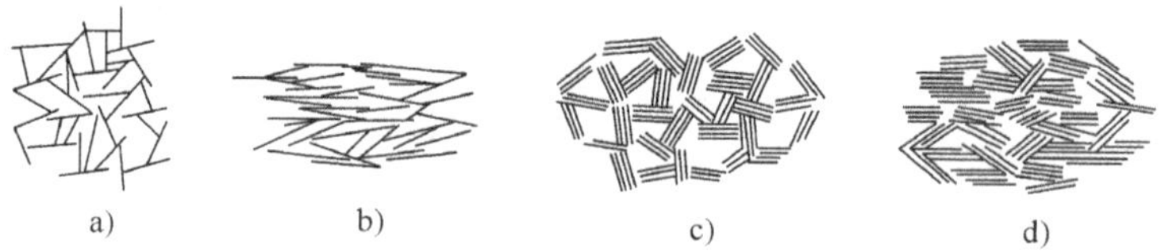

图 3　黏土的几种结构形式

方文所提出的关于黏土中水土关系的某些问题，在工程实践中确实存在，这些问题尚待从微观到宏观的深入研究，方文提出的水压率设想也不失为一种探索，但是所提出的水压性、水压率这样一些极为模糊的概念，既无物理力学基础，也不具有任何可操作性，于事无补。理论应当基于试验和工程实践，不能有悖于常识和长期工程实践已经证明的事实，不能有悖于基本的数学物理定律，土力学是一门实践性很强的学科，试验是揭示规律和机理、取得参数、验证理论与计算的极其重要的环节，不熟悉、不从事试验，没有掌握基本的、丰富的土工试验成果，就很难对土力学基本理论有正确和深入的理解。

---

❶ 本文这一观点有误，参见下面 30 讲.

❷ 李广信. 高等土力学. 北京：清华大学出版社，2004.

第30讲 再议水压率[1]

(1)翻开《岩土工程界》2007 年第 11 期，看到方玉树先生的反驳本人的文章，题目是“水压率理论被推翻了吗”[2]，对照拙文的题目“有效应力原理能够推翻吗”[3]，可见方先生以水压力理论取有效应力原理而代之的决心，尽管他目前还谦虚地借用有效应力原理的外衣。

(2)所谓孔隙水压力，在《岩土工程基本术语标准》(BG/T 50279—98)中规定：“土中某点孔隙水承受的压力”。既然是水受到的压力，用测管水头来表示就是天经地义的，即 $u=p_w=\gamma_w h$，不仅土力学如此，水力学、流体力学和普通物理学都是如此，没有打折扣(ξ)的余地。所以“水压率原理”还是应大大方方地写成

$$\sigma=\sigma'+\xi\gamma_w h=\sigma'+\xi u \tag{1}$$

这就与各种其他企图推翻有效应力原理的公式相似了。在科学探索的过程中，在学术的讨论和交流时，不能在大家公认的名词术语方面偷换概念，否则就没有讨论的共同语言了。偷换概念的结果常常是名为创新，实为抄袭；名为发展，实为篡改。

(3)将饱和含水率小于液限的黏土试样放在压缩仪中，施加竖向压力 p，在 $t=0$ 的瞬时，会测得孔隙水压力压 $u=p$，亦即如方先生认为不可能的“侧压力系数为 1”。可见结合水是能够传递水压力的；随着时间延续，孔压消散，土体固结，密度增加，侧压力系数变为 K_0，可见结合水是可以流动的，这个过程似乎没有“水压率”置喙的余地。

(4)本科《土力学》教材只是介绍了一些基础的知识，未必句句是真理。何况我国目前多如过江之鲫的土力学教材，基本是互相“参考”和“借用”，所

---

[1] 原文刊于《岩土工程界》2008 年第 2 期.

[2] 方玉树. 水压率理论被推翻了吗. 岩土工程界，2007，10(11)：21-26.

[3] 李广信. 有效应力原理能推翻吗. 岩土工程界，2007，10(7)：22-25.

以方先生列出了5本教材以表明我的“结合水可以传递水压力”之谬，不会使分量增加了5倍。如果方先生认为这些土力学教材都是真理，那么“水压率”之果早在20年前(5本教材中最早出版者的时间)就应结在“结合水不能传递水压力”之树上。既然方先生已经用水压率理论对于《土力学》教材各章进行了大刀阔斧的全面改造，根本否定了它们的权威性，而我只是认为“结合水能够传递水压力”，就似乎违背了公理而大逆不道。

(5)正如我所说[1]，土中的静水压力与水压力其实难以严格区分。方先生的水压率理论似乎就建立在“结合水不能传递水压力”的基础上，并没有局限于“静水压力”。所以可以看到“水压率”的理论基础是：先在本科土力学教材中找到“结合水不能传递静水压力”这一说法，然后推广为“结合水不能传递水压力”，再后就开始了用水压率理论全面改造土力学，这是一个巨大的工程。

(6)大约40年前，我负责在松花江的一个小支流——漂河上建造一个小闸门，场地位于淤泥土的滩地，地基土有一定的强度和承载力，可供人行车走。让工人开挖了一个2m深的基坑，开挖施工非常容易。但是第二天再看，沿着坑壁流淌着稀泥，坑底有半米深的泥浆，无法继续施工。可见原状软黏土似乎具有更多的结合水，重塑以后一部分变成了自由水。这种灵敏性土双电层中的离子和极化水分子的电磁力形成较厚的结合水层，但它们处于不稳定状态，受到扰动就丧失平衡而变为自由水。

预压固结可以使含水率低于液限的地基土进一步加密，这表明了水压率理论的谬误。对此方先生的解释是：这是由于在液限含水率时，原状土比重塑土具有更多的自由水。这就有两点需要进一步解释：

①在天津港、黄骅港以及沿海很多填海造地工程中，都是采用冲填土，亦即重塑土，也同样可以压密固结到液限含水率以下；

②如上所述的灵敏性黏土，经重塑以后变成泥浆，似乎是自由水更多了。

(7)一提到泥浆，方先生就很不屑，说那是水而不是土。他似乎忘记了，泥浆也是一种土，即欠固结土，是前期(有效)固结压力为0，小于$\gamma' h$的欠固结土，是无法把它从土力学中开除出去的。关于泥浆的浮力可以大于静水压力，正是土力学中有效应力原理的有力证据。

①根据有效应力原理，$\sigma=\sigma'+u$，泥浆是前期固结压力为0的欠固结土，所以$\sigma=u$，有效应力$\sigma'=0$。而孔隙水压力由两部分组成：$u=\gamma_w h+\Delta u=\gamma_w h+\gamma' h=\gamma_{sat} h$，其中前者为静水压力，后者为超静水压力，它是由于

---

[1] 李广信. 对“基于水压率讨论土中孔隙水压力及其有关问题”一文的讨论. 岩土工程界，2007，10(9)：22-24.

土颗粒处于悬浮状态，而由土的自重力(浮重度)而产生的。这样，这种泥浆状的欠固结土对体积为 V 物体的浮力为：$U=\gamma_{sat}V$。这就可以解释在泥质泥石流中何以会出现"一川碎石大如斗，随流满地石乱走"的现象。

②按照"水压率理论"，$\sigma=\sigma'+u$，孔隙水压力 $u=\xi\gamma_w h$，如果水压率 $\xi=0.5$，那么浮力只有静水压力之半，这显然与事实不符。其实，有时少量的自由水即可形成泥浆，例如膨胀土的流限含水率可达 300%～400%，这时土的饱和重度只有 $12kN/m^3$ 左右，所以泥浆的水压率 ξ 并不大。

(8)水压率的概念模糊及缺少可操作性从方先生的这篇文章可以充分体会到，他对所有质疑的回答原则是：凡是与水压率理论数值不符时，就用自由水含量不同解释(如原状土)；如果有推翻水压率理论的可能时，干脆就把你开除出土力学(如泥浆)。而关于自由水含量到底有多少，则只有天知道(似乎方先生也知道)。这样它就无需试验验证，也可以不受试验结果的约束。

(9)以饱和黏土的不固结不排水三轴试验为例，将一个饱和黏土试样放在三轴压力室中，同时将排水阀门关闭。施加围压 $\sigma_3=100kPa$，就会测到孔隙水压力增量 $\Delta u=100kPa$，则有效应力增量 $\Delta\sigma'_3=0$。再施加 $\sigma_3=200kPa$，则测得 $\Delta u=200kPa$，仍然是 $\Delta\sigma'_3=0$。由于两个试验破坏时的莫尔圆半径是相同的，所以饱和黏土的不排水试验内摩擦角 $\varphi_u=0°$。

根据有效应力原理，$\Delta u=B\Delta\sigma_3$，由于饱和土的 $B=1.0$，所以在各种围压下的试验有效应力 σ'_3 是不变的，则 $\varphi_u=0°$。

根据水压率理论，$\Delta\sigma_3$ 可以通过 $\gamma_w h$ 来施加，则 $\Delta u=\xi\Delta\sigma_3$，$B=\xi$，在施加不同围压 σ_3 时，有效应力是随着围压增加而增加的，这样 $\varphi_u>0°$，并且可以推断，当饱和黏土的含水率小于液限时，或自由水含量为 0 时，由于 $\xi=0$，不排水强度指标与排水强度指标是一样的，这显然有悖于常识和试验结果。

(10)对于我所说的"按照达西定律，在两层土间不可能出现水压力的突变"，方先生很不理解，只好再稍详细解释如下：根据连续性原理，在两层土处，$v_1=v_2$，则 $i_1/i_2=k_2/k_1$，可见在界面处如果 $k_1>0$，i 就不可能无限大。所以界面处不应有孔隙水压力的突变。方先生解释说，他的达西定律中水力坡降 i，不是孔隙水压力 u 的斜率，是水头 h 的斜率。但是这样必须改造达西定律，并重新定义渗透系数，亦即这时 $v=k'i$，如果 $i=\partial h/\partial l$，则必须定义渗透系数 $k'=\xi k$。如 $\xi=0$，则土的渗透系数为零。看来用水压率理论改造土力学的工作还需继续努力啊。

(11)为研究黏土中静水压力的传递，我们曾指导研究生进行了一系统试验[1]。其中试验之一如下：试样采用小浪底土石坝的斜心墙防渗土料，塑

[1] 宋磊. 黏土基坑支挡结构水土压力研究. 北京：清华大学土木水利学院，2003.

限含水率 $w_p=23\%$，液限含水率 $w_L=44\%$。孔隙流体分别采用了去离子水和乙醇(酒精)。首先在 20kPa 的压力下真空饱和制样，然后在三轴试验仪中用各种围压固结。表 1 表示了试样在不同固结压力下的饱和含水率。

固结压力—饱和含水率关系表 表 1

围压(kPa)	100	200	400	600	800
含水率(%)	34.1	29.0	24.8	21.9	20.1

可见，经 $\sigma_3>100$kPa 的围压固结后，饱和含水率均小于液限含水率，当 $\sigma_3>600$kPa 以后，饱和含水率甚至小于塑限含水率。应当说两种情况下试样基本没有自由水了。在不同的围压固结以后，在试样顶部施加 50cm 的静水头，在试样底部量测土中的孔隙水压力 u。应当指出，很难界定这种水压力是"静水压力"还是"超静水压力"，它是外加的高于饱和土体表面的水压力，也可以认为是一种外加荷载，不是与土体表面齐平的"静水压力"，试验结果见图 1，可以得出如下的结论：

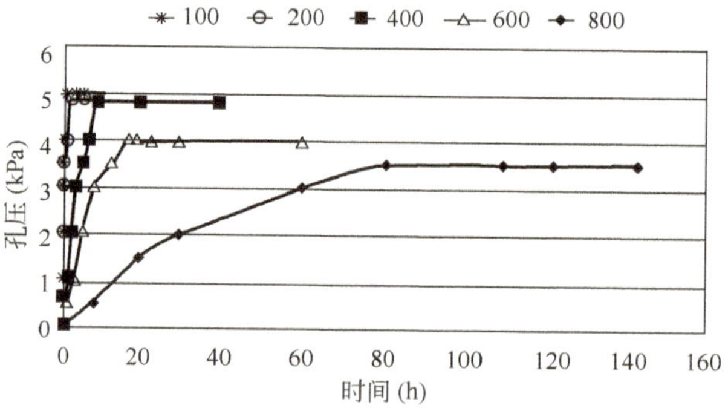

图 1 静水压力的传递时间关系

①在 $\sigma_3<600$kPa 的固结以后，试样含水率小于液限，大于塑限，黏土颗粒表面存在弱结合水，基本上没有自由水。这时静水压力可以不打折扣和较快地传递到试样底部。

②在 $\sigma_3>600$kPa 的固结以后，试样含水率小于塑限，黏土颗粒表面弱结合水很少，这时静水压力不能全部传到试样底部，只能达到施加的静水压力的 70%～80%，并且需要很长时间才能稳定。

用乙醇代替去离子水，进行同样的试验，发现乙醇在土中的渗透系数大得多。在试样顶部施加 50kPa 的静酒精压力，试验结果见表 2。

不同固结压力后酒精饱和试样孔隙压力传递时间表 表 2

围压(kPa)	100	200	400	600	800
时间(s)	2	8	18	30	45

试验结果表明，孔隙静酒精压力完全无障碍地传递到试样底部，没有任何损失和折减，并且所用时间也少得多，这是由于乙醇的介电常数小，在黏土颗粒表面形成的扩散层薄很多。从前一试验看，尽管含水率在塑限以下时，静水压力会损失20%～30%，因为没有自由水，也没有"水压率"的藏身之处，这主要是由于强结合水与颗粒表面间强烈的相互作用，使其表现出较强的黏滞性，阻碍了静水压力的传递。

(12)关于黏土中的土水相互作用是十分复杂的，还不能说是我们已经完全理解和掌握了结合水的机理。图2是一种非饱和黏土的土水特征曲线[1]。

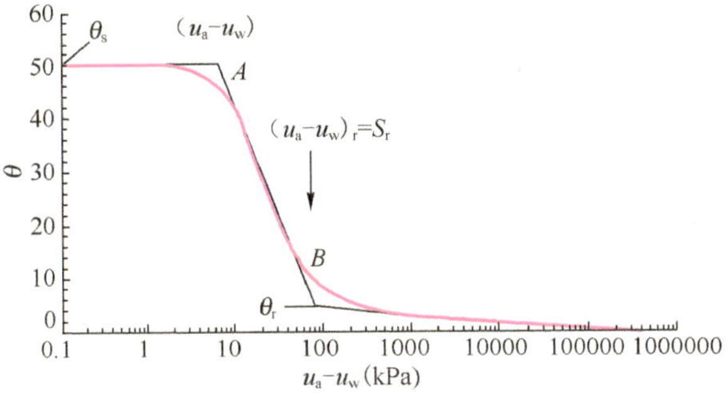

图2　非饱和黏土的土水特征曲线

测试土水特征曲线的试验方法之一是所谓的轴平移法，亦即用带有高进气值陶瓷板的压力罐，将饱和土样放进压力罐，逐级施加气压，土中水被挤出，稳定时量测相应含水率，对应的基质吸力就等于施加的压力。当黏土表面只存有3层水分子时，结合水厚度只有10Å，它们与土表面的结合如此之强，如图所示的10^5～10^6kPa的压力也难易将其完全挤走。这正如无论什么样的大力士也不可能将毛巾拧得与太阳晒得那么干一样。由于这时所涉及的作用是离子键、共价键、化学键和极化水分子的电磁力的范畴，非机械力能够等效的。黏土中的强结合水—弱结合水—自由水是有区别的，也是不能截然分开的。只不过结合水表现出更大的黏滞性，对压力传递具有更大的阻力，将其排出需要更大的压力。并不如方先生所理解的是形成与水截然不同的胶粒，也不是能够传递水压力就与自由水完全一样。以黏土渗流的初始水力坡降为例，一种普遍的解释如图3所示。

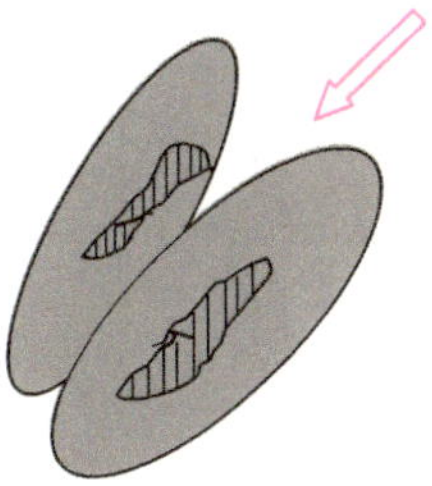

图3　黏性土中渗流的示意图

---

❶ 李广信.高等土力学.北京:清华大学出版社,2004.

由于结合水的黏滞性，只有压力差达到一定数值时，才可以“冲开”结合水，形成渗流通道。其条件是

$$\tau \geqslant \tau_f \tag{2}$$

其中 τ_f 是结合水的屈服剪应力。

结合水可以传递水压力，在一定压力作用下可以流动，可以被排出，结合水膜可以从厚的地方向薄的地方移动。由于颗粒间的接触压力很大，所以结合水也可以从接触点处向外挤走，因而黏土也同样有颗粒间（也可能是接近于固态的强结合水膜间）传递的有效压力。

(13)尽管多年来我和学生在这类课题中进行了许多试验，对于黏土的微观结构与宏观性状间的关系，仍然充满了疑惑和不解；一些实际工程监测和试验现象仍然难以解释，所以在各种场合和和有关文章中❶，我总是强调需要进一步探索。但在我的文章中❷，其论据基本都是我本人或者我的学生的试验结果。我建议方先生自己或者指导学生去认真进行我在文章所说的几种很简单的试验。如果水压率理论被证实，那可能是土力学百年来最大的前进和发展。

(14)在文献❷中，关于孔隙体积与面积的比例问题，我的计算是错误的，对于孔隙、水和固体都是均匀分布的介质，方先生的假设是正确的。

(15)文献❷是较早就投到《岩土工程界》的，成文的时间就更早❸，当时只是针对一些在讨论和交流中了解的较为普遍的观点，所举的例子都没有涉及作者（有的也不知作者）。后来方先生的文章在《岩土工程界》第5期发表，我的文章（文献❷）放在第7期发表，与编辑部商量以后，就将其列入参考文献中，这样文章开头的语言就似乎是对事也对人了，可能伤害了方先生，对此表示深深的歉意。

❶ 李广信. 基坑支护结构上水土压力的分算与合算. 岩土工程学报，2000，22(3)：348-352.

❷ 李广信. 有效应力原理能够推翻吗. 岩土工程界，2007，10(7)：22-25.

❸ 李广信. 岩土工程20讲——岩坛漫话. 北京：人民交通出版社，2007.

第31讲 土力学的学科特点和教学方法

一、前言

作为力学的一个分支，“土力学”成为一门独立的学科是1925年太沙基发表了他的《土力学和地基基础》(*Erdbaumechanik auf bodenphysikalscher Grundlage*)一书以后的事。因而，在庞大的力学家族中，土力学还是一门年轻的学科[1]。

只经过狭窄的数理化教育和经典力学训练的大学本科二、三年级学生，面对这样一门生疏的课程，常常会不知所措。有人怀疑土力学作为一门力学学科的合法性；有人说它和建筑材料课程差不多，没什么理论；也有人说土力学似乎好学，可又不易学。因而，在土力学的教学中，强调与灌输该学科的特殊性，培养学生学习与把握土力学概念的正确的思维方法，调动他们的生活经验，重视实践，联系实际，以适应这门课程的学习，使他们顺利转到专业课的学习和为今后从事工程实践打下良好的基础。

在土力学各章节的学习中(土的渗流、固结、强度)，结合土的这些特点进行分析和讲解，也结合土的试验加深他们对其特殊性的理解，这样，有关土的特殊性质和土力学的学科特点较牢固地为学生所掌握。在毕业前推荐研究生的面试中，尽管对土力学的一些具体公式他们可能记不清了，他们还都能说出土的碎散性、多相性和是地质历史的产物这三个特性和三个工程问题，这对他们今后的岩土工程的科研工作和工程实践是十分有益的。

---

[1] 李广信. 土力学发展中的理论与实践的关系//清华大学科学技术与社会研究所. 清华博士对现代科学技术的哲学探讨. 北京：清华大学出版社，1996.

二、土的特性及土的工程问题

（一）土的三个特性

土是多孔多相不连续的介质，其骨架由不同矿物、不同尺度和形状的颗粒形成，骨架的孔隙中充填着水和空气。固、水、气三者间不同的比例及其相互作用造成了土极其复杂的力学性质。土又是漫长的地质历史的产物。天然土层历经沧桑，其特定的成岩、风化、搬运和沉积过程很少重复。在长期地质历史的特殊作用下，不同地域、不同场地、不同深度的土，表现出不同的性质和有不同的指标。

土的碎散性、多相性和地质历史形成的变异性是其区别于其他一切介质的三个特性。

在各力学学科中，理论的发展需要科学的抽象，即摒弃对象的非本质性质，强化、纯化其本质特性，将其理想化。这样才能运用数学的手段、数学模型来描述和解决问题。在《理论力学》中，将对象理想化为没有大小的质点和没有变形的刚体；《材料力学》和《结构力学》中研究对象被理想化为由线弹性材料组成的构件和结构；《流体力学》中水所被当成不可压缩的理想流体。但是由于土的碎散、多相和作为天然材料的变异性，这些理想化在土力学中基本不适用。在土力学研究的不同场合、不同课题中往往需要不同的假设和理想化，这样，预测和计算与实际情况有很大的差别是很正常的，经验公式和修正系数是不可缺少的。

在土力学课程之前学生所学的经典数学和力学中，对象被高度理想化，与真实事物距离很远，使学生在理解和接受复杂的事物和规律时常常无能为力。而这些经典的理论常使他们产生误解，以为这些公式和计算手段可以精确地解决一切问题。为此，在开始土力学教学时，首先强调土作为一种材料的特殊性。将土与钢材、混凝土和水进行比较，指出土的碎散性、多相性和是地质历史的产物这三大特性以及由此引发的工程问题及特殊的学习方法[1]。

（二）土的三个工程问题

土的主要受力骨架是由不连续的颗粒组成，“一盘散沙”说明砂土一般没有固定的形状；土的强度不是由固体颗粒的矿物强度决定的，而是由颗粒间的摩擦力和微弱的黏结所决定。因而土的强度低，并且主要是与约束有

[1] 李广信. 岩土工程——学科的特点与进展//张楚汉. 水利水电工程科学前沿. 北京：清华大学出版社，2002.

关的抗剪强度。所以强度问题是土力学的核心问题，地基破坏引起的建筑物倒塌，挡土墙滑移与倾覆，工程边坡的失稳，地质灾害的滑坡与泥石流，地震液化，砂岸流滑，敏感土的失稳等都属于土的强度问题，构成了一般土力学教材中的5、6、7、8章的内容。

土的变形主要源于土颗粒移动造成的相对位置变化或颗粒的破碎，体积压缩是由于孔隙的减少；在外力的作用下，土的变形量远远高于连续介质。而在应力作用下土粒的移动，既可以造成土的体积压缩，也可发生剪胀。由于土的三相性，温度、湿度和环境也会影响土的变形。固体颗粒、水和空气三者的体积比例、力的分配和转换、骨架孔隙中流体的进出流动形成了土的变形的与时间有关的渗流固结过程，也形成了土力学特有的概念和理论。土的变形问题成为重要的工程问题，建筑物的倾斜开裂，路基沉降与桥头跳车，土石坝的变形与裂缝，湿陷、膨胀、冻融、盐胀变形引起的工程问题不胜枚举。与土的变形有关的渗流固结理论成为土力学的标志性理论，为土力学成为一个独立的学科奠定了基础。一般土力学教材中的3、4章是与土的变形有关的内容。

土的第三个工程问题是渗流问题。碎散的颗粒集合体中，充满了流体，在不等势情况下，将发生流体的运动。挡水、输水与储水土工构造物的渗漏，渗流造成的渗透变形会成为堤坝溃决、基坑倒塌、隧道矿井失事的主要原因；渗流也是岩土环境问题的重要原因。土的渗流是土力学关键的一章。

土的强度、变形和渗流是土的三大工程问题。这三大工程问题实际上是由土的特殊性引起的。在这门课的绪论中，我们首先用幻灯介绍了国内外由土的强度引起的事故，介绍了比萨斜塔这样由土的变形引起的千古奇观，也介绍了美国蒂顿坝由于土的渗透破坏而垮坝造成的巨大生命财产的损失，使学生对土的三大工程问题产生深刻的印象。

（三） 土力学中的三大理论

土力学中解决土的三大工程问题的理论成果是三个重要定律，它们组成了土力学的核心内容。

强度理论是揭示土的破坏机理的理论，莫尔—库仑强度理论描述了剪切面上剪应力τ与该面上正应力σ间的关系，表现了土作为散体材料的摩擦强度的基本特点，是一个简明实用的强度理论，在各种极限平衡和极限分析中，在各种数值计算中，这一强度理论得到广泛的应用。

在地基沉降中，人们更关心的是黏性土的压缩和渗流固结引起的沉降。1923年，太沙基提出了土力学中最重要的理论——有效应力原理，才建立起量化的分析计算方法。紧接着他总结了前人关于土的性状的研究成果，结合他创建的单向固结理论，于 1925 年发表了他的题为《土力学和地基基础》的著作。人们把该书的出版看成是土力学学科的诞生，可见这一理论在土力学中的重要地位。

达西定律是关于土中水渗流的理论。它揭示了单位面积渗流量 q 与水头坡降 i 成正比，比例常数为渗透系数 k。这是达西从试验出发得出的规律，是解决土工问题和渗流分析的基础理论。

可见这三个理论构成土力学的骨架，是目前解决工程问题的理论基础，也是土力学教学的重点。

三、土是一个相互关联和流动变化的体系

土本身是一个系统，而每个土工问题则是一个更复杂的系统。例如，一个地基基础的工程问题，我们只能通过有限的钻探和物探手段来了解地基的地质和水文情况，对于复杂的土层分布和土层性质的了解不可能是详尽的、完全的。加之我们反映和计算土的力学特性的理论能力的局限性，我们也不可能精确预测工程结束后的结果。而复杂的边界条件、气候条件、技术条件和许多不可预见的问题，供一切工程决策、设计方案、施工措施都不可能是绝对“完美”的，只可能是相对合理。所以土力学大师太沙基说：“土力学是一门技艺”。

在微观的层次上，固、液、气三相的相互作用产生了土力学区别于其他力学学科的特有的规律和理论。在饱和土体中，对固、液两相介质的应力、变形与渗流耦合的研究产生了有效应力原理和渗流固结理论，其核心是孔隙水应力的生成和消散，而固、液、气三相界面处的毛细力，即吸力则是形成非饱和土复杂特性的根本因素。

近年来，地基处理、土工加筋及土的复合材料得到很大发展，利用加密、灌浆、搅拌、旋喷和加筋工艺形成了人工土和复合土。在这些复合材料中，不同材料与土的理化、力学相互作用表现出极其复杂的形式，给设计计算提出了新的课题❶。

宏观的相互作用与共同作用也发生在土与构筑物之间。深基坑的支护结构、竖向和横向受力的桩、放置在地基上的各类基础，它们与相邻的地基土之间既有应力的传递，又有变形的协调。使地基与基础以及上部结构的共同作用问题成为一个古老而艰深的课题。

在经典力学中，研究对象相对简单，常常割裂对象间的联系，将其孤立

---

❶ 李广信. 有关土的相互作用问题. 岩土工程学报，1996，18(6)：111-114.

静止地作为隔离体研究。而在土力学教学中,强调在相互联系、相互作用中把握对象,掌握规律。课堂教学中,饱和土体的固、液两相的相互作用问题,如有效应力原理,就应当从固液两相的相互作用来分析和理解。

其次,土的力学性质的复杂性也来源于土本身的组构是在受力过程中不断变化的。松散的由颗粒组成的土体的性质取决于颗粒间的排列、间距和相互联系,很小的作用力就会改变颗粒间的相对位置,从而改变其性质。这是土与其他材料的不同点。古代哲学家讲过:“人不能两次踏入同一条河流”,意思是说河水在不停地流动,每一瞬时的河与水都在变化。土在其工作过程中也是如此:在每一瞬时,土的内部结构、土的性质都都不是前一瞬时的那个土了。这使土的应力变形关系表现出非线性、弹塑性、剪胀性和与应力路径有关的性质。在理解土的一些性质和原理时,这种流动的、变化的观点是十分必要的。比如,摩尔—库仑强度理论中表明土的强度由两部分组成:不随正应力(周围压力)变化的黏聚力和与正应力成正比的摩擦力。实际上,任一应力下的土样都是不同的,这一包线是不同密度和结构土样强度的集合。

在土力学教学中,培养学生树立全面、系统、发展的思维方式是十分重要的,是理解和认识复杂事物的正确思想方法。

四、土力学的感性教育

(一) 试验

由于土性的复杂和很强的个性,土工试验具有非常重要的作用。试验是认识和揭示土的性质的有效途径,是发展和验证理论的可靠方法,也是取得具体设计参数的常用的手段。在土力学教学中,所讲授的土的性质、土工原理和概念也只有通过教学试验才能为学生牢固掌握,所以试验在土力学课程中起着极为重要的作用。在考察学生的能力和成绩时,教学试验也占很大比重。在土的强度试验中,许多大学都只进行直剪试验,我们坚持人人独立完成三轴试验,大大促进了对土的性质和课堂教学内容的理解。我们也开设了土工现场测试的演示课,使学生具体观察到旁压仪、十字板剪切仪和动、静触探仪的构造、原理和操作。也常常结合具体工程开展自选试验。1993 年我国青海省沟后水库大坝被冲溃而失事,造成下游几百人死亡和巨大的财产损失。结合我们的科研任务,组织同学们进行沟后坝料的强度和渗透自选试验,然后组织他们讨论,他们十分认真和积极,其分析与专家的意见基本一致,使学生们产生了很大的兴趣,加深了对土的性质的理解。在推荐研究生的面试,在研究生入学考试和综合考试中,土工试验是一项重要内容。我们在研究生的培养阶段也非常重视试验，多年来，在我们专业培养的近百名硕士与博士研究生，其论文都含有相当比例的试验内容。

（二） 工程实践

基础工程部分是学生最早接触的专业课内容，实践性很强，并且近年来学科发展很快。我们的学生从小就主要从书本上学习知识，工程经验十分短缺，如何使他们现在学进去，今后用得上，是一个重要的问题。在一次海峡两岸地工技术学术上，我与台湾大学的一个教授讨论这个问题，他介绍了他们的经验：在基础工程开课之初，即要求每个学生自己去联系一个正在施工的建筑工地，与技术人员交朋友，了解现场的地质情况、设计方案，工程施工中遇到什么问题，怎么解决的，都要记入工程笔记。课程结束时要求写一份报告，计入成绩。这是一个值得借鉴的、有效的教学方法。但我们的学生食宿在校园，与社会的联系较少。好在近年来校内基建不断，每年的开课之初，我们先向学生介绍校内开工的工程，要求他们经常到工地看一看，增加感性知识。另一方面，我们也介绍一些我们已建的宿舍楼和教学楼的基础形式和基础问题。结合我校的实验楼和一个宿舍楼的地质资料进行课程设计。这些熟悉的建筑物缩短了他们与实际工程的距离，促使他们较好地掌握了所学的内容。另外，我们也聘请了校外专家讲座，介绍国内外重大工程实例和工程失事的例子，以及新的施工技术和工艺。

（三） 游戏

上一代人在童年会有很多接近自然的机会和游戏，其中玩土、玩砂、玩泥巴是主要项目。在河边海岸的沙滩上玩砂，他们会接触到一个奇异的现象——砂土的液化。这些关于土的感性的知识对于土力学学习十分重要。可是近来的学生从小就玩计算机，缺少这种对于土的亲密接触，土对于城市的孩子们十分陌生，甚至做到了城市地面不见土，这是一种损失。

在我校组织的本科学生 SRT（student research training）活动中，安排他们协助研究生做一些计算和试验工作，但由于他们大多数对于土力学的概念不甚了解，有的甚至还没有开始土力学课程的学习，他们只能干些体力活。我们在给他们介绍一些土的知识和工程问题之后，让他们利用实验室的材料、设备和条件，自己设计如何去玩，并且玩出花样和水平。结果他们设计制造了砂土液化演示试验、管涌和流土试验设备，获得了学校奖励，并对土力学产生了很浓的兴趣，其中两个同学获得了毕业论文答辩的最高分，在随后的研究生工作中也取得了优秀成果。

古往今来，真正的常胜将军其实是没有的，即使是天才，如果自傲轻敌，犯了错误又自欺欺人，那么在过五关、斩六将的辉煌之后，也会落到走麦城的悲惨结局

第32讲 《工程事故分析》前言

所谓工程，是指人类为了改善生活条件而进行的物化劳动的过程。所以工程不仅仅只是科学技术知识的运用，它也包括管理、人文和道德层面上的因素，而是一项复杂综合的社会实践的过程。人类的工程实践早于系统科学的形成，工程实践也就是科学技术诞生的源泉，所以早期的工程实践主要靠经验的判断。直至今日，在一些工程领域，例如岩土工程领域，经验判断仍然占重要的地位，这主要是源于客观对象的复杂性和人类认识的局限性。面对无垠的客观世界，人类要穷尽宇宙的奥妙几乎是不可能的，“天意从来高难问”，因而工程实践就不可避免有其盲目性和失败的风险。不少工程事故和失败源于人类认识的局限性，例如中国古代帝尧“用鲧治水，九年而水不息，功用不成”。据说是由于采用了以“堵”为主的战略，结果“治水无状”而被“殛于羽山而死”。他的儿子大禹吸取了经验教训，采用“导”的战略，结果“开九州，通九道，陂九泽，度九山。”完成了治水任务，功成于天下。人们都是在失败中总结经验，增长才干，从而才形成了各个学科。

另一方面，似乎一些动物也能够修建工程，河狸可以在河流上筑坝，鼹鼠可以修建极其复杂的地下工程，白蚁可以建造几米高的蚁穴（相对于它们的身高堪称超高层建筑），而黄蜂建造的蜂巢其建筑学、热力学和运筹学原理的应用令人叹为观止。它们的能力来源于世代相传的本能，也源于世世代代实践的经验积累，源于无数失败经历的总结。像归纳、演绎、类比、试错等简单的逻辑的方法动物也是会用的。人类比动物高明之处在于是在归纳演绎之后，可以进一步思维与抽象，而形成理论，形成理论体系，最后成为科学。在科学理论的指导下，人类的工程实践的盲目性就大大减少了，成功的概率也就大大提高了。动物可能延续几代才能修正一个错误，适应一个变化；而人类的认识就要敏锐得多，能够随时修正、适应，甚至预测，其区别就在于理论和抽象。所以毛泽东在《实践论》中指出“没有理论指导的实践是盲目的实践。”

总结经验，吸取教训，加深对自然规律的认识，从而也就推动了科学技术的发展，可惜我国工程事故的各相关方面的态度却总是遮掩和转移。尽管阿Q讳亮忌光，但头上的秃疤是尽人皆知的。更有甚者，当事者或其相关者将造成近300人死亡的襄汾县尾矿坝事故说成是泥石流，将掩埋了20多人的杭州地铁基坑事故说成是“突发性自然事故”，无非是力图将人祸说成天灾，天何言哉？本来“天行有常”，正是人们“应之以乱则凶”，所以是苍天代人受过。

对已发生事故的统计分析表明，很大比例的工程事故是由于人为的失误，而不是不可抗拒的原因。海因里希调查了75000件工伤事故，结果发现不可抗拒的因素只占2%，而人的因素占88%，物的不安全原因占10%。对我国近7年的地铁工程事故分析发现，发生在晚7时到早7时的事故占90%；发生在周五、六、日三天的事故占80%，其中周六、日两天的事故占近70%；其中所有事故中发生在附属工程中的占2/3。从此可见，事故的发生主要是源于麻痹大意，放松警惕。

在岩土工程中，工程的风险是可以监控的，事故一般是可以避免的，是有预兆的，可以反映在监测数据中，事故萌芽到险情发生一般有一段时间。事故的发生往往是多种不负责的因素叠加，失去了报警和补救的时机。例如在2003年7月1日上海地铁四号线的事故发生之前，监理公司现场监理人员仅在6月25日、30日下井两次，可是在29日、30日的日记中填写：“各项工作均正常”。在6月24日至7月1日期间，隧道公司现场质量员一次也未到工作面，28～30日的日记也记载“一切正常”。结果很多事故征兆没有被及时发现和引起注意，造成一起我国地铁建设历史上规模最大的一起事故。

这里就涉及一个重要的问题，即工程师的伦理(engineering ethics)教育问题。伦理就是“什么应当作，什么不应当作”，也就是一种行为准则。美国工程师协会有专门的“伦理规范”(code of ethics)，在一些大学开设工程伦理课程。工程师应当是求真务实，一丝不苟，兢兢业业，对历史负责的，其实也就是职业道德，是诚信和负责。我国目前进行史无前例的大规模工程建设，与科学技术的不适应相比，工程技术人员的伦理观念方面的差距更为显著，是急需加强的。

工程事故是惨痛的，我们用人民生命财产的损失应当换回一些经验和教训，所以事故的案例也是十分珍贵的财富，是工程伦理教育的最好教材。土力学的奠基人太沙基讲过：“A well documented case history should be given as much weight as ten ingenious theories”(一个记录完善的工程实录等价于十个有创造性的理论)。失败的案例往往比成功的案例更加宝贵，因为我们在其中常常会发现尚没有认识的东西，或者值得吸取的教训。这里收集和介绍一些工程事故的案例，工程技术人员和其他读者在阅读之后，也许就会同意上述的话。

第33讲 沟后水库溃坝事故

一、事故回放

1993年8月27日晚8点多，位于青海省共和县的沟后水库建成了3年，蓄水首次接近满库，比水库允许的最高水位（设计与校核洪水位3278m）只低不到1m。这时青藏高原天色尚明，湖光山色，碧波万顷。沟后村沈桂莲姐妹俩到沟后水库大坝上观赏水库景色，但在坝下游距坝顶高差20m处发现护坡块石中有一股水流流出，像"自来水"一样。后来天下雨了，她们就带着疑惑回家了。

晚上9点钟左右，水库管理人员杭果（工人，藏族）在屋里听到坝上发出闷雷般的巨响，他跑出值班室，在坝底下看到下游坝面在喷水，大坝上部的石块在水流冲击下翻滚着发出水石相激的声响，石块撞击时有火花闪烁，水雾弥漫，坝顶出现缺口。随后声响越来越大，水流越来越汹涌，库水奔腾而下，事后估算这时最大流量达到了2050m^3/s，流出总水量达到261万m^3。到晚10点40分，即大约历时1.5h，大坝已经被冲走总土石方体积的一半，在坝的中段形成一个顶宽138m，底宽61m，高60m的倒梯形缺口，建成仅3年的沟后水库大坝在首次蓄水接近正常高水位时，完全溃决。垮坝后的溃口与大坝残体如图1所示。

沟后水库发生了严重的垮坝事故，在下游13km处的恰卜恰镇的居民还不知情，忙碌了一天的人们已经准备安睡了，而水库这里却是报警无着：电话不畅，摩托车无油，领导找不到。据杭果讲，最后他"找了一辆摩托车到镇上向领导报告"去了。洪水大约用了一个小时，在晚11点50分抵达恰卜恰镇，尚在睡梦中的288人死亡，44人下落不明。

沟后水库设计库容330万m^3，属于小型水库，但最大坝高71m，属于高坝；下游13km就是州府和县城的恰卜恰镇，位置重要。水库大坝采用的是

图 1　水库大坝溃口情况

近几十年发展起来的一种新坝型——混凝土面板坝，这种坝型的安全性一般是比较高的，该坝是国内外同类坝型唯一失事的案例，国外一些水利及岩土工程专家很希望能到现场考察，但都以接待条件为由被谢绝了。

二、工程介绍

（一）建设背景

黄河龙羊峡水电工程于 20 世纪 80 年代在青海省共和县修建，淹没了该县的 2.5 万亩（约 $1.7\times10^7m^2$）农田，动迁 2000 人。作为补偿和交换条件，共和县提出兴建沟后水库工程，国家计委同意，省计委批准立项，于 1985 年 8 月正式动工，1989 年 9 月蓄水，1990 年 10 月完工，1992 年由青海省建设厅组织验收，施工被评为“优良”工程。

（二）工程简况

水库位于黄河支流恰卜恰河的上游，青海省共和县内，青藏高原东北缘，海拔 3200m。恰卜恰河全长 36.4km，年平均来水量 1286 万 m^3，全河流域面积 $700km^2$，坝址控制领域面积 $198km^2$。

水库枢纽工程包括大坝和输水隧洞。大坝按 50 年一遇的洪水标准设计，500 年一遇洪水校核。下游注入黄河龙羊峡水库。

大坝采用混凝土面板坝，坝料在初步设计时定为开采的爆破堆石料，开工后施工单位提出改用天然砂砾料（坝料平均力学指标见表 1）。大坝设计填料分为 4 区，按照一般规律，是将细粒料（渗透系数小）放在上游，粗粒料放在下游，见图 2。最大坝高 71m，坝顶长 265m，坝顶高程 3281m，上下游坝坡分别为 1∶1.6 和 1∶1.5，坝顶设有 5m 高 L 形的防浪墙，见图 3。坝基为13m厚的冲积砂砾石覆盖层，只将趾板处的覆盖层挖除，并对该处基岩进行了固结灌浆和帷幕灌浆。

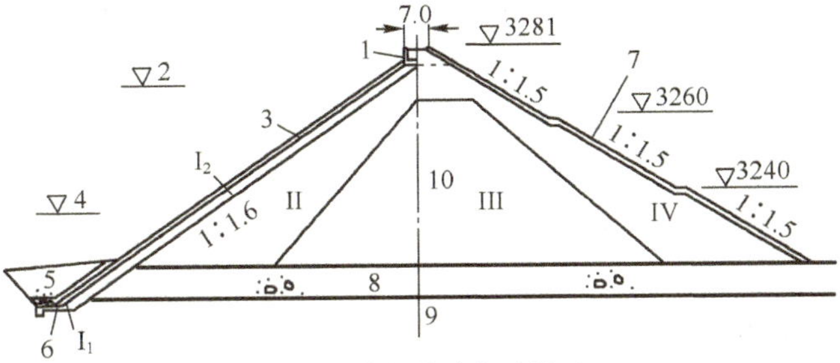

图2　大坝设计典型断面

1-防浪墙；2-正常蓄水位；3-钢筋混凝土面板；4-死水位；5-任意料；6-黏土防渗；7-干砌石护坡；8-河床砂砾石；9-花岗闪长石；10-坝轴线

坝料平均力学指标　　　表1

干密度 ρ_d(g/m³)	2.23	黏聚力 c(kPa)	0
孔隙比 e	0.206	内摩擦角 φ(°)	46
压缩模量 E_s(MPa)	140	$\Delta\varphi$(°)	6.1
渗透系数 k(cm/s)	$1.09\times10^{-4}\sim4.31\times10^{-1}$		

混凝土面板坝是靠坝体前的混凝土面板防渗，该坝的面板厚底部60cm，到坝顶渐变为30cm，采用C20混凝土，抗渗等级P8，抗冻等级为D250。河床断面分缝宽度14m，河岸断面分缝宽度7m。在高程3255m(距坝顶26m)处设一水平缝。在面板接缝间设置止水，河床中段接缝用紫铜片和丁基胶两道止水，两岸部分增加了一道橡胶板止水。

坝顶L形防浪墙墙顶高程3282m，墙底板的底部高程3277m，底板上部平台设计高程为3277.35m(但由于坝体沉降，实际上在3277.00～3277.25m之间)，坝顶高程3281m，水库正常高水位3278m，高出墙底1.0m。墙高5m，底板厚度0.35m，分段长度6m，墙分段处设置沉降缝，缝间设止水。防浪墙底板与面板间设置一道橡胶止水，见图3。

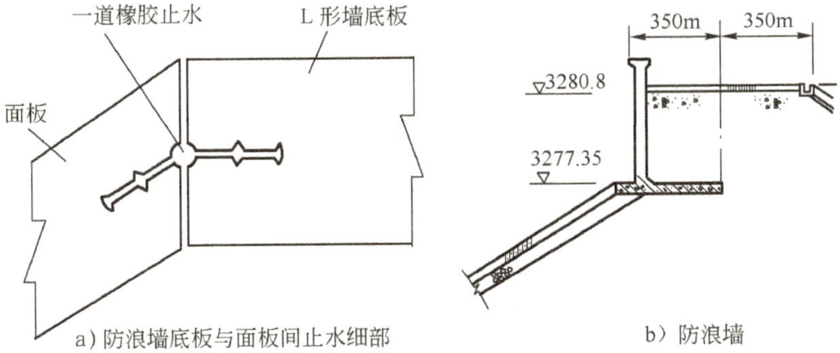

a) 防浪墙底板与面板间止水细部　　b) 防浪墙

图3　防浪墙及其底板接缝

(三) 工程建设与管理

工程由陕西省水利电力土木建设勘察设计院设计,原铁道部第 20 工程局负责施工,建设单位(甲方)为共和县人民政府。1989 年县政府成立了“沟后水库管理局”,行政上由恰卜恰乡政府领导,业务上由县水利局指导,管理局设在共和县内。实有管理人员 10 名(编制为 15 人),其中技术人员 2 两名,行政人员 1 名,其余为工人。水库下游左侧设有“管理房”,原有两名工人,其中一人在 1992 年退休,后只有一人专管,每天观测水位,观察大坝。水库有一条专用电话线与管理局相连。

三、事故原因分析

垮坝之后,由国家防汛办和水利部组织专家组于 1993 年 9 月 6 日到 13 日对失事现场进行了考察和事故原因调查分析。

(一) 专家们的不同意见

专家们一致认为该坝的失事并不是由于土石坝溃决的通常原因,即洪水漫顶、坝基渗透破坏和两岸绕流破坏,而是由于坝顶严重漏水,因而发生大量渗漏,造成溃坝。但是在溃坝的机理方面主要有三种意见,即抗滑稳定说、渗透变形说和层面冲刷说。

1. 抗滑稳定说

这种说法认为由于分层碾压的砂砾石填料渗透系数较低(10^{-2}cm/s 量级),同时是严重各向异性的,如果水平渗透系数为竖向的 4 倍,则坝体浸润线抬高 26m,计算中抗剪强度指标采用 $c=20$kPa,$\varphi=39°$,则坝下游坡的整体圆弧滑裂面的安全系数小于 1.0。图 4 是在溃口处观测的坝体浸润线,

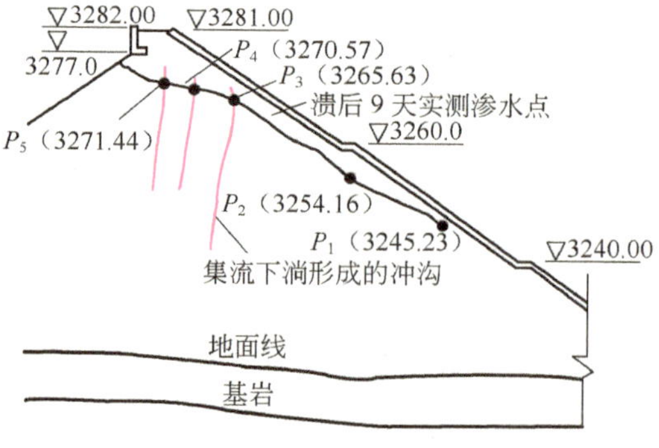

图 4 大坝溃口渗水点痕迹调查线

在溃决前，浸润线和逸出点肯定更高。

2. 渗透变形说

他们认为该坝的砂砾料渗透系数变化大（$10^{-1} \sim 10^{-4}$ cm/s），施工中容易造成粗细料分离，设计时坝体分区只规定了最大粒径，实际上是细颗粒决定渗透系数，因而不能保证下游渗透系数大于上游，并且没有设置下游排水体和反滤，使坝体上部砂砾石在渗流作用下发生管涌，随后坝顶逸出水流冲刷坝体，导致局部失稳和滑动，造成溃口。

3. 层面冲刷说

该说法认为，坝顶不均匀沉降使坝顶防浪墙的底板架空（可以伸进手臂），当库水水平向大量涌入地板下的空隙时，同时携带空气逸出，发出冒气声，很高的逸出流速（1～2m/s），可将占砂砾料一半的细颗粒冲走，导致防浪墙进一步下沉、倾斜，最后墙体倒塌，使库水直接漫过坝顶，造成溃决。这种说法的拥护者在几个方面驳斥滑坡论：溃口的沿坝轴向残坡坡度在50°左右，也有水流渗出，要比1∶1.5的坝体下游坡条件更加严峻，却一直保持稳定（见图5）；在溃口两侧的残留坝段，条件与溃口段一样，但是没有滑动的迹象；如果是滑坡破坏，失事过程必然是瞬时发生，不可能持续了一个多小时。

图5　坝体溃口左侧残留体

应当说上述论点各有道理，大家研讨、调查、分析计算，最后求同存异，综合大家意见，专家组向青海省人民政府、水利部和国务院递交了一份报告。

(二) 专家组对事故技术原因的报告

专家组经过分析讨论，最后明确给出了大坝破坏的原因：混凝土面板漏水，坝体排水不畅，没有设置下游排水，使浸润线抬高，坝料强度与坝体稳定性降低，在坝上部首先发生滑坡（残留坝体也有移动底痕迹，说明抗滑稳定性不足），形成溃口，在水流冲刷作用下溃口迅速扩大，最后冲决大坝。

1. 面板漏水

大坝的渗漏是不争的事实，这包括面板接缝间，面板与防浪墙底板接缝间和面板的裂缝和蜂窝等缺陷的渗漏。根据专家对坝体残留段的检查和对11个冲毁的面板残片的检查，面板施工质量差，接缝漏洞多是漏水的主要原因。

（1）混凝土有贯穿性的蜂窝。

（2）面板分缝间的止水与混凝土接合不好，有的已经脱落（残留坝段接缝处可以伸进手掌，底板下可以伸进手臂）；铜片止水接触带面板混凝土有明显的蜂窝现象，见图6a)。

a) 铜片止水接触带面板混凝土蜂窝现象

b) 冲毁的混凝土残片上橡胶止水带干净、完整、无擦痕

图6 接缝止水及混凝土缺陷

（3）防浪墙底部与面板间有一道橡胶止水，有的部位并没有嵌入混凝土中，见图6与图7。图6b)是在冲毁残片上发现的，橡胶止水带干净、完整、无擦痕，表明它不是从混凝土中被拔出的，而是与混凝土缝搭接的。

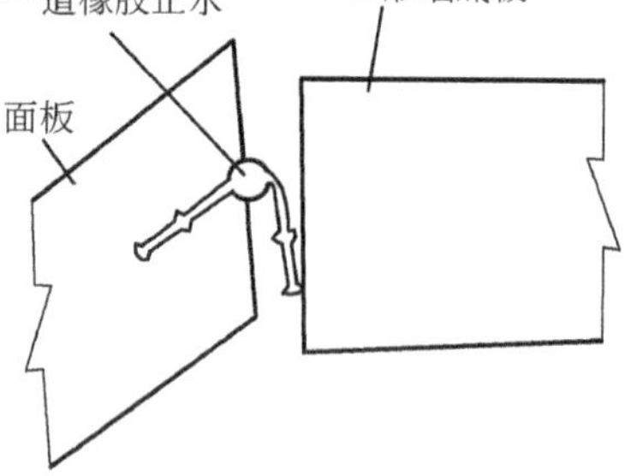

图7 接缝橡胶止水及防浪墙下沉

（4）防浪墙的水平底板在施工后就开裂了，仅采用了抹砂浆表面处理，不能起防渗的作用。

大坝严重的渗漏在失事前和垮坝时都可以断定：随着库水位迅速上升，下游漏水现象迅速发展：7月底右岸3233～3235m高程（距坝顶约50m）处有水出渗；8月21日，坝底护坡堆石缝中流水；8月27日下午1点20分，当时库水位稍高于墙底板，水位高程约为3277.20m，下游坡就有多处漏水，下游坡的台阶处能听到喷气声和水跌落声，坡脚处有瓶口粗的水流；下午4点有人发现防浪墙底板有多处开裂漏水；下午8点半，沈桂莲姐妹在坝下游距坝顶高差20m处发现护坡块石中有一股水流流出，像"自来水"一样。

2.坝体排水不畅

(1)尽管坝体设计了4个分区，但在溃口处的调查表明，施工中分区并不明显，接近于均质砂砾石坝。

(2)坝料的级配试验表明，坝料小于5mm的颗粒平均为37.8%，小于0.1mm的颗粒含量为4.1%。这种级配的砂砾石渗透系数在10^{-2}～10^{-3}cm/s之间，透水性不够好。

(3)坝体下游没有设置排水体，使浸润线抬高，抗滑稳定安全系数下降。

(三) 管理方面的问题

应当说，该事故的根本原因在于管理的问题，包括技术管理、运行管理和汛期管理。

1.技术管理

(1)工程是省建设厅而不是水利部门下文批准开工的，与行业管理惯例不符，程序不正常。工程主审和建设管理单位经验严重不足，又没有邀请有经验的专家提供帮助，表现在：

①主审单位在初审、复审两次审查中，都没有发现坝体未设排水体这一关键问题。

②建设单位在事故期间，始终没有发现面板间和面板与防浪墙底板间分缝止水存在的严重质量问题。

③由青海省建设厅主持了竣工验收会议，竣工验收委员会共计16人，其中，省、市、县领导占13人，设计、施工、指挥部各一人，可见都是直接或者间接与该工程有关的人员，缺少必要的外界专家，验收会对已经存在的大坝较高部位的漏水没有给予足够的重视，自己评自己，自然不客气地将大坝施工质量评为"优良"。

(2)施工单位为原铁道部20工程局，他们以1600万的最低标价中标，低于实际标底的1900万元。他们在铁道建设方面有丰富的经验，但完全没有水利工程施工方面的经验，不了解防渗工程对于水利工程来讲是性命攸关的。

(3)前期技术工作混乱，这是一个不大且较简单的工程，但先后参加勘察、设计单位有5家之多，没有妥善衔接与配合。

2. 运行管理

(1)管理委员会编制为15人,实有10名,人员素质很差。其中技术人员两名,行政人员1名,7名工人,除了一个电工参加过短期培训外,其他都没有关于水库的基本知识。水库下游左侧设有"管理房",原有两个人,其中一人在1992年退休,后只有一人工人专管,每天观测水位,观察大坝。

(2)虽然制定了一些规章制度,实际上没有认真执行。

(3)大坝设有坝面变形标点,测试坝体沉降与位移;面板三向测针测试接缝变位;基岩水压测压管,观测两岸渗流情况;悬挂式量水堰,量测坝基逸出地表的渗漏水量。但是实际观测基本没有实行,它们的选型和布置不合理,没有起到安全监测的作用。

3. 防汛管理

(1)没有认真落实防汛工作的首长负责制:1993年6月1日成立了由县长为总指挥的防汛指挥部,汛前没有召开防汛会议布置工作;沟后水库所在的乡,乡长没有挂帅水库防汛工作,负责水库防汛的县副总指挥在溃坝前没有亲临现场。

(2)已经发生的一系列漏水现象和溃坝先兆没有引起应有的重视,如果提前两小时开闸放水,可使库水位下降11m,即可化险为夷。

(3)险情发生时,现场只有一名工人,报警无着,电话不畅,找不到领导,丧失了采取应急措施,疏散人员的时机,酿成大祸。

四、一些思考

1. 工程管理的缺失

沟后水库作为一个对地方的淹没和动迁"补偿"性的工程,兴建在经济、技术和管理都十分落后的少数民族地区,其中在修建过程中不少技术环节明显有问题。引起事故的设计、施工的技术原因在我国水利水电行业是完全清楚和可以解决的。落后的管理使根除隐患、化解险情、抢险救灾的最佳时机完全丧失,造成巨大灾害。

2. 吸取教材,总结经验,深化认识

面板坝是国内外大量兴建的新坝型,这是该坝型失事的唯一案例,应当吸取教训,总结经验,深化我们的认识。

3. 几个值得讨论的问题

(1)对专家提出的垮坝的3种原因和机理的分析与判断;

(2)坝体的浸润线抬高对于坝体抗滑稳定的影响;

(3)水利工程的防渗和排水一般布置原则。

第 34 讲　蒂顿坝的溃决

一、事故回放

“几十米高的巨大水墙呼啸着扑面而来”，这并不是海啸时的情景，而是美国蒂顿坝失事时人们对现场的描述。

1976 年 6 月 5 日，位于美国西北部的爱达荷州（Idaho State）还处于晚春时节，3 亿多方春水被蓄进蒂顿水库，该水库建在爱达荷州的弗里蒙特县（Fremont County）境内，工程刚刚建成一年，一些工人和机械还没有撤走。

早上 7 点半时，有人在高 93m 土坝的下游局部发现有浑水从中渗漏，形成泥泞，但现场技术人员不认为有什么危险；9 点半，在右坝肩附近的坝体下游面渗漏水流带出坝体土料，呈现明显的湿亮点，危险的坝体渗漏已经是不争的事实。这时调来 4 台推土机在右坝肩向渗漏逸出点推土封堵，结果当然是毫无效果。随后当地媒体闻讯赶来，电台、电视台的记者在现场直播，十分热闹。10 点 30 分，调度员向弗里蒙特县和麦迪逊县（Madison County）警察局报警，发出警报，组织下游可能被淹没地区的居民疏散。这时在右岸坝肩处还在拼命推土的两台推土机陷入塌陷的河岸，人们用绳索拴在两名工人的腰上，将他们拖出推土机，没有使他们成为第一批殉难者。

11 点，右岸坝面出现多处旋涡，随后右岸大约 1/3 的坝体被冲走，巨大的水墙扑面而来，冲向下游峡谷，飞流直下，冲毁一切障碍，扑向下游的土地与居民——蒂顿大坝溃决了。洪水流经 Rexburg，Wilfort，Sugar，Salem 和 Hibbard 这些市镇，其中 Wilfort 镇完全被冲毁。到傍晚，3.7 亿多方库水完全泄空。据统计，约 2.5 万人和 60 万亩（1 亩≈666.7m^2）土地受灾，32km 铁路受毁，总经济损失高达 20 亿美元，联邦政府支付了超过 3 亿美元的索赔，有 11 人和 13000 头牲畜死亡。联邦垦务局建立 75 年来，遇到了他们所负责的最惨烈的工程事故，接到了 5000 起以上的索赔诉讼。有趣的是，

94岁的玛丽·琼斯6月6日死于医院，还有两位老者在此期间死于心脏病，甚至还有两人是死于自己的枪击，他们也都被列入工程事故遇难者名单。6月6日福特总统宣布宾厄姆、巴纳维亚、弗里蒙特、麦迪逊、杰斐逊县为联邦灾区。

图1表示了1976年6月5日上午大坝溃决的全过程，这要归功于媒体的及时到场，积累了大量、直观、有价值的失事现场的照片和录像：

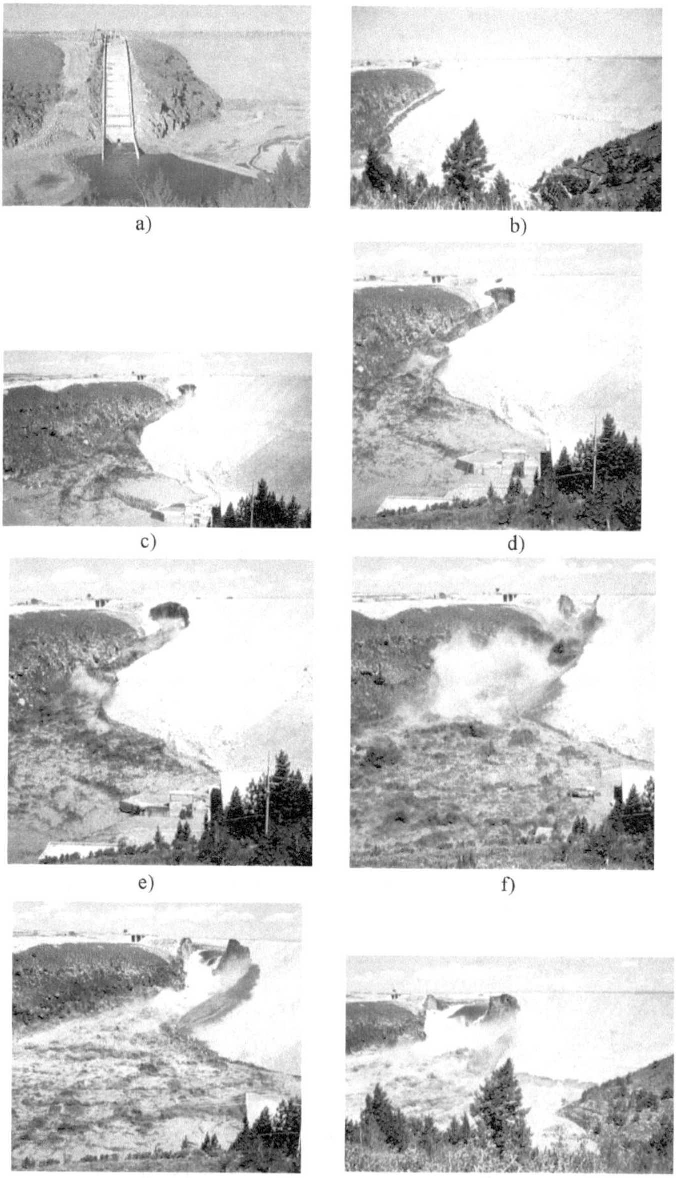

图1　蒂顿坝失事过程

(1)建成蓄水的蒂顿大坝(可见右坝肩三孔弧形闸门的溢洪道),见图 1a)。

(2)10:30 左右,右岸下游坝面有水渗出并带出泥土(所谓右岸,就是人站在坝顶,面向下游时的右手一侧),见图 1b)。

(3)11:00 左右,洞口不断扩大并向坝顶靠近,挟带大量坝体土料的泥水流量增加,见图 1c)。

(4)11:30,漏水洞口继续向上扩大,泥水冲蚀了坝基,主洞的上方又出现一个漏水小洞,见图 1d)。流出的泥水开始冲击坝趾处的设施。

(5)11:50 左右,洞口扩大加速,泥水对坝基的冲蚀更加剧烈,见图 1e)。

(6)11:57,坝顶坍塌,泥水狂泻而下,见图 1f)。

(7)12:00,坝顶坍塌口加宽,见图 1g)。

(8)12:00 过后,洪水扫过下游谷底,附近所有设施被彻底摧毁,见图 1h)。

图 2 为失事后的大坝残体,右岸大坝被冲毁总坝体体积的 1/3 以上,事故调查组组织了左岸的开挖,以检查土料碾压施工质量和防渗设施的功效发挥情况。

图 2 灾后现场状况

二、工程概况

蒂顿水库建在爱达荷州的弗里蒙特县境内,是一个设计库容近 4 亿多立方米的大型水库,工程主要用于灌溉,服务于弗里蒙特—麦迪逊灌区,规划灌溉农田 6~7 万亩,也有发电和供水的效益。枢纽工程包括分区填筑的土坝,最大坝高 93m,3 孔的溢洪道位于右坝肩,左岸有一条隧洞,电厂和抽水站位于左坝肩,电厂装备了 2 台 10000kW 的发电机组。

大坝实际上是一个厚心墙土坝。最大坝高 93m,坝顶轴线全长 950m,上游坡为 1:2.5,下游坡为 1:2.0,最大坝底宽度约 520m。土坝与基岩间采用齿槽连接防渗,基岩中用灌浆帷幕防渗,见图 3。

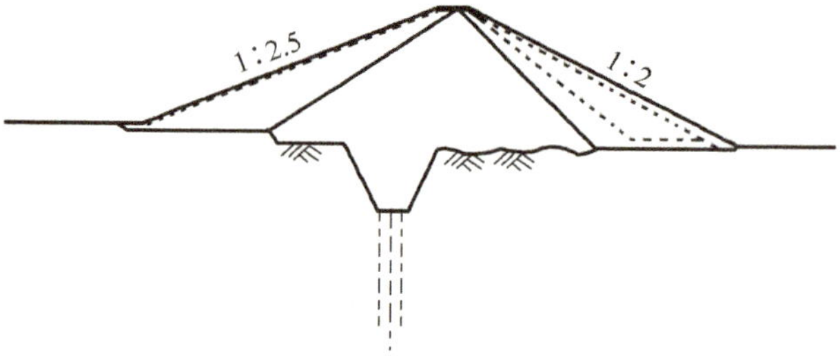

图 3　土坝的典型断面

爱达荷东部原是美洲土著部落的居留地，土著居民与白人移民经常发生冲突，水库的修建充满了曲折。早在 20 世纪 30 年代美国垦务局和陆军工程兵团就对蒂顿流域进行了勘察规划，计划在较低的蒂顿盆地筑坝，称为“蒂顿盆地项目”；1969 年，垦务局进行了初步设计，并在现场进行了灌浆试验，但是当地的环境保护组织发起抗议和诉讼，在 1970～1974 年间，环保组织的诉讼被法院多次驳回，消除了该工程的障碍；1972 年开始开挖坝基和电站，标志着工程开工，1973 年开始截流和导流，备土料，开挖坝肩和齿槽，1975 年大坝开始填筑，11 月基本完成，1976 年安装发电机组，1976 年 3 月大坝以每天 1～2ft(1ft＝0.3048m)的速度蓄水，1976 年 4 月溢洪道弧形闸门安装，到 6 月 1 日水库已经蓄水 2.9 亿 m^3，6 月 5 日垮坝。所以说，蒂顿坝是在首次蓄水时就完全溃决了。

三、事故分析

事故发生以后，各方人士发表了各种各样的说法。在听证会上有人说是由于坝址选择错误，基岩透水性强，帷幕灌浆未能发挥作用；有人认为坝址地质年代较年轻，活动性强，有很多裂缝和断层，可能有地震活动。但是也有人反对这些说法，他们认为基岩渗透性强可能会损失一些水量，但不一定就会影响大坝的安全，另外在在大坝附近的地震观测仪器近期没有发现有地震活动。

事故调查和事故原因的分析主要由两个专家组完成：内务部审查组(Interior Review Group)和独立委员会(Independent Panel)，其中内务部审查组进行两个阶段的工作，第一次是在 1977 年，第二次在 1980 年，第二次完成了最终报告。为了了解现场的真实情况，由于右岸已经冲毁无遗，审查组主持了左岸的勘察和现场开挖，发现了大量的设计施工问题，主要包括以下几个方面：

(1)灌浆帷幕：只设单层的帷幕是严重的设计缺陷，不能达到有效防渗的目的，在坝体与基岩表面结合处岩石的裂隙没有被灌浆处理，灌浆帷幕的盖板处发现有渗漏发生。

(2)大坝土方施工：防渗心墙的土料属于粉土类，有一定的分散性，抗冲蚀性差；土料有的局部坝料没有压实，层间存在反坡和坡度突变，形成锯齿状的接缝；由于土料含水率不符合要求，施工时就采用一层干土盖在一层湿土上，在现场不可能使它们有效混合，土料压实不好。其结果可能会造成填筑坝体和心墙的不均匀沉降和开裂。

(3)截水齿槽：齿槽处基岩松散，有明显的裂缝但是浆没有灌进去；齿槽内填土质量不好，齿槽填土与基岩壁结合间的结合缝成为渗漏的薄弱环节。

(4)没有设置任何观测设备，下游如果有孔隙水压力监测装置，会及时发现险情。

(5)初次蓄水速度过快，没有加以限制。

审查组认为是加固防渗灌浆帷幕不足和存在缺陷，齿槽内和齿槽与基岩间的结合薄弱导致齿槽中的渗漏、水力劈裂、管涌，渗漏的水流冲蚀齿槽和坝体防渗的Ⅰ区，最后垮坝，见图 4。

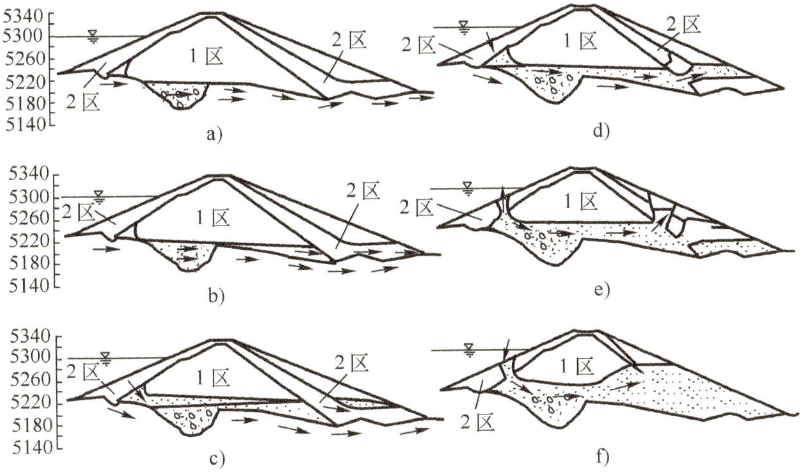

图 4　齿槽和坝体的冲蚀与大坝的溃决

经分析，渗透引起的具体的坝体破坏机理可能有两种情况：

情况一：盖板下的渗漏引起接触冲刷(见图 5)。

(1)齿槽底面的灌浆帷幕盖板下有缝，形成上下游连通的渗漏通道；

(2)齿槽底部的填土在高水力坡降作用下被击穿和冲蚀；

(3)接触冲刷形成“管涌”短路，最后水流穿透心墙，进一步冲刷，造成溃坝(见图 4)。

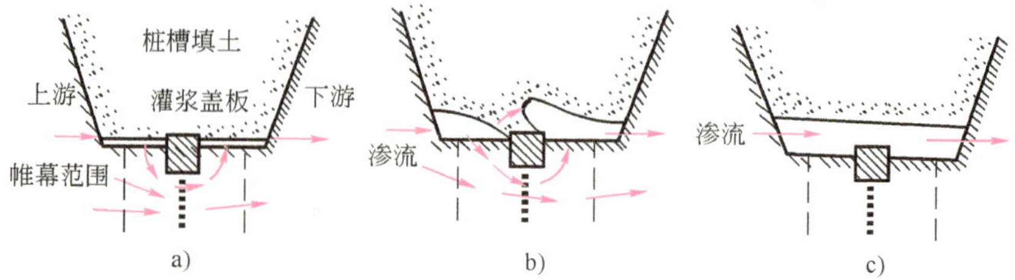

图 5　齿槽中盖板下的渗漏引起接触冲刷

情况二：水力劈裂（见图 6）。

由于该坝的截水齿槽深达 20m，槽的侧壁坡为 60°～65°，由于槽内填土在近百米高的坝体自重下会发生沉降，两侧基岩壁不会沉降，在二者的结合处产生与竖向压力成比例的摩阻力，即发生拱效应。拱效应使槽内填土的竖向总应力 σ_z 减少，图 7 表示分析得到的坝体竖向应力比 $\sigma_z/(\gamma h)$，可见齿槽中竖向应力比急剧减小。在水库高水位蓄水时，槽内产生很高的孔隙水压力 u，根据有效应力原理

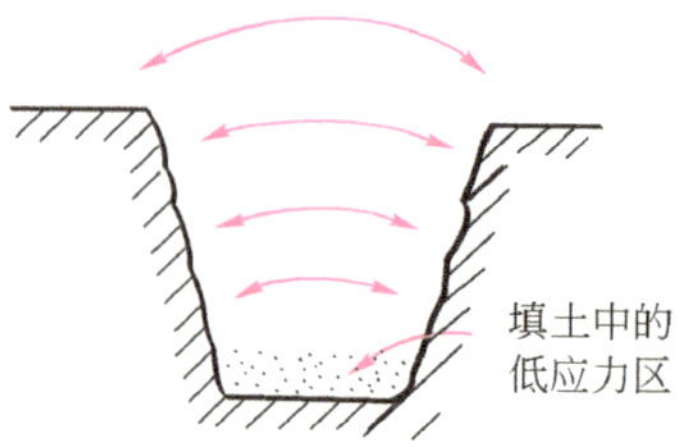

图 6　齿槽中水力劈裂示意

$$\sigma'_z = \sigma_z - u$$

有效竖向应力 σ'_z 相应减少，如果出现拉应力，并且大于土的抗拉强度时，土体就会产生水平裂缝，水从裂缝渗流、冲蚀导致溃坝（见图 4）。

水力劈裂最早发现和应用在采油工业中，早在 1948 年 J. B. Clark 就指出了采油过程中的水力劈裂现象。图 8 为 1968 年对观测到的 Hyttejuvet 大坝的库水位与渗漏量间的关系，发现在某一库水位下（对应于一定水压力），渗流量会突然增加，表明大坝防渗体出现裂缝，即水力劈裂；随着水位下降，裂缝闭合，渗漏量减少。

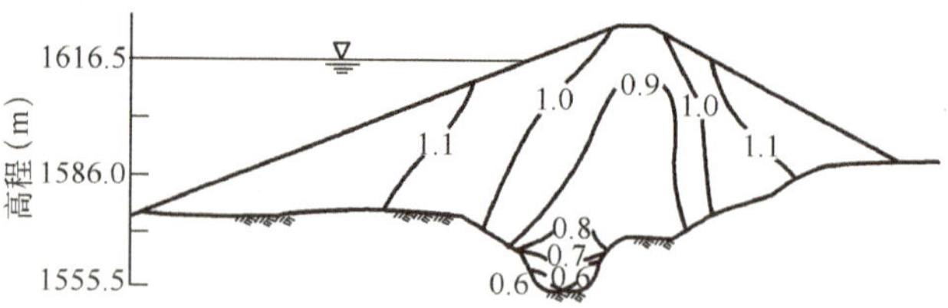

图 7　坝体中的竖向应力与上部自重之比

在蒂顿坝之前，专家观测和分析了了美国的几个发生了水力劈裂现象的土坝，但是都没有发生严重的工程事故，蒂顿坝垮坝的惨重事故进一步引

起了人们对水力劈裂的重视。在我国，从 20 世纪末到本世纪初，建造了一系列土质防渗体高土石坝；20 世纪 70 年代，开始设计修建百米高的土石坝；到 20 世纪末，200m 高的土石坝已经动工；本世纪初，修建 300m 高的土石坝已经提到日程表。这样，水力劈裂成为关键技术问题，得到了深入系统的研究。

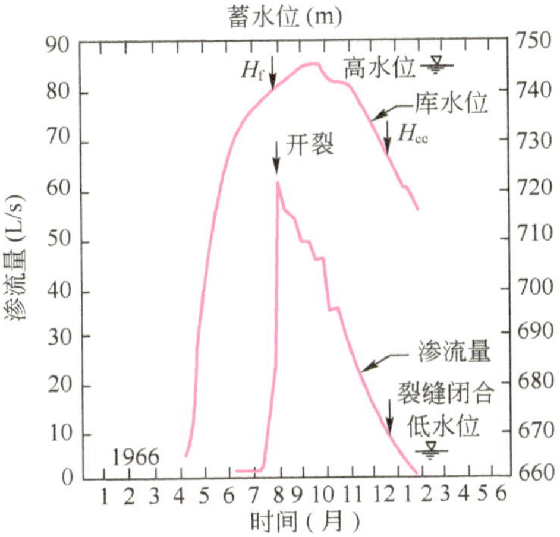

图 8　Hyttejuvel 坝现场监测的蓄水位与渗漏量关系曲线

四、值得思考的问题

(1)蒂顿坝的事故引起了美国联邦政府和民众对于大坝安全的重视，启动了对现有大坝安全评估的程序，1978 年，垦务局成立了专门的大坝安全评估和管理机构。

(2)蒂顿坝的溃决使环保组织和环保人士的反筑坝呼声进一步加强并得到民众的支持，事后的调查表明，80％的民众反对重建蒂顿坝。在 20 世纪末，美国全国的反坝呼声越来越高，成为舆论的主流，并且陆续开始拆坝，垦务局的业务受到毁灭性的打击。关于建坝的功过利害的争论扩展到多国的政府、民间和科技界。例如我国的大坝建设就受到美国的非议。应否建坝的问题涉及各国的政治、经济、文化和对于环境生态的认知，是一个值得思考和重视的问题。

(3)爱达荷州的蒂顿河谷地区在美国也属于经济不发达地区，对照他们在蒂顿坝事故中以及我国在沟后水库溃坝事故中的态度和措施，我们应有所借鉴。

(4)在蒂顿坝渗漏初期，人们用推土机向逸出点的出口推土封堵无效。在堤坝下游漏水时，在出水口用泥土、盖板、棉被、不透水膜封堵都毫无用途的，一般正确的做法是上游封堵，下游排水减压。

（5）水力劈裂是高土石坝建设中值得重视的问题，目前其机理、发展过程和工程措施都有待于深入研究。

（6）在填方工程中，如果有的土料偏干，有的偏湿，在分层碾压时，严禁将一层干土铺在一层湿土上碾压，只能是晾干或者洒水。

第35讲 柘溪水库的一幕悲剧

一、事故回放

1961年3月6日下午6点半左右，位于湖南省安化县资水河谷的柘溪水库工程尚未竣工，还有一些工人在坝面的溢洪道上和两岸施工，但水库已经蓄水，水位处于距正常高水位约20m的高程。经历了连续8天降雨后，湖面上风平浪静。18时40分，随着一声闷响，库水骤然掀起狂涛巨浪，水墙壁立，20m高的涌浪冲过尚未建完的坝顶，漫过坝面，席卷了坝顶上的临时挡水建筑物和左右岸施工现场，将在大坝中段溢洪道和两岸施工的工人冲向下游谷底，造成伤亡88人的特别重大伤亡事故，其中64人淹溺死亡（一说死亡70人），24人受伤。

惊魂稍定，人们发现水库库区右岸，距坝址1.5km处的塘岩光地段发生了大滑坡，滑坡体体积约165万m^3。滑下的百万余方土石以高达25m/s的速度滑入水深50余米的库内，坝前水位迅速上升了4m，激起的涌浪造成库水漫顶，使毫无提防的现场施工人员遭到灭顶之灾。

惊险的一幕过后，人们检查大坝，发现混凝土大坝基本没有受到损伤，因为在设计中水库的溢洪道就是布置在坝的中段，坝面的过水是正常的工况；由于坝体完好，水库内大部分蓄水尚存。下游坝体如因被冲毁而溃决，库水将宣泄一空，覆巢之下，岂有完卵？所有枢纽工程将被完全破坏。

二、工程简介

柘溪水库位于资水中游安化县城东坪上游12.5km的大溶塘峡谷处，两岸山峰对峙，河面宽100m左右。下距益阳市170km，控制集雨面积22640km^2，占全流域面积的80%。坝址多年平均流量621m^3/s，年径流量

185 亿 m^3。水库总库容 35.7 亿 m^3，正常水位 169.5m，相应库容 30.2 亿 m^3，为不完全年调节水库。

水库工程以发电为主，兼有防洪、航运等功效，右岸布置引水式水电站。枢纽工程由拦河大坝、电站厂房及通航建筑物组成。大坝为混凝土单支墩大头坝与宽缝重力坝，大坝全长 330m，最大坝高 104m，坝顶高程 174m。溢流段布置在河床中央，溢流前缘宽度 146m，由 8 个宽 16m 的单支墩大头坝和 2 跨宽 9m 宽缝重力坝组成，堰顶高程 153m，安装 9 扇 12m×9m(宽×高)平板钢质闸门，采用梯形差动式鼻坎挑流消能；左岸非溢流段由 5 个宽 15m 的宽缝重力坝段组成，右岸非溢流坝由 6 个宽 15m 的进水口坝段及 15m 宽的电梯井坝段组成；引水道及电站厂房布置在右岸，引水道有直径为 6.5m 的 3 条隧洞和 3 条压力钢管，设计引用流量 $832m^3/s$；航运建筑物在大坝左岸，采用斜面升船干拖滑道，滑道全长 750m，最大载货量为 50t，年货运量 40 万 t。见图 1～图 4。

图 1　大坝中段的溢洪道

图 2　水库枢纽下游

图 3　库区景观

图 4　溢洪道泄水

枢纽工程于 1958 年 7 月开工，1961 年 2 月蓄水，1962 年 1 月第一台机组投产发电，1963 年竣工，亦即事故发生在施工期。

柘溪水库的大坝采用的宽缝重力坝和单支墩大头坝，见图 5、图 6。这两种坝型都是从重力坝衍生而来，与实体的重力坝比较，宽缝重力坝将坝体中部做成空腔，可节省混凝土 10%～20%；上游坡度变缓，可利用上游水压力的竖向分力增加稳定；同时坝基面积小，减少了扬压力，见图 6。每个坝段断面近于工字形，其上游是挡水的面板，下游也可以不封闭。

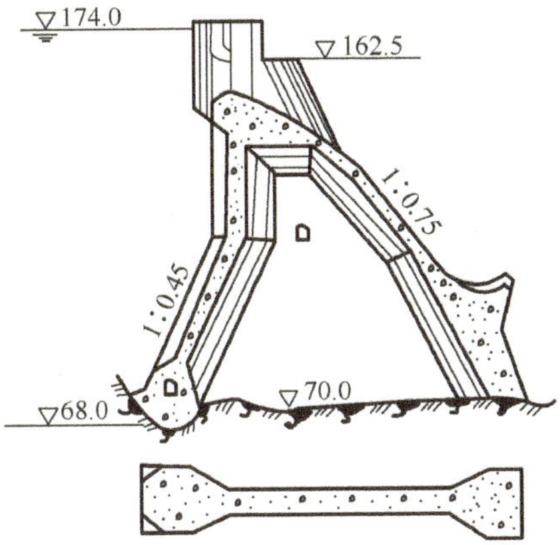

图 5　柘溪水库的单支墩大头坝断面图

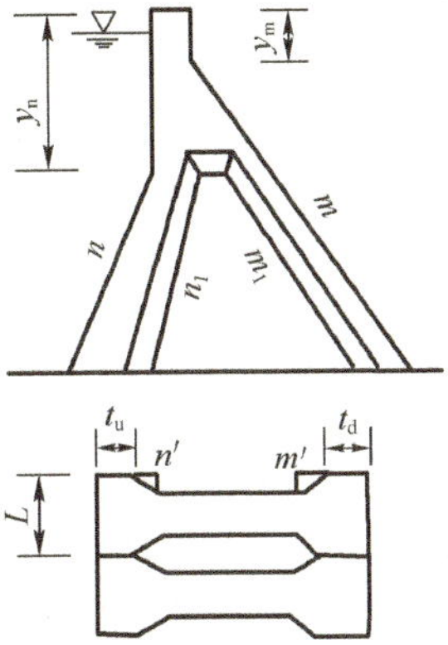

图 6　宽缝重力坝断面图

支墩坝基本特点接近于宽缝重力坝，见图 7，它是由一系列挡水面板和支墩组成，如果上游做成向两侧扩大的大头，叫做支墩大头坝；面板为平板的叫做平板支墩坝；水平面上面板为拱式的叫做连拱坝。柘溪水库大坝采用的是宽缝重力坝和单支墩大头坝。这类坝在控制坝体裂缝方面有不利的方面，在 1969 年 6 月和 1977 年 5 月期间，1 号、2 号支墩先后发生裂缝，水库被迫降低水位运行。1969 年至 1985 年期间，前后两期加固处理，采取“前堵、后排、加固”和“空腔填筑混凝土”以及“迎水面加压粘贴环氧砂浆”等措施后，大坝险情解除。

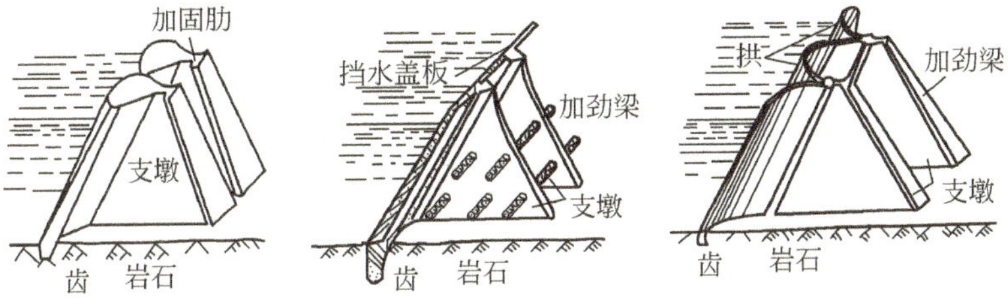

a）大头坝　　b）面板坝　　c）连拱坝

图 7　几种支墩坝

三、事故原因分析

柘溪水库库区的地质条件十分复杂，在库区右岸的塘岩光地段是含黏土夹层的板岩，坡的节理倾向与岸坡坡向一致，向着库区，并且受到断层节理的切割，是极其危险的。

1961年3月，库区已经连续降雨8天，与此同时水库初次蓄水到148m，淹没了岸坡的下部，造成库区的岸坡抗滑稳定性急剧下降，主要有以下原因：

(1)由于降雨和浸水使板岩的含黏土夹层泥化，抗剪强度和抗滑力降低。

(2)降雨产生了沿坡的渗流，其沿坡的渗透力增加了滑动力。

(3)在水库蓄水前，岸坡的含黏土夹层板岩的稳定，很大程度靠坡下部堆积土体的自重，与上部岩土体比较，这部分土自重产生的滑动力(荷载)较小，而抗滑力(抗力)较大，维持着坡体的平衡。一旦处在库水位之下，它们的自重变为浮重度，抗滑力急剧减小，将引起滑坡。

图8a)表示的是滑坡段沿着坡向的断面，可见总的滑坡体远大于滑进水库的165万m^3，而水下的土体重度减小(由于浮力)，是坡体失去有效支撑的主要原因。图8b)是平行于坡面的断面，表示滑坡发生在两个断层和层间错动之间，它无法得到两侧岩体的牵制也是可能的不利原因。

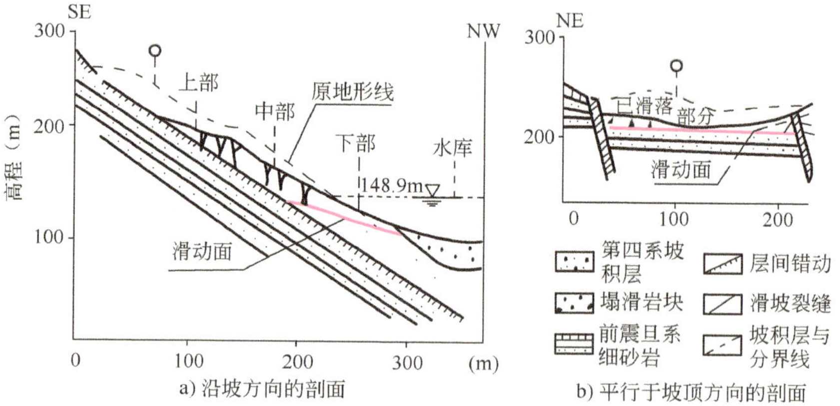

a) 沿坡方向的剖面　　b) 平行于坡顶方向的剖面

图8　库区塘岩光滑坡纵横断面图

对于如图9所示的滑动面，其稳定安全系数可用最简单的瑞典条分法如式(1)计算

$$F_s = \frac{\sum(c_i l_i + W_i \cos\theta_1 \tan\varphi_i)}{\sum W_i \sin\theta_i}$$

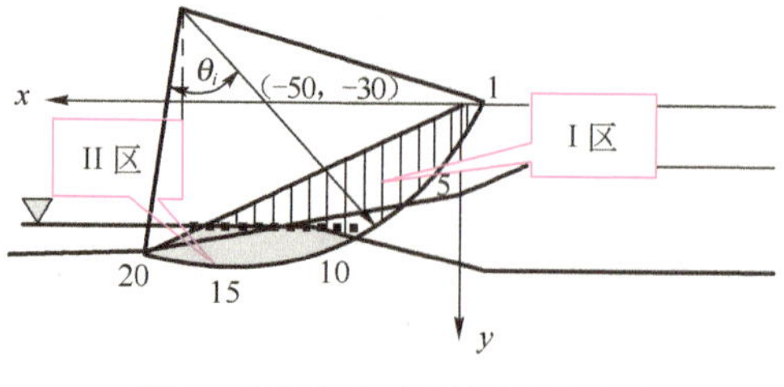

图9　水位上升对边坡稳定的影响

式(1)中分子为抗滑力矩，分母为滑动力矩。可见处于滑坡体上部的 I 区的土条，θ_i 值较大，$\cos\theta_i$ 值就小，$\sin\theta_i$ 值大，亦即产生的滑动力(矩)大，而抗滑力(矩)小；反之，滑坡体上下的 II 区的土条的滑动力(矩)小(当 $\theta_i<0$ 时，滑动力为负值)，抗滑力(矩)大得多，所以这部分土体实际上对土坡是一种支撑。可以设想，当水位上升，将 II 区的土淹没，在静水位下，W_i 需要扣除浮力(亦即部分用浮重度计算)，等于削弱了支撑，就会引起滑坡，这也是水库蓄水引起库区滑坡的原因。

四、一些思考

(1)在水利水电工程中，人们逐渐认识到，巨型工程是人对自然的一种干预与扰动，不可能不会对自然产生影响。其中之一就是“次生灾害”，包括几十、几百亿方水的重量加在地壳，引发地质构造的活动及次发地震，蓄水引发的库区滑坡，以及其他各种环境生态灾害。

(2)这个库区滑坡规模巨大，损失惨重。当时国际上还没有这方面的报道，我国当时出于政治上的考虑，没有报道和开展全面的分析研究。在几年以后国际上才有这方面的案例报道和分析，人们开始认识到水库蓄水可能引发库区滑坡，而这次事故本身没有取得应有的教训和经验。

(3)在三峡蓄水后，库区中也发生类似的滑坡，其机理已经被人们认识。

(4)对于水库大坝水位提高会增加坝体的抗滑稳定性，而在这种库区条件下水位上升的效果适得其反，所以事情应当具体分析。

第36讲 长江口深水航道治理二期工程中的事故

一、事故回放

2002年10月，长江口深水航道治理二期工程开工，北导堤试验段采用的是半圆形沉箱钢筋混凝土结构，单个重达200～500t。

12月5～8日，在第一次寒流大潮风浪作用下，NB标段16个沉箱发生1～4m突降，14号平移60m，1～5号沉降达1.0m。N40＋860～N41＋180堤段的破坏情况见图1。

图1　N40＋860～N41＋180堤段的破坏情况

二、工程概况

长江口深水航道治理工程是为了解决长江口的拦门沙，加大航道水深，使上海港的吞吐能力大幅度提高。二期工程的目标是使航道在低潮位时的水深达到10m，投资63.37亿元，其中导堤是最关键的工程，南港的北导堤设计在一期工程中建造30km，二期工程中建造21.31km。工程示意图见

图 2。

半圆形沉井被封闭后浮运就位，内部填砂后灌水下沉。由于地基土是新近沉积的淤泥土，其强度和承载力很低，因而沉井导堤的自重不能过大，而为了在波浪中保持稳定，自重也不宜过小。其基础布置是在铺设的土工织物护底上纵向布置砂肋软体排，软体排为土工织物袋内充灌砂土，软体排上部抛填块石，半圆形沉井下部和两侧为抛填块石，如图 3 和图 4 所示。导堤建成大约两个月后，一场较大的寒流风浪大潮使导堤被冲毁。

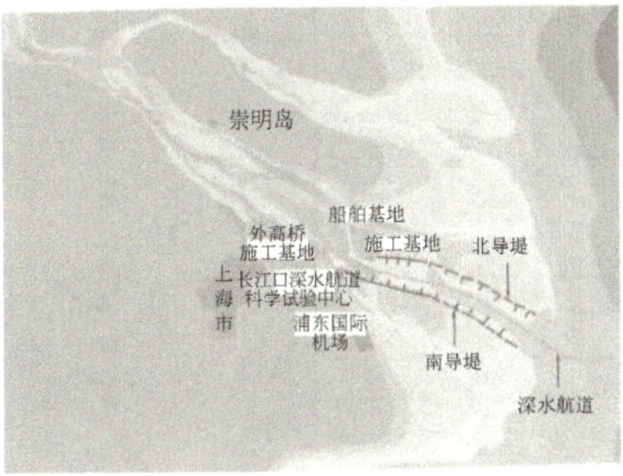

图 2　长江深水航道工程示意图

图 3　半圆形导堤的地基基础设计

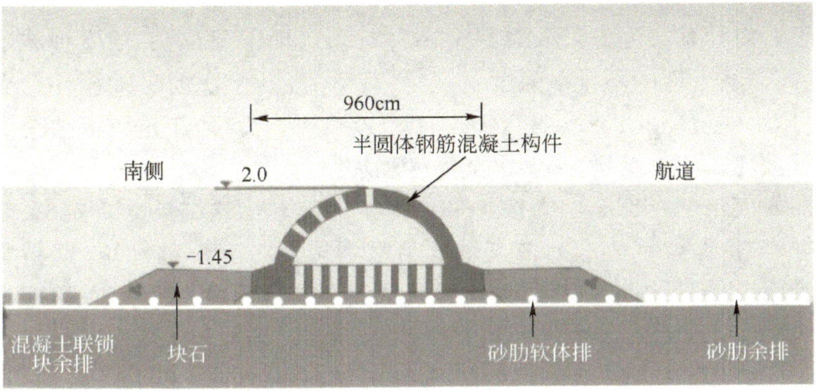

图 4　南导堤半圆体结构示意图

三、事故分析

该导堤发生的深达几米的突降和长达几十米的平移是由于地基土的破坏而失稳导致的。在反复的大波浪荷载作用下，海相沉积的地基淤泥土的结构性受到破坏，承载能力急剧下降，导致结构失稳。

从图 5 可以看出，在大潮之前，导堤的沉降基本是固结沉降，并已逐渐趋于稳定。而12月初寒流大潮的大风浪(浪高达3m以上)则引起了突降失稳。

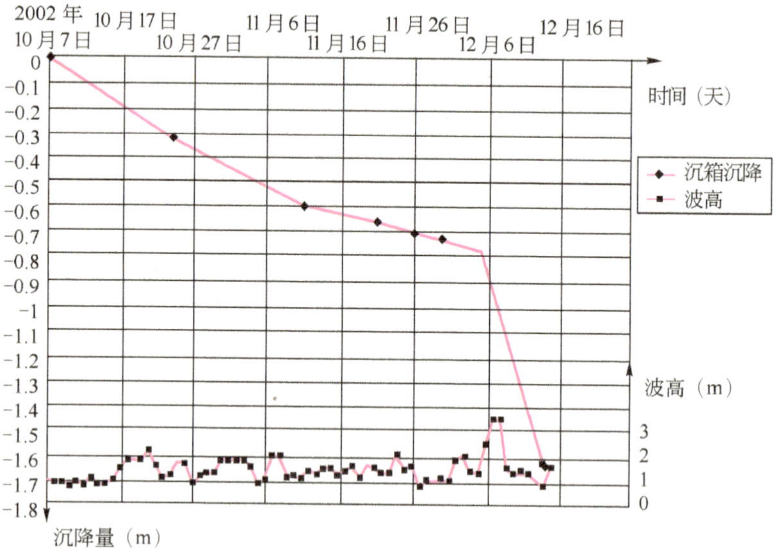

图5 沉箱沉降与波浪高度的关系

事后对地基淤泥土采取原状土样进行动三轴试验,动三轴模拟波浪作用,振前原状土样的不排水强度 c_u=14.7kPa,经几千次动三轴循环荷载以后,不排水强度变成 c_u=5.32kPa,减少了近2/3。无疑,正是较大波浪的循环荷载破坏了土的结构,降低了其强度和承载力。

图6表示的是旧金山海滨饱和淤泥土的三轴试验结果。首先,采取原状土样,模拟原位有效应力在三轴压力室中施加80kPa的围压,但是关闭排水阀门,不进行固结。然后对这种原状土样进行两组不排水试验,应力应变曲线见图a),可见 $c_u \approx (\sigma_1-\sigma_3)/2$=33kPa。超静孔隙水压力在试验过程中逐步提高,最后达到60kPa左右,有效围压 σ'_3=20kPa,见图b)。有效应力路径见图c)中的 AB 线。

试验后,将两个土样在橡皮膜中重塑扰动,再重复以上的试验。由图b)可见,重塑后再施加80kPa的围压,仍然不固结,超静孔隙水压力接近于80kPa,有效围压骤降到 σ'_3=0.5/1.7kPa,不排水强度 c_u 只有7.5~10kPa。有效应力路径见图c)中的0D。可见这种海相沉积淤泥土扰动以后由于结构性破坏,超静孔压提高,不排水强度将损失殆尽。

后来该工程在地基淤泥土中采用塑料排水板固结排水,提高了土的固结度和固结速度,使工程按计划完成。

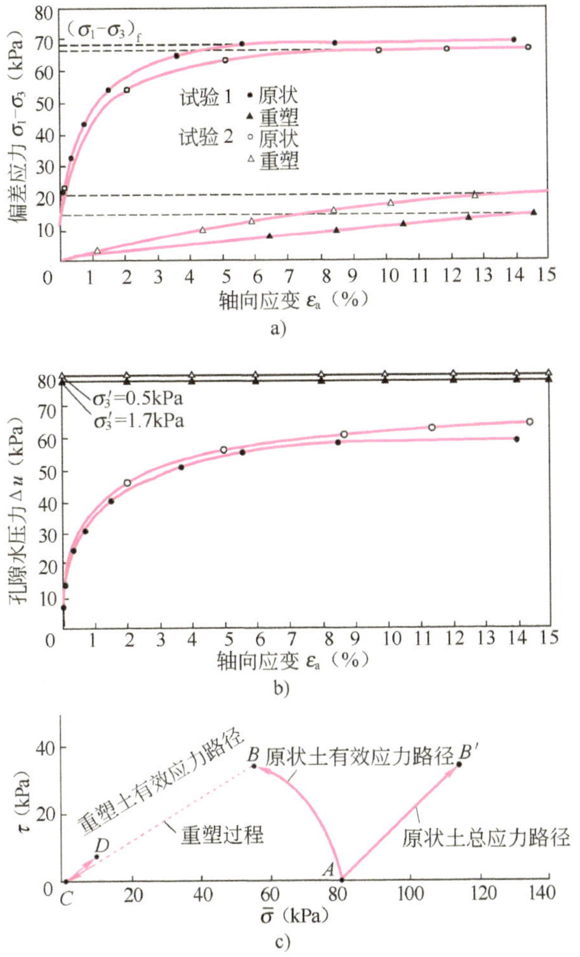

图 6 旧金山海滨淤泥土的两种不排水三轴试验

四、一点思考

原状的软黏土，特别是海相沉积软黏土，具有很强的结构性，所以尽管其饱和含水率和孔隙比很高，但是仍然会有相当的强度和承载力，但是一旦结构性被破坏，其强度急剧下降，亦即灵敏度很高，可能会引发可怕的工程事故，所以在这种地区的工程设计和施工都要注意这一点。

第 37 讲 弄假成真的现场地质灾害试验

一、事故回放

1971 年 11 月 11 日下午，日本神奈川县川崎市生田，一处平时十分僻静的山谷成为舆论关注的焦点，这里集聚了一群人，人们十分兴奋地张望着，议论着，期盼着什么。有人在不断地查看时间，有人在准备拍照，而一眼就可辨认出的记者们架好摄像机，等待着最精彩的一幕，这里正在进行着一场由人工降雨引发滑坡的现场试验。

下午 3 点多钟，山坡上流下的雨水增多，再过一会儿，可见到山坡上的小树开始倾斜和移动，说话间，夹杂着泥水、砂石和草木的流滑体像疯狂的巨象一样，以迅雷不及掩耳之势从山上奔驰而下，推倒了距坡脚 28m 外的护栏，越过沟溪，直接扑向人群，想要逃跑的人们这时发现，他们根本没有希望逃脱这个以每秒 20～30m 的速度追击的疯狂的被从瓶子里放出的潘德拉魔鬼。摄像机忠实地记录了泥沙凶猛扑来的恐怖情景，几秒钟内，31 人被裹挟着直冲到 55m 外的水池中央。

警车与急救车及时赶到，幸存的人参加了紧急抢救，最后还是有 15 人不幸遇难，其中试验人员 1 人，参观者 10 人，报社记者 1 人，电视采访人员 3 人，另有 11 人受伤，被送到医院治疗。图 1 是事故发生的现场镜头，图 2 是为纪念为科学试验而献身的殉难者而建立的纪念碑。

二、试验介绍

日本是一个多山、多雨的国家，降雨会使山丘上部的风化土层饱和，产生沿坡的渗流，引起沿着基岩发生的滑坡和泥石流等地质灾害。为了探明暴雨引起土层滑动的机理，开发预测滑坡和泥石流波及范围的技术，日本地质研究所(通产省)、消防研究所(自治省)、土木研究所(建设省)、防灾科学技术中心(科技厅)共同组织进行了等比尺自然斜坡的原型降雨滑动试验。

a) 等待着的焦急与兴奋的人群

b) 挟沙雨水倾流而下

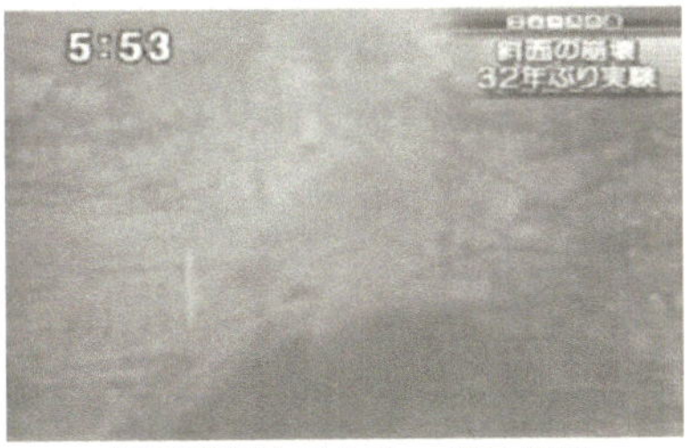

c) 降雨引起边坡失稳，泥沙俱下

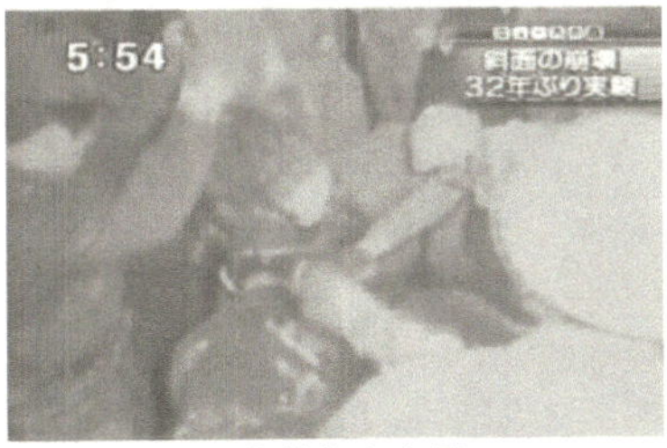

d) 抢救伤亡人员

图 1　现场试验的镜头

图 2　殉难者纪念碑

试验场地选在日本神奈川县,川崎市,生田的一处坡地。事先在现场预备了大量的水罐,用喷头模拟降雨。9 日 15:00 人工降雨开始,到 11 日 15:00 左右总降雨量已达 500mm,根据监测预报,11 日下午可能会发生滑坡,因而试验人员、媒体记者和对此感兴趣的人们早就等待在坡脚处。由于只是局部的降雨模拟试验,事先估计滑坡体不会发展很远,所以在距离坡脚 28m 处的谷地对岸设置了栏杆,人们退到栏杆以外观测。15 时左右,就发生了上述恐怖的一幕。结果是弄假成真,发生了一场真正的地质灾害,大大超过同规模天然滑坡的损失。

三、事故原因

(一) 事故分析

这一事故反映出对滑坡认识的不足。单纯的土体间的滑移,是由于滑动土体与下部土体间的滑动力超过抗滑力,两部分土体相对运动,小规模的滑坡体位移不会很大。而这种降雨使山体上部的风化土层达到饱和,产生沿坡渗流，使风化层与下部基岩间发生滑动。土体的移动产生了应变，引发了很高的超静孔隙水压力，瞬时间土体内有效应力接近为0，发生了“静态液化”，亦即流滑现象，这时滑动的不是土体，而是完全成为流体。结果一是速度极快，达到20～30m/s，二是流滑体冲出很远，大大超过预计的28m，达到50m以外，酿成了惨剧。

图3表示的是松砂在固结不排水三轴试验中的流滑机理示意图。在剪切过程中，由于土的剪缩趋势，使超静孔隙水压力 u 急剧提高到接近于围压 σ_3（见图b），有效应力接近于0，砂土呈流动状态。

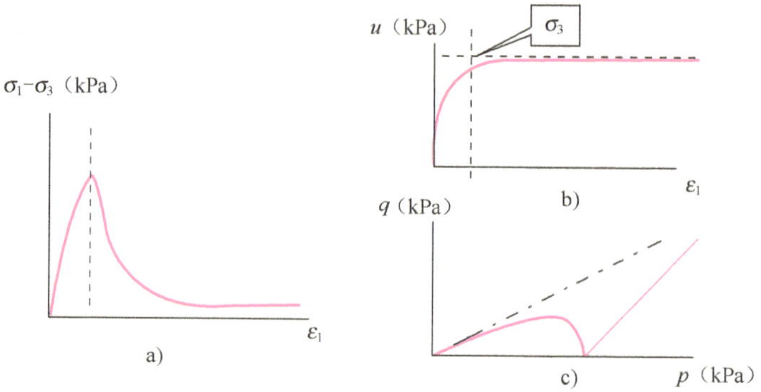

图3　砂土的流滑机理

（二）模型试验

事后，日本岩土工程界进行了深刻反思和系统研究，他们投入巨资建造了模型试验设备。图4是大型的活动降雨试验棚，其模拟降雨强度范围为15～200mm/h，降雨范围达44m×72m，喷头高度距地面以上16m，喷头数为544×4个，扬水泵两台（功率为160kW，流量为25.5m^3/min），建造了一个25m×38m×2.4m的蓄水池（储水量2250m^3）。

图4　模型试验活动降雨棚

图 5 是 2002 年 11 月 29 日进行的模型试验，斜坡分为两段，上段倾角 30°，长度 10m，下段倾角 10°，长度 6m；斜面宽度 3m；土层厚度 1.2m；试验用砂为樱川砂（细砂），干密度 $\rho_d = 1.46\mathrm{g/m^3}$，制样时含水率为 $w = 8\%$。降雨强度为 100mm/h。试验布置和试验过程见图 6～图 8。

图 5　降雨滑坡模型试验槽

图 6　试验槽侧面

图 7　试验槽正面

图 8　降雨过程

图 9 表示斜坡滑动以后的情况。降雨开始后 104min，监测表明土层开始发生位移；经历 55min，移动速度渐渐加速；降雨开始后 159min，斜坡发生全面崩塌。破坏过程短暂，5s 即完成；崩塌时滑动速度达到 2m/s，斜面上方滑动的距离为 5.0～5.7m。

图 9　斜坡滑动

埋设在坡底部的孔压传感器表明，在土层达到饱和的几乎同时，变形开始；在崩塌发生的同时，底面孔隙水压力急剧上升；在崩塌的瞬时，斜面末端底部埋设的孔压传感器表明的孔隙水压力超过 30kPa。崩塌前土层厚度为 1.2m，崩塌的瞬时，末端堆土厚度可达 1.5m 以上，而实测孔隙水压力超过 $\gamma_{sat}h=30$kPa，这表明总应力几乎全部转化为孔隙水压力，有效应力基本为 0，亦即瞬时达到液化。所以是快速发生的流滑破坏，近似于泥石流，不同于一般的滑坡。

模型试验表明，降雨引起的流滑破坏前兆性特征明显：土层开始发生位移以后经历 55min，突然崩塌；斜面内的土层达到饱和，才会导致斜面破坏及产生流滑；流滑崩塌时土体中的孔隙水压力很高，有效应力接近于 0。流滑破坏速度极快，时间过程很短，大量饱和砂土涌出很远。这也就揭示出了 1971 年现场试验发事故的原因。

（三） 再次现场试验

在模型试验和理论分析的基础上，吸取 1971 年事故的教训，2003 年 11 月 12 日到 14 日在日本茨城县真壁郡大和村的加波山（高程 709m）北西斜面进行了现场试验（图 10）。斜坡倾角 30°，土层厚 1.2～3m。土层为关东壤土，是位于风化花岗岩上的火山灰堆积层，干密度 $\rho_d=1.45\text{g/m}^3$，天然含水率 $w=5\%$。

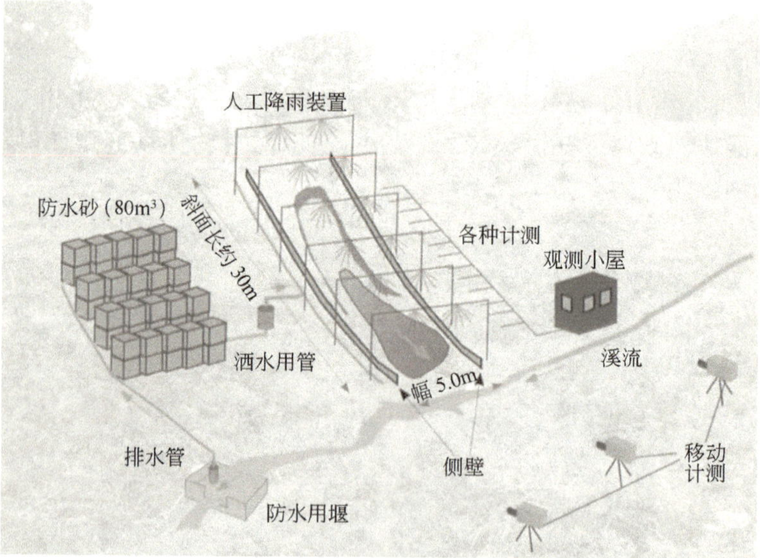

图 10　现场降雨滑坡试验布置

降雨用水来自坡下沟中的溪水，用水泵抽进储水箱中，通过喷水模拟降雨。降雨强度 90mm/h。两次降雨过程：一次在 12 日 12:00～16:30，计 4 小时 30 分钟；第二次在 14 日 9:07～16:03，计 6 小时 56 分钟。

与 1971 年相比，在以下几个方面确保试验的安全：

(1)选址：试验场地是一个 30°的斜坡，在它下面是一条较陡的溪流，滑坡下来的泥石流体可以转折 90°向下流去，观察的人群则在溪流的对岸，站的位置较高(见图 11、图 12)，十分安全。

图 11　试验前的现场

图 12　试验后的现场

(2)采用钢板将试验段隔离成只有 5m 宽的斜坡，不至于引起周围土体的大范围崩塌，土坡的表面采用草帘覆盖，使雨水均匀下渗和避免冲蚀。

(3)设置了大量的位移传感器和孔压传感器以及远程监测设备和通信设备，加强了观测。

14 日上午 9:07 降雨开始(降雨强度 90mm/h)，13:30 斜面最下部深 100cm 处超静孔隙水压力产生，表明已经饱和，15:00 斜面下半部移动开始，15:30 斜面下半部的移动量加速，最后达到 1min 位移为 10mm，16:03 斜面下半部崩塌，斜面下方 14m 处的表层破坏(火山灰层 70cm)，而地表移动自破坏前 3h 开始，逐渐扩大。

四、几点思考

(1)人类对于自然的认识总是不可能完全穷尽的，知识和认识的疏漏都可能受到自然的惩罚。在日本 1971 年的野外试验中，没有认识到可能发生流滑的速度和发展区域，付出极大的代价。

(2)科学试验也是有风险的，需要一定的献身精神。

(3)砂土的流滑与普通的滑坡是有很大区别的。

第38讲 上海地铁四号线越江隧洞工程事故

一、事故回放

2003年7月1日凌晨，在上海地铁4号线穿越黄浦江的浦东南路站～南浦大桥站区间段，隧道工程发生了严重的流沙涌水。随后，由于大量的水砂涌进隧道，地基土很快流失，造成地面塌陷，地上的建筑物倒塌，邻近的防汛墙倾覆，黄浦江水倒灌，上海地铁系统处于严重的威胁中。图1为事故现场平面图。

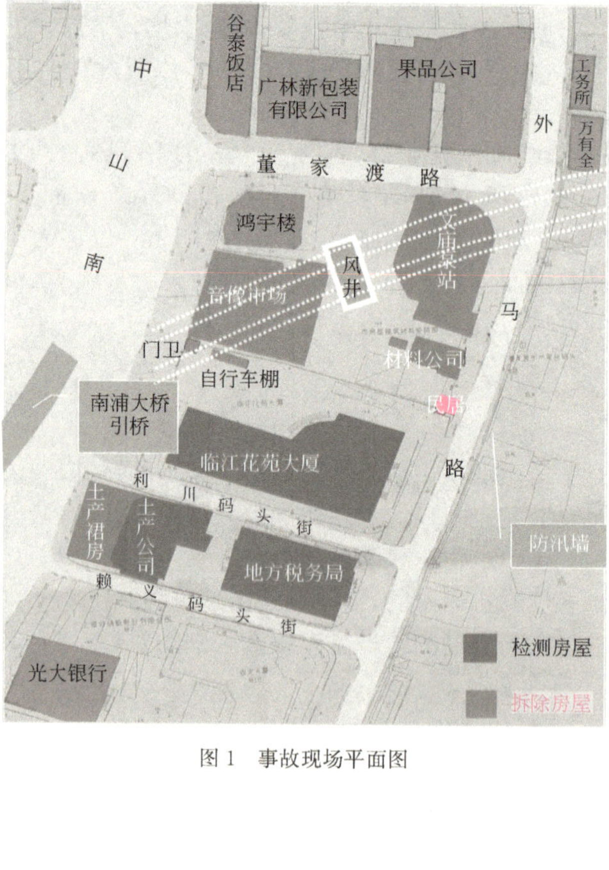

图1 事故现场平面图

7 月 1 日一天,事故以雪崩般的速度恶化:

凌晨,联络通道发生流沙涌水,导致隧道上下行线严重积水和涌砂,同时以风井为中心的地面开始出现裂缝、沉降。

6:00,最近的音像市场大楼发生明显变形,墙面开裂,房屋开始倾斜。

7:30,地面裂缝明显加剧,沉降加快,文庙泵站明显沉降、倾斜,风井也明显沉陷。

9:00 音像楼裙房发生二次突沉,并部分坍塌,大楼继续倾斜,墙面开裂加剧。

15:00 以风井为中心的地面沉陷加快,并逐步形成沉陷漏斗。坍塌范围扩展到董家渡路、中山南路、外马路、防汛墙。

20:00,防汛墙也开始出现裂缝,沉降进一步发展。

7 月 2 日～3 日,隧道险情进一步发展和扩大:

隧道内继续大量进水,水位上涨速度较快,管片损坏程度进一步扩展,并有管片连接螺栓绷断,响声传出。

地面沉陷范围和深度在进一步扩大,以风井为中心的地面从沉陷漏斗发展成塌陷区,最深达 4m,临江大厦门口地面塌陷最深处约 2m,董家渡路沉陷达 1m,中山南路明显下沉,地面开裂发展加快。

音像市场倾斜加剧,楼板断裂,文庙泵站发生突沉,临江花苑大厦沉降速率加快,沉降量达 12.2mm,地下室出现裂缝。

黄浦江河床严重扰动、下沉、滑移,近 30m 防汛墙倒塌,近 70m 混凝土防汛墙结构严重破坏,黄浦江水冲向风井,并由风井进入地下隧道,加剧险情发展。

事故现场如图 2～图 5 所示。

图 2　临江花苑门口地面塌陷

图 3　文庙泵站突沉

图 4　防汛墙倒塌

图 5　音像市场楼部分塌落

二、工程介绍

(一) 工程位置及事故现场

浦东南路站～南浦大桥站区间隧道工程是上海市轨道交通四号线工程的一个重要组成部分。浦东南路站到南浦大桥站区间隧道上行线长 2001m，下行线长 1987m，其中穿越黄浦江的江中段 440m。区间隧道顶最大埋深为 37.7m，上下行隧道中心线水平距离为 10.984m，隧道最大坡度为 3.2%。

盾构从浦东向浦西推进，在穿越黄浦江后经防汛墙、外马路、文庙泵站、音像制品批发交易市场进入中山南路，在穿越多稼路后隧道上下行线逐渐由水平同向推进转为垂直同向推进直至浦西的南浦大桥站（见图 6 标志的区间）。

图 6　工程的平面位置

事故发生点位置见图7,图中用深颜色表示的就是本次事故的发生区域,事故周边主要的道路是中山南路、外马路、董家渡路、利川码头街、赖义码头街、南浦大桥引桥等,这些道路敷设有上水、电力、煤气、通信、电缆、雨污水等各类管线。中山南路交通十分繁忙,有数十条公交线路通过。

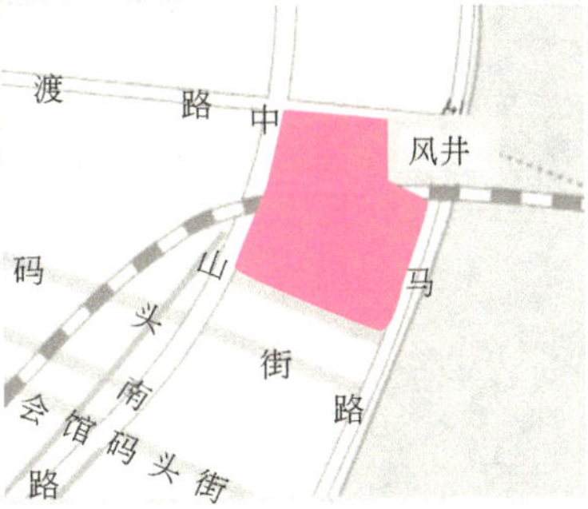

图7　事故点位置

周边房屋建筑情况见图1:事故区域西侧有音像制品批发交易市场、鸿宇商务楼,北侧有谷泰饭店、广林新包装有限公司、果品公司;沿外马路有万有全公务所;南侧有临江花苑大厦(又称国税大楼)、土产公司、地方税务局、光大银行等建筑。在事故区域内有文庙泵站、材料公司仓库、居民房屋、临江大厦的门卫和自行车库。

事故区域东面沿黄浦江一线是防汛墙。从20世纪60年代到现在经三次加固成为L形钢筋混凝土墙,设计高程为6.7m,能抵御百年一遇大潮汛。

事故的发生点位于隧道的联络通道处(又称旁通道,见图8),联络通道采用冰冻法支护进行施工。风井采用地下连续墙支护,逆作法施工,已经完成。

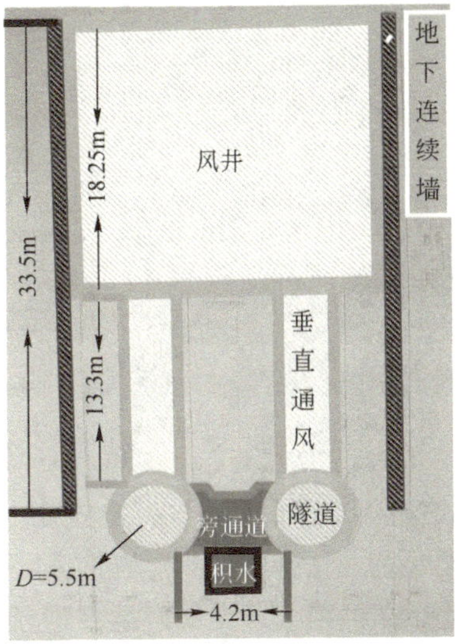

图8　发生流沙的风井下的旁通道

(二) 地质条件

浦西的南浦大桥附近位于黄浦江滩地,土层分布情况见表1和图9。

从地质报告中可知道在约30m深度以下,地层为第七层(⑦$_1$层、⑦$_2$层),连通道就位于这一层,该土层为砂质粉土和粉砂,易液化和流滑。同时该土层为上海第一承压水层,承压水最高水位为地面以下7.58m,最高压力水头为21.7m。

(三) 工程有关单位

投资单位:上海申通集团有限公司

现场土层分布情况表　　表1

层号	地层名称	层厚(m)	层底设计高程(m)
①	人工填土	6.39	−2.14
②	灰色黏质	10.5	−12.64
$⑤_1$	灰色黏土	3.50	−16.14
$⑤_2$	灰色粉质黏土	4.50	−20.64
⑥	暗绿～草黄色粉质黏土	4.30	−24.94
$⑦_1$	草黄色砂质粉土	9.20	−34.14
$⑦_2$	草黄色粉砂		

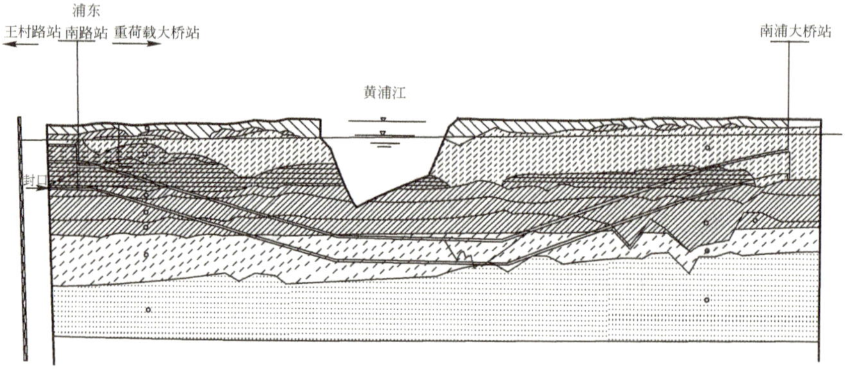

图9　浦东南路站～南浦大桥站区间工程地质剖面图(上行线)

建设单位:上海轨道交通明珠线(二期)发展有限公司
建设代理单位:上海地铁建设有限公司
设计单位:上海市隧道工程轨道交通设计研究院
施工总包单位:上海隧道工程股份有限公司
施工分包单位:北京中煤矿山工程公司
监理单位:上海地铁咨询监理科技有限公司

(四) 工程抢险

事故发生后,立即成立了由26人组成的抢险指挥部,由上海市副市长担任总指挥,共包括11个组:地面组、地下组、管线组、地区组、监测组、防汛组、专家组、注浆组、拆房组、治安交通组、新闻信息组,其中专家组共有23名专家,正副组长分别是刘建航院士和叶可明院士。

抢险指挥部启动了紧急抢险预案程序,调动一切人力、物力和资源为抢险提供强有力保障，在专家组的指导下，采取了以下5项紧急措施。

(1)封堵隧道，向隧道内灌水，以尽快形成和保持隧道内外水土压力平衡

图10为事故发展的最大损害预测，随着隧道倾塌进一步发展，隧道倾塌的范围将发展到南浦大桥站和浦东南站，黄浦江水回灌到地铁1、2号线，淹没地铁车站，上海地下交通将全面瘫痪。为此，当务之急是立即制止破坏的进一步发展，最有效的方法就是向两侧封堵的隧道内回灌高压水，使内外压力平衡，制止流沙，具体措施和步骤如下：

①设立区间水泥封堵墙

7月1日在距两侧车站约几百米处各筑一道水泥封堵墙。

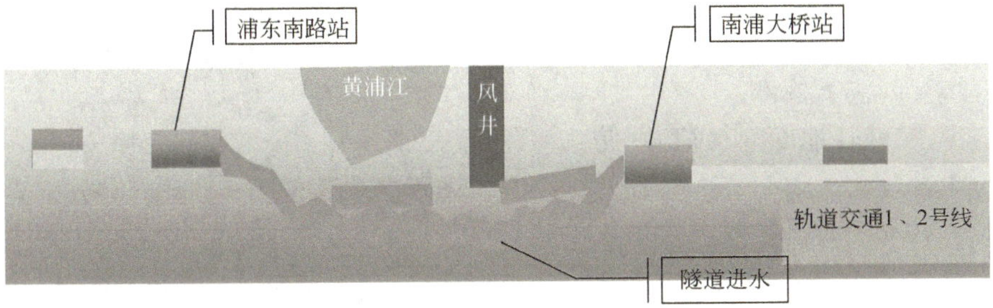

图10 事故最大损害分析示意图

②设立车站端头井钢筋混凝土封堵墙

7月3日～7月4日在两侧车站的端头井处，设置第二道钢筋混凝土封堵墙，并架设支撑和预埋加水管(见图11)。

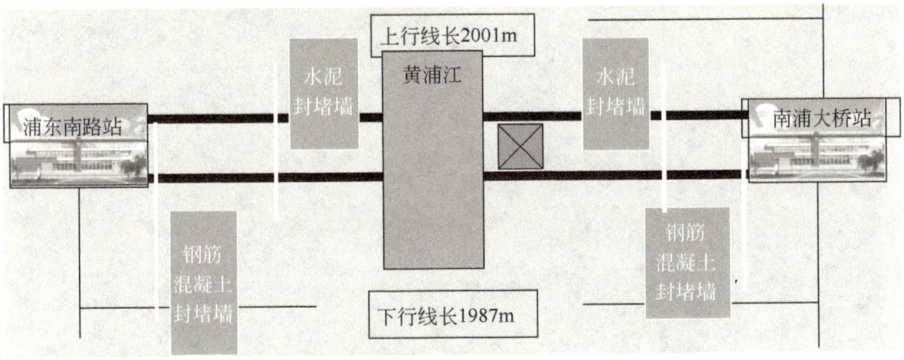

图11 钢筋混凝土封堵墙平面位置示意图

③在相邻车站端头井实施第三道钢筋封堵墙

为确保万无一失，在相邻车站(南浦大桥和浦东南路两站以外)端头井

实施了第三道钢筋混凝土封堵墙。

④设置隧道混凝土塞

为防止隧道塌陷延伸，7月4日～7月5日在塌陷范围西南侧区域处上下行线隧道顶钻孔，并向隧道内灌注混凝土。混凝土的完成增强了隧道的整体刚度，提高了抵御土体扰动的能力，阻止了隧道损坏的延伸。

⑤跟进向隧道内灌水

随着水泥封堵墙完成和钢筋混凝土封堵墙施工，从7月2日晚开始在消防的配合下及时跟进向隧道内灌水，促使隧道内外的水压力平衡，保护隧道管片，并通过水压自动监控系统，实时检测水位、水压和流量。

经物探部门对隧道顶设计高程的探测，尽管隧道最大下沉量有9m，但损坏长度仅250m左右（黄浦江内约50m，地面约200m），封堵灌水阻止损坏的延伸，保住了竖向行走的隧道区段，为修复创造了条件。

（2）减轻地面附加荷载，防止对地面的冲击振动

对于地面上已经严重破损的建筑物及周边次要部分建筑物及时拆除，达到以下目的：

①减少隧道上方的附加荷载。

②防止由于楼房倾倒对隧道产生新的冲击和再次扰动地层。

③为抢险工作提供地面作业空间和抢出时间。

图12、图13为拆除地面建筑物的情况。

图12　拆除音像市场大楼

图13　及时清运建筑垃圾

(3)防止黄浦江水和地表水进入事故区段

江水全面淹没事故地区并通过风井灌入隧道，会使地基土浸水，强度降低，引起进一步塌陷(见图 14)；同时大量江水会淹没防汛堤内的低洼市区，灌入隧道后向两侧蔓延，使灾害扩展，为此采取以下各项措施：

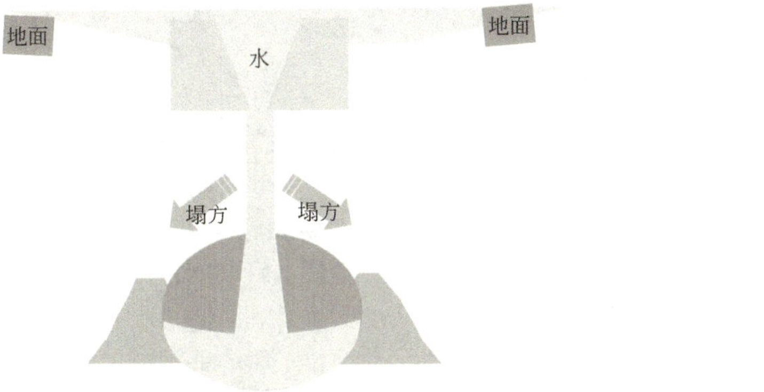

图 14　风井进水对土体结构破坏示意图

①抢筑防汛围堰

由于部分防汛墙已经塌陷，在墙外加作一道防汛围堰是紧要的工作，7 月 2 日启动紧急防汛抢险预案，抢筑防汛围堰，见图 15。

②加厚、加高、加固防汛围堰

通过注水、灌砂，把趸船下沉座滩，作为围堰抗滑措施，在趸船外打钢板桩稳定堤脚，加高、加厚围堰主堤，增强主堤整体稳定性。在江滩拆除码头平台和房屋；及时加高围堰；在外马路上筑第二道堤，两道堤间回填砂土石；对主堤内沉陷区进行回填。

③封闭风井

对风井进行加盖处理，以封闭风井，见图 16。

图 15　抢筑防汛围堰

图 16　封闭风井

④对渗水处紧急封堵

对渗水处采用旋喷桩紧急封堵，在主堤内侧增设拉森钢板桩(见图17)，对主堤和内侧地面进行注浆。

⑤全面加固防汛主堤

采取吹泥管袋镇压棱体，土工布和模袋混凝土罩面，全面加固防汛主堤。

⑥向度汛大堤过渡

7月6日后经专家评价防汛围堰达到整体稳定和抗渗要求，开始向度汛大堤过渡，以防百年一遇大潮汛。

⑦对沿江防汛墙和防汛围堰大堤实施全过程监测

采取这些措施的效果是有效地阻止了江水和地表水淹没事故区和进入风井。新筑度汛大堤经受了几次天文大潮汛考验，安全度过汛期。

(4)稳定土体，减少土体扰动范围，补充地层损失

稳定土体，减少并控制土体扰动范围，有利于保护隧道和周边建筑(事故区域外的构筑物)，其主要措施就是尽快大量地向地下注浆，以补充地层损失及改善隧道结构受力条件。

①对地面、道路、建筑物进行监测

②组织注浆队伍进场，分区注浆(图18)

图17 围堰内侧打钢板桩加固

图18 分区灌浆

根据各注浆单位设备及人员情况划分注浆区域，统一编号，统一协调，建立注浆管理网络，落实责任单位和责任人，分成A、B、C、D四个区，分别由四个公司专人负责。对事故区段各区域实施注浆，分区域采取不同的注浆工艺。

③沿隧道轴线两侧进行深层注浆

为促使隧道周边土体稳定，沿隧道轴线两侧进行深层的聚氨酯注浆。

④分区段同步进行回填(图 19)

图 19　分区段同步进行回填

在注浆加固的基础上，分成 5 个区，在地面上同步回填砂、土和混凝土，使塌陷的地面恢复到事故前的高程。

(5)全面管制，保障安全顺利抢险

险情发生后，指挥部立即组织上水、电力、煤气、排水、通信、电缆、公安、交警、消防等各单位采取了割接、改迁、封闭、暴露架空、重新敷设、调整系统等措施，确保抢险正常、快速进行以及抢险人员安全，为抢险提供了有力保障。

抢险指挥部组织抢险队伍严格按照技术方案进行抢险施救，图 20 为灾情过程曲线，表明成功控制了险情，得到上海市和国务院专家组的充分肯定，专家一致认为，该抢险技术方案是成功、有效的。

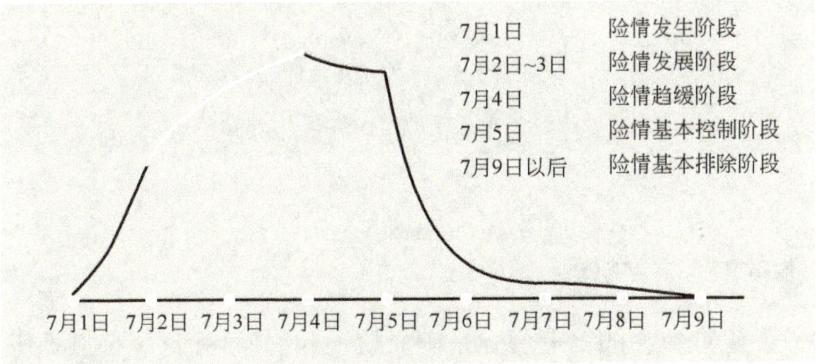

图 20　事故总体描述曲线

(五) 工程恢复

在完成事故抢险以后，工程的恢复就提到日程上来。专家提出了改线和原址修复两套方案。舍弃这个场地，在其他地方重建，这样的损失就更大了。而在原址重建的难度也很大，最后综合考虑了工程难度、风险、造价、工期和社会影响等因素，还是采用在原址恢复方案。大约一年以后的 2004 年 8 月开始，采用了三种不同的施工方法：

(1)主体部分采用在原场地明挖，形成了东、中、西三个明挖基坑(如图 21)。东基坑轴线长度 174m，中基坑轴线长度 27m，西基坑轴线长度 64m。分别修建了深 65m 的地下连续墙，降水深度 34m，开挖深度 39.8m。

(2)两端损坏隧道与完好隧道连接的部位采用反复冻结法施工，由于这里需要对完好隧道进行清理，对破损隧道进行切割，切断它们之间的水力联系和对周围土体加固。冻结法可以保证完成这些工作。

(3)对完好的隧道进行清理，其中浦东侧约 1000m，浦西侧约 700m。

修复工作于 2007 年 9 月完成，实现了原位修复贯通和全线贯通，2007 年底实现了环线运营。

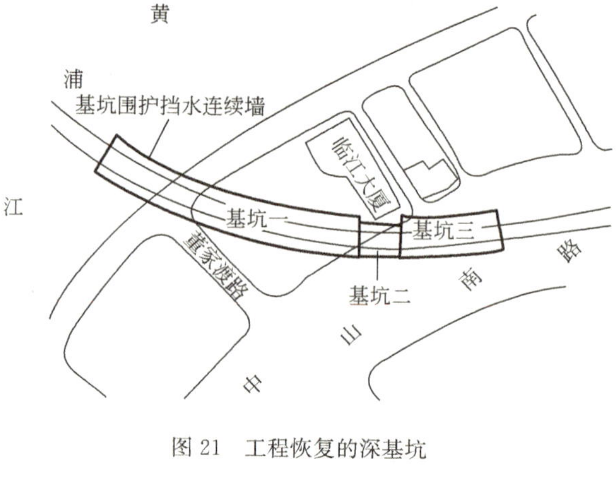

图 21　工程恢复的深基坑

三、事故分析

(一) 事故的土力学机理

事故发生点所在的第七层土是砂质粉土和粉砂，并且含有强承压水，这种土的工程性质很差，首先，它缺少黏聚力，并且密实度差；其次，它在水下受到扰动时，颗粒会在瞬时处于悬浮状态，产生较高的“超静孔隙水压力”，而其渗透系数较小，排水不畅，可以使有效应力减少到零，呈流动状态，也就是“液化”。这个扰动如果是振动，就是振动液化；如果外因引起的土体剪应变则为流滑，或者成为流沙，亦即，饱和松砂中剪应力增大时，在不排水条件下的剪缩势使土内孔隙水压力大幅度升高，土强度骤然下降，导致土无限流动。

在该事故中，引起流沙的外因是施工支护的冻结壁的破坏。由于冻结壁不够坚固，出现了缺口，使地基中的饱和粉砂受到扰动，流动的砂土从缺口汹涌而出，不可阻挡。而冻土的边界是可以融化的不固定边界，在冻结壁上的孔洞不像在混凝土壁上的孔洞可以堵塞，如将孔洞本身堵上，在其缝隙还会有水漏出，漏水会提供热量使缝隙处冻土融化，则堵口失败，这使冻结壁成为无法修复的支护。

(二) 事故的管理原因

冻结壁支护的地下工程施工是成熟的方法，应当说这次事故主要是工程责任事故，从以下施工记录可看到事故的必然性。

1. 施工记录

(1)2003 年 3 月，中煤上海分公司开始安装冻结设备；

(2)4 月 27 日～5 月 11 日，陆续供冷；

(3)6 月 24 日旁通道开始施工；

(4)6 月 28 日 8:30，一台制冷机故障，下午 4:00 修复，发现土体温度 3℃，停止冻土开掘；

(5)6 月 30 日，土体温度 7.4 ℃，水压与第七层承压水压力相同，用干冰制冷；

(6)7 月 1 日 0 时，有人在冻土中凿出 0.2m 孔洞，准备安装混凝土输送管，结果承压水水流出，越流越大；

(7)6 时，大量水砂涌入旁通道，发出异响，人员撤出，周边建筑物下沉、地面裂缝、沉降，事故蔓延。

2. 存在的问题

(1)《冻结法施工方案调整》存在缺陷：

①降低了对冻土平均温度要求：温度要求从－10 ℃变到－8 ℃。

②制冷量不足，未考虑夏季施工冷气的损失。

③冻结管数量减少，从 24 根减少到 22 根，长度从 25m 缩短到 16m。

(2)在冻结条件不太充分情况下进行开挖：要求冻结时间 50 天，实际 43 天，并且 6 月 24 日回路温差大于要求。

(3)压力水流出，土温上升，水压力达到承压水压力时，没有紧急止水措施，未向隧道公司和监理公司汇报。

(4) 施工单位对于险情征兆没有采取有效措施。

(5) 中煤上海分公司严重违章，擅自凿洞。

(6) 监理公司现场监理人员失职，仅在6月25日、30日下井两次，在29、30日的日记上记录“各项工作均正常”。

(7) 隧道公司现场管理人员失职，从6月24日到7月1日，质量员一次也未到工作面，28日到30日的日记记录“一切正常”。

3. 事故调查结论

对于事故的责任和定性，专家组给出如下结论：

(1)事故定性为工程责任事故；

(2)施工单位(北京中煤矿山工程公司)未经规定程序调整施工方案；

(3)险情征兆出现以后未能采取及时有效措施；

(4)现场管理人员违章指挥，擅自凿洞直接导致事故发生；

(5)总包单位(上海隧道工程股份有限公司)管理失控；

(6)监理单位(上海地铁咨询监理科技有限公司)现场监理失职。

四、几点思考

(1)这是一起主要由于施工管理不当酿成的大祸，造成直接经济损失1.5亿元，定性为工程责任事故是正确的。事故后由6人被移送司法机关处理，3人被撤职，总包、施工和监理公司的3个上级单位主要负责人承担领导责任(记大过)。

(2)该事故的抢险措施是及时和正确的，其中对于地下水渗漏事故采用封堵、加压回灌的方法是非常有效的。

(3)一个大城市一旦发生可能影响全局的事故，采取及时、合理和有效的应急措施是非常重要的，这次事故处理提供了一个成功的案例。

第 39 讲 万亨大厦基坑的倒塌

一、事故回放

2002 年 4 月，北京，正是“非典”最惶恐严峻的日子，东直门十字坡西里万亨大厦基坑也在紧张地施工。23 日晚，基本开挖到设计基底（深度 17.72m），部分地区已经开始准备浇注底板。但是基坑东南侧还有部分只开挖到 14m 深左右，侧壁土钉墙下部发生局部失稳，墙面翘起，土不断地从墙面后面流出，堆积在坑底。调来的挖土机不是从坑底往外挖土，而是往墙底堆土，以期防止坑壁土的继续塌落，但是效果不大。

到 24 日上午，基坑侧壁明显位移、开裂，很快，土钉墙护壁的墙壁局部塌落，再过大约 1min，附近坑壁墙面也开裂、侧移，随着一声沉闷的巨响，东南一侧的基坑护壁整体倒塌，致使 3 号居民楼西北角基础露出，基础局部悬空约 2m，严重影响了十字坡西里两栋楼居民的正常生活，好在楼内居民已经被紧急疏散，没有发生人员伤亡。图 1 表示了基坑破坏的全过程。

二、工程简介

该工程临近北京地铁二号线（环线）东侧线，它的西侧坑壁就紧邻地铁线路。这是一座主楼为 22 层框剪结构的商业办公楼，建筑面积 5.3 万 m^2，附属用房为 6 层框架结构，设有地下车库，基础埋深 17.72m，其平面位置及建筑红线见图 2。可见，基坑附近的建筑物较多，东北部有两栋小高层塔楼，东南侧和南部各有一栋多层居民楼，最近处距红线只有 6m。图 3 表示的是基坑平面图，在西侧由于紧邻地铁线路，采用护坡桩加土层锚杆支护，其余部分采用复合土钉墙支护，土钉墙的标准断面见图 4。场地的地质情况如图 5 所示，地面设计高程约为 41.10m，地表以下厚 2m 左右的人工填土，其下 2m 粉土，4m 粉质黏土，2m 左右黏质粉土，1～2m 砾石层，再下为 2～4m 中细砂，大约在地面以下 16～18m 为厚度不大的砾石。

a)土钉墙护壁下局部土体流出

b)基坑侧壁局部倒塌

c)阳角处坑壁整体开裂，侧移

d)基坑倒塌，楼房基础外露

图 1　万亨大厦基坑的倒塌

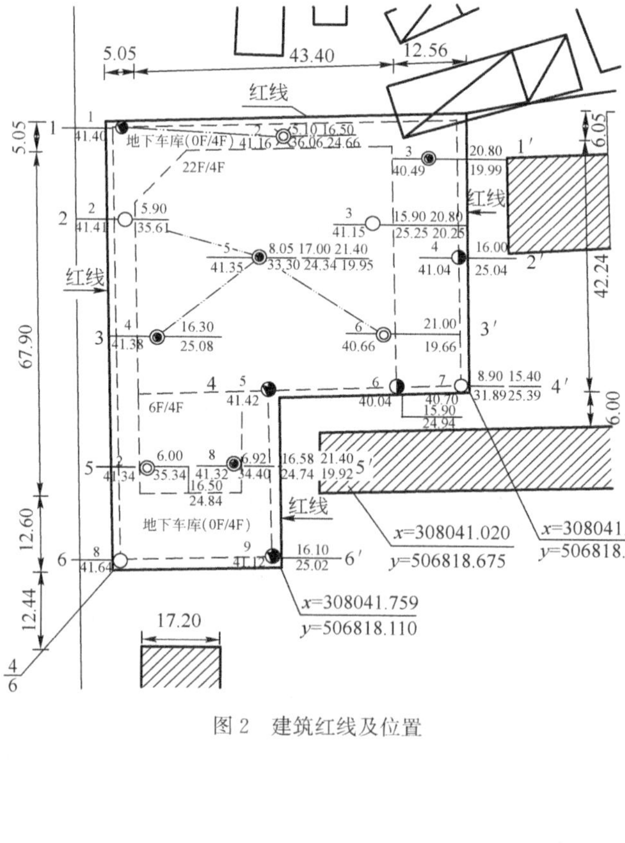

图 2　建筑红线及位置

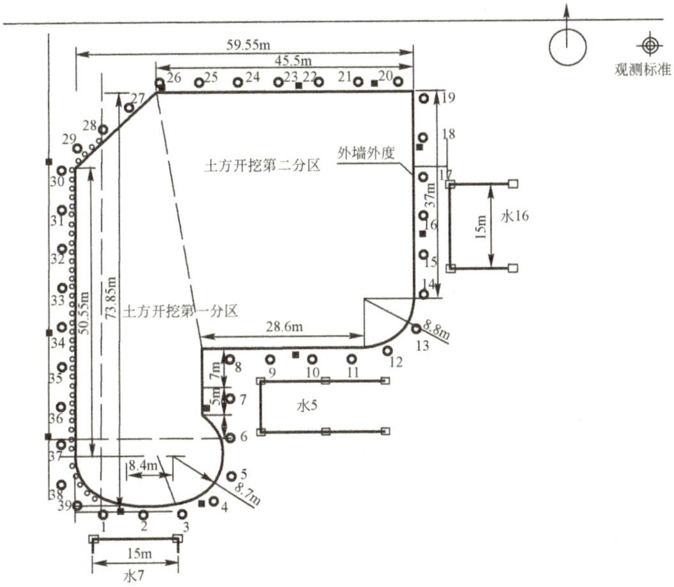

图 3　基坑支护平面图

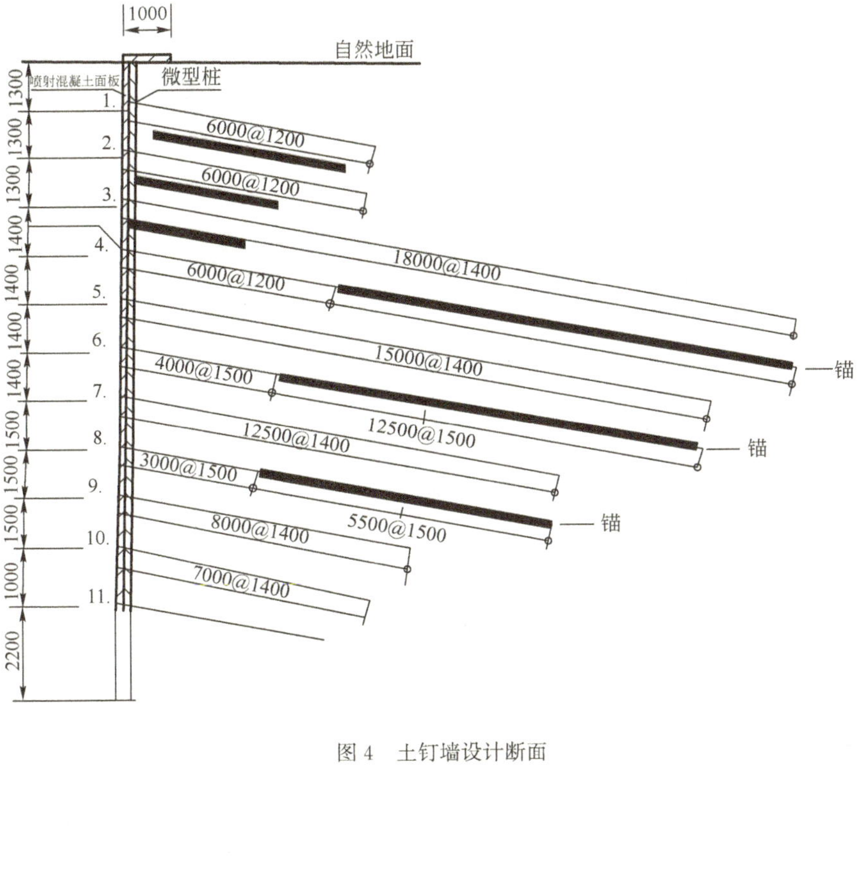

图 4　土钉墙设计断面

存在三层地下水，见表1和图5。可见，第二层潜水水位在开挖基底以上1m左右，需要降水，采用了管井井点降水，这种井点降水对于上层滞水的作用不大。

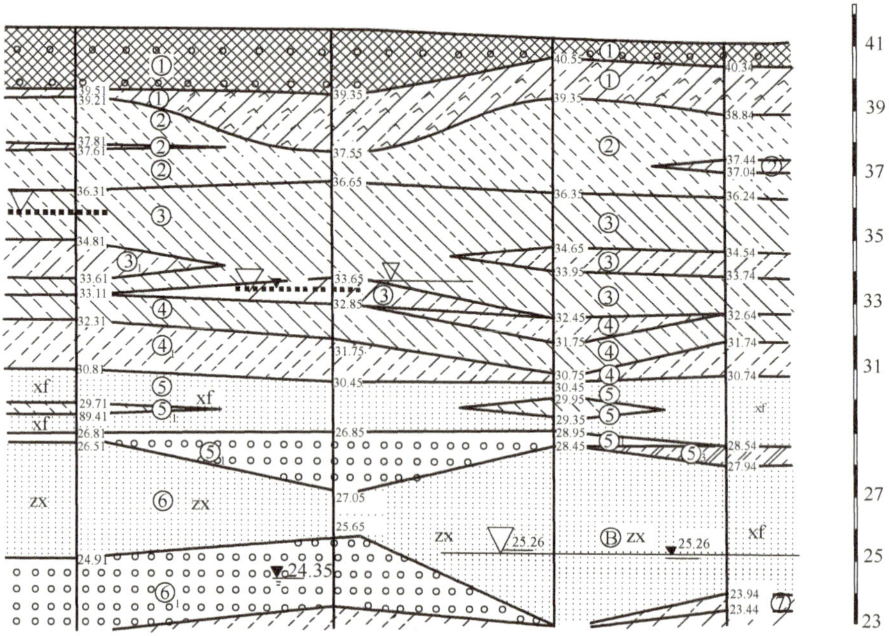

图5　典型地质剖面

地 下 水 分 布　　表1

地下水序号	地下水类型	地下水静止水位			
		1995年10月(已有资料)		2002年2月(施工前勘察)	
		埋深(m)	设计高程(m)	埋深(m)	设计高程(m)
1	上层滞水	5.10～8.05	33.30～36.06	5.90～8.90	31.89～35.51
2	潜水	16.30～17.00	24.35～25.08	15.40～16.10	24.94～25.39
3	层间潜水	20.80～21.40	19.66～19.99	20.80	20.35

三、事故原因

这次基坑倒塌的事故正值"非典"时期，受到了北京市政府的高度重视，事故发生以后要求工地立即停工，将基坑全部回填到与地面齐平，邻近建筑物人员清空，受到影响的建筑物(包括两个塔楼和居民楼)全部拆除，不许纠偏加固，同时也邀请有关专家进行事故原因分析。本次事故可以总结出如下几个方面的原因。

(一) 支护方案失当

根据《建筑基坑支护技术规程》(JGJ 120—99)的规定，土钉墙适用于侧壁安全等级为二、三级的情况，基坑深度不宜大于12m。这个基坑的东南部居民楼距坑壁最小距离只有6m，基坑深度17.72m，采用完全竖直的土钉墙支护是偏于危险的。

最近以来复合土钉墙(或称加强土钉墙)使用较多，即将土钉与锚杆一起使用，据说可用于较深的基坑，减少变形，成功的例子不少，失事的案例也时有发生。

在国内外学术会议中土钉是被列入加筋(reinforcement)专题的，而锚杆则一般不包括在加筋之内。加筋实际上是土与筋材共同作用，性能互补，形成一种新的复合材料或者复合结构。土钉全长注浆，通过土与筋材在微分尺度上的摩阻力约束土体，提高土的抗剪强度，使二者合而为一。而土层锚杆则严格区分自由段与锚固段、主动区与被动区，力的传递和作用十分清晰：锚杆对于主动区的土体施加外部的拉力，增加其稳定性，亦即是一分为二的。在复合土钉墙中，土钉与土形成一个加筋的整体，类似用树枝编织成一个鸟巢，锚杆则是将这个整体与其外部土体连起来，类似于将鸟巢挂在树上的拉带。亦即土钉加强加筋土体的内部稳定，锚杆增加其外部稳定。

但是在一些设计计算中，常见一个圆弧滑裂面同时通过土钉与锚杆，它们的设计拉力都用以计算滑动土体的抗滑力矩，如图6所示。可是锚杆是施加预应力张拉的，充分发挥其设计拉拔力的位移很小，而土钉没有自由段，不施加预应力，其产生设计拉力时需要的位移较大。图7为应变与轴力关系的示意图，在滑动带，土体发生一定的应变，土钉产生的轴力不大，而锚杆在很小应变下就会产生很高的轴力。那么会不会锚杆充分发挥拉力时，

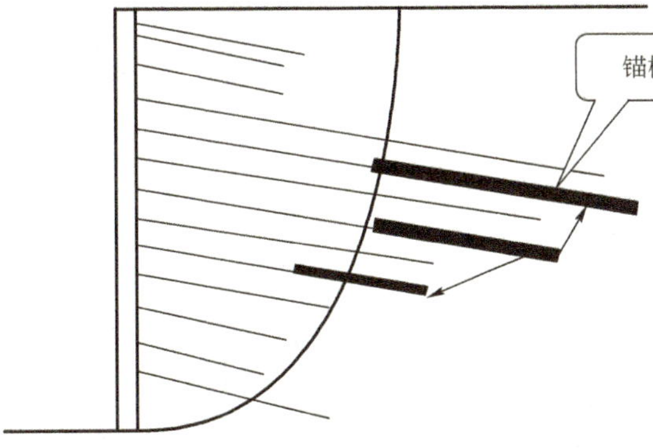

图6 复合土钉墙的稳定计算

土钉尚没有发挥作用；土钉发挥设计拉力时，锚杆已经失效呢？也就是可能发生类似于多米诺骨牌效应的渐进破坏。

在此基坑的破坏过程中可以发现，锚杆固定在墙面上只是靠断面不大的槽钢。一方面，它们如果要承担较大的预拉力，就要深陷如土钉墙面；另一方面，它们不能形成具有足够强度和刚度的水平纵向体系，在基坑倾覆过程中，这些槽钢像稻草一样被拉开和拉断（见图 1c、d）。

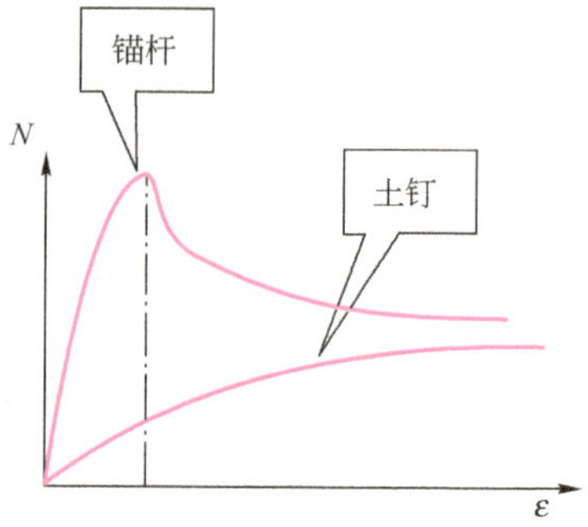

图 7　滑动带土的应变与结构轴力关系

（二）水的因素

基坑事故的调查表明，北京市基坑失事几乎全部与地下水有关。在这个基坑事后的处理过程中发现，附近居民楼上下水管路漏水十分严重，上部土层饱和。饱和度提高使非饱和土的基质吸力 $s=u_a-u_w$ 明显降低，土体软化，土的强度急剧减少，土的结构破坏，土与土钉间的摩阻力也减少，土体自重增加，造成浸水部位土钉墙的垮塌。另外可能产生局部水压力或者渗透力的作用也是引发事故的原因之一。这个基坑最先发生底部土体局部失稳的地方和最先垮塌的地方都是土体饱和的区域，在图 8 中可以发现，从墙面上看就是颜色最深的区域，都是最先失稳或者倒塌的地方。

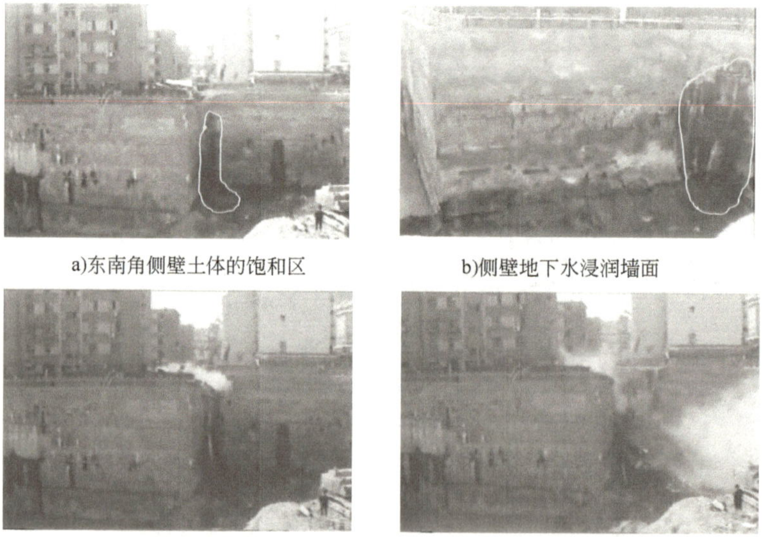

a)东南角侧壁土体的饱和区　b)侧壁地下水浸润墙面

c)坍塌从饱和区开始　d)基坑局部坍塌

图 8　地下水饱和区与基坑的坍塌

（三） 土钉墙的二次施工

在这个基坑中，原设计基坑在平面上有一段局部凸出部分（见图 9），已经使用土钉墙支护开挖到 10m 以下，后又决定将其挖去。这样就从上而下一段段拆旧，一段段开挖，同时一段段修建新的土钉墙支护。结果在开挖到 14m 左右时，下部开挖的已暴露部分土体无法直立，土不断流出，墙后土松动外流，最后基坑倒塌。

由于土钉是全长注浆，没有预应力张拉，土钉发挥作用需要一定的土体变形，使土达到接近主动土压力状态，这就会使墙后土体发生一定程度的松弛及土的结构性扰动。在拆除旧的土钉墙时对土体的扰动进一步加大，这时，土钉墙壁后的土已非原状土，土体的再开挖暴露段不能自稳，对已建成的土钉不能提供足够的锚固力。图 10 是二次施工以后的墙面，由于采用已经拆除的槽钢作为锚杆的锚头部分，间断破碎的槽钢更不能提供纵向的整体性和共同作用（见图 10）。

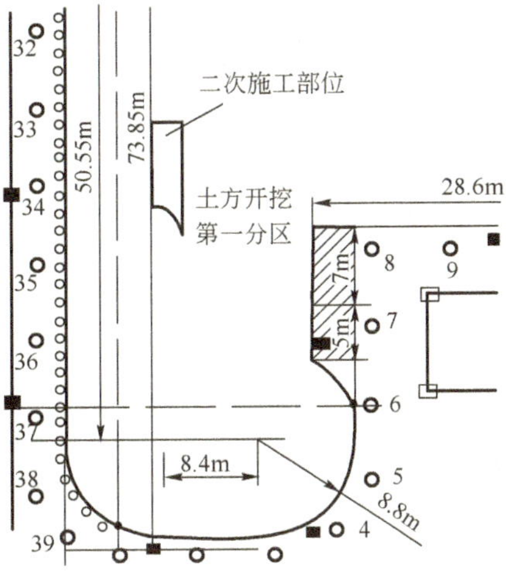

图 9 土钉墙二次施工的部分

图 10 二次施工后的墙面破碎间断的槽钢腰梁

（四） 基坑的三维效应

基坑侧壁的计算通常按照平面应变设计，取单位宽度计算荷载和抗力，进行稳定和结构计算。这样有限长度和宽度的基坑的三维效应总是会在两端产生约束和拱效应，有利于基坑稳定。但是如果基坑有如图 11 所示的外凸的“阳角”时，由于两个面各有向外位移的趋势，在沿着墙顶方向的水平向产生拉力。如果一个方向的墙面局部失稳，与其垂直的另一个墙面将失去依托，接着发生了更大的坍塌。

图 11　东南阳角处的三维破坏过程

四、几点思考

1. 地下水成为土钉墙的灾星

近年来，土钉墙支护在我国基坑工程中被广泛和迅速地推广，创造了很大的经济效益。同时，设计和施工经验也越来越多，“艺高人胆大”，加上低价中标，偷工减料，相应的事故也就不少见。总结事故的原因，十有八九是土中水引起的，所以称土中水是土钉墙的灾星似不为过。因为一般使用土钉墙支护的基坑或者位于稳定的潜水位以上，或者采用人工降低地下水。所以由于水引起的土钉墙失事主要由于降雨、局部滞水、地下管线漏水和局部水源等。

2. 二次施工的翻旧成灾

土钉墙中土钉的受力，使土达到接近主动土压力状态，墙后土体发生一定程度的松弛及土的结构性扰动。在拆除旧的土钉墙时对土体的扰动进一步加大，再次施工侧壁土体已经不是原状土了，常常无法保证其稳定性。

近来也常遇到下述情况，在拟开挖的基坑水平距离 10m 之内存在已建的地下结构物。如果原结构物的基坑施工是采用护坡桩和地下连续墙加锚杆支护的，新基坑在这一段土体使用土钉墙较为可行(但要拆除锚杆)；如果旧基坑也是土钉墙支护，这一部分土体实际已经扰动，新建的土钉墙可能会有上述类似的情况出现。

3. 关于复合土钉墙

关于复合土钉墙的受力机理和设计计算方法是需要进一步探讨的，土钉和锚杆二者的共同作用问题是值得研究的。最近几个行标和地方标准的基坑规范都在编写和修订，也都明确规定按照如图 6 所示的取统一滑动面的方法设计计算，本人再三提出异议，但未得到重视。

第40讲 新加坡 Nicoll 大道地铁基坑倒塌

一、事故回放

2004年4月20日新加坡时间3:30，新加坡地铁循环线 Nicoll 大道正在施工的地铁基坑突然倒塌，造成四名工人死亡(其中一人是中国人)，三人受伤，塌方吞下两台建筑起重机，使有六车道的 Nicoll 大道受到严重破坏，无法使用。事故现场留下了一个宽150m，长100m，深30m的塌陷区，坍塌的路面、散落的钢梁、破碎的混凝土板一片狼藉，如图1所示。当时，黄金地带购物中心和附近商厦上班族及住宅居民听到数声轰然巨响，有人从窗户朝大道一望，惊见路面下陷，火焰从裂开的路面冒出，接着屋里电力中断，空气中弥漫着臭味，沿路建筑物的住户和上班族，纷纷奔下楼逃命，自行紧急疏散。据了解，地下工地的电缆和煤气管受到坍塌破坏，大量煤气泄漏，电缆断裂也使滨海城和美芝路一带的建筑物供电中断。好在当时 Nicoll 大道正值绿灯，行进的车辆都有时间决定行止，所以没有车辆遇险。

图1 事故现场照片

事故造成地铁循环路线的工期拖延，计划2010年才可完成，车站转移到100m以外，造成巨大经济损失。

二、工程简介

该段基坑的设计平面图见图 2，属于新加坡地铁循环线。这一段地铁线路采用明挖，用地下连续墙和内支撑支护。一端的圆形混凝土井是东段土压平衡式盾构暗挖施工的出发点。

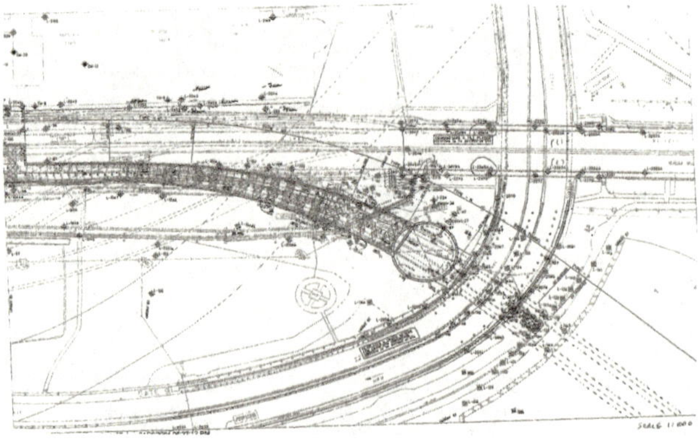

图 2 Nicoll 大道基坑开挖倒塌区地理位置示意图

该场地的地基土为新加坡海洋黏土，属于软黏土，其分布是西北较浅而东南深，如图 3、图 4 所示。基坑开挖深度 33m，宽度 20m，对部分软土进行了分层水泥喷浆加固。

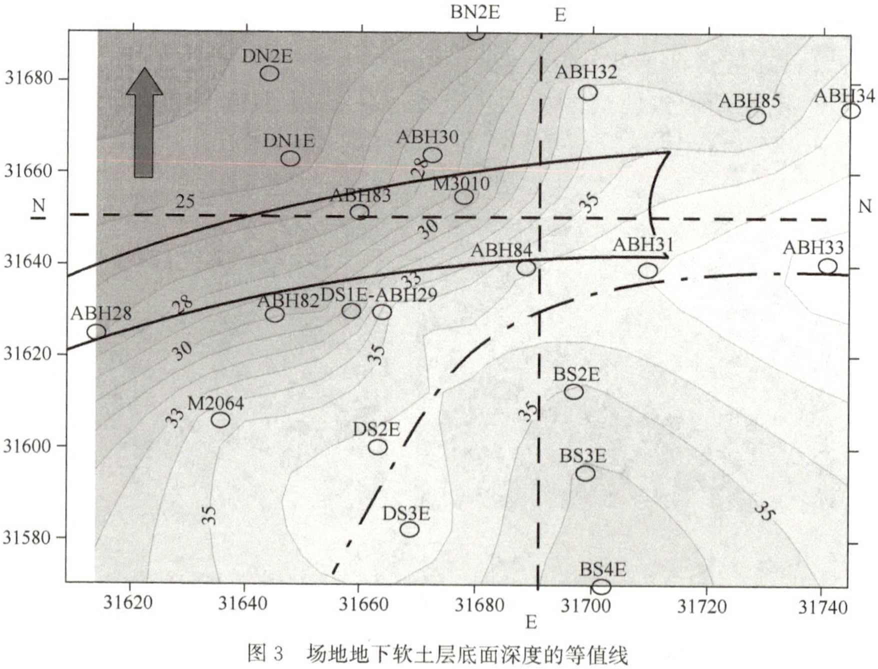

图 3 场地地下软土层底面深度的等值线

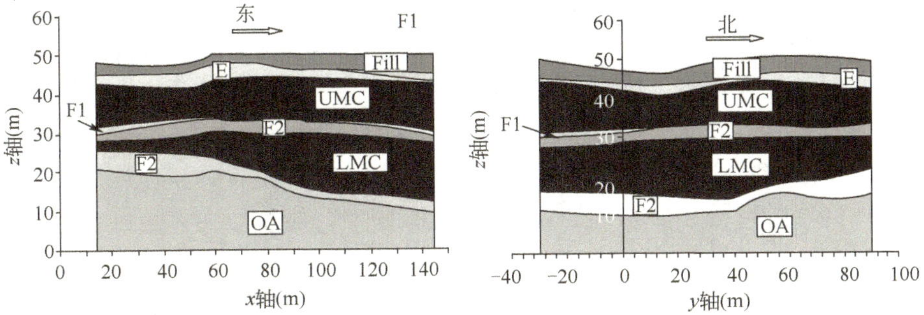

a)N-N土层断面图(北距=31651.44m)　　b)E-E土层断面图(东距=31689.06395m)

图 4　土层分布断面图

三、事故原因

事故发生后，组织了调查委员会对事故原因和责任进行了调查，最后四人受到刑事指控，同时也责成有关大学和技术部门对事故原因作进一步的分析，陆地交通局委托新加坡国立大学用三维分析研究倒塌事件的机理和动态过程。

事故现场的软黏土抗剪强度低，基坑开挖较深，以及支护设计和基坑施工缺陷是事故的主要原因。

（一）基坑的三维效应

在基坑工程中，人们通常按照平面应变的条件取单位宽度进行设计计算，主要取横截面进行二维土压力—抗滑稳定—位移以及支护结构内力计算分析。

而从图 2 可以发现，该段地铁线路在平面上纵向是弯曲的。在外凸的一侧，土压力将产生纵向的拉力；而采用的地下连续墙是分段施工修建的，在各段之间基本连接很弱（在计算中设置了较弱的连接器），各层水平横向支撑的腰梁没有形成连续纵向约束，也没有设置加强的纵向冠梁，不能承担这种纵向的拉力。加之软土层分布的不均匀，使基坑的三维效应更加强烈。从图 1 可以发现，各段连续墙分散地遗弃在现场，没有见到它们之间的连接及其破坏。

从图 5 所示的计算结果可以发现，由于横撑不足，墙有非常显著的侧向变形，在南墙（外凸一侧）墙板沿着连接点裂开。墙线沿水平面上的曲率中心向外移动，引起了拉应力的增长，导致南墙接点首先裂开；稍后，由于局部曲率和变形的影响，北墙接点也裂开。分析的结果也表明，土和墙的最大侧向位移发生在东半部，倒塌前最大位移的位置大约在海洋黏土最深的地方，即靠近开挖的东端。南墙的最大位移大于北墙，和地面位移倾斜计的测量结果是一致的。沿着北墙，墙接点主要是压力变形，变形相对较小；沿着南墙，连接器主要是拉力变形，每个连接器的变形很大，为 1.5～2.5mm。在倒塌时南墙接点脱落。在倒塌以后，北墙接点也有所脱落，但仅限于当墙很严重的向开挖区凸出时。结论是在倒塌前，南墙弯曲变形大大超过北墙。

图 5　破坏时墙的变形

(二) 66kV 电缆下的缺口

在现场倒塌区有一 66kV 电缆通过，为此，在开挖前，两侧连续墙都留有缺口，在开挖时，采用逆作方式，逐段开挖，逐段将缺口补齐形成连接板，见图 6，分层喷浆也都留下了缺口。

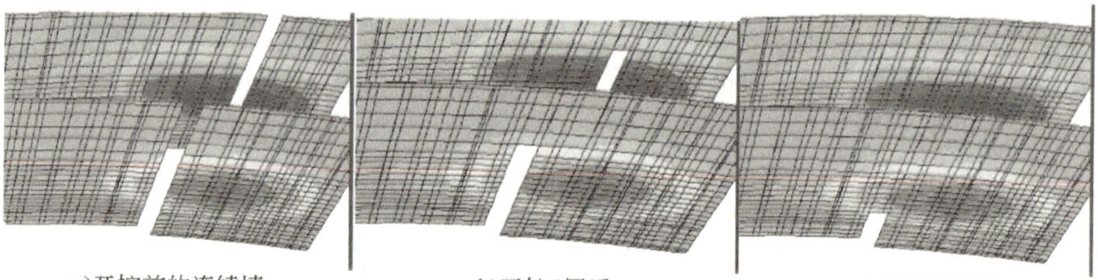

a)开挖前的连续墙　　b)开挖5层后　　c)开挖10层后

图 6　66kV 电缆下的缺口的处理

由于施工中新设的连接板本身强度较低，不能形成整体的抗力，使局部应力和变形集中，酿成事故。图 7 是分析的南北墙弯矩分布图，可见施工中建立的连接板的部分弯矩很小。

(三) 多米诺骨牌效应

软黏土的抗剪强度很低、水平支撑抗力不足、墙体弯矩过大等都是事故的原因，但是这次事故的特点是一种渐进破坏，亦即由于局部的变形过大和抗力不足，引起荷载和应力的重分布，使邻近结构随之破坏，形成多米诺骨牌效应，在很短的时间内事故段基坑全部倒塌。

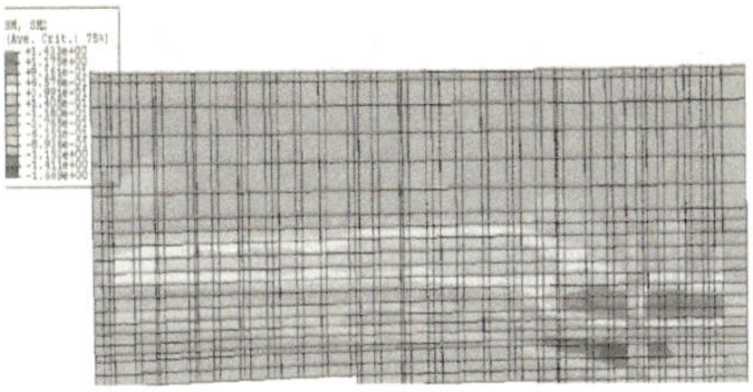

a)倒塌开始不久后北墙的弯矩

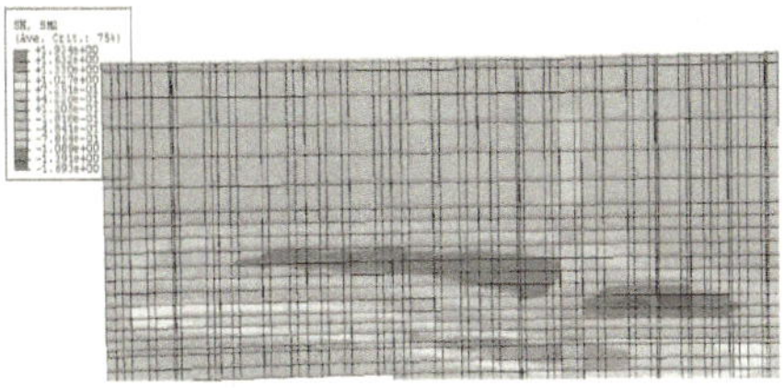

b)倒塌开始不久后南墙的弯矩

图 7　倒塌开始时两侧墙的弯矩分布

首先发生问题的有电缆通过的缺口、连续墙的南侧和软土层最深的东部。由于连续墙墙段之间的连接很弱，连接器拉力变形，每个连接器的变形很大，在倒塌时南墙接点脱落。在倒塌的后来，北墙接点也有所脱落，水平支撑失效，这是一个渐进破坏的过程。

缺口处的连接墙板强度低，承受弯矩较小，形成薄弱区，荷载向周围转移，引起整体破坏，这也是一个渐进破坏的过程。计算表明，在倒塌的初期，最大弯矩小于设计的最大弯矩，所以墙未必会屈服，而在分析的最后，最大弯矩大于设计的最大弯矩，所以在倒塌的过程中，墙的某些点也许已经屈服。

同样，由于东半部开挖倒塌前。最大侧向位移的位置大约在海洋黏土最深的地方，靠近开挖的东端。同时地面下沉，坑底拱起。过大的地面位移，使个别支撑杆失稳，荷载重新分配前，相邻的支撑杆随之失稳，造成整体破坏。缺少纵向连续的冠梁和腰梁，没有采用整体性和刚度更大的钢筋混凝土桁架支撑，造成支护结构整体性差是重要原因。

四、几点思考

(1)基坑工程通常是作为二维的平面应变问题，按照横断面设计计算的，但是应当注意三维效应。本案例事故首先肇始的东南部，既是软土最厚区域，也是外凸部分和连续墙与圆筒结合部，是三维结构的最不利部位。这里支护结果可能承受沿墙纵向的拉力，局部的破坏引发整体失事。

(2)"细节决定一切"，在这个案例中可以得到证明。其中电缆的缺口正在事故区的中部。说明对其处理有缺陷，这种"逆作"实际上形成了局部薄弱点。

(3)这一事故是动态发生的渐进过程，对于工程设计应当尽可能防止。采取措施，防止事故蔓延，防止破坏由局部发展到整体。

(4)与一般的建筑基坑不同，地铁线路和车站的基坑一般很长，端部的约束作用很弱；有时又具有特殊的平面性状，这些特点和因素应当给予重视。

第41讲 杭州地铁一号线湘湖站基坑事故

一、事故回放

2008年11月15日15时20分左右，浙江杭州市萧山区地铁一号线湘湖站基坑施工现场西侧的风情大道，前面街口的交通灯正值红灯，南行的十余辆车停在路面待行。突然驾驶员们觉得人车整体下沉，前门的红绿灯突然不见，紧接着车内进水。好在14辆车的车内人员都紧急逃离，连被埋的K327公交车上的乘客也全部脱险，见图1。

a)

b)

图1 基坑西侧风情大道坍塌的路面及车辆

杭州地铁一号线湘湖站北二基坑西侧坑壁倒塌，使风情大道塌陷范围长近百米，宽40m，路面塌陷深度7m，路面没入水下。百余地铁基坑施工人员被困在坍塌的坑中，现场组建了抢险指挥部，但由于塌陷区积水较深，抢险指挥部调用了多台大功率水泵抽水，并派遣5名蛙人进行潜水作业。在基坑内积水被抽干之后，整个基坑被淤泥覆盖，指挥部派出了搜救犬帮助确定失踪者方位，但由于淤泥太厚，搜救犬未能有所发现。救援人员只得采取每隔50cm分区挖沟的方式下探。经紧急抢救，最后仍有17人遇难，4人失踪，十多人受伤。这起死亡人数最多的地铁工程事故惊动了全国，温家宝总理亲自批示，一时舆论热评，众说纷纭。围绕事故责任，施工方中铁集团和业主方杭州地铁集团各执一词，互不相让。

据现场人员讲，早在一个多月前，这里就出现了沉降裂缝，路面存在下沉的问题，曾多次采取架钢筋、浇灌混凝土、对路面的裂缝进行勾缝等措施来补救。所以实际上地基土和结构的承载能力已经达到了极限状态，路面上由于等红灯而停在坑壁大道上的 14 辆车也许就成了压倒骆驼的“最后一根稻草”。

基坑的四层钢管支撑像一盒被打翻的火柴一样散乱地堆积在坑内，深厚的淤泥灌满了基坑，淤泥下还埋藏着 4 名施工人员，倒塌的混凝土连续墙支离破碎，现场景象惨不忍睹，如图 2～图 4 所示。

a) b)

图 2　失事基坑内散乱的钢管支撑

a) b)

图 3　清理基坑内的淤泥

二、工程简介

湘湖站为杭州地铁 1 号线的起点站，位于萧山湘湖杭州乐园西侧，风情大道东侧。车站东侧为奥兰多小镇、东南方向为杭州乐园，西侧为在建苏黎世小区，建筑物主要为小高层。

a)外侧　　b)内侧

图 4　基坑西南端破碎的钢筋混凝土连续墙

车站总长 932m，宽 21m。根据结构分段施工需要，并与分片围挡、交通组织相适应，本站主体基坑依照从北向南分段封堵施工顺序，分为北一、北二、南一、南二等多期，见图 5。

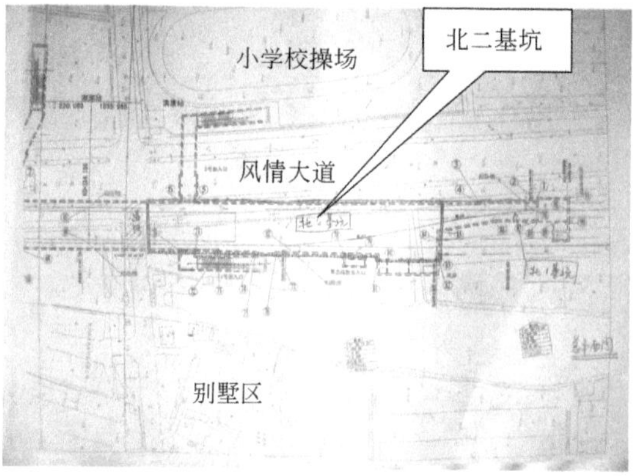

图 5　工程现场平面图

主体开挖深度 15.7～16.2m，围护结构采用 800mm 厚地下钢筋混凝土连续墙，连续墙入土深度约 17.28m，竖向设置 4 道 ϕ609 钢管支撑，支撑中部设置中间立柱。车站场地位于杭州市钱塘江南岸的萧绍冲积平原，地势较为平坦，北一、北二基坑处地面设计高程一般在 6.0m 左右。地貌形态主要为丘陵地貌、钱塘江河口冲海积地貌。车站主体为地下两层三跨钢筋混凝土矩形框架结构。北二基坑长度为 106m，宽 20.5m。车站主体结构顶板覆土 1.8m，底板埋深 16m，结构底板主要坐落在④$_2$ 层淤泥质粉质黏土、局部⑥$_1$ 淤泥质粉质黏土上。潜水水位在地面以下 0.5m 左右，无承压水。基坑的设计标准断面及土层分布见图 6。

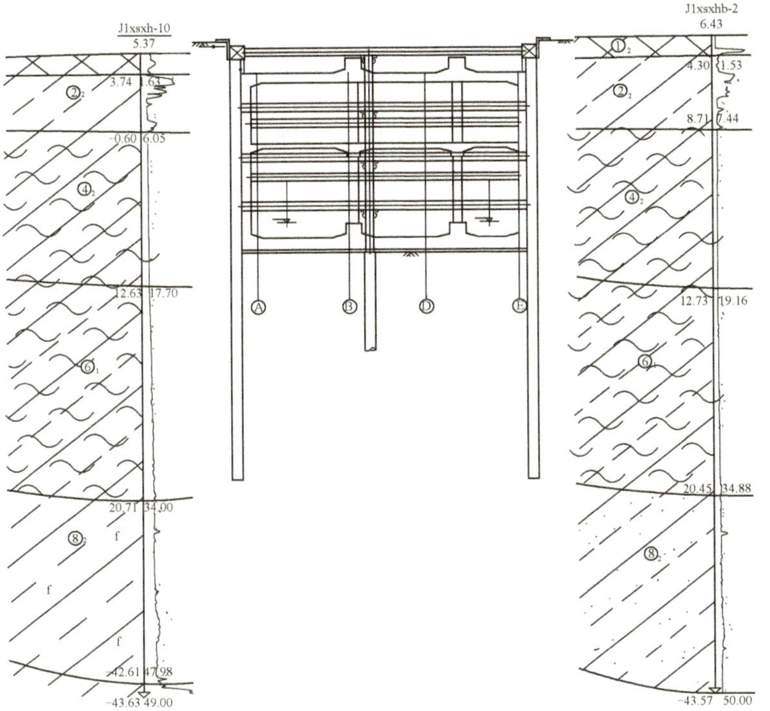

图 6　横断面及土层情况

各地基土层的工程特性，按地层次序，由上至下情况为：

①₂ 填土层(mlQ_4^3)：松散，稍湿，以黏质粉土为主，含少量碎砖瓦砾、碎石块植物根系等，在暗塘处以淤泥质填土为主。本层局部缺失，层厚 0.30～15.10m。

②₂ 黏质粉土，钱塘江冲积沉积层，河口相(alQ_4^3)：稍密，很湿，平均黏粒含量 10.4%，含云母碎屑。为新近沉积经脱水氧化形成，普遍分布，层厚 0.50～7.25m。天然含水率 30.9%，孔隙比 0.868，平均锥尖阻力 2.27MPa，标准贯入平均锤击数 8.3 击。

④₂ 淤泥质黏土，滨海、海湾相(mQ_4^2)：饱和，流塑，含少量有机质，夹薄层粉土。物理力学性质较差，具高压缩性。全场分布，层厚 2.10～23.60m。天然含水率 50.6%，孔隙比 1.430，平均锥尖阻力 0.57MPa。

⑥₁ 淤泥质粉质黏土，浅海、溺谷相(mQ_4^1)：饱和，流塑，含少量有机质，夹薄层粉土。物理力学性质较差，具高压缩性。普遍分布，层厚 2.00～17.07m。天然含水率 46.7%，孔隙比 1.353，平均锥尖阻力 0.85MPa，标准贯入平均锤击数 5.6 击。

⑧₂ 粉质黏土夹粉砂，湖沼相沉积($l\text{-}hQ_3^2$)：饱和，软塑，薄层状，含有机质、腐殖质。局部以粉细砂为主，含少量贝壳碎屑。局部分布，层厚

0.70～20.10m。天然含水率 33.9%，孔隙比 1.040，平均锥尖阻力 1.46MPa，标准贯入平均锤击数 6.8 击。

40～50m 以下为强风化到中等风化的粉砂岩。

标准断面的基坑开挖深度为 16.28m，采用厚度为 800mm 的地下钢筋混凝土连续墙围护结构，墙长度为 32.06m，墙顶设计高程为 6.5m。计算时考虑地面超载 20kPa，如图 7 所示。其中在开挖过程中设置 4 道支撑：地面以下 1.56m、5.26m、9.06m、12.76m。在封底以后结构施工时，拆除最下一层(12.76m)时在 10.56m 加一支撑；在拆除 9.06m支撑后加一 6.46m 支撑。各道支撑的设计值见表 1。

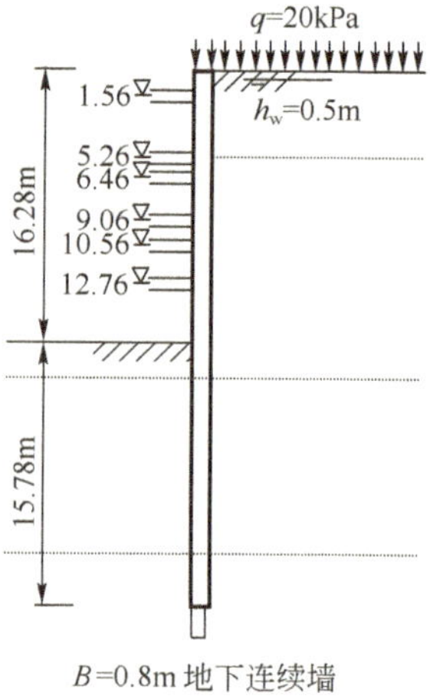

图 7　基坑支护标准断面

各道钢管支撑参数表　　表 1

地面以下(m)	刚度(10^6N/m^2)	预加轴力(kN/m)
1.56	120.03	50
5.26	158.97	150
9.06	158.97	150
12.76	158.97	200
10.56	169.03	50
6.46	169.03	50

另外，原设计从基坑底部高程到底部以下 3m 用水泥搅拌桩加固，形成格构，见图 8。可是在施工前经论证取消了这一部分，认为在基坑内用井点降水可以达到加固基底土的目的。

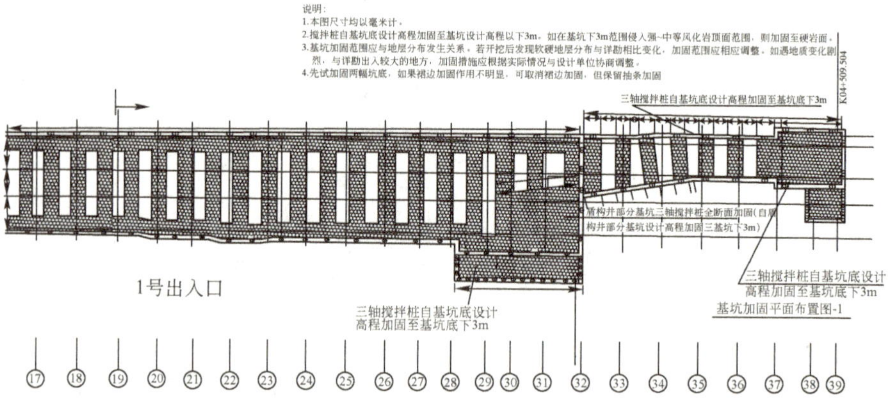

图 8　设计基坑底加固方案

三、值得思考的问题

（一）进一步勘探调查

图 9～图 11 表示的是西侧连续墙的破坏形式。初看西侧墙顶部的位移(见图 11a)，似乎是下部向坑内倾斜，墙体后仰，很容易认为是"踢脚"形式的整体失稳。后来委托有关勘察部门进行钻探，摸清淤泥以下墙体的位置，结果如图 9、图 10 所示，可见西侧大部分墙体是在第二道支撑附近折断或者剪断，然后失去支撑的下半部类似于悬臂梁一样被推向前倾。这种破坏的原因更可能是超挖。

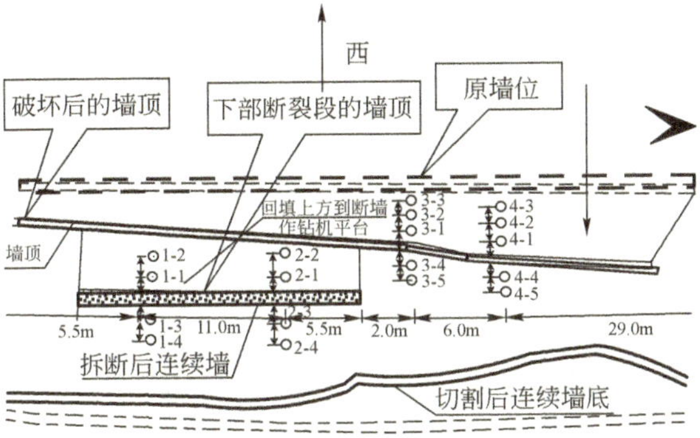

图 9　破坏前后的平面图

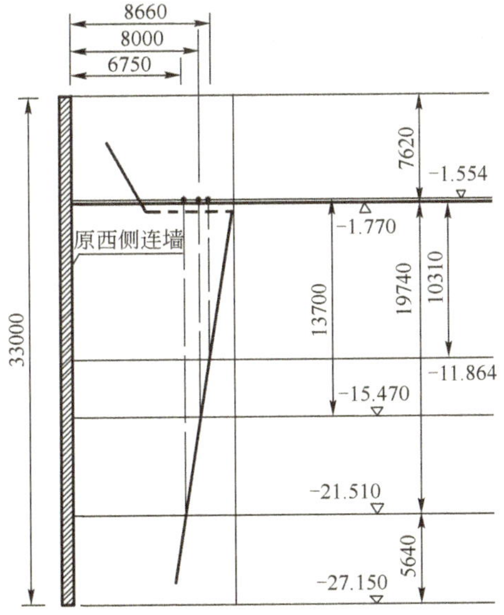

图 10　断裂前后连续墙的截面图(尺寸单位:mm)

a) b)

图 11　西侧墙体的破坏形式

(二) 土的强度指标问题

工程勘察给出了现场各类土的强度指标，其中最重要的是④$_2$ 和⑥$_1$ 两层淤泥质土。表 2 为标准设计断面处土的基本物理性质指标，表 3 为不同试验方法的强度指标。

可见此基坑的地基土十分软弱，其中④$_2$ 和⑥$_1$ 土层是淤泥质土，土层⑧$_2$ 也相当软弱。通过三轴不排水和无侧限压缩试验测得的不排水强度 c_u 都很低（在 10kPa 左右），而十字板测得的 c_u 较前两者约高 3 倍。这说明了对于处于较大深度的软黏土取样的扰动和回弹重塑是相当严重的，十字板实测的指标较为合理。通过对固结不排水强度指标和不排水指标的比较，④$_2$ 和⑥$_1$ 土可能是欠固结土。

基本物理性质指标（墙顶地面设计高程为 6.50m）　　表 2

土　层	层底设计高程（m）	层厚（m）	重度 γ（kN/m^3）	孔隙比 e	塑性指数 I_L
①$_2$	4.97	1.53	19	0.995	0.91
②$_2$	−0.64	5.61	19	0.868	0.55
④$_2$	−12.66	12.02	17.1	1.430	1.38
⑥$_1$	−28.38	15.72	17.1	1.353	1.48
⑧$_2$	−43.5	15.12	17.9	1.040	0.94

不同试验条件下土的强度指标　　表 3

土层	三轴不固结不排水		无侧限抗压强度	十字板试验		快剪		固结快剪		固结不排水剪切	
	c_u（kPa）	φ_u（°）	q_c（kPa）	c_u（kPa）	灵敏度	c_q	φ_q	c_{cq}	φ_{cq}	c_{cu}	φ_{cu}
④$_2$	11.0	0.2	25.34	28.4	2.63	8.1	6.1	15.8	11.9	17.1	9.7
⑥$_1$	9.0	0.4	24.06	34.1	2.07	7.1	8.3	13.8	13.6	17.8	13.2
⑧$_2$	8.0	0.6				7.3	8.1	14.0	18.2	19.0	15.1

(三) 不同规范的稳定计算

在国内的不同规范中，对于这种软土地基中的基坑，规定有三种土体稳定需要分析，即由于地基承载力不足引起的坑底隆起（见图 12），由于连续墙下部折断引起的坑底隆起（见图 13）和坑壁的整体稳定（见图 14）。

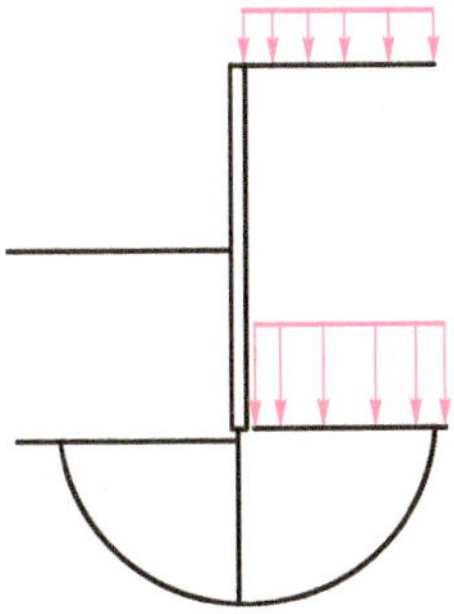

图 12　地基承载力与坑底隆起

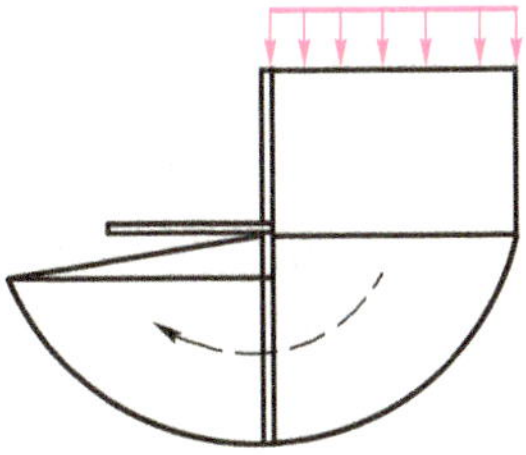

图 13　连续墙抗弯与坑底隆起

第一种情况是在墙底平面上，将右侧作为荷载，左侧作为浅基础的承载力进行验算；第二种情况是以最后一道支撑点为圆心，沿着墙底的圆弧滑动，在抗滑力矩中考虑墙体的抗弯力矩；第三种情况是以墙顶（或者在其附近）为圆心，从墙外地面开始过墙底的圆弧滑裂面，其中坑内的支撑增加抗滑力矩。

各种国家标准、地方标准和行业标准的规范，对于计算支挡结构上的土压力与稳定分析这两种工况下，所用的强度指标是不同的。特别值得指出的是，在稳定分析中，对于饱和软黏土规定使用的强度指标十分不统一。主要有三种：

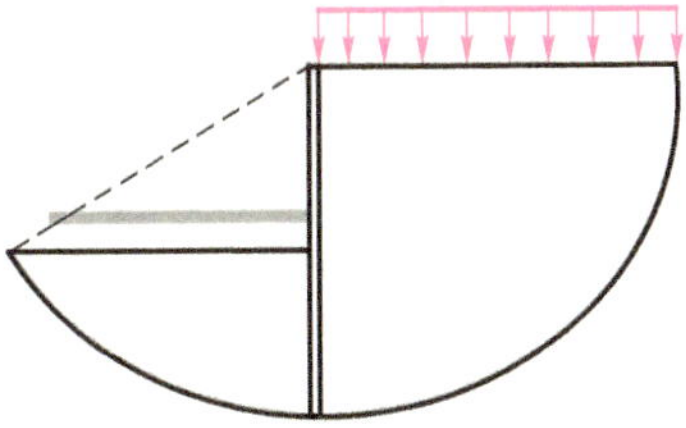

图 14　基坑的整体稳定

(1)使用固结不排水（或者固结快剪）强度指标。作此规定的有《建筑基坑支护技术规程》(JGJ 120—99)、《上海市基坑工程设计规程》(DBJ 08-61—97)、《建筑基坑工程技术规范》(YB 9258—1997)(整体稳定)等。

(2)使用不排水强度指标（三轴不排水、快剪、十字板等）。作此规定的有《建筑基坑工程技术规范》(YB 9258—1997)(坑底隆起)、《深圳地区建筑深基坑支护技术规范》(SJG 05)(征求意见稿)。

(3)在土的有效自重压力下预压固结的不固结不排水试验。作此规定的有《建筑地基基础设计规范》(GB 50007—2002)、《深圳地区建筑深基坑支护技术规范》(SJG 05)(征求意见稿)(整体稳定、局部稳定以及抗滑稳定性计算)。

从表 3 所列的强度指标可以发现，按照不同的规范，采用不同的强度指标，计算的安全系数可差 10 倍以上。这类饱和的软黏土如果是欠固结的，那么用固结不排水(或者固结快剪)指标验算稳定就十分危险了。

另一个值得讨论的问题是，所谓“水土合算”一般都是针对墙后的土压力计算。在稳定计算中也用水土合算就十分不合理了。例如《建筑基坑支护技术规范》(JGJ 120—99)的附录 A 规定基坑的整体稳定用式(1)计算

$$c_{ik}l_i+\sum(q_0b_i+W_i)\cos\theta_i\tan\phi_{ik}-\gamma_k\sum(q_0b_i+W_i)\sin\theta_i\geqslant 0$$

其中，W_i 为第 i 土条的重量，按天然土重计算；c、ϕ 为固结不排水指标。对于饱和黏土，按照一般的稳定分析方法，土体的固结是在其有效自重压力下的固结，使用“固结不排水强度指标”时，该式的第二项(抗滑力矩)中的自重应当用浮重度，而第三项(滑动力矩)自重应当用饱和重度计算。考虑到该工程的软黏土饱和重度只有 17.1kN/m^3，这个差别可能使计算的安全系数相差 1 倍以上。其实用“有效自重压力下预压固结的不固结不排水试验指标”，与固结不排水强度指标数值上应当一致，但同样需要在计算抗滑力矩时用有效自重应力，即浮重度。

(四) 为什么在西侧坍塌

从现场上看(图 3)，基坑是西侧风情大道首先坍塌，坍塌后，将坑底淤泥质土挤起来，使基坑的实际深度大大减少，所以尽管所有支撑钢管全部失效，东侧连续墙也发生较大位移，但尚保持直立，破损不严重。在现场可以发现，由于西侧是大道，交通方便，几乎所有的施工机械、车辆、泥浆池、建筑材料全部在西侧。超载的工程运土车辆来回反复碾压，路面交通繁忙。已经发生较大的土体位移，地面开裂，反复的路面荷载必然会进一步破坏地基原状土的结构性，由于这两层软黏土的灵敏度较高，这种扰动使土的强度进一步降低，等红灯过去的十几辆车重量可能成为引发垮塌的“最后一根稻草”。而上述这些荷载可归入地面超载 $q=20$kPa，但与土自重应力不同，q 产生的土压力和滑动力都应按不排水($\varphi_u=0°$)指标计算。

(五) 良好的场地条件酿成事故

从图 4 可以发现，该基坑工程的工地条件“太好”了：东西两侧距离建筑物都在几十米到百米以上，西侧是风情大道，大道西侧是一个小学校的操场。但是这种良好的环境却与事故的发生有直接关系。

自 10 月 9 号至事发前的一个多月，临近北二基坑西侧风情大道位于污水管附近上方的车道路面结构层开裂严重，路面下沉明显，现场采用浇灌混凝土等措施来补救。除基坑外地面开裂现象外，基坑内侧地下连续墙也曾

出现过较大的裂缝。这些预兆没有引起充分的重视。

可以设想，如果周边邻近的建筑物距基坑较近，居民就会密切关心自己的住房，时时自发观测。在其他地方，常常可以见到这样的场面：由于地面或者墙面发现有微小的裂缝，居民就会在工地集聚起来，阻止车辆进出，不准动土。这个基坑如果有这样的群众监督，他们敢这么干吗？

（六） 地铁基坑的特殊性

地铁线路及车站明挖法施工基坑的长度一般很长，而建筑基坑通常两个方向的尺度较为接近。后者可以借助于三维效应的端部约束增加安全储备。以这个基坑为例，原设计要求分段开挖、支护、封底。基坑全长分为 6 个作业段（每段 25m 左右），实际上，事故前第一段（北端）已做完底板结构（这部分完好无损），第二段做完垫层，第三段辅砂石，第四段清底，两台挖土机正在第五段和第六段段开挖最后一层土方。也就是说，事故前基坑的其余 5 段（近百米）都达到或接近设计坑底。这样，端部的约束作用基本不起作用。

地铁基坑还有平面性状弯曲（如新加坡的 Nicoll 大道基坑），土质情况差（土质好，常用暗挖或逆筑），周边及荷载条件复杂等因素。

第42讲 玉林电厂的悬桩

一、事故回放

玉林电厂是一个大型火力发电厂，在其施工过程中发生了一个不应发生的岩土工程错误：此场地在地面以下40～70m为基岩，岩石为凝灰岩。原设计的锅炉和烟囱等主体建筑物的地基基础采用桩基础，钻孔灌注桩以凝灰岩基岩为持力层，属于端承型桩。设计承载力和沉降均满足要求。但是在勘察、施工中，把含黏土的碎石层（其中所含碎石的岩性也是凝灰岩）误认为凝灰岩基岩，致使大量的钻孔灌注桩桩端落在这些黏土层上。竣工以后才发现这一错误。

图1是其锅炉的已经完成的基桩分布图。共有454根桩，桩长43～68m，其中有75根可判定为嵌岩桩，其余桩的桩端基本落在含黏土的碎石层上，甚至可能落在黏土层上。下部还有10～30m厚黏性土⑤、砾砂⑤$_2$、坡积土⑥等。

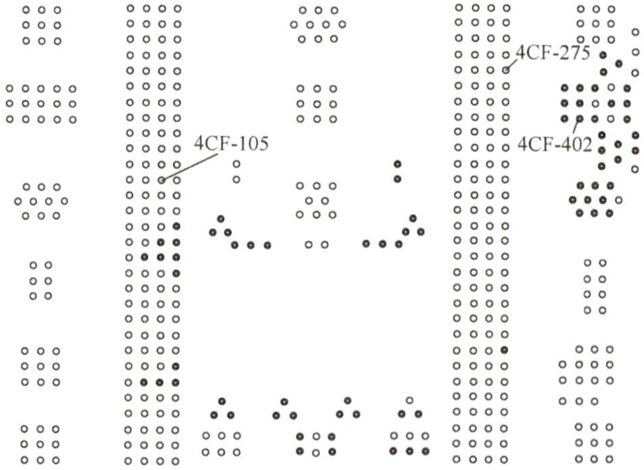

图1　筏板基础下的桩分布平面图（黑圈表示已经达到基岩的嵌岩桩）

二、事故分析

单桩的载荷试验表明，嵌岩与不嵌岩的两种单桩的荷载—沉降曲线及极限承载力相差不大。那么在刚性较大的筏板基础中心荷载情况下，它们是否能够承受相同的竖向力呢？实际上，群桩在承台底部位移相同的情况下，其中嵌岩桩桩端基本没有位移，其桩顶位移全部由桩身压缩产生；其他桩由于桩端以下土层的压缩，桩端发生位移，桩身平移，压缩变形较小。这样，嵌岩桩将分担更大的竖向力，可能使桩身混凝土达到极限抗压强度而破坏，丧失承载能力；然后将荷载向桩端土相对较硬的桩上转移，使其破坏；最后使其余的桩破坏，导致整个桩筏基础失稳，这是一种渐进破坏，如图 2 所示。在端承桩与摩擦桩处于同一个刚性承台下，施加荷载时，摩擦桩常常会成为“悬桩”，二者无法共同工作，这种渐进破坏就会发生。下面的一则寓言，也同样可以说明这个问题。曾经有两头驴子与一头骡子拉一个车，骡子体长步大，脾气急躁，两头驴子既然跟不上，乐得出工不出力，让骡子单独拉车。后来性急的骡子累死了，车夫让两头驴子拉同样载重的车，可想而知，这两头驴子很快就会没命了。

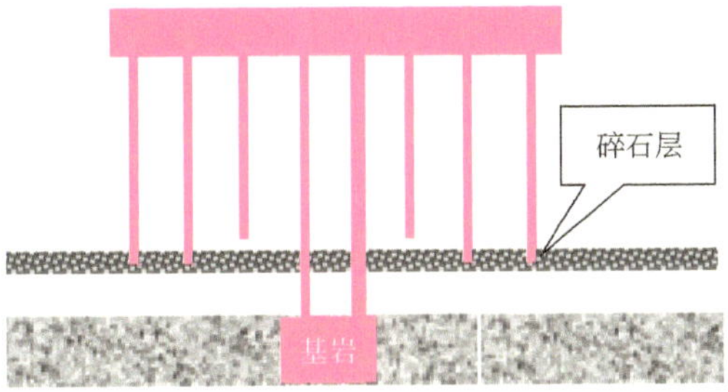

图 2　各桩受力示意图

所以对于在湿陷性黄土地区的桩基础，《建筑桩基技术规范》(JGJ 94—2008)规定：“桩基应穿透湿陷性黄土层”。对于深厚填土和湿陷性黄土地基中的桩基这是十分重要的。

某夯扩桩基础建在有深厚沉积黄土的山沟场地，夯扩体部分没有落在原状地基土上，悬在湿陷性黄土层中。单桩载荷试验表明其单桩承载力相当高，满足设计要求。但是建筑物建成以后，由于降雨造成桩端土湿陷，建筑物整体不均匀沉降，房屋裂缝，酿成事故。

近年来由于城市地价飙升，原城乡接合部成为房地产商所青睐的地段。但是这些地区常常存在规模巨大、深厚的建筑材料取土坑(以砂石料取土坑为主)，后用建筑垃圾及杂填土填平。这些地区首选的基础方案是各类桩基础，一定不要做成全部或者部分悬桩，否则后患无穷。

三、事故处理

由于该工程已经竣工的真正的嵌岩桩数量很少，这种情况下的补救方案是基于少数嵌岩桩桩身混凝土被压坏以后，桩基设计承载力仍然满足。所以在图1的筏板基础中的适当位置补加一些桩端持力层为含黏土的碎石层的基桩，适当调整筏板配筋，准备发生大一些的平均沉降。反之，如果实际上大多数桩是嵌岩桩，只有少数桩端未能达到基岩，则应补加一些嵌岩桩以代替这些桩端未能达到基岩的桩。总之，是要能够使承台下的基桩或单桩很好的共同工作。

第43讲 地下结构的浮起

一、事故回放

2008年8月9日，北京顺义区突降强降雨，两小时降雨60mm以上，顺义区尚未竣工的某住宅小区内地面迅速积水，东部积水最深达到80cm。而位于小区东南的生活污水处理的生化池突然浮起，北部浮起2.3m，南部浮起1.6m。几小时以后，积水逐渐排除和下渗。该池逐渐下沉，5天以后基本稳定，但北高南低，北部仍高于设计高程1.3m，南部仍高于设计高程0.7m，同时西部比东部高20cm，见图1。时值奥运，不许动土，而小区必须年末交付，如何处理这个事故成为一个棘手的问题。

图1　浮起的生化池

二、事故分析

该小区是一个高档别墅区，其中生活污水就地处理再利用。在小区东部设计了污水处理设施，其中生化池面积600m^2，为带顶盖的钢筋混凝土箱形结构，其中又分割成几个相互隔离的水池，有管路相通。

勘查报告指出，该场地在 20m 深度范围内没有发现地下水。那么生化池为什么会浮起呢？据勘查报告，场地地面高程约为 34.5m，地面以下分别为：①人工填土 2～3m；②砂质粉土 2～3m；③细砂 5～6m；④粉质黏土 1m 左右；⑤卵砾石，很厚。

生化池深度为 6m，局部为 7.2m，设计上覆土 1.3m。这样，基坑开挖深度约 7m，局部超过 8m。基底位于细砂土层上。基坑开挖采用排桩支护，开挖时，桩间土用喷射混凝土保护，在支护与池的外壁之间留有 80cm 宽的肥槽。由于时值奥运，要求 6 月份以后不准动土，所以在浇注完水池外壁以后就匆匆用弃土回填，没有夯压，并且西部回填距地面 1m 左右，东部回填很少。如图 2 所示。

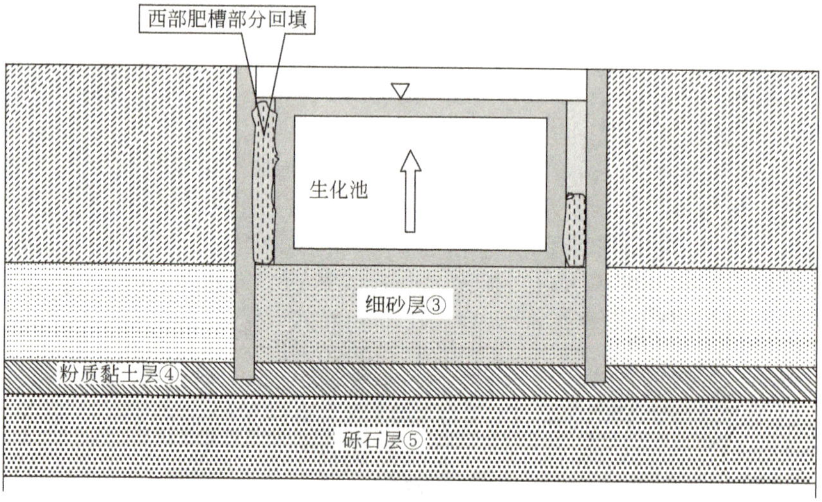

图 2　生化池上浮示意图

由于排桩直达隔水层④（粉质黏土），排桩与桩间土的喷射混凝土形成了侧壁效应，隔水层④形成了盆底。在突降大雨，地面水汇流到基坑的肥槽，灌满雨水，短时间渗流量极少，形成了一个封闭的局部水体，浮力大于生化池自重，使池整体浮起。它浮起以后，底下悬空，肥槽中没有压实的填土涌入基底与地基之间，呈淤泥状，见图 3。由于两侧肥槽填土不等，使基底以下充填土厚度不均，造成回落以后西高东低；同时由于池体南重北轻，回落后北高南低。

三、事故处理

由于该池体为箱形结构，整体强度和刚度较大，上浮以后没有发现结构的明显损坏和开裂。同时由于进出口的管路接头尚未连接，有较大的适应能力。但是该池不易回复到原来高程，由于整体上浮和倾斜，会影响其处理污水的能力。

图3 肥槽填土消失

在池内分区分期灌水压实池底以下的淤泥，待沉积稳定以后，分层回填夯实肥槽，然后可向池底以下灌浆加固。同时为避免今后在使用期间发生类似事故，肥槽用黏性土仔细回填夯实，并且设置排水井，打通粉质黏土层④，以使局部积水尽快排入砾石层⑤。

四、应吸取的教训

有时勘察中没有见到地下水，或者设计中结构自重足以抵抗浮力，就认为没有抗浮的问题。可是施工期的抗浮问题往往被忽视。这种由于施工期强降雨造成的基坑回灌，或者过早停止基坑人工降水，都有发生建筑物浮起的事故先例。就此事故来讲，就有如下几点教训：

(1)施工期应当注意地面的截水和排水，不应让大量地表水灌入基坑；

(2)基坑的肥槽应分层夯实回填，或者干脆就暂不回填，不应随便将浮土推进肥槽了事，造成浮土涌入池底与坑底之间，很难掏出和加固；

(3)这个基坑如果采用地下连续墙支护，同时将其作为生化池的侧壁，采用逆作法施工，则既不会形成肥槽，也能充分利用侧壁和基底以下部分的摩阻力抗浮，也可能是节省造价和工期的。

可见即使在6000年前，先民们夯实的也是地基土，而不是基础。

第44讲 良师与严师

——纪念黄文熙先生诞辰100周年

一、入学

1978年，在流落江湖10年以后，我又报考了母校清华大学的研究生，经过笔试和面试，我已无悬念地将成为水工专业“文革”后的首届研究生，导师可能就是张光斗先生。但在复试时，在校的一个同学告诉我，没有人报考黄文熙先生的土力学专业研究生，并且讲黄先生人非常好，而且水工专业面试6人只取5人，让我考虑转到岩土工程专业。于是我就投书给黄先生，讲我在本科时是土力学因材施教生，对土力学很喜欢，由于“文革”离校时正值武斗，随后十年颠簸坎坷，手头只剩半本土力学讲义，无法复习备考，只好报考水工专业，如果黄先生愿意收留，我很想转到岩土工程方面。由于在报考水利系的百余名考生中，我的成绩最高，加之本科时学习成绩一直很好，所以很快就接到通知，把我转到了岩土工程专业。

记得我们是当年10月份才报到，然后就去拜见导师。尽管黄先生于1956年就是清华大学的教授，但是平时基本在北京水科院那边，我在本科学习期间并没有见过先生，所以首次见面的印象十分深刻。感到这位老先生和蔼可亲，宽厚平和，在他身边如沐春风，不像张光斗先生那样凶巴巴的样子(后来我和张先生的研究生住在一起，知道张先生对学生十分关切，只是装得很凶的样子)。

就这样开始了我与先生7年的师生关系，总的感觉是，做他的学生很愉快，但绝不轻松。

二、精读100篇英文资料

我是在哈尔滨读的中小学，那时外语清一色是俄语，大学期间也是学习俄语。研究生入学以后才开始从ABC学习英语。黄先生一开始就布置我要精度 100 篇关于土的本构关系的英文论文。即使是现在，土的本构关系也是土力学中最为艰深的部分，而我年近 40 才开始学习英语，所以这项工程应当是艰巨了。只好左手字典，右手持笔，一句句地硬译下去。当时还不知道有复印这种高科技手段，论文的附图都是用手描下来的，这样的精读和硬译用了十余本硬皮的笔记本，为以后的研究工作打下了坚实的基础。

三、不做试验不能答辩

黄先生十分注重土工试验，他的研究生都必须完成很多试验，否则不能答辩。他认为试验是土力学研究的基础，通过试验才能建立对土的性质的深刻理解。

我在研究生期间共完成了三种试验：p＝常数的三轴试验、真三轴试验和厚壁筒试验（旁压仪模型试验）。每一种试验编号都是三位数。常常晚上都睡在实验室。其中制样的技术、仪器研制、试验程序的设计和成果的整理，都是在实验室人员的协助下，主要由自己完成。先生对试验的要求很严：试验记录要用铅笔，记错了不许涂改，只能划掉在旁边重记。他讲过一句名言："试验的资料是永存的"。即使是失败的试验（如密度不合适等），也要完整的记录和整理存档。

在黄先生的指导下，课题组十余年以承德中密砂为主，完成了大量的系统的试验，为土的本构关系研究打下了基础，积累了宝贵的资料，也建立了一直重视实验工作的良好传统。

四、国外著名大学的优秀博士论文水平

我读博时已年过 40，妻儿还都在黑龙江的一个县城，所以很想早日答辩、毕业和参加工作。在 1983 年、1984 年，国内的首批博士已经陆续答辩，我当时已经完成了上述的各种试验，将清华弹塑性模型推广到三维形式（是后来获得国家自然科学奖的主要成果），并用平面应变试验进行了验证，作为博士论文也说得过去了。

先生认为还需对当时一些代表性的模型进行较全面的验证，亦即在旁压仪模型试验的基础上，用含有 6 个本构模型（线弹性、弹性—理想塑性、Duncan-Chang 模型、Lade-Duncan 模型、沈珠江的三重屈服面模型和清华弹塑性模型）的有限元数值计算来进行验证。在 20 世纪 80 年代初，有限元还属于难题，借来的别人的程序又看不懂，只好自己编写。除了计算机语言、有限元技术和各种土的模型的理解以外，最大的难点是模型参数的确定。因为一般发表的论文中，很少有参数确定方法的介绍，所以要自己去摸

索。好在我们对承德中密砂已经进行了几乎全部常见应力路径的试验，这为完成各种模型参数的确定打下了基础。记得在论文答辩时，沈珠江先生讲，三重屈服面模型的参数确定他自己也没有做过。

1985年我的博士论文答辩，答辩委员会的评语认为“达到了国外著名大学的优秀博士论文的水平”，并被评为清华大学的优秀博士论文。由于那些答辩委员多是早年国外著名大学的博士和硕士，所以这一评语是很有分量的。

这样，我中小学各读了6年，本科在校8年（清华当时6年制，加上文革在校“闹革命”两年），硕士3年，博士4年，加起来读书27年，这可能也是一项纪录。在攻读博士学位期间的1984年，学校解决了户口问题，我的家属也迁入了北京。所以，黄先生对学生论文的严格要求和对人的关心并不矛盾。

五、论文与发表

记得我的博士论文题目初始为“土的三维弹塑性模型研究”，后来黄先生将其改为“土的三维弹塑性模型探讨”[1]；黄文熙先生在他80岁时，发表的论文题目是“拱坝抗屈折稳定初探”。一个“探讨”，一个“初探”，表现了土力学一代宗师对无垠的知识海洋的应有的敬畏。反观目前有些论文中充斥着“创造性地提出”、“国内外首次”、“第一次建立了”、“大量的试验”这类语句，折射出某些作者的浮躁与夸张。

我根据博士论文的三个部分（试验、模型理论和数值计算）分别在国内外发表了一些论文，但所有这些论文黄先生都不署名。有一次他用土的弹塑性模型推导了在不排水条件下土的孔隙水压力系数的一般表达式，即由 dp 和 dq 引起的超静孔隙水压力的数学表达式，给出了孔隙水压力系数 b 和 a。他要我校对他的数学推导过程，同时让我探讨如何推导由应力罗德角 $d\theta$ 引起的孔压的系数表达式。我完成了这两项任务，并讲可将这一部分也放在他的论文中，但先生却要我单独发表论文。后来黄先生在论文“土坝弹塑性应力分析简捷法”[2]中发表了他的研究成果，我在另外的论文中发表了我的成果[3]。

黄文熙先生发表的论文都是他自己动手撰写的，其主要内容也都是他自己的研究成果。他的论文数量不多，但都是精品。在黄文熙论文选集《水

---

[1] 李广信. 土的三维弹塑性模型探讨. 北京：清华大学土木水利学院，1985.

[2] 黄文熙. 土坝弹塑性应力分析简捷法. 岩土工程学报，1989(6).

[3] 李广信. 土在偏平面上的屈服轨迹及其对孔隙水压力的影响//王自强. 塑性力学和细观力学文集. 北京：北京大学出版社，1993.

工建设中的结构力学与岩土力学问题》一书中，只刊载了他的 16 篇论文。其中就有拱坝计算的“格栅法”、砂土液化的原理和动三轴试验、地基的三维计算和清华弹塑性模型这些原创性的成果。

六、结语

师从黄文熙先生 7 年，不但学到了岩土工程的专业知识，学到了从事科研的工作方法，更重要的是学习了他严谨的学风，而这也正是目前我们急需加强的。

首先，当前过分强调发表论文的数量，许多年轻教授动辄发表数百篇论文，而黄先生纵横结构、岩土两个领域近 70 年，也不过发表数十篇论文。这表示了科研工作的发展与进步，也反映了论文中的水分较多。例如，学位论文取得了 3 项成果，就会排列、组合发表 $C_3^1 \times C_3^2 \times P_3^3$ 共 12 篇文章。所以似曾相识的论文出现于各不同的期刊，稀释克隆随处可见。黄先生的《水工建筑物土壤地基的沉降量与地基中应力分布》一文于 1942 年发表于当年的《工程》杂志第五期，当时只有几页，后来与张文正、俞仲泉一起署名在《水利学报》1957 年第三期发表的同名论文已经有 61 页之多，亦即 15 年后，作了很大的修正，光是附表就有 40 页。

其次，在研究生的论文中，有些教授导师总是署名第一作者，如果做不到如黄先生那样不署名，也应根据论文主要成果是谁的 idea 来决定署名次序。有的内容很滥的论文，也竟然有院士署名，可能是有人拉大旗作虎皮，给评阅者以威慑吧，但这种“教不严”，乃“师之惰也”。

我们应当提倡学习以黄文熙先生为代表的老一代学者们的优良作风和传统，使我国的岩土工程事业更加健康地发展。

第 45 讲 关于土的本构模型研究的若干问题

一、前言

在早期的土力学和土工设计中，人们在进行极限平衡分析计算时，很想计算更多的滑裂面，尽可能找到最接近于最小安全系数的数值；在土石坝和地基变形计算中，也期望能够进行非线性、弹塑性的计算，使计算更接近于实际。可当年手中只有计算尺和手摇计算器这样原始的武器，是无能为力的。

20 世纪 60 年代，随着计算机技术的发展，人们的计算能力以空前的速度提高，使岩土工程的非线性计算成为可能；而高重的土工构造物和重型的基础工程也对土的应力变形分析提出新的要求，这就使土的本构关系模型的研究空前的繁荣起来。土的本构关系研究需要通过土工试验来揭示土的变形特性，需要试验来确定模型的参数，也需要复杂应力路径的试验和模型试验来验证所建立的模型。于是真三轴试验、空心圆柱扭剪试验、土工离心模型试验等设备和方法也被带动，这个时期也成为土工试验发展最迅速的时期。

与此相应的是计算方法的兴起，有限差分、有限元、无单元、离散元、DDA 等层出不穷，有限元成为工科大学的必修课，各种商业软件市场繁荣，计算机语言不断更新换代。这样，以土的本构关系理论为主的理论土力学，以有限元为主的计算土力学和试验土力学成为现代土力学中相互关联和相互推动的三个重要分支。

而这些研究工作的最终目的在于土工实践，实践也是检验一切科学研究的唯一标准。其中在土石坝工程中，由于其土料是仔细挑选，精心碾压施工，严格质量控制的重塑土，更容易在室内试验中模拟，并且土石坝规模宏伟，意义重大，于是土石坝设计成为最早和最多使用本构模型和数值计算的领域。早在 1966 年，Clough 等就将有限元用于土石坝的非线性应力变形分析；我国的“六五”、“七五”、“八五”到“九五”科技攻关项目中都有高土石坝的变形分析的内容，所研究的土石坝的高度也从 100m 发展到 200m，目前已经在兴建 300m 级的高土石坝。在 20 世纪 70～80 年代期间，百余种非线弹性、弹塑性以及内时理论模型被不断提出，土的本构关系模型研究成为理论土力学中最热门的部分。但大浪淘砂，经工程实践的检验与选择，只有少数模型被人们所熟悉、使用和发展，如剑桥模型（Cam-Clay）、Duncan-Chang 模型等。我国的高土石坝建设为世界所瞩目，土石坝的应力变形分析也相当先进。例如，对于结构非常复杂，最大坝高近百米的三峡二期围堰，我国曾经组织专家，使用十余种不同的模型和程序进行分析计算，并与实测结果比较，对三峡工程设计施工给予有力的指导与促进。经过几十年的实践，我国的《碾压土石坝设计规范》(SL 274—2001)，在土石坝变形数值计算中推荐 Duncan-Chang 双曲线模型、沈珠江的双屈服面南水模型、殷宗泽的椭圆—抛物线双屈服面模型、屈智炯的 K-G 模型和黄文熙的清华弹塑性模型。

在 20 世纪几十年的本构模型研究工程中，几乎所有的经典力学理论方法都被引进土力学，极大地丰富了土力学学科。理论模型的发展也促进了试验土力学和计算土力学的发展，但理论研究也有脱离实际，使模型复杂化的趋势。这是值得我们吸取的教训。

21 世纪以来，人们开始探索在新的领域中的本构模型理论，如非饱和土、结构性土和原状土，在循环荷载变化和主应力方向旋转条件下的本构模型，也企图从不同的角度和方向开展研究工作，都是有益的探索。但任何本构关系数学模型的建立，都针对一定的工程问题范围，模型形式的繁简、参数的多少、理论的深浅等是由使用的对象和目的决定的。

在我国土力学界也有人在开展和坚持土的本构模型的研究工作，取得了一些有价值的成果。但是也存在一些值得重视的倾向，主要是不重视试验；不能科学、认真地对待模型的参数；存在一些基础理论方面的误解；缺乏客观的、公正和有说服力的验证。有人热衷于搞一点数学小技巧，以期在土的数学模型理论上“突破”或者发表几篇论文。这些问题表明有的研究者没有认识到土的本构模型研究工作是在崎岖小路上的艰苦攀登，不是发表论文的一条捷径。

二、本构模型的建立

几十年来关于土的本构关系数学模型的研究，提出来上百或数百个数学模型。纵观这些模型都需要满足以下基本条件：

(1)不违背更高一级的基本物理原理(如热力学第一、第二定律)；

(2)建立在一定的力学理论基础之上(如弹性理论、塑性理论等)；

(3)模型参数是能够通过常规试验求取的。

由于土的应力应变关系的复杂性，在将经典力学理论方法用于描述土的性质时，经常需要进行一些假设、改进和发展，但是这种改进与发展需要遵循一些基本法则。

例如，在使用增量广义虎克定律时，有人为了反映土的剪胀性而令泊松比 $\mu_t > 0.5$；有的可能是量测误差，试验的卸载—再加载曲线出现负斜率，就令 $E_{ur} < 0$。这些“发展”是为虎克定律所不容的，用这样的模型去计算某些应力路径会得到额外的能量，这也为热力学基本原理所不容。

本构模型应当具有：①确证性（verifiability），亦即可重复性，其他人在规定的条件下也可以得到相同的结果；②客观性（objectivity），不以主观意见为转移，是完全客观的固有存在；③不能含有尚未确定关系的函数，而只能包括试验常数。

同时，一旦建立了数学模型，它就具有普遍的适用性，亦即它可以用来计算在任意复杂应力状态下，任意应力路径、应变路径的问题。例如，在任意应力状态 σ_{ij} 下的土单元，施加应力 σ_{ij}（或者增量 $\mathrm{d}\sigma_{ij}$），可以用本构模型计算出相应的、确定的应变 ε_{ij}（或者增量 $\mathrm{d}\varepsilon_{ij}$）。例如，使用增量广义虎克定律的各种非线性弹性模型，其应力应变的增量关系为

$$\mathrm{d}\varepsilon_{ij} = \frac{1+\mu_t}{E_t}\mathrm{d}\sigma_{ij} - \frac{\mu_t}{E_t}\mathrm{d}\sigma_{kk}\delta_{ij} \tag{1}$$

在塑性模型中

$$\mathrm{d}\varepsilon_{ij}^{p} = \mathrm{d}\lambda \frac{\partial g}{\partial \sigma_{ij}} = \frac{1}{A}\frac{\partial f}{\partial \sigma_{ij}}\frac{\partial g}{\partial \sigma_{ij}}\mathrm{d}\sigma_{ij} \tag{2}$$

这些都是具有普适性的关系。

尽管有的模型计算结果可能误差很大，甚至荒谬，如无法反映土剪胀性的 Duncan-Chang 模型，会把试验中的体胀计算成体缩，但是不能说它不能计算，说它不是模型。正如一个人长得很丑，但你不能说他不是人。

土的本构模型是建立在试验的基础上的，但对试验结果的简单的曲线拟合本身并不是理论模型。在论文的评审中经常发现有的名为“×××的模型研究”，实际上并没有提出模型，而只是对于一些试验现象的曲线拟合。曲线的拟合是针对特定的应力（应变）路径的试验结果，采用合适的数学公式所对应的数学曲线近似和模拟试验得到的应力应变曲线，常用的非线性模拟有：二次曲线（双曲线、抛物线、椭圆曲线）、幂函数、对数函数及样条函数等。

曲线拟合在某些岩土工程问题中有一定的工程实际意义。例如，静力载荷试验往往很难进行到地基破坏，特别是采用堆载施加反力时。这时可对试验荷载—沉降（Q-s）曲线进行拟合（一般是双曲线或者抛物线），预估地基的极限承载力。在预压渗流固结的试验和工程实践中，对地基沉降的观测不可能达到时间无限长，也是希望通过有限时间的观测推出最终沉降量，

也可对时间—沉降(t-s)曲线进行拟合(三点法、对数法等),预测以后某一时间的沉降量和最终沉降量。在很多工程现场监测中,可以通过曲线的拟合,利用前期的资料预测后期的可能变形,甚至预测破坏的可能性。但这只是经验的拟合关系,一般未涉及物理力学机理和理论;一般也是只适用于特定的试验(观测)曲线,没有应力路径外延的功能,缺乏普适性。因而曲线拟合基本是归纳法,一般没有达到演绎和抽象到理论的高度;它本身尚没有揭示出事物的物理力学机制,是认识的初级阶段。

在本构关系的工程应用方面,简单的曲线拟合基本是没有意义的,因为它只适用于描述试验曲线本身,没有外延性,也就没有实际使用的价值。所以说,应力—应变关系的曲线拟合实际上是"数学游戏";从理论上讲,只要不限制公式的复杂性和参数的数目,可以使用数学公式及曲线完美地拟合任意的试验曲线。如果仔细分析某些论文的"理论模型",基本上属于这种数学游戏。

某些曲线拟合可为本构关系数学模型的建立打下基础,如 Kondner 对常规三轴压缩试验应力—应变关系曲线用双曲线进行拟合,Duncan-Chang 在此基础上,建立了 E、μ 和 E、B 双曲线模型,但是这一过程必须经过归纳—演绎—抽象到理论,模型和拟合二者不能等同和模糊。从 Kondner 用双曲线拟合到 Duncan-Chang 模型,这其中有一个重要的条件就是在土的常规压缩三轴试验中应力—应变曲线的斜率就是土的变形模量,这样,双曲线 $\sigma_1-\sigma_3=\varepsilon_a/(a+b\varepsilon_a)$中的 $1/a$ 和 $1/b$ 才有一定的物理意义(初始模量和极限轴向偏差应力),因而在确定其参数时,只能使用$\sigma_3=$常数($d\sigma_3=0$)的常规三轴压缩排水试验。因为只有在这种特定的试验中,在增量广义虎克定律中

$$d\varepsilon_1=\frac{d\sigma_1}{E_t}-\frac{\mu_t}{E_t}(d\sigma_2+d\sigma_3) \tag{3}$$

由于 $d\sigma_2=d\sigma_3=0$,才存在

$$E_t=\frac{d(\sigma_1-\sigma_3)}{d\varepsilon_1} \tag{4}$$

亦即$\sigma_1-\sigma_3$ 与 ε_1 的关系曲线的斜率就是其切线变形模量 E_t。同样,($-\varepsilon_3$)与 ε_1 的关系曲线的斜率为切线泊松比 μ_t。

在确定 Duncan-Chang 模型的参数中,一个相当普遍的错误是使用常规三轴压缩排水试验以外的试验来确定其参数。试验表明,三轴伸(挤)长试验、平面应变试验、平均主应力为常数的三轴试验、平均主应力为常数的真三轴试验以及各种不排水试验得到的 $\sigma_1-\sigma_3$ 与 ε_a的关系曲线都近似于双曲线,于是就有人利用这些试验来确定 Duncan-Chang 模型的参数,并美

其名曰“考虑应力路径”的双曲线模型。这就混淆了曲线拟合与本构模型间的区别。例如，固结不排水三轴试验是无法用以确定有效应力模型参数的，因为其应力—应变曲线的斜率不是模型的切线模量，而是 $\frac{d(\sigma_1-\sigma_3)}{d\varepsilon_1}=\frac{E_t}{1-A(1-2\mu_t)}\neq E_t$，其中，孔隙水压力系数 A 是个变量，μ_t 是待定参数，因而这是无法分别确定 E_t 和 μ_t 的。

对于很多土，表 1 中所列的试验的 $(\sigma_1-\sigma_3)\sim\varepsilon_1$ 关系曲线都接近于双曲线，但是不能都用以确定该模型的参数 E_t。

一些试验的曲线的斜率 表 1

试 验 类 型	应力路径特点	曲线切线斜率 $d(\sigma_1-\sigma_3)/d\varepsilon_1$ 表达式
常规三轴排水压缩试验(CD)	$d\sigma'_3=0$	E_t
常规三轴固结不排水压缩试验(CU)	$d\sigma_3=d\sigma'_3+du=0$	$\frac{E_t}{1-A(1-2\mu_t)}$
三轴减载压缩试验	$d\sigma_1=0, d\sigma_3=d\sigma_2<0$	$\frac{E_t}{2\mu_t}$
平均主应力 p 等于常数的三种试验	$d\sigma_3=d\sigma_2=-0.5d\sigma_1$	$\frac{1.5E_t}{1+\mu_t}$
三轴伸长试验	$d\sigma_1=d\sigma_2=0, d\sigma_3<0$	$\frac{E_t}{\mu_t}$
$\sigma_3=$常数的平面应变试验	$d\sigma_3=0, d\sigma_2=\mu_t d\sigma_1$	$\frac{E_t}{1-\mu_t^2}$
$\sigma_3=$常数，$b=$常数的真三轴试验	$d\sigma_3=0, \sigma_2-\sigma_3=b(\sigma_1-\sigma_3)$	$\frac{E_t}{1-b\mu_t}$

在建立反映土的应变软化，反映循环加载和主应力旋转时的变形建立的“模型”中，有些实际上是曲线拟合或者试验数据的经验公式，缺少理论模型的基本要素。

建立土的本构模型的另一种倾向是企图毕其功于一役，企图建立一个反映土的一切变形特性的本构模型。其结果就是模型极其复杂，参数非常之多，并且参数的物理意义不清，参数确定方法不严谨，或者需要进行非常规的试验。最后只能是孤芳自赏，模型面世、论文发表以后，则杳如黄鹤。

三、模型的参数

由于土性的复杂及土本身的不重复性，在土力学中可以有通用的本构模型，但没有通用的模型参数。使用任何模型都必须针对具体的土进行试验，确定其参数。在评审与阅读这方面的论文时，最常见的问题是对模型参数的确定语焉不详;对于土的种类名称、土的物理性质交代不清;使用什么仪器,进行了什么试验,怎么进行试验来确定模型的参数基本没有说明。有时作者会列出各种土的参数表格,但其来源就十分可疑。例如,在一个基坑的数值计算中,地下水上下共有 5 种土,不扰动地取出 5 种土的原状土样,分别进行相关试验几乎是不可能的,那么表中的参数只能是"凑"的,用这种凑的参数计算的结果与实测符合得天衣无缝,能够令人心服吗?

即使是稳定分析的有限元强度折减法,常常使用 Druck-Prager 弹性—理想塑性的模型,只需变形模量 E_0 和强度参数 c 和 φ,这些参数也不能任意假设,必须交代模量确定的与原位压力相应的应力水平,确定强度指标试验的排水条件等。可是我所见的这方面的论文很少能给一个合理的交代。

土的本构模型中的参数数目不宜过多;最好是其物理意义清楚明确;需要的试验是简单和普及的;确定的方法应当简单易行,有较好的唯一性。所以参数的确定成为本构模型优劣和能否普及应用的一个重要因素。例如,剑桥模型(Cam-Clay)其参数只需各向等压的加卸载试验,三轴试验也只需测定软黏土的强度参数 φ',是所有模型中最简单易行的。Duncan-Chang 双曲线模型由于是基于广义虎克定律的,其模型参数物理意义非常清晰,尤其为工程技术人员所欢迎。在非线性弹性模型中,与 E、μ 模型相比,K-G 模型为了分离 p 与 q 及其相应的应变,通常需要进行平均主应力 p=常数的三轴试验,这就不是一般试验室所能够完成的,使模型的应用受到了限制。

通过试验的数据来拟合参数,不可避免有人为的因素,因而难以保证解的唯一性。以 Duncan-Chang 模型为例,由于假设应力—应变曲线为双曲线,则 $\varepsilon_1/(\sigma_1-\sigma_3)$ 与 ε_1 的试验点应当呈直线关系,其截距为参数 a,斜率为参数 b。但是这种试验点形成的是近似的直线,如果照顾前段则会使 a 大而 b 小;照顾后段则相反。一般来讲,为了使模型在宏观上描述曲线的能力好一些,尽量照顾后一段,如图 1 所示。

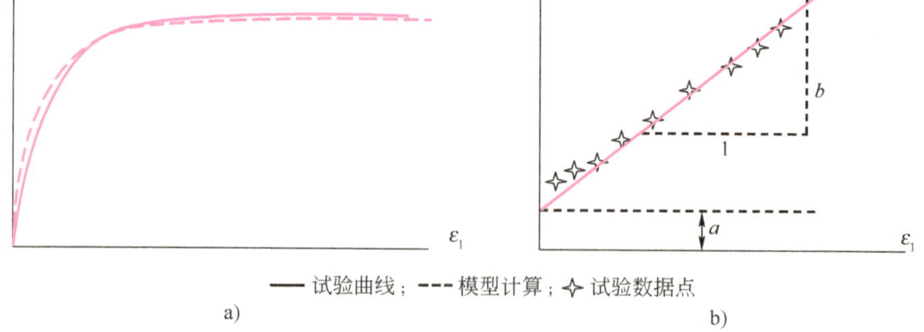

图 1 Duncan-Chang 模型参数确定的不唯一性

这样，在参数确定时就有人为的因素。如果在工程运行中的应力水平很低，对于小应变计算的精度要求较高，则可能要照顾前一段。Duncan 等人为了解决这一问题，建议采用数解法的公式确定参数 a 和 b，其公式如下

$$b=\frac{\left(\frac{\varepsilon_1}{\sigma_1-\sigma_3}\right)_{95\%}-\left(\frac{\varepsilon_1}{\sigma_1-\sigma_3}\right)_{70\%}}{(\varepsilon_1)_{95\%}-(\varepsilon_1)_{70\%}} \tag{5}$$

$$\frac{1}{a}=\frac{2}{\left(\frac{\varepsilon_1}{\sigma_1-\sigma_3}\right)_{95\%}+\left(\frac{\varepsilon_1}{\sigma_1-\sigma_3}\right)_{70\%}-\left(\frac{1}{\sigma_1-\sigma_3}\right)_{ult}[(\varepsilon_1)_{95\%}+(\varepsilon_1)_{70\%}]} \tag{6}$$

其中下标 95%、70%分别代表 $\sigma_1-\sigma_3$ 等于$(\sigma_1-\sigma_3)_f$ 的 95%及 70%时的试验数据。可见公式也是尽量照顾试验曲线的后段。

对于弹塑性模型，由于试验曲线的前段中，弹性应变所占的比例很高，分离出的塑性应变数值很小，因而误差也较大，所以在确定参数时更是尽量考虑曲线的后段。

四、模型的假设

建立土的本构关系模型几乎无一例外地需要一些假设。这些假设除“不违背更高一级的基本物理原理”以外，也存在着合理性和必要性问题。

在土的弹塑性模型中，几乎都要进行屈服面的假设。人们首先根据土的摩擦特性假设屈服面为各种锥面（平面上为射线或者开放的曲线）；以后为了考虑在各向等压下土的塑性体应变，又假设了各种“帽子”屈服面；最后有人将二者结合起来形成统一的屈服面。

剑桥模型没有假设屈服面本身，而是首先引进一个能量方程，在该方程中引进不同的假设，推导出不同的屈服面。塑性能的一般表达式为

$$\mathrm{d}W^{p}=p\,\mathrm{d}\varepsilon_V^{p}+q\,\mathrm{d}\,\bar{\varepsilon}^{p} \tag{7}$$

对于修正的剑桥模型假设的能量方程为

$$\mathrm{d}W^{p}=p'\sqrt{(\mathrm{d}\varepsilon_V^{p})^2+M^2(\mathrm{d}\,\bar{\varepsilon}^{p})^2} \tag{8}$$

这种假设并没有什么物理意义和理论基础，其目的只是在于推导出修正剑桥模型的屈服方程

$$\left(p'-\frac{p_0'}{2}\right)^2+\left(\frac{q'}{M}\right)^2=\left(\frac{p'_0}{2}\right)^2 \tag{9}$$

对应的屈服面形式如图 2 所示。

其实，对于正常固结黏土，其屈服面应当过坐标原点；由于各向同性的土在等向压力作用下只有体应变（包括塑性体应变），所以屈服面应当正交

于 p'轴；而在达到强度时，塑性剪应变无限增加，而体应变为 0。这样，直接假设屈服面为一椭圆，一个顶点坐标为 p'_0，另一个顶点过坐标原点，强度线过椭圆顶点，并以塑性体应变为硬化参数，就可以满足以上各项要求。对于饱和软黏土这要简单得多。早在修正的剑桥模型提出之前，魏汝龙先生就根据固结不排水应力路径直接得到相同的椭圆屈服面，也不涉及这种画蛇添足的能量方程。后来建立在"能量"基础上的其他本构模型，大多数也是将必要的假设放在能量方程中，实际上是舍近求远。

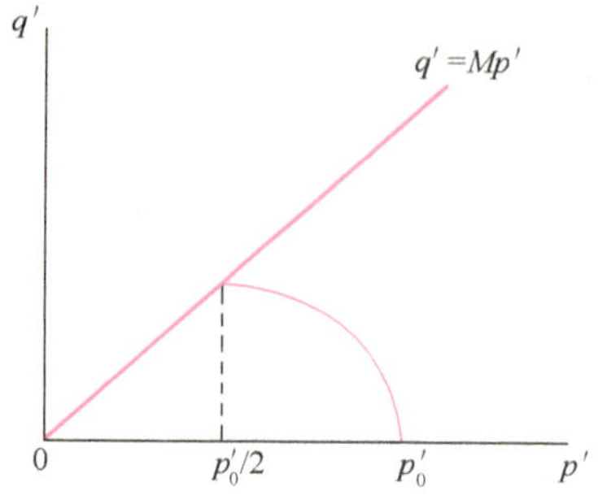

图 2　修正剑桥模型的椭圆屈服面

另一个使用了能量这一概念的模型是 Lade-Duncan 模型，它假设硬化参数为塑性功。

$$W_p = \int \sigma_{ij}\, d\varepsilon_{ij}^p \tag{10}$$

这样，其屈服函数和塑性势函数表示为

$$f(\sigma_{ij}, H) = f(\sigma_{ij}, W_p) = 0$$
$$g(\sigma_{ij}, H) = g(\sigma_{ij}, W_p) = 0 \tag{11}$$

流动准则为

$$d\varepsilon_{ij} = d\lambda \frac{\partial g}{\partial \sigma_{ij}} \tag{12}$$

一般的硬化参数 H 为塑性应变的函数，不包括应力分量，而塑性功 W_p 中含有应力变量，式(12)中必定包含有$\partial W_p/\partial \sigma_{ij}$ 这一项，否则不能保证正交性，亦即塑性应变增量的方向实际上不与塑性势面正交。这在数学上是不严密的。

五、模型的验证

在土力学领域，每年都会发表大量的论文和报告，提出各种土的理论模型，常常伴以试验或者实测数据的验证，其结果也常常是"符合得很好"。自己的试验或观测证实了理论的完美，这种验证的可信性很值得怀疑，缺乏客观性和公正性。

为确定模型参数而进行的基本室内试验(一般为常规三轴压缩试验)本身是不能用于模型验证的，因为它只反映曲线拟合以及参数确定的质量，不能反映模型预测性的功能。如果通过常规三轴压缩试验确定模型参数，再用这些参数通过模型"预测"该试验的应力—应变关系曲线，这实际上是一个没有意义的死循环，也只是在验证参数拟合的质量。

图 3 这种过程在模型确定参数时是必定要做的工作，常常需要反复检验、修正，最后得到满意的参数。但是这种工作是不应当反映在发表的论文中的，是"下面"进行的纯技术性的工作，作为验证模型是无效的。在刑事侦查和考古学中，人们可以用生物学、人类学、比较学以及力学和几何学的知识，根据遗骨来复原预测人像，这是科学的预测和验证。如果你按照一幅标准照居然也绘出了人像，即使栩栩如生，恐怕也不能称之为科学和预测。

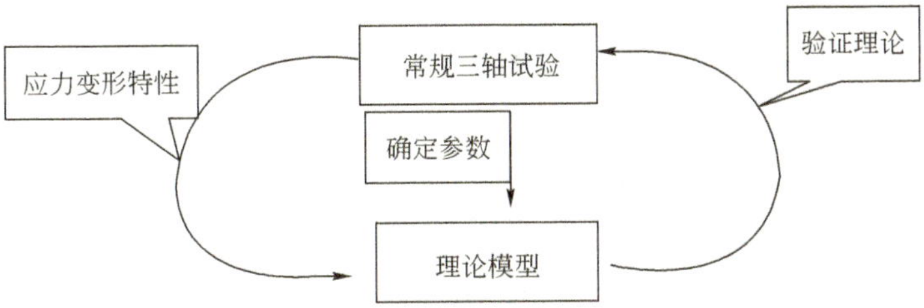

图 3　无效的模型验证

记得我在写博士论文期间，发展了三维的清华弹塑性模型，确定参数使用的是常规三轴压缩试验，同时需要加做一个三轴伸长试验确定强度。随后对"平均主应力 p＝常数"的三轴试验、"σ_3＝常数"的平面应变试验和一系列(不同围压 σ_3，不同中主应力系数 b)真三轴试验结果进行预测验证，我的导师黄文熙先生仍然认为不够，结果又进行了一系列厚壁筒内压试验(模拟旁压仪)，用 6 种本构模型进行有限元分析，全面进行比较分析。开始论文题目拟为"土的三维本构模型研究及模型验证"，黄先生给改成"土的三维本构模型探讨与模型验证"，也就是说这样做才可称为"验证"。

用一个工程的实测资料验证模型的合理性，似乎更有权威性，其实这种验证是不可靠和不可信的。因为从理论模型到工程问题之间还有模型参数的试验确定、数值程序和边界条件与初始条件选取等因素，亦即是一个理论、试验和计算土力学三个分支的耦合问题，如果预测的结果与实测结果符合得天衣无缝，那么最值得怀疑的是参数的选取。尤其像基坑和地基这样涉及原状土问题的工程，模型往往不是主要的决定因素，起决定性作用的因素是对分布复杂的土层进行原位取样、试验和参数的合理测定，而这些几乎是不可能精准的。

在 20 世纪 80 年代期间，关于土的本构关系的"考试"在国际上至少进行了 3 次。人们用不同的理论模型对砂土和黏土的复杂应力路径和应变路径的试验结果进行了类似的预测。例如在 1980 年美国和加拿大召开了

"岩土工程中极限平衡、塑性理论和一般的应力应变关系北美研讨会"❶,会前用两种天然黏土、一种重塑的高岭黏土和渥太华砂进行了一系列试验,试验包括:

(1)"平均主应力 p=常数"的三轴试验;

(2)"毕肖甫参数 b=常数"的真三轴试验;

(3)砂土在 π 平面上应力路径为圆周的真三轴试验;

(4)天然黏土大主应力方向与其沉积方向成不同角度的三轴试验。

由于模型的参数一般是通过简单的一维压缩试验、常规三轴压缩试验和等向压缩试验等确定的,上述试验可以检验模型的应力路径的适用性,描述土变形的各向异性的能力和反映土的平均主应力 p、广义剪应力 q 以及应力罗德角 θ 对变形的相互耦合影响的能力。这种检验是比较常用的,因而成为一般检验理论模型的基本手段。

其中,在 π 平面上应力路径为圆周的真三轴试验(图 4)验证是一个难题,因为这是 $dp=dq=0$,只有应力罗德角 θ 变化,一般的非线弹性模型和弹塑性模型都无法计算出应变,即应变路径固定于原点不动。

难度更大的模型检验的试验是平面应变试验和固结不排水三轴试验。

这两种试验的特点是应力—变形—应力—变形间的耦合。亦即它的应力路径不是已知条件,而是需要首先预测应力路径,而应力路径的预测质量又不可避免地影响下一步应力应变关系曲线的质量。

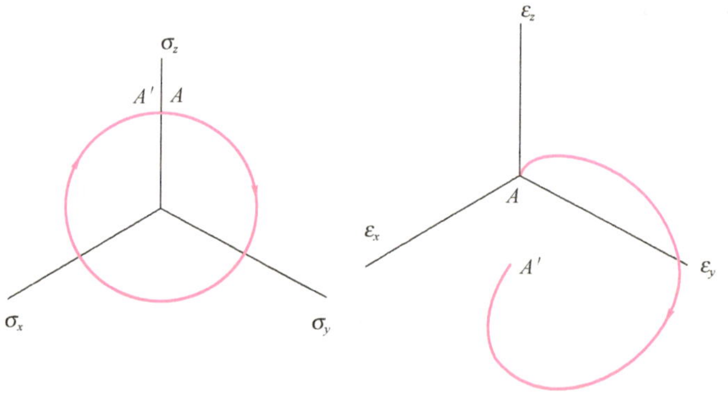

a)应力路径 b)应变路径

图 4 π 平面上应力路径为圆周的真三轴试验

在平面应变试验中,设 y 方向为 0 应变方向,对于非线性弹性模型,首先需要预测主应力 σ_y

$$d\sigma_y = \mu_t(d\sigma_x + d\sigma_z) \tag{13}$$

❶ 李广信. 土的三维弹塑性模型探讨. 北京:清华大学土木水利学院,1985.

预测的主应力 σ_y 作为计算应力、应变和强度的条件进行下一步应变的预测，而主应力 σ_y 预测的误差可能在计算应力应变关系曲线时被进一步放大。

图 5 表示的是针对轴向为平面应变的厚壁筒内压试验结果及使用 5 种本构模型计算的应力路径。实线表示的是筒内壁单元计算的应力路径，虚线为其外壁单元的计算应力路径；上图为在 p、q 平面上，下图为在 π 平面上。可见计算的应力路径差别很大，这对应力应变关系的预测有较大影响。

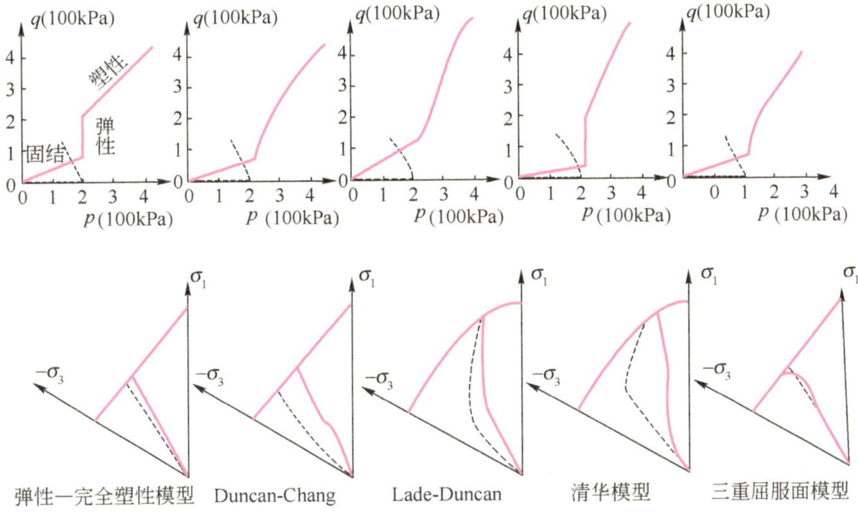

图 5　轴向为平面应变的厚壁筒内压试验的计算应力路径
——内壁土单元；- - - -外壁土单元

用固结不排水三轴试验来验证模型可能是更加苛刻的。因为这时首先要通过模型计算土的体应变的部分来预测饱和土体的超静孔隙水压力 u，有效应力 $\sigma'=\sigma-u$，而有效应力才会引起土的变形。这样孔压 u 的预测就成为关键，可惜的是一般的本构模型预测的体应变精度较差，孔压 u 预测的误差会极大地放大应力应变曲线预测的误差。

在图 6 中，表示了初始固结应力 $\sigma_c=400$kPa 同一种砂土的 4 种三轴试验，试验 A 是相对密实度 $D_r=30\%$的松砂的不排水试验，B 是 $D_r=44\%$的中密砂的不排水试验，C 是 $D_r=47\%$的中密砂的不排水试验，D 是 $D_r=30\%$的松砂的排水试验[1]。

可见试验 D 的应力应变关系曲线是近于完美的双曲线，但由于剪胀性，在试验 C 中，随着应变增加，超静孔压在开始增加以后又逐渐减少（见图 6b），最后可能出现负孔压，使有效围压 σ_3' 先减少后又逐渐增加，甚至超

❶ 李广信. 高等土力学. 北京：清华大学出版社，2004.

过初始的400kPa。由于有效围压的增加，使固结不排水试验的应力应变曲线出现了反弯段，这是所有不能反映土的剪胀性模型根本无法反映的。

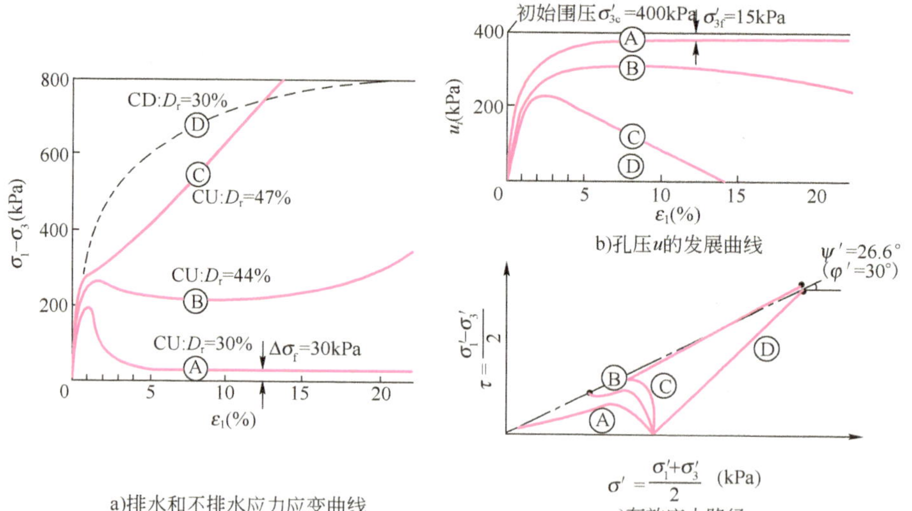

a)排水和不排水应力应变曲线　b)孔压u的发展曲线　c)有效应力路径

图6　砂土的固结不排水三轴试验

在试验A中，由于正超静孔压的快速增长，很快达到385kPa（见图6b），使有效围压σ'_3只有15kPa，砂土发生了流滑。而一般的模型不可能精准地预测孔压，如果一个模型能够预测出该试验后期的超静孔压为350kPa，其精度也是相当可观的，可是相应的有效围压σ'_3为50kPa，预测的试验A的固结不排水应力应变关系曲线则会与试验结果相差3倍以上。可见不排水试验应力应变关系曲线预测的难度！

六、结论

土的本构关系数学模型是建立在一定的力学理论基础上，不应违背基本物理原理，它具有普适性，试验曲线的拟合不能称为模型，它一般是没有意义的。

对模型参数的确定应引起足够的重视，不介绍参数的来源，甚至假设参数和根据目标凑参数是一般不正之风。

确定模型参数的试验不能用来验证模型，必须用其他应力路径的试验或者室内模型试验进行验证；采用具体工程的实测数据验证本构模型一般是不可信的。

试验是本构模型研究的基础，自己不进行试验，完全从他人的试验资料找规律，定参数，进行验证，会成为无源之水和无本之木。

第46讲 怀念王钊教授

王钊教授已经离我们而去了。作为老同学和老朋友，十分痛惜他的早逝。

可以说王钊是我国唯一始终在土工合成材料方面进行科研工作的教授，他在这个领域的研究课题宽阔，内容丰富，水平很高。1988年他的博士论文就是研究土工合成材料的加筋土坡问题，在随后的20年中，他从事利用土工合成材料进行土工加筋、防渗排水、调整变形、土质加固等广泛的研究工作。他所培养的研究生的研究课题几乎都是土工合成材料方面的。他在土工合成材料领域的国际学术交流方面也作出了极大的贡献。他于2000年到美国进行学术访问，走访了许多学者和学术机构，收集到大量的珍贵资料，出版了《国外土工合成材料的应用研究》[1]一书，是国内本领域的一本十分重要的文献。在由Hoe I. Ling等编写的*Reinforced Soil Engineering*[2]一书中，纳入了我们共同撰写的《中国加筋土挡土结构的最新发展》(*Recent Experiences of Reinforced Soil Retaining Structures in China*)，将我国加筋土的研究和实践进展向国外作了介绍。他也是最早在高校将土工合成材料作为一门选修课程讲授的教授之一，并且早在1994年就与陆士强、刘祖德教授合编了教材《土工合成材料原理》[3]。他是我国土工合成材料工程协会最早的领导成员之一，在协会和IGS中国分会中做了大量的组织、学术和协调工作。王钊教授在我国土工合成材料领域作出了杰出的贡献，他的去世对我国土工合成材料事业的损失是很大的。我们痛失了一位勤恳、智睿的学者，协会的一位杰出的领导成员。作为土工合成材料工

---

❶ 王钊. 国外土工合成材料的应用研究. 香港：现代知识出版社，2002.

❷ 陆士强，王钊，刘祖德. 土工合成材料应用原理. 北京：中国水利水电出版社，1994.

❸ Hoe I. Ling, Dov Leshchinky, Fumio Tatsuoka. Reinforced Soil Engineering. New York: Marcel Dekker, Inc., 2003.

程协会的理事长，我特别感到惋惜。

王钊教授是那种已不多见的“老式”教授，他不热衷于拉关系，跑项目，跑经费，他认真地用极有限的经费进行一些很有意义的研究工作，比如土工格栅的蠕变问题、电动土工合成材料问题。他培养了大批研究土工合成材料的硕士、博士研究生，有的只靠国家发放的很少的研究生培养经费。对比有的教授用研究生去打工赚钱，不管其研究成果的情况，他这种以培养人才为目的的作风体现了中国知识分子传统的优良作风。王钊培养了一批优秀的高水平的博士和硕士，他的博士庄艳峰和张彬后来在清华大学与我合作进行博士后研究工作，印象尤为深刻的就是他们十分勤恳刻苦，专业知识扎实，独立工作能力很强，善于与别人合作，也就是说可以在他们身上找到他们导师的风格和影子。他的学生已经多次获得 IGS（国际土工合成材料协会）颁发的优秀学生奖。

在 1996～1997 年期间，由于清华大学优秀研究生几乎全部出国，教师队伍严重老化，教师紧缺，甚至本科教学都难以为继，于是我就与王钊商量是否考虑到母校任教，他十分愿意调到清华，但是这期间的种种手续和人事关系使人精疲力竭，只好聘为任期两年的清华大学双聘教授，这期间他为本科生授课，招收研究生，参编了《高等土力学》教材等。在我们最困难的时候，他为母校作出了自己的贡献，给予我们极大的帮助和支持，也给学生和年轻教师留下了深刻的印象。

王钊教授是低我两届同系的校友，后来我们都攻读岩土工程的博士学位，从事岩土工程事业，彼此交往几十年，他温和宽厚的品格，勤恳踏实的作风，体现了清华大学“厚德载物”的校训所传承的精神。

王钊教授还有很多事情没有做完，听说他在身体稍好一些的时候，还与研究生讨论问题，讲授课程，甚至还出差到外地现场。2007 年年末我到医院探望他时，他还关心协会的事情，关心土工合成材料方面的同事们。他的去世给我们留下了深深的哀痛，同时我们也会尽力将他所献身的土工合成材料的事情做好。

第47讲 岩土春秋五十年[1]

一、绪言

古往今来，岩土与人类密不可分，人类在广袤深厚的地层上聚集繁衍，耕耘营造，生生不息，建造了宏伟的楼堂殿宇，大坝长堤，千里运河，万里长城，创造了璀璨夺目的古代与现代文明。巨大的岩土工程成为人类给地球打上的印记。

改革开放以来的30多年，我国国民经济以10%左右的速度快速发展，随着我国城市化进程的加快，而国家基本建设投资增长速度远超过10%，国家基本建设投资约占国内生产总值的比例稳定在15%左右。高峡平湖，穿江跨海，基深千尺，楼高万丈，岩土工程贯串着每一个工程领域，可以说，近30多年是我国岩土工程实践和科学技术空前发展的时期，工程实践提出了许多新的课题和开辟了新的领域。目前我国的岩土工程学科硕果累累，人才济济，处于空前兴旺发达的时期。宏伟的三峡水库、史无前例的南水北调工程、横跨杭州湾的跨海大桥、耸立于黄浦江畔的上海浦东高楼群以及快速发展遍及全国的地下工程建设是这一代岩土工程者的幸运与骄傲。

二、学会的历史回顾

今天，我国的岩土工程学术组织已经创建50年，在学会成立50年和全国第十届学术会议开幕之际，我们回顾学会所走过的半个世纪的历程，回顾岩土学科50年的发展历史，追忆那些我国岩土工程的奠基者和开拓者，那些为我国土力学及岩土工程学会作出杰出贡献的先驱者。

---

[1] 2007年第十届土力学及岩土工程学术会议在重庆召开，时值土力学及岩土工程分会成立50周年，此文是为大会纪念报告的撰稿.

早在20世纪30年代，国际上土力学还是一门新兴学科时，我国的土力学先驱茅以升、黄文熙等已敏锐地关注了这一学科，他们负笈海外，专门向当时的土力学的开拓者们拜师求学，及时把这一学科引进中国，创建了我国的土力学学科。

1948年，茅以升先生在上海酝酿发起"中国土力学及基础工程学会"；在新中国建立初期，百业待举、百废待兴，在医治战争留下的创伤，建设新中国的进程中，岩土工程迎来了第一个兴旺发展的时期。水利工程、铁路与交通、矿业石油、工民建筑的大规模经济建设大大推动了岩土工程的学科发展。

基本建设提出许多岩土工程问题，在这种情况下，1953年在当时刚建立的中国土木工程学会之下，在北京分会成立了"土工组"，由茅以升任组长，陈梁生任副组长，在两年多的时间里，举办了62场讲座与讨论会，涉及地质勘测、土工试验、地基基础、土坡路基和土力学等各个方面，出版了3期《土工彙刊》；在此同时，黄文熙先生在南京开办了4期土工试验学习班。这种学术活动逐渐传播到上海、天津等地。这一活动为当时大规模基本建设培育了人才，提高了当时我国的岩土工程学科水平，也为我国的岩土工程专业学会的建立打下了基础。

1957年，又在"土工组"的基础上，正式成立了"土力学及基础工程(学会)学术委员会"，由茅以升任主任委员，倪弄畔为副主任委员，卢肇钧、黄强为秘书。由茅以升与土力学的创始人太沙基联系，参加了当时的国际土力学及基础工程协会，成为我国第一个参加国际学术组织的学会，同年，茅以升和陈宗基代表学会参加了在伦敦召开的第四届国际土力学及基础工程学术会议，开辟了我国岩土工程界与国际间的交流，使我国的岩土工程在国际上取得了应有的地位。

"十年浩劫"以后，拨乱反正，各行各业的学术团体和学术活动开始恢复活动。1978年，在茅以升先生的建议下，学会更名为"中国土木工程学会　土力学及基础工程学会"，成为"中国土木工程学会"下的二级学会。1979年，学会派俞调梅和卢肇钧赴墨西哥参加国际土协执委会，讨论解决了关于中国台湾的一些问题，为学会参加国际土协铺平了道路。

1998年，根据"中国土木工程学会"新的章程，所属各分科学会改名为分会，同时，第14届国际土协大会确定"国际土力学及基础工程协会"更名为"国际土力学及岩土工程协会"，经我学会理事长会议决议，我会的全名改为"中国土木工程学会　土力学及岩土工程分会"。

学会以下，于1980年成立了"土力学及基础工程名词专门委员会"，负责人先后为冯国栋和刘祖德；于1984年成立了"地基处理学术委员会"，负责人先后为曾国熙和龚晓南；于1983年成立了"土工试验仪器委员会(土工测试专业委员会)”负责人先后为魏汝龙、蔡正银;1991 年成立了“桩基专业委员会”,负责人为刘金砺。

我国历届土力学及基础(岩土)工程学会的组织见表 1。

我国历届土力学及基础(岩土)工程学会的组织 表 1

届数	时间/地点	学会名称	名誉理事长	理事长	副理事长	秘书长
	1957/北京	中国土力学及基础工程(学会)		茅以升(主任委员)	倪弄畔(副主任委员)	卢肇钧、黄强(秘书)
1	1978(1979)/杭州	中国土木工程学会土力学及基础工程学会	茅以升	黄文熙	卢肇钧、陈宗基、陈梁生、俞调梅、尧鸿雁、黄熙龄	周镜
2	1986/青岛	中国土木工程学会土力学及基础工程学会	茅以升 黄文熙	卢肇钧	陈仲颐、汪闻韶、曾国熙、钱寿颐、黄熙龄、尧鸿雁、	周镜
3	1990/承德	中国土木工程学会土力学及基础工程学会		周镜	张在明、陈仲颐、龚晓南、黄熙龄、蒋国澄	杨灿文
4	1995/北京	中国土木工程学会土力学及基础工程学会		杨灿文	张在明、龚晓南、黄熙龄、蒋国澄	刘国楠
5	1999/南京	中国土木工程学会土力学及岩土工程分会		张在明	王铁宏、叶阳升、李广信、陈祖煜、沈珠江、龚晓南	张建民
6	2003/北京	中国土木工程学会土力学及岩土工程分会		张在明	王铁宏、叶阳升、李广信、陈祖煜、张建民、龚晓南	张建民

三、学术活动

我国历届岩土工程学术会议见表 2。

四年一届的土力学及岩土工程学术会议,成为我国岩土工程界同行们学术交流、畅述友情的盛会,也集中反映了我国岩土工程实践与学科的进步与发展。从历届学术会议看,会议规模在扩大,论文数量不断增加,香港及海外华人同行们也逐渐参加会议,目前,中青年岩土工作者已经成为骨干。

值得指出的是,在此期间,学会还开展了一些其他具有重要意义的学术活动。

我国历届岩土工程学术会议　　表 2

届次	时间/地点	名　　称	接受论文	参加人数	论文集
1	1964.8/天津	第一届土力学及基础工程学术会议	194 篇	70+60	出版论文选集
2	1966.6/武汉	第二届土力学及基础工程学术会议	200 余篇	200 余人	无
3	1979.12/杭州	第三届土力学及基础工程学术会议	297 篇	209 人	出版论文选集 71 篇
4	1983.12/武汉	第四届土力学及基础工程学术会议	428 篇	226 人	出版论文选集 68 篇
5	1987.11/厦门	第五届土力学及基础工程学术会议	439 篇摘要，276 篇论文	300 余人	出版论文选集 108 篇
6	1991.6/上海	第六届土力学及基础工程学术会议	300 余篇	300 余人	出版论文集 206 篇
7	1994.10/西安	第七届土力学及(岩土)工程学术会议	300 余篇	350 人	出版论文集 134 篇
8	1999.10/南京	第八届土力学及岩土工程学术会议	282 篇	350 人	论文集 144 篇
9	2003.10/北京	第九届土力学及岩土工程学术会议	300 多篇	500 多人	论文集 300 篇
10	2007.11/重庆	第十届土力学及岩土工程学术会议	700 余篇		论文集 500 余篇

1985 年 5 月，在湖北省老河口市召开了“土的抗剪强度与本构关系学术研讨会”，这次会议规模很大，内容广泛，程序与国际接轨，特别是，当时正值我国新的一代硕士、博士们加入岩土工程行列，一大批青年岩土工作者登上岩土学术会议的舞台，在与老一代专家的交流中，获得了宝贵的知识与经验。

由于“文革”的割裂，新老岩土专业的科技人员，存在近 20 岁的年龄差距，青年岩土工作者在学术活动和交流中，十分活跃，他们组织了多次“青年岩土会议”(表 3)，这些会议受到老一辈专家的关心和积极参与，给青年们开辟了一个独立活动的空间，促进了他们的健康成长。

青 年 岩 土 会 议 表3

届数	时间	地点	名　　称	人数	论文
1	1992.11	杭州	首届全国岩土力学与岩土工程青年工作者学术会议	100余人	145篇
2	1995.4	大连	第二届全国青年岩土工作者会议	350	300篇
3	1998.4	南京	第三届全国青年岩土工程师会议		
4	2001.5	武汉	第四届全国青年土力学与工程会议	120	100篇
5	2004.9	西安	第五届全国青年土力学与工程会议		

学会也组织了一系列国际学术会议，如1988年在北京召开了“区域性土的工程问题国际学术讨论会”，1995年在北京召开了“第十届亚洲土力学及岩土工程大会”等，并先后召开了几届中日岩土工程学术会议和海峡两岸的学术交流会。

随着社会的发展，人类活动对自然界的影响加剧，环境、资源和生态进入了岩土工程者的视野，成为国际上经济技术先进国家的工作重点。地质灾害、生态平衡、岩土及地下水的污染及其治理等岩土问题不是原来那些分割很细的小学科所能够胜任的，需要多学科的整合与协作，以应对地质灾害和环境岩土等大尺度的问题，从而形成了大岩土的格局。早在2000年，国际土力学及岩土工程学会、国际工程地质协会和国际岩石力学学会就在澳大利亚召开了“国际岩土工程会议”。在我国，我分会与中国建筑学会工程勘查分会、中国地质学会工程地质专业委员会和中国岩石力学与工程学会联合召开了两届“岩土与工程学术会议”，也与中国土工合成材料工程协会、中国环境科学学会和中国环保产业协会联合举办了“环境岩土工程与土工合成材料技术研讨会”。

我分会与《岩土工程学报》自1998年开始至今已经组织了10届黄文熙讲座，见表4。

黄 文 熙 讲 座 表4

届数	时间	讲座人	题　　目
1	1998	沈珠江	软土工程特性和软土地基设计
2	1999	周　镜	岩土工程中的几个问题
3	2000	方晓阳	21世纪环境岩土工程展望
4	2001	谢定义	试论我国黄土力学研究的若干新趋势
5	2002	黄熙龄 陈祖煜	高层建筑厚筏反力及变形特性试验研究 土力学经典问题的极限分析上、下限解
6	2003	郑颖人	岩土塑性力学的新进展——广义塑性力学

续上表

届数	时间	讲座人	题目
7	2004	包承纲	非饱和土的性状及膨胀土边坡稳定问题
8	2005	汪闻韶 张在明	土体液化与极限平衡和破坏的区别和关系 北京地区高层和大型公用建筑的地基基础问题
9	2006	李广信	土的清华弹塑性模型及其发展
10	2007	龚晓南	广义复合地基理论及工程应用

四、学会的奠基者及先行者

在我们纪念我国土力学及岩土工程学会成立50周年之际，在学会成立50周年和全国第十届学术会议开幕之际，我们不由怀念那些我国岩土工程的先驱者，那些我国土力学及岩土工程学会的创建者。

茅以升先生1919年获美国卡内基理工学院工学博士学位，20世纪30年代在钱塘江大桥基础施工中就深感土力学的重要性，开始了刻苦钻研，经常与土力学学科创始人太沙基教授通信研讨。1938～1940年期间他在唐山工学院讲授土力学，在全校范围作挡土墙土压力的学术报告。他是我国土力学及岩土工程学会的奠基人。

黄文熙先生1937年在美国密歇根大学获得工学博士学位，于当年归国以后，在中央大学开设土力学课程，建立土力学实验室。他在土力学及岩土工程领域辛勤工作了60多年，作出了突出的贡献，是我国土力学学科奠基人之一。1978～1986年任中国土木工程学会土力学及基础工程学会理事长。

为我们学科和学会作出重要贡献的陈宗基先生、俞调梅先生、杨灿文先生、钱寿颐先生、沈珠江先生也已经离我们而去，我们感谢他们对学会的贡献，永远怀念他们。

五、发展与展望

我国的经济建设正以空前的速度发展，水利水电、交通铁路、海洋工程、地下工程都完成和提出了前所未有的课题，是我国岩土工程发展的大好时机。

但我国人口众多，包括水资源在内的天然资源短缺，环境污染严重，并有进一步加重的趋势。而不良的自然地理条件使我国大部分地区生态环境脆弱。近30年来高速发展的土木工程建设，促进了岩土工程的发展，提高了我国岩土工程理论和实践的水平。但对于自然环境的干扰和影响也不容忽视，这也为我国的岩土工作者提出了迫切的新课题。我们有必要考察其他国家所走过的道路，吸取他们的经验教训，与自然和谐共处，走健康的、正确的、可持续发展的岩土工程发展之路。

“大哉乾元，至哉坤元，万物资生，乃顺成天”，乾为天，坤为地，人类与万物“生发于土，归藏于土”，岩土大地是世界的基础。“天行健，君子以自强不息；地势坤，君子以厚德载物”。我们岩土工作者要像大地一样坚实厚重，树立刻苦踏实的学风，为我国的经济建设作出应有的贡献，在国际岩土工程界体现出一个大国应有的地位。

岩土春秋五十年，功业辉煌史无前；
路绕雪山通青藏，洞穿秦岭连陕川。
琼楼长桥成星布，高峡平湖起云端；
甘为基石与息壤[1]，厚德载物继前贤。

[1] “息壤”，详见附录二“关于息壤”一文。

第48讲 土力学及岩土工程教育与教学[1]

一、历史的回顾

我国大学中的土力学课程教学大约始于20世纪30年代末期。最早在国内大学开设土力学课程的是黄文熙先生和茅以升先生,他们是我国土力学课程的开拓者。而在20世纪30年代,土力学在国际上尚属新兴学科。

黄文熙先生于1937年在美国密执安大学获得博士学位以后,应南京中央大学邀请回国任教。因学校内迁,1937年末才辗转到达重庆,任中央大学水利系教授和系主任,开设了土力学课程,建立了土力学实验室,是国内首次在大学建立的土工实验室。

茅以升先生在1938~1941年间,在唐山工学院开设土力学课程,并在全校作"挡土墙上的应力"学术报告。

此后,陈梁生先生于1948年在清华大学,俞调梅先生于20世纪40~50年代间分别在上海交通大学和同济大学,曾国熙先生于1953年在浙江大学,冯国栋先生于20世纪50年代在武汉大学分别开设了土力学课程。

我国最早的中文版土力学教材,是西南联大时期阎振兴先生编写的《土壤力学》;1953年丘宝勤先生编撰出版了《实用土壤力学》;1957年由陈梁生和陈仲颐编写出版了《土力学与地基基础》;20世纪60年代初,俞调梅先生出版了《土质学与土力学》。

二、曲折与发展

1949年以后,由于建国初期大规模基本建设的需要,我国岩土工程界的先驱们曾在北京和南京等地组织开办了培训班和讲习班。例如黄文熙先

[1] 原文刊于《岩土春秋,中国土木工程学会土力学及岩土工程分会成立五十周年纪念文集》,2007.清华大学出版社.

生在南京水利实验处开办了四期“土工试验学习班”，编写了《土工试验手册》；1953 年，由茅以升和陈梁生为正副组长，卢肇钧、陈仲颐、周镜、陈志德、张国霞、陈明绍和卞维德等为骨干，在北京举办了系列讲座和学术研讨会，三年期间共举办 62 次报告，出版了《土工专刊》和《土工汇刊》，为新中国培养和提高了一大批岩土工程技术人才，他们有的至今仍在工作，成为岩土工程方面的专家。

与此同时，土力学课程在我国高校逐渐普及，20 世纪 50 年代初期，第一次编制了我国的土力学课程教学大纲，保证教学的深度和广度。绝大部分高校的土力学课程与地基基础课程是联系在一起的，有讲课、习题课、课程设计、土工试验等主要教学环节，学时一般比较多。院系调整以后，学习前苏联，工科院系的专业划分趋于狭窄，在有关高校中还设置了工程地质专业和地基基础专业。在工科院校中设置“工程地质、土力学与基础工程教研组”，教材也多从苏联翻译过来，如崔托维奇的《土力学》和巴布可夫的《土学与土力学》等。另外，也选派技术人员到前苏联留学或者进修，也有的跟随前苏联专家工作。经过几十年的工程实践和理论提高，形成了一支技术骨干，他们中出现了不少院士和大师。

“文革”后期，由于主张教育和生产实践相结合、教育和工农群众相结合，实行开门办学，土力学课程的教学也调整为以土坝等典型工程为主线，当时出现了《土坝土力学》等突出实践性的课程。这种教学模式产生于当时的国家政治环境和生源条件之下，对增强工程概念起到了一定的积极作用，但是明显削弱了土力学作为一门科学的基本理论及其系统性，是典型的实用主义的方式。

全面恢复高考招生和研究生制度后，全国土力学教学重整队伍，恢复和调整课程体系，进入了一个蓬勃发展的时期。计算机技术的快速发展，使非线性计算成为可能，相应的促进了土的本构关系模型和现代测试技术的发展。有关土力学的理论到试验、技术到研究范围、分析方法到加固处理措施都出现了很大变化。但是作为本科的土力学课程其内容体系变化不大。而由于大规模经济建设的全面开展，地基基础新技术不断被引进和创造，基础工程课程的内容得到了很大的扩展，像环境岩土工程这样的选修课在不同的学校被开设；但是由于学科的发展，各单科课程的学时都有很大的减少。

三、研究生培养

在“文革”前，一些学校也培养了数目不多的土力学研究生，但是没有实行学位制度。

1981 年我国实行学位制度，岩土工程的研究生培养得到极大的发展。在 1984～1985 年间，我国培养的第一批岩土工程专业博士龚晓南、李广信、张道宽等获得博士学位。在 1983 年后，随着“文革”以后入学的本科生开始毕业，较多研究生入学，同时一些“新大学生”开始留学国外。这样，1985～1986 年和 1987～1988 年成批硕士和博士研究生参加答辩和获得学位。

在学位制度开始实行时，博士生导师多数是 20 世纪 30～40 年代从西方获得学位的老一代专家；到 20 世纪 80 年代后期，博士生导师队伍开始扩大，招收博士研究生的规模也加大了。到 2000 年，岩土工程博士点共 19 个，博士生导师 74 人。其中，“文革”前本科毕业的教授占多数。到 2005 年，岩土工程博士点达 27 个，博士生导师 160 人左右，且以中青年教授为主。

由于岩土工程学科的进一步整合，许多原来地质、矿山等专业也归入岩土工程；同时，以岩石力学为主的地下洞室、岩石边坡和岩石地基等也成为岩土工程的基本课题；随着社会和科技的发展，环境岩土工程越来越成为岩土工程中的重要研究和工程实践领域。

20 世纪 80 年代初，由钱家欢主编的《土工原理与计算》和由黄文熙主编的《土的工程性质》都作为最早的研究生教材被使用。后来，1990 年朱百里和沈珠江编著的《计算土力学》，1987 年屈智炯编写的《土的塑性力学》，1990 年龚晓南编写的《土塑性力学》，1997 年胡中雄编写的《土力学与环境工学》等都在不同院校作为研究生教材或者参考书使用。2004 年，由李广信主编的《高等土力学》教材包括了相当数量的习题与思考题、教学计算程序等内容，被许多学校采用。

四、成就与挑战

由于我国各行各业的建设与发展，岩土工程渗透到很多方面，目前开设土力学课程的院校约有 200～300 个。岩土工程教学以前所未有的规模发展。

随着研究生招生数量的增加，本科教育和研究生教育的整合成为岩土工程的一个重要课题，因而一些学校提出“本硕贯通”的教学理念。以外，大规模土木工程建设中出现了许多新问题和新成果，需要在岩土工程教学中得以体现。一些大学结合各自的情况和研究方向开设了不同的本科和研究生选修课，例如“环境岩土工程”、“地基处理”、“土工合成材料”、“地下工程”、“土的弹塑性理论”和“城市岩土工程”等类课程。这些课程及时反映了学科的新进展，反映了国际上岩土工程侧重点的变化，也更加密切了与工程实际的联系。

近几年，高校陆续开展了“211”和“985”项目，相应的教学实验室水平有了较大的提高，试验项目、周转时间、开放程度都有很大改善，设置了演示试验、学生研究性试验(SRT)、网上的多媒体试验软件(CAI)等。

由于课时减少，内容增加，以土力学为核心的岩土工程课程的教学时间紧，课堂交流的信息量很大。采用多媒体教学可以在相同时间输出更多的信息，图、文、声、像同时演示，便于学生理解和掌握，所以目前各个学校基本上以多媒体形式授课，但更多在一定程度上配合黑板粉笔的板书，以便解释和交流。

近年来，中青年教师与国外的交流很多，在教学中考察与吸取国外先进部分，对我国岩土工程教学大有裨益。例如使用英文原版教材开设双语教学，翻译国外优秀教材作为课程教材或参考书，聘请国外专家讲课或讲座等，使学生眼界开阔，专业外语水平也得以提高。

进入21世纪以来，授课教师的新老交替基本完成，“文革”前毕业的老一辈教师大多退出了岩土工程教学第一线，中青年教师成为教学的骨干。他们有较高的学历，一般有与国外交流的经历，有的学校还建立了助教博士生的制度，使他们在研究生期间就有教学的体验。所以目前的岩土工程教学，总体上是健康和前进的。

但是近年来高校连续扩招，本科与研究生数目增长很快，而以土力学为核心的岩土工程课程的概念性很强，因而，土力学教学中存在教师水平参差不齐的现象。同时，高校的科研、管理与教学评价体系，使教学工作处于弱势，教师在教学上的投入很难保证。

2006年8月，在北京由土力学与岩土工程分会主办了第一届全国土力学教学研讨会，论文集中收录了其中的99篇。论文集和大会报告分为：特邀报告、专题报告、教学改革与教学研究、课程建设、教学法、实践教学、研究生教学、教学中的土力学问题8个方面。与会者普遍认为，这次大会参与面广，内容丰富，讨论充分，涉及一些普遍关心的和深层次的问题。会议形式多样活泼，有特邀报告、专题报告、分组发言、专题讨论、讲课示范、课件演示、工程和实验室参观等多种形式。可公开拷贝所有会议报告文件，清华大学公开了他们全部土力学教学课件，供大家自由拷贝，取得了很大收获。大家建议建立土力学教学委员会，定期组织全国会议。

五、注册岩土工程师考试与岩土工程师的继续教育

我国岩土工程师的注册考试于1998年底开始准备，成立了试题设计与

评分专家组，召开了第一次会议，讨论了岩土工程专业的定位、命题原则，决定了草拟考试大纲的分工以及起草各种文件，同时开始了命题的各项准备工作。

2002 年，原人事部和原建设部发布了《注册土木工程师（岩土）执业资格制度暂行规定》和《注册土木工程师（岩土）执业资格考试实施办法》，成立了考试专家组。

自 2002 年公布注册土木工程师（岩土）执业资格考试大纲，并正式开始实行第一次考试，至 2005 年，已考过 4 年，已经有 7000 多人取得注册岩土工程师资格。

在筹备岩土工程师注册考试的过程中，岩土工程专家分析了我国的岩土工程被分隔在各个行业领域的现状，提出了“大岩土”的概念，强调岩土工程师不仅需要具有为某个特定行业服务的能力，而且在工作需要时，能够适应其他行业的要求，具备解决各类岩土工程技术问题的能力，因此注册岩土工程师考试不分行业。我国注册土木工程师（岩土）的专业考试之所以考虑设置比较宽的专业面，也是吸取了国际上的经验，与我国扩大专业范围的教育改革要求相适应，同时也为了有利于国际间注册工程师资格的互认。注册岩土工程师的专业覆盖面包括建筑工程、公路和铁路工程、水利工程、桥梁工程、港口和海洋工程、隧道和地下工程、矿冶工程等不同的行业，包括勘察、设计、治理、监测和监理等不同阶段的工作。

根据专业考试大纲，岩土工程师需要通过 8 个科目的专业考试，包括“岩土工程勘察”、“浅基础”、“深基础”、“地基处理”、“土工结构、边坡与支挡结构”、“基坑与地下工程”、“特殊地质条件下的岩土工程”、“地震工程”和“工程经济与管理”。

我国注册土木工程师（岩土）的专业考试在岩土工程界激发了学习的高潮，极大地推动了工程师们的岩土工程知识的总结与学习，各行业之间加强了交流。由于注册岩土工程师每年有继续教育的要求，所以岩土工程师的继续教育有了较大推动，提高了他们的整体技术水平。

第49讲 刚强与柔弱

——土工合成材料与抗震

话说春秋战国时期，有一天孔子去拜访老子，请教修身治国平天下之道。老子当时已经很老了，他听了孔子的来意后，没有说什么，只是张开嘴让孔子看，然后问：牙还有吗？子曰：鲜矣，又问：舌头还有吗？子曰：尚健在。聪明的孔子于是道谢告辞。

后来孔子就创立了崇尚柔性政策的儒家，其核心是"克己复礼，中庸之道"，用现在的话说，就是强调和谐。与法家的刚硬政策比较，儒家与道家的指导思想都是以柔克刚，顺应自然。老庄的"无为而治"就更能体现"道法自然"的理念。"上善若水，天下莫柔弱于水，而攻坚者莫之能胜。"西汉的文景两代崇尚"无为而治"，是在楚汉大动乱后，不人为地过多干涉，顺应自然，让人民休养生息，恢复经济，结果呈现了西汉的盛世，也为武帝的开疆拓土打下了经济基础。

老子在《道德经》中所阐述的强弱、刚柔的辩证法充满了智慧。"故坚强者死之徒，柔弱者生之徒，是以兵强则灭，木强则折，强大处下，柔弱处上。"战国后期，"秦王扫六合，虎视何雄哉。"秦成为当时的虎狼之师，它实行法家的严刑峻法，滥用民力，使国富民穷，最后百姓揭竿而起，兵强则灭，二世而亡。2008早春年南方大雪之后，木折于林者随处可见，而轻柔的竹林受害很轻，而柔软的草，随后则欣欣向荣了。所谓"峣峣者易折，皦皦者易污"——《后汉书》，主要由于"木强则折"，它们特立独行，不能适应自然。

在地震灾害方面，这种强弱、刚柔的表现是很有说服力的。图1是日本阪神地震中刚硬的钢筋混凝土桥墩柱在地震波作用下被剪断、折断以及桥梁倒塌的情况。

与混凝土相比，土要弱得多；与钢筋相比，塑料格栅要柔软得多。但是许多地震后的调查表明，土工合成材料加筋构造物具有良好的抗震效能。也是在阪神地震中，调查了120个加筋土构造物（其中有15%超过10m高），结果是这些构造物全部保持了使用功能，只有少量的表面破损和发生

图 1　阪神地震中钢筋混凝土桥梁倒塌

一些水平位移。图 2 是一个施加了预压应力的加筋土桥墩，在高速列车通过的振动下，只发生 0.02mm 的位移，可见其抗震效能之优异。

图 2　加筋土桥墩

柔软的加筋土结构的允许应变很大，变形模量低，在大应变时产生的次生内力并不高；它也有较高的阻尼，可有效地吸收能量，所以能适应地震而不破坏。1994 年，美国北里奇(Northridge)地震的震级为里氏 6.7 级，在震区范围共有 23 个加筋土挡土结构，其中 65%高于 5m，25%高于 10m，与震中距为从 13～83km。其中有 50%以上设计中没有考虑地震的因素，结果只有少量的墙面破损，整体上全部完整。

图 3 表示的是美国北里奇地震中的 Valencia 加筋挡土墙，由于路面施工要求，墙顶筋材缩短使路面的一侧开裂，但是墙的前面没有位移和破坏。

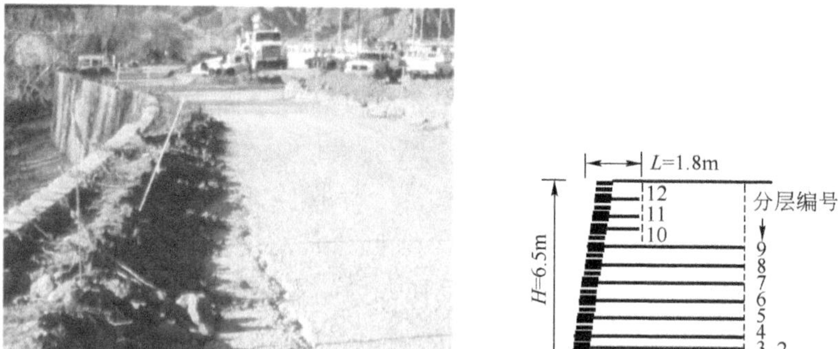

图 3　Valencia 加筋挡土墙

1999 年，土耳其伊斯坦布尔附近的 Kocaeli 地震，震级达 7.4 级，伊斯坦布尔的很多建筑物受损。在 Arifiye，邻近震中的一个桥完全倒塌，加速度达 0.4g，但是其加筋土桥台巍然屹立，只受到微不足道的损伤（变形 75mm），见图 4。

图 4　倒塌的大桥与完整的桥台

2001 年的美洲 EI Salvador（萨尔瓦多）地震，震级为 7.6 级。现场有很多加筋土挡土墙，使用的预制块墙面就有 25000m^2，凡是按照 NCMA 抗震指南设计的，就没有破坏。

1999 年的台湾集集的 7.3 级地震中只有一个加筋挡土墙损坏，见图 5。损坏的主要原因是筋材的间距过大，达到 80cm，同时填土的质量很差，造成墙面鼓出，局部有筋材断裂或者被拔出。而在同样条件下间距为 60cm 的挡土墙就没有破坏。

图 5　台湾集集地震中损坏的挡土墙

作为建筑材料最为柔弱的莫过于 EPS（聚苯乙烯板块），日本生产的 5.7%的 EPS 被用于土木结构工程。该种材料主要用于代替填土作为填料，修建路基和桥台等。2004 年 10 月 23 日 17:56，在日本 Mid-Niigata（新潟中部）发生里氏 6.8 级地震，在 Niigata 县有 303 处使用 EPS 材料，体积 199000m³，震后调查表明，没有发现有严重的和直接的损坏。同样，在 1995 年的阪神地震及其后的石卷市地震，震后也都进行了大规模的 EPS 结构调查，同样没有发现验证的破坏，见图 6 、图 7。

图 6　用 EPS 填筑的桥台震后的情况

图 7　用 EPS 填筑的路基震后的情况

这种自重极轻的 EPS 泡沫材料具有很大的允许变形量，振动时产生的惯性力极小，它本身具有可观的强度和承载力。可以想象，它的抗震性能肯定是好的。

老子说：“反者道之动，弱者道之用。”就是说，矛盾促进发展：你要向前运动，需要有反向的推动；不是强硬地对抗自然力，而是顺应自然，才能使大自然为我所用。在岩土工程中，我们总是对结构物与构造物增强加固，对抗强大的自然力，在自然灾害面前，力图达到岿然不动。而“人法地，地法天，天法道，道法自然。”我们更应按照自然的规律，柔韧和谐地应对，做到“道法自然”，才是正确的方略。

第50讲 关于“夯实基础”及其他

岩土材料是人类最老的朋友，普天之下，莫非王土，岩土工程与人类的关系是十分密切的。但岩土力学中的名词术语在人们的日常生活中并不多见，即使有，也不像什么纳米、基因、克隆、伊妹尔等高、精、尖学科的新名词那么时尚而高雅，偶尔有地震、滑坡、泥石流、管涌、尾矿坝和塌陷等进入人们的日常生活，百姓们也都是避之而唯恐不及。

一、夯实基础

几位老同学聊起胡锦涛总书记在纪念十一届三中全会30周年的讲话时，发现其中出现了一个与土力学有关的名词：“不断夯实我国社会主义制度的物质基础”，在这个讲话中还有一个据说是难坏了老外的新词：“不折腾”。

在土力学教材和课堂上，我们讲所谓基础是“建筑物结构的下面部分，它将上部结构的荷载传递到地基中”。而地基是“受到基础传来荷载影响的那一部分岩土体”。尽管在英文中二者常都称为 foundation，但专指地基时，还是表示为 foundation soil 或者 subsoil。而在中文里，二者是严格区分的。所以这里夯实的应当是地基，而非基础；若说“打好基础”，其中就含有将基础放在坚实的地基土上的意思，从土力学专业角度看尚可接受。

记得在参观西安半坡村遗址时，可能是出于职业习惯，我对这些远古村落中半地下的简陋房屋的地基作了仔细考察，发现在（木）柱以下有（块石）基础，而基础下的地基土竟有夯击过的痕迹。可见，即使在6000多年前，先民们夯实的也是地基土，而不是基础。对于如此小的独立基础，英文可称为 footing，foot 是脚的意思，设想如果古人用大石块砸此 footing，会使人不由自主地想起一句成语。

我的这位老同学当年曾是清华大学土力学的“因材施教”生，师从陈梁生、陈仲颐先生，恐怕是脱离专业多年，现在对此有些模糊了。当时恰好陈仲颐先生在座，于是我就开玩笑地问陈先生：夯实基础是您教的吗？他笑而未答。

二、管涌

1998年的洪水使全国人民都知道了一个土力学名词——管涌。每天报纸、电视中的不断重复，使男女老少对其都耳熟能详。但这是一个错误的用法。

长江(以及其他江河)的堤防主要建于其中下游，这里滩地的土层是随着年代和枯、洪水的分层交替沉积下来的。以长江堤防为例，它一般建在二元结构的地基上，亦即在上部弱透水(粉)黏土层下，是较厚的均匀粉细砂层。在土力学教材中关于管涌一般是定义为：土中的细粒土在渗透水流的作用下，从粗颗粒形成的孔隙道中被带走的现象。从而在土体中形成连通的孔洞，可引起土体的塌陷和堤防的失稳。可见管涌发生的必要条件是土的级配不均匀与不连续。上述堤防的二元地基的土层中或者土层间都是不可能发生管涌的。

堤防地基发生的渗透破坏的过程大体如下：在堤防迎水面的高洪水位作用下，在背水面地基中的地表弱透水层(或由于筑堤取土形成的取土坑)首先发生流土，然后渗透水流从砂层和(粉)黏土层的界面产生接触冲刷，使粉细砂大量被冲刷带走，地下水流形成通道，使地面塌陷，最后堤防溃决。

望文生义，人们可能认为，“管涌”就是土从一个管洞中涌出来吧，于是局部的流土，由于鼠洞蚁巢引起的堤身泄漏，泥砂被带出，也就被称为管涌。连总理和总书记也都随众，舆论和领导的力量是十分强大的，最后不仅老百姓叫管涌，连期刊中的学术论文也都将这些现象叫管涌，有时也加以说明：此管涌非彼管涌，但看来很难纠正了。后来我审查过几本基坑规范，大多数没有把流土、管涌这些术语用恰当，所以我建议他们干脆都叫“渗透变形”，至少没有概念上的错误。

三、流土

流土是最容易使人望文生义的一个术语，常被误解为“流动的土”或者“土的流动”，所以有人将泥石流、流沙、流滑等现象通通叫做流土。反而将真正的流土——砂沸排除在外。2008年发生的襄汾县尾矿坝事故就被说成是流土。至于有人管这种坝体坍塌而形成的淹没一切的泥流叫做“泥石流”，那是别有用心，比无知更加恶劣。在随后的尾矿坝规范审查会上，他们也坚持认为尾矿坝坝坡会发生流土，我再三解释无效，只好弃权。

在土力学教材中关于流土有明确的定义："在向上水流作用下，表层土局部范围的土体或颗粒同时发生悬浮，移动的现象。"可见流土发生有两个条件：①向上的渗流；②发生在水平的地表面。如果一个有沿坡渗流的土坡，土随水流滑下，是抗剪强度问题，应当归入滑坡，是包括渗透力的滑动力等于抗滑力的滑坡，而不能叫流土。至于降雨等引起的坡面冲蚀，使泥沙俱下，就更与流土无关了。

流沙或流滑(flow slide)是另外一种土体的破坏现象。它是由于土(一般是饱和的粉细砂)中发生应变，并且排水不畅，于是土中产生很大的超静孔隙水压力，使有效应力降低接近于0，于是土的强度骤降，变成流态，也被称为静态液化。而不是砂土的流土就叫流沙，那应叫"砂沸"。

四、高水压力

很多与土渗透有关的事故都常常被归罪于高水压力，例如上海地铁4号线的事故被说成是由于含承压水的第7层粉细砂在高水压力作用下涌进隧道，造成地基土流失，地面塌陷，建筑物倒塌。其实渗透和渗透变形的发生不能归因于高水压力，或者高水压力差，而应归因于高水头或者高水头差。

饱和土中水的渗流有三种势，即重力势(位置水头)、压力势(压力水头)和速度势(速度水头)。由于渗流速度一般很慢，速度势一般可以忽略，这样位置水头和压力水头组成测压管水头或者总水头。所以发生渗流的必要条件是水头差，而不是压力差。所以"水总是从压力高的地方流向压力低的地方"是一个错误的命题。在一个静水杯中下部水受到的压力高，但绝不会向压力低的上部流动。这一考题曾忽悠过不少自认为是精英的清华学子。

五、土的抗压强度

某软土地基上填筑路基引起了地基破坏，有人讲是由于荷载超过了地基土的抗压强度。这也是一个外行的说法。

与连续固体介质不同，土是碎散颗粒的集合，其强度主要是颗粒间的摩擦与黏结，表现为抗剪强度，与连续介质的固体比较，这种强度数值较小，且与正应力有关，亦即服从莫尔—库仑强度准则。对于黏性土，在某些情况下也涉及抗拉强度(如裂缝的发生)，但其数值更小，一般不计。所以说土的强度就是指抗剪强度，土的破坏一般是剪切破坏，土的失稳一般是滑动失稳。

各向等压是土的一种压缩状态，其应力状态是$\sigma_1=\sigma_2=\sigma_3$，在超高压作用下，即使土颗粒重新结晶，也不会发现宏观破坏。侧限压缩（静止土压力状态）是土的另一种压缩状态，其应力状态是 $\sigma_2=\sigma_3=K_0\sigma_1$，这时不管压力增加到多么大，这种等比的应力状态，由于侧面变形为 0，只会发生土的体积压缩，同样不可能发生破坏。

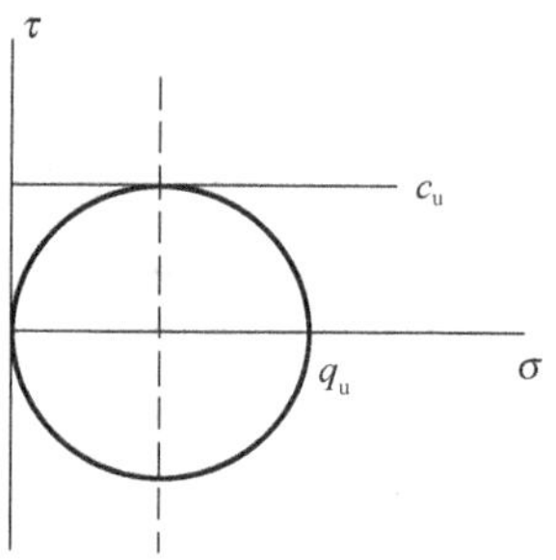

图 1　无侧限压缩试验及强度

在土力学中，有"无侧限抗压强度"这样一个容易引起歧义的名词。这种试验一般用于原状饱和黏土，是在无侧压力状态下单轴压缩，直至土样破坏，其单位面积上的压力 q_u 即为"无侧限抗压强度"。在图 1 中，可以看到

$$q_u=\sigma_1-\sigma_3=2c_u$$

其中 c_u 为土的不排水抗剪强度，可见土样仍然是剪切破坏，所谓抗压强度是不准确的。

常规的三轴试验，通常有两种叫法：三轴压缩试验和三轴剪切试验。如果从变形的角度看，其试样确实是轴向受到压应力，轴向应变为压缩（$\varepsilon_1>0$）。若从强度的角度讲，试验最后是剪切破坏，叫剪切试验是更准确的。所以，为测得土的应力应变关系的试验可称为压缩试验，为测得土的强度指标的试验应称为剪切试验。

附录一 又是霜染红叶时

——纪念此书的作序人张在明院士

寒霜染红了秋叶，蓦然想起张总离我们而去已经一年了。

记得是2009年5月末，应戴一鸣院长邀请，我与他参加福建省岩土工程会议，期间一起畅游武夷，漂流九曲，那时他精神尚好，兴致也很高。会上我们分别作了报告，他讲的似乎是有关岩土工程勘察工作的内容。

图1 九曲漂流

张总的学术报告总是很精彩，旁征博引，大气磅礴。近年来我们经常在同一个会上做报告。2008年在浙江大学的曾国熙讲座暨第25届土工测试技术会议上，我们也分别作了报告。他的报告是关于工程伦理(Engineering Ethics)的问题，切中时弊，有的放矢，尖锐犀利，给我留下很深刻的印象。

还有一次是在2006年的第一届全国土力学教学研讨会上的报告，他为首，我次之。他的题目是“从学生到优秀的岩土工程师”。听过这个讲演，我和几个从事土力学教学几十年的老师都深愧不如。讲演指出了土力学学科的特点，指出了岩土工程教育的实质。这次会议是我发起的，当时感到土力学教学缺少交流的平台，在土力学及岩土工程分会提议召开一次土力学教学研讨会，得到张总的极力支持。他亲任会议技术委员会主任，撰文投稿，参加会议的组织，并作了大会的特邀报告。

他对土力学教学如此关心，源于他被母校——北京工业大学聘为双聘教授。记得那时他非常认真地和我讨论过多次，对于学科建设、队伍建设、实验室建设，他都有很多的想法，并且动手去干，连研究生《高等土力学》的期末考题也逐一审查，并征求我的意见，又把清华的考题拿回和北工大的老师们讨论，让每个老师做一道题，使大家很为难。观其架势是准备为岩土工程的教育发挥余热了。对此我是颇有腹诽的，其实大学请院士做双聘教授，是和以前各家请灶王爷的意思是一样的——请个灶爷才像个家，请几个院士才像个大学，让你"上天言好事，下界保平安"而已。遇到多嘴的灶爷，则买些灶糖粘上你的嘴。不想他竟认了真——事无巨细，亲力亲为，以他在岩土工程勘查界几十年的历练，竟也没测出中国大学的水有多深多浑。所以使人家颇为尴尬——本想摆个没嘴的葫芦，谁知却请来个碎嘴的婆婆。本打算有时间给他说说这个意思，可惜竟没这样的机会了。

我与张总结识于 20 世纪 80 年代，1999 年土力学及岩土工程分会秘书处移到清华，他任理事长，我是常务副理事长，彼此的交往多了起来。一般讲，理事长与秘书处不是一个单位，常会发生一些纠结的情况。在民间学术团体中，也有不少发生矛盾，不可开交的先例。在分会工作中我充分感受到他高超的协调本领和平衡驾驭能力。他采取不包办，不推诿，不固执的方针，即放手秘书处的工作，但对自己应做的事情绝不推诿；有了矛盾则不强求一致，不固执己见。他谦虚平和，诙谐幽默，善于听取别人的意见，也善于表达自己的意见。他总是极力表扬秘书处的工作，表扬为分会做事的每个人。所以大家都愿意与他共事，在理事会和常务理事会充溢着友谊与和谐。他主持分会的八年是分会得到很大发展，学术活动空前活跃，内部空前团结的时期。

在岩土工程界，张总的协调能力是人所共知的。大约是在 2007 年，在《建筑桩基技术规范》的审查会上，他任组长，我任副组长。面对这份 300 多页的送审稿，其中有很多涉及新的、认识不统一的内容，我很担心难以按时完成。他突出关键，求同存异，协调平衡，折冲樽俎，谈笑间解决了难题，给同行们留下深刻的印象。

文如其人，张总的文章文采斐然，博学机敏。记得 2007 年拙作《岩土工程 20 讲——岩坛漫话》一书将付梓，请他作序。在浏览了大部分底稿以后，很快发来此序，从"道可道，非常道"讲起，旁征博引，亦庄亦谐，与我那本"戏说土力学"之书的风格也极为贴切。可惜 2009 年此书再版时，已是斯人西去，阴阳殊途了。

张总是我的好友，是土力学及岩土工程分会的称职的理事长，是我国岩土工程领域同行的良师益友。他的离去使我们失去了很多，我们会永远怀念他。

又是霜染红叶时，西风留落两由之；
所恨故人随黄鹤，空余疏叶恋故枝。

2010年10月

附录二 关于息壤

一、前言

《山海经》中讲到："洪水滔天，鲧窃帝之息壤以堙洪水，不待帝命。帝令祝融杀鲧于羽郊。鲧复生禹，帝乃命禹卒布土以定九州。"这里讲的是鲧盗取了天帝的"息壤"用以治水。在《淮南子》中也提到"禹乃以息土填洪水，以为名山。"可见大禹也是用息土来治水的。那么这个息壤或者息土是什么东西呢？郭璞在《山海经注》中说："息壤者，言土自长息无限，故可以塞洪水也。"看来息壤或者息土是一种可以自己增长的土，而在流水中不被冲毁，所以被用来阻截洪水。

屈原在《天问》中一口气向上天提出了170多个问题，其中有一些是岩土工程问题。例如他问"洪泉极深，何以填之？""鲧何所营？禹何所成？"从岩土工程的角度，应当说屈原的这些问题是很有专业水平的：当时洪水滔滔，既深且急，用什么岩土材料和施工工艺修堤筑坝，拦挡洪水？既然鲧和他的儿子禹都使用了息壤或者息土，那么息壤是什么东西？为什么鲧"九年而水不息，功用不成"，结果被"殛于羽山而死"；而大禹则功成于天下，二者的治水方略有什么不同呢？我们知道，大禹治水是十分辛苦的，充分发挥了艰苦奋斗的精神："劳身焦思，居外十三年，过家门而不入"；他也很重视规划和技术，"左准绳，右规矩"，亲自勘察测量，规划设计。但是成功的关键恐怕还是治水方略正确，不是单纯依靠息土来拦截洪水，而是湮、导、蓄相结合，"开九州，通九道，陂九泽，度九山"，终于战胜了洪水。

这里就有一个让岩土工程技术人员十分感兴趣的问题，那就是"息壤"的实物应当是什么东西？根据以上文献可以看出它具有如下特点：

(1) 它既称为息壤或息土，其主要成分应当是土。

(2) 它窃之于天帝，应当是一种奇妙的，极有创意的新材料。陆游讲

"文章本天成,妙手偶得之",亦即一切完美奇妙的东西都是上帝创造的,只有天才与妙手才能够发现,也可以说是从上帝那里窃来。"鲧窃帝之息壤",并将其传于禹,从这点看,鲧也是一个失败的英雄,与希腊英雄普罗米修斯盗火一样,盗取了息壤,为大禹的成功治水创造了条件,造福于人类。

(3) 它可在流动的洪水中不被冲散流失,可以不断增高加长,用以拦截洪水,在大禹成功治水过程中,发挥了极大的作用。

二、息壤与土工加筋

提起治水,使人首先想起了河獭与河狸,它们都是可以在河中筑坝的,都是成功的治水者。

河狸在岸边咬断一棵 50cm 直径的树只需几十分钟,它设计好角度让树倒向河里(见图 1),或者干脆掘一条运河以便水运大树。它首先将粗大的树干竖直立于河床为桩,再用带叉的树枝在下游斜撑,然后用树木枝条、草的枝叶、块石、碎石、泥土层层填筑建成拦河大坝,通过上游泥沙逐渐淤积,形成防渗结构,蓄水成库。这种坝的两侧低于中间,河水量过大时则从两侧溢流。水库建成以后,它可在水库中捕鱼游戏,并让水淹没其洞口,卧室则在高于水位的河岸地下,设有通风口,其家园安全舒适。据说在加拿大这种河狸坝最长达 850m,从卫星上可以都清楚见到,是由若干河狸家族合力建造的。图 2 为这位勤劳而睿智的水利工程师及其建造的河狸坝。

图 1　伐木的河狸

图 2　河狸建筑的拦河坝

岩土是人类最早接触的建筑材料,也是古代人类最早使用的工具与武器,"水来土湮",表明古代人类在与洪水斗争中,土是他们最方便和有效的武器。但是由于土是碎散的,在流水中会被冲散带走,如屈原所问:"洪泉极深,何以填之?"这就需要把它们连接合成整体,最简单方便的方法就是利用天然的草木竹等纤维材料将土石结合成整体。作为万物之灵的古人一定是见到河狸筑坝而受到启发,使用了相似的工法治水,这也可以说是窃之于天吧。这就是原始的土的加筋与防护。而河狸坝可由河流中的泥沙淤积而自已增长，恐怕就是所谓的“息壤”了。

在20世纪60年代，笔者在黄河的青铜峡水库工地，见到当地农民在黄河用“草土围堰”在水中筑堤的过程。首先从岸边出发，在水中用土压下大量的草排，在上面再铺一层草排，再压一层土，人们站在水面以上的草土上面，向前推进。在草排的保护下土不会被水冲走，草土混合体不断加宽加长，不断的进占，最后合龙成为大堤。后来在黑龙江的一个县的水利局工作，见到当地农民也是先在河床打桩定位，再用成捆的柳条上压碎石拦河筑坝，提高水位，引水灌稻田。本人也亲自指挥民工用这种条排在呼兰河铺底护岸。在四川的都江堰，见到用竹笼、木桩和杩槎修建的鱼嘴，两三千年来，在滚滚江水中将水分流，即使在2008年的汶川大地震中也安然无恙，见图3。那么这些在水中不会被冲毁，可以不断加高加厚，不断生息增长的加筋土不就是传说中所谓的息壤吗。可以想见，当时古代先民们在遍地洪水的大地上，是用草和树枝加上土石的加筋土来围筑堤防，拦截与排除洪水，重建家园的。

图4是一两千年前，先民们用草木加筋，层层夯实填土，在西北干旱地区修建的古长城。历经千年，岿然屹立，守护着西北边陲。

图3 都江堰水利工程使用的木石结构——杩槎

图4 古长城的加筋土

所以说，加筋土绝不是天外来客，也不是舶来的洋货，它土生土长几千年，世代相传，造福于人民。笔者在黑龙江时，见到当地农民盖房，首先打好基础，竖起一排小木桩，然后用谷草编成胳膊粗的草辫，将其在泥浆中浸泡滚动，俗称“拉哈辫”，再把它们编在木桩上，不断升高，形成四面的墙，最后再用加了麻刀的泥膏涂抹墙面。这种墙极为保暖耐久，每年抹墙面，可超过目前建造的楼房的使用年限。在大庆石油会战的创业阶段，工人及其家属住的都是“干打垒”的土房。首先从下部开始，在两道木夹板间顶上木棍，再用铁丝拉紧。在木板之间夯实填筑当地的盐碱土，然后在木板外剪断铁丝，将木板升高一层，重复同一步骤，使墙加高到顶。这也是一种用木棍和铁丝加筋的加筋土结构，其特点也是可以不断增长。

岩土工程从来都是实践先于理论，经验先于科学。几千年来人们在加筋土工程方面取得了丰富的经验，建造了巧妙实用的工程，其本身就是人类文明一个重要的组成部分。

三、水利工程中的加筋土

大禹治水所用的息壤，主要是用于截挡洪水，保护民居与耕田。一个简单有效的方法是用草木纤维编制成袋，盛土砌堤。这种工法目前在防洪抢险中仍然在使用。图 5 为 1998 年长江洪水时使用编织袋抢险的情况。它被用以抢筑子堤、围护民居、治理渗漏和防治渗透破坏；也被用作堤坡防护，抢填溃口等，成为不可或缺的防洪物资。

a）抢筑子堤

b）治理管涌

图 5　编织袋在防洪抢险中的应用

筑坝以拦截河水、蓄水灌田也是水利工程的重要方面。在没有钢材和水泥的古代，人们使用草土围堰、碎石条排和竹木筑坝是唯一可行的方法。图 6 为加筋土结构建成的过水坝。这种小型截水坝在农村目前还有应用。

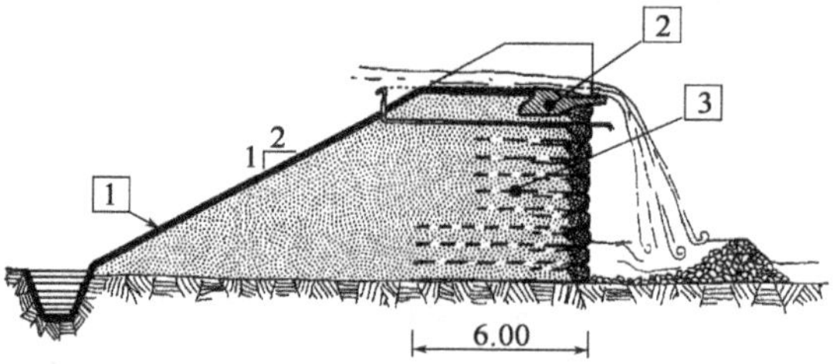

1-上游护面；2-挑檐；3-筋材

图 6　过水加筋土石坝

现代的航道整治、水源工程等规模宏大，所需土工材料数量极多，例如长江口航道整治仅一期工程就使用土工合成材料 1000m^2 以上；上海青草沙水源工程中的各种管带和软体排使用土工织物 6500 万 m^2。图 7 为大型的土工管袋与软体排。

a)土工管袋

b)护底的软体排

图 7　大型水利工程中土工合成材料的应用

四、土工合成材料

也许河狸的加筋土技术是上帝传授的，千万年过去了，技术上没有什么进展，只是它们自身的数量越来越少了。而作为后学者的人类则对其不断推广与创新，土工加筋被广泛应用到工程建筑各个领域中。

到了20世纪七、八十年代，由于化学工业和合成材料的发展，高强度、高模量的土工合成材料出现了，随后，人们设计和造出了各种性状、各种功能和各种用途的产品。作为人造产品，它们规格一致、批量巨大，可以按照人们的需求生产，具有天然纤维筋材不可相比的优势。与此同时，各种工程学、力学和计算机手段及技术也被用于加筋土工程设计，各种规范标准和商用程序也被普遍使用，使加筋土工程定量化和规范化，这是科学技术的进步。目前高达几十米的土工格栅加筋挡土墙已经不罕见了。图8为现代加筋用的塑料土工格栅，图9为用它们修建的高加筋挡土墙。

图8　单向与双向的塑料土工格栅

图9　土工格栅分级高加筋挡土墙

合成材料在诞生之初身价颇高，记得20世纪60年代，人们把的确良、尼龙丝的服装衣物等当成奢侈品，是时髦人士追求的目标。白居易曾在《红丝毯》一诗中感叹："地不知寒人要暖，少夺人衣作地衣"。曾几何时，这些东西逐渐被从服装业中挤出，成为土工材料，由"人衣"变成"地衣"。

土工合成材料具有防渗、排水、反滤、防护、加筋和隔离等功能，目前在水资源保护和垃圾填埋处理方面起着不可替代的作用。可以说它是继木材、钢材与水泥之后的第四种建筑材料。

可是事物往往是螺旋式发展的，现在人们更强调与自然的和谐相处，加筋土材料也有回归天然的趋势。例如在马来西亚和新加坡，那里用天然棕榈纤维代替塑料排水板加固软土地基，它很容易降解，不至于留下永久的污染。前年，一位美国的教授专门来访，寻找用竹子加筋的工程，我让他去看都江堰，后来在四川见到用竹筋加筋的陡坡，填筑建造一个中学的操场；还有用麦秸对软黏土加筋的案例，所以天然材料的加筋也不会完全被淘汰。

五、结论

(1)我国古代先民们在与洪水斗争中,学习河狸水獭等动物的先进经验,曾利用草、竹、木、石、土、砂等天然材料,创造出像息壤这样的加筋土材料,拦挡洪水,兴利除害。

(2)土工加筋是人类通过学习,在其生存和发展中创造的一种岩土工程工法,它具有悠久的历史,被广泛地应用,人们在长期的实践中积累了丰富的经验。

(3)现代科学技术的发展,在土工加筋和防护方面,无论是材料还是技术都取得巨大的进步,使土工合成材料成为继木材、钢材和水泥之后的第四种建筑材料,它在工程建设、环境保护和资源保护方面具有广阔的应用前景。